教育部、财政部首批特色专业建设（TS2307）教材
矿产（能源）资源勘查工程国家级教学团队建设基金资助教材

煤田地质学简明教程

主　编　王　华　严德天

编　者　焦养泉　庄新国　李绍虎
　　　　甘华军　王小明　吴立群
　　　　汪小妹　李　晶　荣　辉
　　　　黄传炎　陈　思　刘恩涛

内 容 简 介

在我国的能源结构中，煤占重要的位置，成为我国现代化建设的物质基础。当代煤炭工业突飞猛进，有力地推进了煤田地质学的新发展。煤田地质学是研究煤的成因及其在地壳中聚集分布规律的科学，它是在吸收世界各国煤田地质工作科学成就和实践地质成果的基础上形成和发展起来的。

全书共分10章，系统阐述了聚煤盆地构造与含煤沉积古地理、含煤岩系沉积学与煤（泥炭）的堆积作用、煤岩学、煤地球化学、含煤岩系变形作用与煤田构造、聚煤盆地热演化与煤的变质作用以及煤资源勘查技术与方法等内容，并概述了全球煤炭资源分布以及含煤岩系共伴生矿产的一般特征。同时，扼要反映了国内外煤田地质学领域的新知识和理论。本书可作为高等院校煤田地质相关专业的教学参考书，也适合于从事煤田地质学科研与教学的科技人员和煤田地质工作者学习参考。我们希望本书在促进我国煤田地质工作和培养技术人才方面起到积极的作用。

图书在版编目（CIP）数据

煤田地质学简明教程 / 王华，严德天主编 . -- 武汉：中国地质大学出版社，2015.9（2023.6 重印）
ISBN 978-7-5625-3716-8

Ⅰ．①煤⋯
Ⅱ．①王⋯ ②严⋯
Ⅲ．①煤田地质—高等学校—教材
Ⅳ．① P618.11

中国版本图书馆 CIP 数据核字 (2015) 第 222760 号

煤田地质学简明教程			王 华　严德天　主编
责任编辑：陈 琪　张晓红		选题策划：毕克成	责任校对：张咏梅
出版发行：中国地质大学出版社（武汉市洪山区鲁磨路388号）			邮政编码：430074
电话：(027) 67883511		传真：67883580	E-mail:cbb@cug.cn
经　　销：全国新华书店			http://www.cugp.cn
开　　本：787mm×1092mm	1/16	字数：448千字	印张：17.5
版　　次：2015年9月第1版		印次：2023年6月第2次印刷	
印　　刷：武汉籍缘印刷厂			
ISBN 978-7-5625-3716-8		定价：45.00元	

前言

我国煤炭资源丰富，已探明的煤炭资源储量高达 $13\,412 \times 10^8$ t。2013年我国煤炭产量和消费量分别为 37×10^8 t 和 36.1×10^8 t，是世界第一大产煤国和消费国。煤炭工业的发展依赖于煤田地质科学的进步。现在的煤田地质研究工作是全方位的，既服务于勘探，又服务于煤的合理利用和环境保护。一方面要继续寻找隐伏煤田，为经济的可持续发展提供后备储量，另一方面又要解决煤的合理利用和由此引起的环境污染问题。因此，煤田地质技术人员掌握扎实的地质理论基础和相应的专业技能，在能源勘探与环境保护中发挥指导作用，是非常必要的。

自20世纪50年代我国高等院校建立煤田地质专业以来，煤田地质学一直密切地联系着煤炭生产建设的需要。经过几代煤田地质工作者在生产、科研、教学中长期的努力，形成了我们现有的学科体系和丰富的学科内容及特有的研究方法。

本书系统阐述了成煤作用、含煤岩系沉积学、煤岩学、煤地球化学、煤田构造和煤资源勘查技术等内容，并介绍了煤炭资源分布和含煤岩系共伴生矿产的一般特征。编者根据教学需要，在大量资料的基础上删繁就简，系统阐明了煤田地质学的基础理论和基本研究方法。本书章节设置目的明确，着眼于使学生具有扎实的理论基础，具有解决问题的能力，同时反映了煤地质领域的最新成果。本书编写过程中广泛收集了同行意见，进行了有关内容的补充、修改和完善。

本书由王华、严德天担任主编。编写分工是：前言由王华编写；第一章由王华、严德天、刘恩涛编写；第二章由王华、黄传炎、陈思编写；第三章由焦养泉、吴立群编写；第四章由李绍虎编写；第五章由甘华军、庄新国编写；第六章由王小明编写；第七章由甘华军、严德天编写；第八章由王小明、严德天编写；第九章由庄新国、李晶编写；第十章由焦养泉、汪小妹、荣辉编写。全书由王华、严德天统稿。

本书编写过程中大量应用了编写组近期的研究成果，同时参考了原武汉地质学院煤田教研室编写的《煤田地质学》、杨起院士主编的《煤地质学进展》、李增学教授主编的《煤地质学》等众多著作，在此致以衷心的感谢。

由于编者水平所限，书中遗漏和不足在所难免，敬请读者批评指正。

编者

2015年9月

目 录

第一章 绪 论
- 第一节 煤田地质学发展简史 ········ 1
- 第二节 煤田地质学的研究领域 ········ 3
- 第三节 煤田地质学研究进展 ········ 3
- 第四节 煤的使用范围 ········ 7
- 第五节 煤田地质学学科框架体系 ········ 8

第二章 聚煤古构造、古地理背景及其与富煤带的关系
- 第一节 聚煤盆地 ········ 10
- 第二节 聚煤盆地构造 ········ 14
- 第三节 含煤沉积古地理 ········ 22
- 第四节 聚煤规律研究 ········ 26

第三章 含煤岩系沉积学及煤（泥炭）的堆积作用
- 第一节 含煤岩系概述 ········ 29
- 第二节 成煤的原始物质 ········ 32
- 第三节 煤（泥炭）的堆积环境 ········ 35

第四章 煤岩学基础
- 第一节 煤岩学概述 ········ 49
- 第二节 煤及成煤作用 ········ 50
- 第三节 煤的显微组分 ········ 50
- 第四节 腐植煤的岩石类型 ········ 65

- 第五节 煤的若干物理性质……………………………………………………… 70
- 第六节 煤的结构构造…………………………………………………………… 77

第五章 煤地球化学

- 第一节 煤地球化学概述………………………………………………………… 79
- 第二节 煤中主要有机质地球化学特征………………………………………… 82
- 第三节 煤成气地球化学………………………………………………………… 94
- 第四节 煤中微量元素地球化学………………………………………………… 106

第六章 含煤岩系变形作用和煤田构造

- 第一节 含煤岩系赋存的构造特征……………………………………………… 118
- 第二节 构造体系对含煤岩系形变和赋存的控制作用………………………… 126
- 第三节 煤层形变………………………………………………………………… 131

第七章 聚煤盆地热演化与煤的变质作用

- 第一节 聚煤盆地热特征及热演化……………………………………………… 139
- 第二节 煤化作用………………………………………………………………… 146

第八章 煤资源勘查技术与方法

- 第一节 煤炭资源勘查常用技术………………………………………………… 159
- 第二节 煤炭资源勘查的煤层对比方法………………………………………… 162

第九章　全球和我国煤炭资源概述

- 第一节　全球的煤炭资源概述 189
- 第二节　我国煤炭资源概述 194
- 第三节　中国石炭纪—二叠纪聚煤作用 196
- 第四节　中国中生代聚煤作用 210
- 第五节　中国新生代聚煤作用 226

第十章　含煤岩系共伴生矿产

- 第一节　概　述 233
- 第二节　锗　煤 235
- 第三节　油页岩 237
- 第四节　煤层气 242
- 第五节　页岩气 246
- 第六节　含煤岩系高岭岩（土）矿床 249
- 第七节　铝土矿 251

图版 254

主要参考文献 260

第一章 绪 论

中国是世界上煤炭资源最丰富的国家之一，储量大，分布广，煤种齐全，开发条件好。截至2010年底，全国煤炭保有查明资源储量 $13\,412\times10^8$ t。煤炭资源量占化石能源的95%以上，探明煤炭资源量占化石能源的90%以上；我国煤炭资源的潜在价值是石油和天然气潜在价值总和的60倍。几十年来，煤炭在我国能源消费构成中一直占70%以上的比重。在相当长的时期内，煤炭在我国能源消费结构中的主导地位不会发生根本改变。因此，从事煤地质研究和勘探开发是一项光荣而伟大的工作。

第一节 煤田地质学发展简史

煤田地质学是研究煤炭资源地质的科学。它是在18世纪以后，伴随着工业化的变革及能源利用的第一次变革发展起来的。18世纪后半叶，蒸汽机的广泛应用带来了工业革命，促进了煤炭资源需求的增加。为了寻找煤炭及其他各种矿产资源，欧洲的许多先进国家相继成立了地质调查机构，发展了专门的地质科学。伴随着煤炭资源地质工作的发展，学者们对煤田地质的许多问题产生了争论，煤的起源是早期争论得最突出也是最持久的问题，如当时有煤的有机成因说和无机成因说。显微镜的出现带来了地球科学的深刻变化，促进了煤田地质学的发展。1830—1846年，古植物学家尝试将煤制成薄片，在镜下观察，才逐渐肯定了有机成因说的地位。1854年英国发生所谓"炭质油页岩"审判案，对它是否属于煤发生了争论，持续了20年，由于显微镜的应用才取得了科学认识。此外，煤的原地与异地形成说的争论，也都在煤田地质学的萌发时期推动了学科的进展。

19世纪末到20世纪初，由于将电力引入工业社会，冶金技术飞速提高，钢铁生产急剧增加，有机合成工业开始萌芽，世界铁路交通迅速发展，这些都促使社会对煤炭资源的需求急剧增加。当时世界几个发达国家相继开始对鲁尔、南威尔士、顿巴斯、宾夕法尼亚等几个大煤田开展大规模的地质调查与研究，从而加速了煤田地质学的发展。那时煤田地质学家人才辈出，发表了许多有影响的学术成果。例如，1913年西逊（Thiessen）、怀特（White）等发表了《煤的成因》一书；1919年英国的斯托普斯（Stops）划分了4种煤岩成分，并论述了它们之间特征与性质的区别；1924年德国的波多涅（Potonie）发表了《普通煤岩学概论》，深化了煤田地质学的研究领域，开辟了煤微观研究的独立分支。此时煤田地质学除了偏重于研究煤的成因、性质、煤层变化等问题，还涉及到煤的自然演化、煤层堆积条件、煤变质作用中的希尔特定律等。随着对煤炭研究的深入，初步建立了煤的工业分类、化学分类、岩石分类和成因分类，围绕着含煤岩系的旋回结构层序，深化了煤系沉积学的研究。

我国的煤田地质学萌芽时期大致始自鸦片战争到中国地质学会的成立，即1840—1920年。鸦片战争以后，随着外国资本主义势力的入侵，资本主义国家的地质学家纷纷来华从事地质调查工作，如维里士、庞培里、李希霍芬等。我国富有爱国热忱的学者发奋图强学习西方先进科学。19世纪中叶，若干西方的自然科学著作被翻译介绍到我国，如1872年华蘅芳翻译了莱伊尔著的《地质学原理》，成为近代地质学传入我国的先声。我国著名学者鲁迅与顾琅合编（1906）的《中国矿产志》论述了矿产和矿业问题，并论述了煤炭资源；1910年邝荣光所编绘的《直隶地质图》，首次描绘了石炭纪和侏罗纪含煤地层的分布；1916年叶良辅、刘季晨、谢家荣等地质学者集体调查西山地质，完成了北京西山1:100 000地质图，将石炭纪地层命名为"杨家屯煤系"，将中生代门头沟煤系、九龙山系、髫髻山系定为侏罗系，并在《北京西山地质志》中论述了煤田分布与向斜构造的关系，1920年他们的《北京西山地质志》出版，这是我国第一部区域地质专著；1916年丁文江发表了《论中国煤炭资源》报告。

自20世纪30年代以后，随着煤炭资源作为主要能源的演变，随着地球科学进入现代科学的发展时期，煤田地质学进入了系统发展和成熟阶段。

1922年，中国地质学会的正式成立，标志着地质科学发展进入新的里程碑。首先开展广泛研究的领域是含煤地层的划分、对比及化石种群的研究。李四光、赵亚曾对华北含煤地层的研究，根据纺锤虫和腕足类化石划分了太原系，并确定了本溪系和太原系的界限，为含煤地层的划分及对比提供了科学依据；冯景兰研究了广西罗城煤田，建立了早石炭世"寺门煤系"；袁复礼研究了甘肃西北部早石炭世地层，创立"臭牛沟系"；丁文江、俞建章研究了南方贵州独山地区下石炭世地层，创建了"丰宁系"；斯行健研究了含煤地层植物化石，阐述了各地质时代植物的演进及其环境；潘钟祥研究了陕北中生代植物化石及油页岩地质。

1924年，谭锡畴编绘了北京-济南幅1:1 000 000地质图，并论述了古生代、中生代和新生代煤炭资源及第四纪泥炭分布。许多地质学者纷纷研究我国各地煤田地质，其中翁文灏、谢家荣、侯德封还专门讨论了我国煤田分布规律，并绘制了中国煤田分布图。为研究我国煤田分布规律，不断发现新的煤炭资源，我国地质学者又开拓了煤田地质研究的领域。1936年，翁文灏、金开英提出"加水燃率"指标的煤炭分类法；1929年，谢家荣将德国煤岩研究的观察方法引入我国，提出了对江西乐平煤的新见解。

新中国成立以后开展了大规模的煤田地质工作和区域地质研究，不仅在实践上发现了许多新的煤炭资源产地，而且推动了我国煤田地质学步入蓬勃发展的新阶段。特别是我国开展的两次煤田预测工作，开辟了举国规模的煤田地质研究与实践，使煤田地质学的研究水平进入了近代科学的行列。这一时期区域煤田地质学的研究有了发展，相继出版了《山西煤田地质》（1960）、《辽宁煤田地质》（1962）、《黑龙江煤田地质》（1962）、《陕西省煤田地质图册》（1963）、《湖南省煤田资料汇编》（1974）等许多区域煤田地质著述和文献。在广泛的煤田地质工作实践的基础上，我国曾两次组织高等院校、生产部门、科研单位集体编著了《中国煤田地质学》（1961），系统、全面地阐述了立足于我国实践的煤田地质基础理论和中国煤田地质的基本规律。

第二节 煤田地质学的研究领域

概括地说,煤田地质学是研究煤、煤层及含煤岩系的成因、性质、形成与演化,以及它们在地壳中分布聚集规律的科学。随着地球科学的现代化,煤田地质学的研究领域不断完善和开拓,各个研究方向日益深化,逐渐形成了系统完整的研究体系,具体包括以下研究领域。

1. 煤物理组成和性质研究

根据研究的属性和手段的差别,可分为两个方面:一是将煤作为一种岩石,运用岩石学的研究方法,通过各种物理属性(如不同光性特征等),研究煤的物理组成和类型;另一种是借助化学属性,运用化学分析的方法,研究煤的有机和无机组分的化学工艺特征与组成,研究煤质特征及工业利用评价等,从而逐渐形成若干独立的学科,如煤岩学、煤化学、煤工艺学、煤质学、煤地球化学等。这一领域的研究,正在开拓着充分合理地利用煤炭资源的新途径。

2. 煤形成作用研究

主要研究由植物转变成煤的成煤作用,研究这一复杂作用不同阶段的特征、条件、影响因素及演变过程,阐明煤形成演变的原因,以及不同成因的煤、不同煤种和煤质的变化规律,为煤质评价和煤种、煤质预测提供科学依据,为探寻和开发煤炭资源新用途服务。

3. 煤层及煤系沉积学研究

煤作为沉积成因的固体可燃有机矿产,首先受到沉积学规律的控制。因此,研究煤、煤层、煤系堆积时的沉积作用、沉积体系特征,阐明不同沉积体系的形成演化对煤的物质组成、煤层和煤系的形成及分布的控制,形成了含煤性预测的基础。

4. 聚煤盆地构造研究

煤层、煤系形成时和形成后的演变,特别是构造控制的研究(即影响形成的古构造和影响形变的后期构造),这些都是含煤性最终预测及评价煤炭资源开发利用的重要问题。聚煤盆地的形成与演化的控制因素中,大地构造因素起主导作用。为了阐明煤在地壳中的聚集分布规律,就必须研究聚煤盆地的特征、类型及其与大地构造的关系,必须对煤层的赋存变化进行构造预测。这些已成为煤田地质学的重要研究内容。

5. 煤在地壳中聚集分布规律研究

聚煤规律研究是当今煤田地质学指导煤炭资源寻找和预测的基础,它运用多学科手段,在区域地质研究的基础上,借助煤盆地分析方法和原理,研究煤在特定地壳中的聚集和分布规律,从而为有效地开展煤田地质工作,对煤炭资源及其开发利用条件的科学预测提供科学依据。

目前,煤田地质学正随着整个地学的变革和发展在改变着自己的面貌。

第三节 煤田地质学研究进展

一、成煤作用的研究进展

1. 陆相成煤作用

传统的成煤作用理论或以往大多数煤地质研究者认为,成煤作用发生在一个水进水退旋回中的水退期,这一成煤模式的核心思想是聚煤盆地演化具有阶段性,在这一阶段的后期,沉积体系中活动碎屑系统废弃而使盆地范围内大部分或全部沼泽化,进而泥炭沼泽化,在泥炭堆积适宜的区域发生成煤作用且地壳沉降区得以保存的情况下形成煤。可以说,世界上很多煤层都是在水退过程中或者是在近海成煤环境下形成的,海退条件下形成的煤系要求盆地沉降不能停止(Diessel,1992),而且,要在整个泥炭生成范围内发生沉降,甚至向盆地方向沉降幅度更大。因此,这将导致滨海平原洼地的形成,而且泥炭堆积速率与沉降容纳速率保持平衡。除非有突发性洪水事件导致泥炭发育中止,正常情况下,在整个海退期泥炭聚积作用将持续进行,直到盆地演化的下一阶段活动碎屑体系(如冲积体系发育)复活而使泥炭沼泽发育中止。

"陆相成煤模式"更能说明煤是在陆相条件下或者是在盆地水域退却的情况下,由泥炭沼泽发育而成。在煤田地质学理论体系中,成煤作用理论是最重要的组成部分。对于泥炭沼泽的定位,既不是水域也不是陆地,沼泽是水域与陆地的过渡环境。在成煤作用过程中,这样的过渡环境是非常关键的。但问题是这个过渡环境在成煤作用发生和盆地演化过程中能够持续多长时间。因此,水域体制是成煤作用理论中最重要的一个因素。对于盆地的水域体系,以往煤田地质学的理论是很少涉及的,这样就限制了成煤理论的进一步发展。

2. 幕式成煤作用

幕式成煤作用(episodic coal accumulation)是中国矿业大学张鹏飞先生与邵龙义教授(1992)研究中国南方石炭系—二叠系时在海侵过程成煤理论的基础上提出来的,他们注意到海陆交互相环境中的一些厚煤层横跨不同相区且呈大面积分布(数百至数千平方千米),同时也注意到有些大面积连续展布的煤层的形成环境与煤层下伏沉积物的沉积环境并没有必然的联系,他们用幕式成煤作用理论表示这种横跨不同相区的大面积的聚煤作用。由于海侵过程成煤的聚煤作用主要发生于海平面上升阶段,且此时区域基准面随着海平面的上升而上升,从而提供有利于成煤的可容空间,使得厚煤层得以聚集。因此,可以证明在海泛期可能形成一个沉积旋回中分布最广泛的煤层,而且在最大海泛期可能形成沉积旋回中最厚的煤层或灰岩层。这种大范围的聚煤作用是由区域性的甚至全球性的海平面(基准面)变化引起的,它可以跨越不同的亚环境、不同的沉积相带甚至不同的盆地。这一理论强调海平面幕式上升期间滨岸平原环境的聚煤作用和幕式成煤作用的同期性。

3. 事件成煤作用

鉴于在不少地区发现海侵组合与煤层具有密切关系,而不少海侵沉积被认为是事件海侵沉积,李增学等(1995)提出了海侵事件成煤作用的观点。这个观点的基本内容是:海相沉积与煤层的组合受海平面变化周期的控制,海侵开始之初,可能导致在原有暴露的土壤基础上发育泥炭沼泽;这种泥炭沼泽是在陆表海盆地海水退出一个时期后,由于暴露土壤化,或者海水退出不是十分彻底,而使盆地处于个别浅水但不是一种典型水域的环境,这实际上是一种特殊的沼泽环境;由于这种环境持续相当长的时间,植物生长蔓延,泥炭沼泽进一步发展;这种泥炭沼泽不同于大陆上的泥炭沼泽,时常受到海水的侵扰;泥炭在后来大规模的海侵发生后被保存。据李增学等(2001,2002,2003,2004)研究认为,煤层与海侵层有下列组合关系:在低级别的海平面变化周期中形成薄层海相灰岩/较厚煤层的组合,高级别的海平面变化周期中则多形成厚层海相沉积/薄煤层组合。在层序地层格架中,海侵体系域的煤层位于体系域的底部,而海退成因的煤层则位于高位体系域的顶部。可以说,煤层的发育都与海平面升降变化中的转折期有关,而海侵成煤成为陆表海盆地成煤的重要特色。在低级别的海平面变化周期内,适合泥炭沼泽发育的时间持续相对较长,尽管海平面波动对泥炭堆积产生重要影响,但泥炭堆积得以较稳定地进行且最终成煤。海侵事件成煤的等时性也从华北大型陆表海盆地海相沉积和煤层中的生物组合、地球化学特征、地球物理数据等时对比得到证实。

二、成煤系统分析

随着国际能源需求的增长,世界主要产煤国都在致力于不同地质时段、不同聚煤区和不同沉积盆地的聚煤规律研究。在煤田地质基础理论研究方面,我国学者提出了聚煤作用系统(coal accumulation system)论;美国学者 Milici 等(2005)提出了成煤系统(coal system,也称煤系统,或含煤系统)的概念。按照 Milici 等(2005)的意见,成煤系统是指形成史相同或相近的几个煤层或煤层群。划分或定义成煤系统的标志主要有:①古泥炭堆积的原始特征;②煤系的地层格架;③主要地层组的煤层丰度;④与古泥炭堆积的地质和古气候条件相关的煤中硫含量及其差异性;⑤煤的变质程度或煤级。煤是原始泥炭经历一系列既复杂又互相关联的地质过程的产物。一般来说,煤层可用其煤级(褐煤到无烟煤)、厚度、空间展布、几何形态、煤岩与煤化学特征、生成生物气与热成因气以及液态烃的潜力等特征来描述。成煤系统分析与建立成煤系统模型不仅将煤的形成、煤质及其环境效应和煤作为烃源岩的认识水平提高到一个新的境界,也为煤炭资源和煤层气资源评价提供了系统理论基础。

成煤系统理论一方面把煤地质学的各个分支学科置于统一的研究框架之下,从而弥补了煤田地质学家通常仅对有限的煤地质领域(如含煤岩系的地层学和沉积学)感兴趣,导致研究系统性和完整性不足的缺陷;另一方面,成煤系统分析方法也是组织、集成煤盆地(煤田)各种地质信息的工具。

三、深层煤矿床赋存规律与探测体系

受资源地质条件和煤炭消费市场的限制,我国的大型骨干煤矿区主要位于秦岭以北、贺兰山—六盘山以东的华北和东北地区。经过50多年的大规模开发,一些大型煤矿区的浅部煤炭资源已经枯竭。据预测,到2020年,40%的国有重点煤矿和60%的国有地方煤矿将因浅部煤炭资源枯竭而面临关闭。如何解决未来的煤炭供应缺口、保证国家能源安全是煤炭工业面临的一个严重挑战,煤田地质学者肩负重任。深部和浅部煤炭资源赋存规律、勘查和开采环境存在重大差异。为此,国家科学技术部组织相关专家经3轮详细论证,于2006年实施了国家重点基础研究发展计划项目——"深部煤炭资源赋存规律、开采技术条件与精细探测基础研究"(虎维岳、何满朝,2008)。这项研究主要围绕深部煤矿床形成演化与赋存规律,深部高应力场、高地温场、高承压水体和瓦斯渗流场特征及其多场综合效应或成灾机制与评价,深部煤岩体的流体来源、运移赋存规律和多相介质的耦合作用,深层煤矿床关键地质体和多相介质的地球物理响应与综合勘查理论等关键科学问题,对华北东部深层煤矿床的赋存与分布、开采地质条件(应力、地温、岩溶水、瓦斯)和探测体系进行了综合研究。这是中国煤田地质学结合国家目标的重大研究命题。

四、煤层气(煤矿瓦斯)赋存与富集机理

美国是率先开展煤层气地质研究和勘探开发成功的国家。美国的煤层气理论体系最初是

建立在 San Juan、Black Warrior、Powder River 等落基山前陆盆地相对简单的煤地质条件和特定环境基础之上的。中国煤盆地的地质背景远比美国复杂。由于成煤条件的多样性、成煤时代的多期性、构造的复杂性及改造的多幕性和不均一性，使得我国已勘探的主要煤储层具有低压、低渗、不饱和、构造煤发育和高煤级煤产气的特点。美国的煤层气地质理论并不完全适用于我国。国家重点基础研究发展计划项目"中国煤层气成藏机制及经济开采基础研究"已于 2008 年完成煤层气地质理论以及勘探开发试验的总结工作，其主要进展有：①通过典型盆地或煤田的煤层气成藏动力学系统及其成藏机制（叶建平等，2002；张泓等，2005）的研究，深化了对煤层气富集规律及其控制因素复杂性的理解，指导了煤层气开发有利区块优选；②提出了煤层气富集单元概念，建立了富集单元序列（张新民等，2005），在完善资源分类系统的基础上，提出了煤层气可采资源量计算方法。

瓦斯地质和煤层气地质是一个问题的两个方面，它们均以煤层中自生自储的甲烷气体及其相关地质问题作为研究对象。不过，瓦斯地质是结合煤矿采掘工程，从保障煤矿安全生产角度研究煤层瓦斯赋存、涌出和煤与瓦斯突出自然规律的。正在实施的国家自然科学基金重点项目"煤矿瓦斯构造控制机理研究"和国家重点基础研究发展计划项目"预防煤矿瓦斯动力灾害的基础研究"，在特定地质条件下瓦斯的赋存、运移规律，煤与瓦斯突出机理，煤层瓦斯含量、瓦斯涌出量和瓦斯突出危险性的预测，瓦斯突出危险区的地球物理辨识体系等方面，都取得了重要进展。应该特别指出的是，传统的瓦斯地质研究属灾害地质学范畴。近年来，由于对洁净能源的需求以及煤层气地质和瓦斯地质的协同研究，人们对煤矿瓦斯的认识已经发生了由灾害到资源的转化；有关建立煤层气地面与煤矿井下一体化抽采系统、煤矿井下煤-气共采体系等问题，已引起我国相关部门和学者的高度重视。

五、煤田综合勘查体系与煤矿开采地质保障系统

长期以来，我国煤田地质界普遍采用的以钻探为主的勘查方法，保证了浅部煤炭资源勘探开发的需求。但是，煤炭工业的高速发展对煤田地质勘查提出了更高的要求。煤矿三维地震勘探发展迅速，除常规的构造及解释外，煤田地震地层学、煤层的精细描述技术也取得了很大的进展，三维三分量地震勘探技术在裂隙、应力和瓦斯地质评价和预测方面提供了更多的信息。为了快速、准确地查明煤炭资源和煤矿开采地质条件，改变以钻探为主的勘查模式，充分发挥各类勘探手段的技术特长，优化综合勘探方法，建立多手段立体交叉式勘探技术体系，已经成为煤田地质界的共识。

大型现代化煤矿要求预先查明开采前地质体的精细变化，煤矿开采中瓦斯、水、火、顶板、煤尘五大灾害都与煤矿开采地质条件有关。因此，建立煤矿地质保障系统已经成为煤炭高产、高效、安全生产的关键环节。我国煤矿水文地质条件复杂，受水威胁的煤田严重程度属世界之最。近年来，在煤矿突水机理和陷落柱发育规律、保水采煤技术、煤田岩溶水防治技术体系、煤层底板含水层注浆改造可靠性保障技术和水情自动监测等方面都取得了重要进展，保护了一批受水害威胁的煤炭资源。矿井直流电法、矿井音频电穿透、矿井无线电波透视、槽波地震、瑞雷波地震、矿井二维和三维地震、矿井地质雷达等勘察方法为煤矿地质体的精细探测作出了重要贡献，并成为煤矿地质保障系统中综合探测技术的重要部分。

煤田地质勘探是一项庞大的系统工程。计算机技术已广泛应用于煤田地质勘查的各个领域，力图实现数据资源共享和传输过程的信息化。以"3S"技术系统为平台，中国地质调查局发展研

究中心更新和升级了"全国煤炭地质工作程度数据库",研发并建立了全国煤炭资源地质主流程信息系统,开发地质信息三维可视化技术,建立了勘探区高分辨率地质模型。同时,信息技术正在向矿井地质多元信息集成分析与预报方向发展。实现煤矿高效、安全开采过程中的动态地质保障,是以煤矿生产动态过程中所揭露的实际资料为约束,通过大量矿井多元地质信息的重新处理和精细解释,进行未采区地质条件的实时、动态预报。以工作面的小构造预测为目的,在矿井地质多元信息(地质、钻探、物探、采掘)提取、处理的基础上,实现三维地震属性信息与矿井地质动态信息相互融合。

六、含煤地层层序地层研究

层序地层学形成于20世纪80年代末,是地球科学领域经过20多年时间形成和发展起来的一门新兴边缘学科,对地层学及其相关学科产生了深刻的影响。经过国内外地质学家和地球物理学家以及相近学科领域科技工作者的不断努力,层序地层学已经成为地质科学研究中的重要学科,在资源勘探中发挥了重要作用。煤田地质工作者将层序地层学理论和方法应用到煤田地质工作中,为含煤岩系成煤模式和聚煤规律的研究开辟了新的方向和思路,极大地促进了含煤岩系沉积学的发展。

1992年,Diessel第一次应用Exxon学派层序地层学模型的概念对煤层的形成及保存作了全面、综合性的阐述,提出了海侵—海退煤层的沉积层序模型,含煤岩系层序地层学的研究开始走上正轨。Diessel(1992)提出大面积分布的以海相石灰岩或含海相化石的泥岩为顶板的含煤旋回层序中,煤层多是在海侵过程中形成的。海平面抬升不仅为泥炭聚集提供可容空间,而且可以降低河流梯度,使携带陆源碎屑的河流收缩到成煤沼泽之外。Bohacs和Sute(1997)详细分析了近海煤系地层成煤作用与可容纳空间的关系,指出与泥炭产率相关的可容纳空间的增长率是控制煤层形成和保存的主要因素,并提出了一个预测煤层厚度和几何形态分布的模型。根据这个模型,大多数重要煤层(基于厚度和区域分布)形成于低位体系域晚期到海侵体系域早期;另外,海侵体系域晚期到高位体系域早中期也有重要的聚煤作用发生。Diessel(2000,2007)在广泛调研的基础上绘制了世界上不同时代、不同盆地的成煤作用与沉积层序体系域的关系。世界上绝大多数煤层形成于海侵体系域早期和低位体系域晚期,另一个次级的成煤作用发生在海侵体系域晚期至高位体系域早期,此时可容纳空间的增长速率与泥炭堆积速率大致平衡,从而有利于泥炭的生成和保存。

煤系地层中关键层序界面的识别对世界上不同类型聚煤盆地、不同时代的巨厚煤层提供了合理的解释。Shearer等(1994)认为绝大多数厚煤层是由若干个古泥炭体复合而成,古泥炭体之间由标志着水位下降事件的界面分隔开。根据这种观点,Banerjee等(1996)认为厚-巨厚煤层可能是内部多个高频层序的复合体。Diessel(2007)利用煤地球化学参数和煤岩、煤相学参数来反映可容纳空间和成煤环境的垂向变化特征,从而可以对巨厚煤层中的体系域及准层序界面进行识别和划分,为研究区域性分布的厚-巨厚煤层的成因机理找到了突破口。

第四节　煤的使用范围

远在2000多年以前,我国劳动人民就首先发现了煤炭并将其用作燃料。但是由于当时科学技术不发达,在一个较长的时期内,煤的利用仅限于较狭窄的范围,如做饭、取暖、打铁器等。

随着近代工业,特别是冶金、有机化学合成工业的发展,煤的需求量也日益增加,用途也越来越广泛。

(1)动力和民用燃料。近代工业中最主要的动力基础是电能,目前我国虽然在大力兴建水电站,但是大部分的电量仍然是以煤为燃料的火电厂生产的。据统计,每发一度电需标准煤450~480g,折合一般原煤约0.5kg。发电可用各种牌号的煤,对于煤的质量要求不高,原煤、粉煤、石煤、洗中煤、煤泥等都可作发电用。同时,煤又是运输的重要燃料,不仅铁路上的蒸汽机车烧煤,而且水上的轮船也消耗很多煤炭,每千米铁路网每年耗煤10t以上。其他各种利用蒸汽的动力、取暖、生活都要消耗大量的煤炭,如果没有煤炭,要发展任何现代工业都是不可想象的。

(2)气化。气化就是将固体的煤炭在煤气发生炉里进行不完全燃烧和化学反应,得到一氧化碳、甲烷、氢气等可燃气体。煤气是极好的工业与民用燃料,同时又是化学原料。使用煤气为燃料比直接烧煤效率要高1倍多,而且清洁、简便、热量稳定、易于控制、节省运输力,因此已广泛用于钢材、金属、热处理、窑业化工冶金燃料及民众生活等。水煤气是制合成氨肥料与炸药的主要原料之一,焦炉煤气不但可作合成氨,而且还能作合成纤维用。当用褐煤和烟煤造气时,同时还可回收重要的化工原料——煤焦油。

(3)炼焦。将有黏结性的煤在炼焦炉中隔绝空气加热,就得到坚固多孔具有化学活性的焦炭,同时得到煤焦油、苯、氨、煤气多种产品。焦炭是冶金工业的重要原料之一,它不但是燃料而且是还原剂。煤焦油和粗苯氨都是重要的化工原料,它是炸药、肥料、农药、医药、染料、塑料、香料等的主要来源。随着国民经济的发展,炼焦化学工业将迅猛发展并日益显示出其综合利用的广阔前景。

(4)化学合成(煤-电石-乙炔)。用煤或焦炭与石灰石混合加热到3000℃时可制得电石(即碳化钙),电石与水作用,就得到乙炔。乙炔在燃烧时,具有高温,能切割钢板、熔化金属;乙炔又是化学合成的原料气,是人造纤维、合成橡胶、电影软片、不碎玻璃、抗冻剂、醋酸、炭黑、酒精塑料、颜料等的原料,是化学合成工业发展的一个重要方面。

(5)褐煤、泥煤的综合利用。从泥煤和褐煤中可以提制腐植酸用以制作染料和肥料,还可氧化后制草酸和醋酸。

(6)石煤的综合利用。石煤与其他煤种相比,虽然含碳量低,杂质也较多,但只要掌握它的特性,采取一定措施,也可以利用。目前,在地方工业和民用上,用石煤作燃料烧饭、烧石灰、炒茶、烘茧、烧陶瓷等;燃烧后的石煤渣可制成碳化砖、瓦、水泥等建筑材料;在工业上,除用作燃料烧锅炉(有沸腾式、喷粉式、搁管式等)制气发电外,还可作化工原料,制合成氨原料——水煤气。此外,石煤还含有镍、钒等稀有元素可以提取。

(7)其他方面。为了变废为宝,应大力利用煤灰、煤矸石为建筑材料制水泥、砖等,从煤气中回收国防和化工的重要原料硫磺,以及从废渣废气中提炼稀有元素锗等。

总之,煤的用途十分广泛,综合利用大有文章可做。

第五节 煤田地质学学科框架体系

煤田地质学是应用地质学的原理和方法研究煤炭资源成因、性质、赋存、勘查、开发、利用和环境保护等方面的地质学分支学科。随着煤炭资源开发利用程度的提高、全社会环境意识的加强和可持续发展观念的不断深入,煤炭地质工作已经由大规模找煤、勘查,扩展到煤炭勘查、生产和加工利用全过程,以及相关的资源保护与环境保护工作。因此,煤田地质学不仅要研究煤的形成和聚集规律、赋存状态、资源评价、开采条件等资源勘查、开发和利用中的基本地质问题,还要研究和解决煤炭资源开发利用中不断出现的新问题(肖建新,1998;张鹏飞等,2003),如高产、高效、高安全、高回收率开发的地质保障,煤及其共伴生矿产的综合利用,煤炭开发过程中的废弃物的处理,矿区复垦,碳捕获与碳封存技术等(巢清尘和陈文颖,2006)。

基于以上分析,曹代勇等(2010)构建了由理论基础、技术支撑、研究内容、工作目标4个部分构成的煤炭地质学研究框架体系(图1-1)。这一研究框架强调了煤田地质学应承担的四大任务和目标:① 为确保国家能源安全维持充足稳定的资源供应;② 为煤炭工业实现高产、高效、高安全、高回收率提供可靠的地质保障;③ 实现煤炭资源的高效洁净利用;④ 减少煤炭开发利用全过程的伴生地质灾害,降低环境影响。

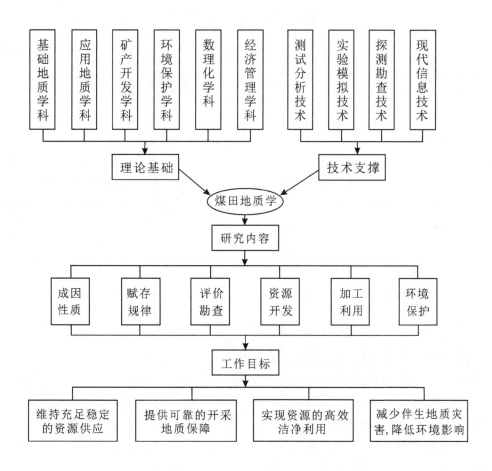

图1-1　煤田地质学学科框架体系(据曹代勇等,2010修改)

第二章 聚煤古构造、古地理背景及其与富煤带的关系

第一节 聚煤盆地

聚煤盆地是指原始含煤沉积盆地，聚煤盆地可以保持其原始沉积盆地的基本面貌，但大多数由于后期构造变动和剥蚀作用而被分割为一系列后期构造盆地。煤盆地是国际上较为通用的术语，其含义比较广泛，可以指聚煤盆地，也可以指后期构造盆地。

含煤沉积往往仅出现于沉积盆地演化的一定阶段和一定部位，在时序和空间上可以过渡为含油、气或其他沉积矿产的沉积岩系，组成可燃有机岩沉积序列或沉积矿产序列。聚煤作用有时在整个沉积盆地范围内发生，有时只发育于大型沉积盆地的边缘地带。还常见这种现象，即随着沉积盆地的演化，含煤层段和聚煤带在盆地范围内发生时空迁移，含煤层序和非含煤层序在时间和空间上相互交替，共同构成盆地的地层格架。因此，应当把整个沉积盆地作为一个整体研究，分析煤层聚积、分布和迁移的规律。

一、聚煤盆地的形成条件

聚煤盆地的形成和聚煤作用的发生，是古气候、古植物、古地理和古构造等地质因素综合作用的结果。

植物遗体的大量堆积是聚煤作用发生的物质基础。自从地球上出现了植物，便有了成煤的物质条件。早古生代煤主要是由以滨海—浅海藻菌类为主的低等生物所形成的，是一种高变质的腐泥煤。大约自志留纪末开始了由海洋向陆地的"绿色进军"，在滨海地带由原始陆生植物形成了泥盆纪的腐植煤。自泥盆纪开始，陆生植物不断发展、演化、更替，并由滨海地带逐步扩展到内陆，由原始陆生植物演化为种属繁多的高等植物。为了适应不同的生存环境，植物界逐渐形成不同的植物群落，出现了植物地理分区，为成煤提供了丰富的物质基础。石炭纪、二叠纪、侏罗纪、白垩纪、古近纪—新近纪成为地史上的几个重要聚煤期。地史期植物的演化表现为突变和渐变两种形式。突变期，在较短的地史时期有大量新旧属种的更替，是植物进化的飞跃阶段；渐变期，植物属种比较单一，但扩展迅速，茂密成林，往往是强盛的聚煤期。地史期的聚煤作用呈波浪式向前推进。

古气候是植物繁衍、植物残体泥炭化和保存的前提条件。地史期的聚煤作用主要发生于温暖潮湿气候带，而湿度是主导的因素。一个地区的气候往往与纬度、大气环流、海陆分布、地貌、洋流等多种因素的影响有关。纬度和大气环流形成全球性的气候分带，使聚煤带沿着一定的纬度展布，如横跨欧洲、北美的石炭纪聚煤带。海陆分布、地貌等可形成区域性气候区，叠加在全球性气候带的背景上，形成不同规模的聚煤区。如环太平洋分布的古近纪、新近纪聚煤盆地，明显地受到海洋潮湿气流的控制。聚煤盆地形成在潮湿气候带覆盖的地区，随着潮湿气候带的迁移，聚煤带和聚煤盆地也相应地发生迁移。如我国中生代聚煤盆地自西南向华北、东北的逐步迁移，就是以干旱带和潮湿带的同步迁移为背景的。

适宜的沉积古地理环境为沼泽发育、植物繁殖和泥炭聚积提供了天然场所。聚煤作用主要发生于滨海三角洲平原、潟湖—潮坪—障壁体系、冲积扇和河流沉积体系，以及大小不等的内陆和山涧湖泊、溶蚀洼地等。从总体上看，泥炭沼泽往往分布于剥蚀区至沉积区的过渡地带，既受到剥蚀区位置、范围、性质、抬升速率和物源供应的影响，又受到沉积区位置、范围、沉降速率、稳定水体及其水动力条件的影响。因此，聚煤古地理环境是一个非常敏感的动态环境，只有在各种地质因素有利配合下，才能发生广泛的聚煤作用。地史期的成煤古地理环境是由滨海环境逐渐扩展至内陆环境。根据对全球被动大陆边缘地震地层的划分对比，证明很多盆地的沉积可以划分为不连续的沉积层序，并能在世界范围进行对比，全球性海面变化是形成这种旋回的唯一可能机制。Vail 等（1977）进而提出显生宙的海平面变化和旋回结构，为区域对比和古地理解释提供了依据。在地质历史时期，许多重要的聚煤盆地与陆表海、陆缘海密切相关。海面变化会引起大范围的岸线迁移，在海侵和海退过程中都可以有聚煤作用发生，但一般以海退趋势下出现的广阔滨海平原为泥炭层广泛发育的良好场所。

古构造是作用于聚煤盆地诸因素中的主导因素。从构造观点出发，可以把聚煤盆地看作一种特殊的构造形迹，即是说聚煤盆地在大地构造格架中占据一定部位，具有一定的几何形态和构造样式，与周围的其他各种构造形迹有着成生联系，可以归入某种构造体系。聚煤盆地是特定的区域构造应力场的产物，具有一定的地球动力背景。随着板块构造学说的提出和发展，特别是采用地震探测等新技术对大陆和大陆边缘现代沉积盆地的研究，学者们提出了比较系统的现代沉积盆地的构造分类，从而使沉积盆地的研究建立在全球沉积和构造过程上。地壳的缓慢沉降是泥炭层堆积和保存的先决条件，含煤岩系由煤层和以浅水环境为主的碎屑沉积物组成，也是地壳边沉降、边堆积的结果。地壳的沉降范围、幅度、时期和速度，决定了聚煤盆地的范围、岩系厚度沉积补偿及沉积相的组成和分布。地史时期的聚煤作用常常出现于一场剧烈的地壳运动之后，聚煤盆地也往往分布于稳定陆块的前缘活动带，或隆起造山带的前缘坳陷带，形成巨厚的含煤岩系。聚煤盆地也常见于克拉通内部的活化坳陷区域或断陷带。因此可以说，聚煤盆地的形成与地壳一定程度的活动性有关，是地壳运动过程的产物。

古气候、古植物、古地理和古构造等因素，在一定地区或一定条件下都可能成为聚煤作用的决定性因素。一般来说，古气候、古植物条件提供了聚煤作用的物质基础，常作为聚煤盆地形成的区域背景来考虑，而古地理和古构造则是具体聚煤盆地形成、演化的主要控制因素。沉积盆地是沉积物搬运和沉积的活动舞台，各种动力条件，特别是流水作用，扮演着十分活跃的角色，形成各种各样的沉积环境，构造因素则类似一幕影剧的导演，决定了各种沉积环境的配置和演化，构造的这种制导作用往往通过沉积作用和沉积环境表现出来。

二、聚煤盆地的基本类型

根据聚煤盆地形成的动力条件,可划分为坳陷型、断陷型和构造-侵蚀型3种基本类型的聚煤盆地,3种基本类型之间还存在着各种过渡类型。

1.坳陷型聚煤盆地

坳陷型聚煤盆地亦称波状坳陷盆地。盆地的基底基本上为一连续界面,聚煤期地壳运动以宽缓开阔的波状隆起和坳陷为主,含煤岩系就形成于波状坳陷内。波状坳陷可能是地壳薄化引起的区域沉降,也可能是壳下物质活动引起的热沉降,或区域构造应力场造成的地壳波状变形。坳陷型聚煤盆地内部比较稳定和均一,但常常邻接活动构造带,受到各种板块边缘活动动力效应的波及,因此盆地边界构造对盆地的形成和演化有重要的影响。

聚煤盆地的基底界面可以是连续沉积界面,也可以是遭受长期风化剥蚀的间断面。在盆地形成演化过程中,基底脆性断裂变形不明显。坳陷型盆地的几何形态多呈圆形或椭圆形,其横剖面有些是对称的,有些则不对称。盆地的规模可大可小,大者可达数十万平方千米。含煤岩系的形成主要受缓慢沉降过程控制,沉降中心一般位于盆地的中部。大型陆表海或内陆湖盆,含煤岩系主要发育于滨岸地带,以侧向进积为主,常表现为快速海退旋回,随着水域进退可形成一系列含煤沉积楔形体,地层剖面中沉积间断和河流冲蚀、再造层比较发育,构成相当复杂的盆地充填层序。盆地中部距陆源区较远,往往出现欠补偿环境,可能过渡为含煤层序与碳酸盐或深水泥质岩层序的交替,呈现大体对称的旋回结构。盆地的沉积中心与沉降中心可能不一致,最大沉积厚度带往往是陆源供应充分的进积三角洲朵状。坳陷型聚煤盆地含煤岩系的岩性岩相和含煤性比较稳定,并沿走向和倾向做有规律的渐变,沉积物成熟度高,经过了流水的远距离搬运和再分配,旋回结构清晰,煤层发育比较广泛、稳定,易于对比,陆源区和含煤沉积区相对高差不大,因而盆地的边缘相一般表现为河流沉积物的显著增加。

大型坳陷聚煤盆地内部常常发育次一级隆起和坳陷,对沉积岩相、沉积厚度和聚煤作用有显著影响,在盆地演化过程中次级隆起和坳陷可以发生转化或迁移,相应地造成岩相的变化和岩相带的迁移。由于坳陷型盆地具有构造相对稳定的特征,所以流水搬运起着十分重要的作用,河道沉积构成盆地沉积体系的骨架,流水型式和水动力条件往往决定了岩性岩相和厚度分布。因此,在利用相-厚度法分析盆地构造时,应当充分考虑流水动力因素的影响。

我国华北石炭纪—二叠纪聚煤盆地是一个比较典型的波状坳陷型聚煤盆地,一个克拉通内沉积盆地。盆地南、北两侧分别以秦岭-大别和阴山活动构造带为界,总体为一个由西北向东南缓倾的箕状盆地。盆地的基底为中奥陶统侵蚀界面,盆缘局部地段为寒武系或震旦系。华北石炭纪—二叠纪煤系由一个完整的海侵—海退旋回组成。在海域不断扩张的总趋势下形成以潟湖—潮坪—障壁体系为主的早期聚煤环境,以稳定的薄—中厚煤层和浅水碳酸盐岩层的广泛发育为特征,旋回结构清晰,煤层易于对比。晚石炭世中晚期,海域范围最大,在盆地北缘山前地带发育厚煤层。大约自晚石炭世晚期,由于内蒙古-大兴安岭海槽渐趋封闭,盆缘隆起带多河系携带的大量陆源碎屑注入盆地,开始了盆地范围的海退期。在海退的总趋势下,形成以浅水进积三角洲为主体的晚期聚煤环境。中—厚煤层广泛发育,煤层稳定性较差,常见沉积间断和河流冲蚀现象。整个聚煤盆地内含煤岩系的岩性岩相和富煤层段、聚煤带呈现规律性变化,大体为"东西向成带,南北向迁移"的总格局(图2-1)。

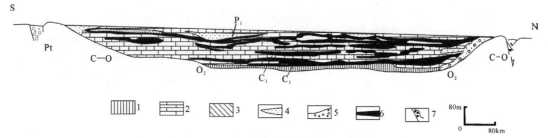

图 2-1 华北石炭纪—二叠纪煤盆地沉积-构造剖面示意图
1. 潟湖—滨海铁铝质沉积；2. 潟湖—障壁含煤沉积；3. 海湾、潮坪沉积；4. 浅水三角洲含煤沉积；5. 冲积扇-河流含煤沉积；6. 煤层；7. 断陷盆地

2. 断陷型聚煤盆地

断陷型聚煤盆地的基底为不连续界面，成盆期地壳运动以块状断裂运动为主。断陷盆地可以是由地幔隆起诱发的表层引张作用而产生的地堑型盆地，也可以是由伸展作用所产生的正断层系形成的半地堑型盆地，或者是由走向滑动断层所派生的垂向分量形成的拉分盆地。盆地的边缘常常存在主干断裂，对盆地的形成和演化起控制作用，基底断块的旋转、滑落是盆地形成的主要动力方式。

盆地的基底界面一般为不整合构造-剥蚀面，并被先成断裂系所切割。盆地一般呈狭长几何形态，其延伸方向与控制性断裂的展布方向相一致。盆地的横剖面一般不对称，沉降中心靠近主盆缘断裂一侧。单个盆地的范围有限，但常常按一定方位和组合形式成群成带出现，构成盆地群，且具有相当可观的规模和煤炭储量。含煤岩系的形成主要受断裂作用及基底断块旋转、沉陷的控制。由于主干断裂的间歇性活动和基底断块的差异沉陷，导致极其复杂的构造-岩相样式。含煤岩系向盆缘断裂一侧倾斜和增厚，盆地内部的基底断裂系对沉积岩相、厚度有明显控制作用，尤以盆地发育的早期阶段最为显著。盆地的充填序列一般为双层结构，以代表非补偿盆地的湖相泥岩段为基准：可划分为下、上含煤组，分别代表断陷聚煤盆地的不同演化阶段，一般以湖泊淤积基础上形成的上煤组为主。含煤岩系的岩性岩相变化剧烈，对比困难。靠近盆缘断裂的内侧发育粗碎屑冲积扇，煤层和煤层组沿走向形成富煤带，沿倾向与盆缘冲积扇犬牙交错，急剧分岔、变薄、尖灭。断陷型聚煤盆地中常形成巨厚煤层，最厚可达 200 余米。

断陷型聚煤盆地在演化过程中，常常发生超覆扩张和退缩分化。通常，表现为由盆缘断裂一侧向盆地单斜基底一侧超覆。大型断陷盆地可能由下伏断陷亚盆地和上覆断陷-沉降盆地组成不同沉积-构造层次，代表断陷盆地的不同演化阶段。在盆地的演化过程中，也可能发生动力作用性质、方向和方式的转化，诱发基底断块产生反向运动或走向滑动，从而在一定层位产生次级同沉积构造，控制了上覆岩系的岩性岩相和厚度变化。

我国内蒙古霍林河煤盆地是一个半地堑聚煤盆地，盆地沿北东向延伸。晚中生代含煤岩系与下伏火山岩系为假整合接触，基底为石炭纪—二叠系浅变质岩系。盆地西北缘为盆缘主断裂。盆地自下而上可划分为 6 个岩段，由冲积扇粗碎屑岩、深湖泥质岩以及冲积、湖泊含煤岩系构成一个大型沉积旋回。含煤岩系总厚 1600m。由东南向西北增厚，粗碎屑岩主要分布于西北翼盆缘断裂内侧。煤层最大厚度位于盆地中部，向西北翼煤层层间距加大，并分岔、变薄和尖灭，与粗碎屑岩楔形交错；向东南翼煤层有合并现象，煤层层间距减小，层数减少。富煤带与岩相带一致，平行盆地长轴方向延展（图 2-2）。

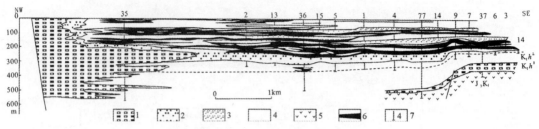

图 2-2　内蒙古霍林河下含煤层段沉积断面图（据李思田等，1988）
1. 砂砾岩；2. 砂岩；3. 粉砂岩；4. 泥页岩；5. 花岗岩；6. 煤层；7. 钻井

3. 构造-侵蚀型聚煤盆地

地质外营力（如河流、冰川、风等）的侵蚀和溶蚀作用形成的地形洼地，称为侵蚀盆地。在适宜的气候、水文条件下，洼地可以沼泽化而堆积泥炭。堆积作用主要是将侵蚀或溶蚀洼地填平补齐，含煤沉积厚度仅数米至数十米。沉积于沉积间断和剥蚀面上的含煤岩系，其底部层段和煤层常常具有这种填积特征。如我国云南东部的宜良、沾益等地的早石炭世含煤岩系直接超覆于泥盆系侵蚀面上，煤系厚度很薄，一般为数米至数十米。煤层赋存于剖面下部，含煤 1~3 层，层厚 0.3~1.0m，局部可达 10m。煤层发育明显受古地形的影响，煤体呈透镜状，延伸不远即变薄、尖灭（图 2-3）。

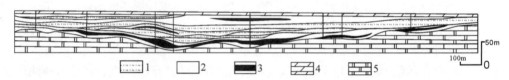

图 2-3　云南沾益天生坝煤矿含煤沉积剖面图（据杨起、韩德馨，1980）
1. 石英砂岩；2. 泥岩；3. 煤层；4. 泥页岩；5. 白云岩

侵蚀盆地内含煤岩系的不断堆积必须以区域性沉降为构造背景。流水侵蚀和溶蚀是盆地形成和扩展的直接动力，提供了聚煤作用的场所，且流水体系是盆地覆水程度和泥炭沼泽发育的重要控制因素。区域性的缓慢沉降，提供了含煤岩系堆积、加厚的构造条件，即所谓构造-侵蚀盆地。这类盆地虽然数量不多，但有时却赋存巨厚煤层。

上述 3 种聚煤盆地基本类型是一个连续系列，常见各种过渡类型，特别是坳陷型和断陷型的过渡类型，称断坳型聚煤盆地。随着近代深层地震探测技术的应用和发展，已证实基底断裂和地壳、岩石圈断裂是很多沉积盆地形成的控制性构造，这是在探讨聚煤盆地类型时值得注意的动向。此外，聚煤盆地的基本类型只是最一般性的概括，并不是系统的聚煤盆地分类。聚煤盆地的构造分类应当与盆地所处的构造部位和构造环境联系起来。

第二节　聚煤盆地构造

盆地基底先存构造是指盆地形成之前基底岩系中已经存在的各种构造形迹。基底先存构造对盆地几何形态、水系样式和盆地早期的构造格架等有重要影响，某些基底先存构造形迹也可能发生再活动，成为成盆期同沉积构造系的组成成分。成盆期同沉积构造泛指盆地充填过程中对盆地形成演化起控制作用的基底构造和影响岩性岩相及厚度分布的盆地内部低级别构造。成盆期同沉积基底构造活动是盆地形成、演化和构造格架的主要控制因素,它与基底先存构造可能属于不同的构造旋回,形成于完全不同的动力作用方式和方向。同沉积基底构造可以追踪先存构造形迹,其发育部位、延展方向受到先存构造的制约,也可以是新生的构造系,穿切基底先存构造形迹,或迁就、利用、包容先存构造形迹,使其作为新生构造系的组成成分。

一、盆地基底先存构造

盆地基底和盆地充填岩系之间常常存在构造-剥蚀面。盆地基底性质、界面特征和先存褶皱、断裂等构造形迹,对盆地的几何形态、构造格架、沉积环境单元配置和早期充填序列有重要影响,是盆地构造分析的重要内容。

1. 基底先存褶皱

克拉通内聚煤盆地的基底界面常常是构造-剥蚀界面,可能存在先存褶皱,这可以通过钻探和物探手段填绘基底界面古地质图加以圈定。但由于基底界面被上覆沉积岩系埋藏,因此,基底界面的性质和褶皱形态不易精确确定。基底先存褶皱是聚煤盆地形成前的古构造形迹,可以借以推断古构造的动力作用方式和方向,追溯区域构造演化史和聚煤盆地形成的构造背景。在长期风化剥蚀过程中,基底先存褶皱可能造成地貌差异,控制区域水系,在盆地形成的早期阶段对沉积环境产生显著的影响。

在盆地演化过程中往往表现出一定的继承性,影响含煤沉积岩性岩相和聚煤带的展布。如我国四川盆地,晚三叠世含煤岩系与下伏基底岩系之间为微角度不整合(图2-4)。中三叠

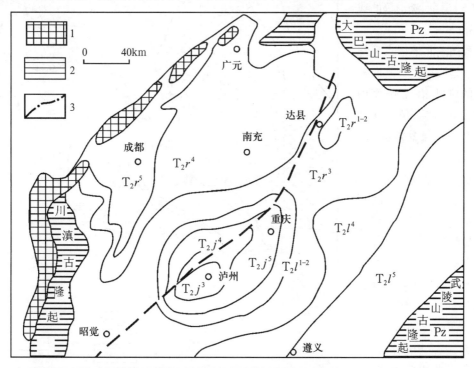

图2-4 四川盆地晚三叠世前古地质构造略图(据成都地质学院地质力学研究室,1976)
1.前震旦系;2.早古生代古隆起;3.古断裂;$T_2 j$.中三叠统嘉陵江组;$T_2 l$.中三叠统雷口坡组;Pz.古生代

世末的印支运动形成北东向泸州-开江宽缓背斜,经长期风化剥蚀后,核部出露中三叠统嘉陵江组,两翼残留中三叠统顶部的雷口坡组。晚三叠世含煤岩系形成过程中,这个大型宽缓背斜没有明显的显示,其西翼的古华蓥山断裂为沉积厚度梯度带和岩性岩相变化带,西部为稳定湖盆区,东部为河流冲积平原区。

2. 基底断裂和断裂带

张文佑(1984)依据穿层深度和地质、地球物理标志将断裂及断裂带划分为岩石圈断裂、地壳断裂、基底断裂和盖层断裂。这里所说的聚煤盆地基底断裂包括了上述各种类型的断裂,且以地壳断裂和基底断裂两种类型为主。

基底先存断裂和断裂带是地壳的薄弱带,也常常是不同构造单元的分划性构造,具有长期和多次活动的特点。断裂和断裂带沿一定方位延伸,构成聚煤盆地的边缘或轴部控制性断裂。在地貌上表现为狭长的槽地,在聚煤盆地发展过程中,作为成盆期同沉积构造控制了盆地的演变和岩相带的分布。基底断裂和断裂带可根据下列标志加以识别。

(1)基性或酸性岩浆岩带或呈串珠状分布的岩体连线。

(2)裂谷型沉积盆地和地堑盆地的伸展方向或串珠状沉积盆地连线。

(3)地热异常、热液矿化和煤的高变质带。

(4)沉积盆地边界巨厚的冲积扇带,狭窄的特殊岩相和厚度梯度带。

(5)温泉、湖泊等的线状分布。

我国东北地区古近纪聚煤盆地明显受到基底断裂带的控制,沿抚顺-密山断裂带和依兰-伊通断裂带发育两个煤盆地群(图2-5)。

单个煤盆地呈狭长几何形态,长轴方向与断裂带方向基本一致,岩相带和富煤带的展布与盆地长轴方向也大体相当。各盆地沿基底断裂带呈串珠状等距排列,十分醒目。以抚顺-密山断裂带为例,北起黑龙江省的虎林市,南至辽宁省的沈阳地区,延伸约700km,由北而南为虎林市、平阳镇、敦化、桦

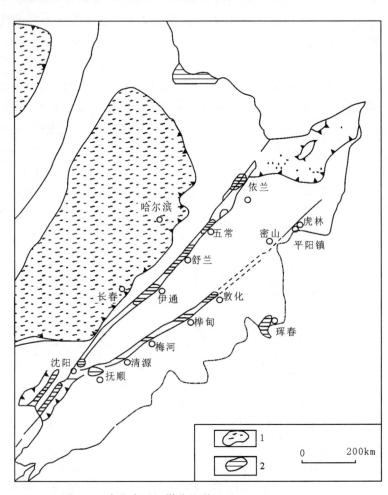

图2-5 东北古近纪煤盆地群(据杨起、韩德馨,1980)

1. 新生代坳陷;2. 古近纪煤盆地

甸、梅河、清源和抚顺煤盆地等。煤盆地的基底岩系主要为前震旦变质岩系,抚顺煤盆地的主煤层直接位于底部含煤玄武岩、凝灰岩组之上。抚顺-密山、依兰-伊通断裂带附近煤矿区的地温梯度较大,双鸭山尖山子矿为 3.6℃/100m,辽源为 3.4℃/100m,抚顺为 3.0～4.6℃/100m。由于深断裂带中、新生代以来地温较高,所以煤的变质程度也比邻区同时代煤要高,抚顺和依兰煤盆地的古近纪煤变成具有黏结性的低变质烟煤,其镜质组反射率 R_o 值已达 0.55%～0.67%。

3. 基底先存断裂网络

聚煤盆地的基底可能被不同方位的几组断裂所切割,构成基底先存断裂网络。这些断裂主要为基底断裂和盖层断裂,将盆地基底分割为三角形、菱形、四边形的楔状或柱状断块,深刻地影响着盆地的形成和演化,基底先存断裂网络具有以下主要识别特征。

(1)煤盆地大多呈三角形、菱形、四边形几何形态,由不同方向的盆缘断裂构成边框。

(2)盆地内相对抬升断块和陷落断块交错配置,形成次级断陷和断隆,存在一系列沉降、沉积中心,尤以盆地发育的早期阶段最为显著,可能形成相互分隔的亚盆地。

(3)盆地外围基底岩系出露区发育不同方位的断裂系,其构造样式可与推测的盆地基底断裂网络相类比,邻近盆地的较大规模断裂可追踪至盆地内部。

(4)主盆缘断裂一般呈锯齿状或波状,这是由于追踪其他方向断裂所形成的。

(5)沿盆地轴向和倾向岩性岩相变化剧烈,各区段含煤性差异显著。

云南昆明盆地是一个经过较为详细研究的第四纪褐煤盆地(黄发政,1984),盆地的基底界面为一古夷平面,并具有厚层风化壳。基底为震旦系、寒武系构成的复式背斜,并被多组断层所切割(图2-6)。南北向伸延的西山断层为西侧盆缘断裂,具有走滑断层性质,并将区域北东向和北西向断层围限的菱形地块分割为两个三角形块体,西侧隆升为山,东侧陷落成盆,共

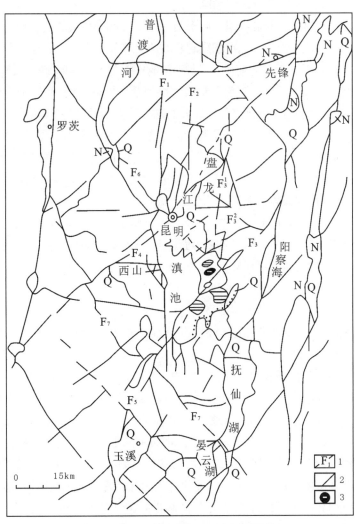

图2-6 昆明盆地构造格局(据黄发政,1984)
1.控制性断裂及编号;2.次级断裂;3.基岩剥蚀残丘
F.断裂;Q.第四系;N.新近系

同构成盆地的基本构造格架,并决定了冲积扇、三角洲和湖泊、沼泽沉积环境的配置。盆地的形成和演化受上述3个方向断层切割的基底断陷和断隆的控制。盆地形成的初期,沿先存断裂形成河谷,局部裂陷断块形成孤立的湖盆或洼地,而后超覆扩张,湖面加宽,由于河流淤浅作用而形成沼泽,在不同方向断层形成的断陷复合部位出现断陷中心和聚煤中心。基底先存断裂的复活是因区域性走滑断层所产生的局部伸展构造环境所诱发的,因此盆地基底断块的相对运动常具有反向特征,即成盆期前为正向隆起单元,成盆期则表现为负向断陷单元。盆地外围的地貌和新构造运动形迹可以提供十分重要的盆地基底构造信息。

二、成盆期同沉积构造

成盆期同沉积构造是指在盆地形成演化过程中与含煤沉积同期的构造活动和构造形迹,又称聚煤期古构造。

1. 同沉积隆起和坳陷

同沉积隆起和坳陷实际上是盆地基底不均衡沉降的表现,主要通过沉积厚度和岩性岩相的差异而反映出来。同沉积隆起和坳陷常相邻伴生。在补偿沉积盆地的条件下,沉积物厚度向同沉积隆起脊部显著变薄,向坳陷槽部增厚,这种变化反映了沉降幅度的差异。岩性岩相的变化规律必须联系整个聚煤盆地的古地理景观加以鉴别,例如在陆相环境下,当河流沿坳陷槽地发育时,较快的盆地沉降得到充分的陆源补偿,沿同沉积坳陷堆积了河流相粗碎屑沉积,而沉降速度较慢的同沉积隆起部位则为静水条件下的湖沼相细碎屑沉积。相反,在非补偿条件下,同沉积坳陷可能出现湖泊相细碎屑沉积,而同沉积隆起部位则为浅水粗碎屑沉积。在实际工作中,一般侧重于圈定同沉积隆起或同沉积背斜,其主要识别标志如下。

(1)含煤岩系或层段厚度显著减薄。

(2)沉积间断面频繁。代表浅水环境的层面流水构造和胶结硬化的风化壳发育,流水再搬运作用显著。有时隆起于沉积界面之上,导致某些层段的缺失,或成为局部陆源区。

(3)沉积超覆现象明显。沉积剖面旋回结构不对称。海退部分沉积物由于遭受剥蚀和再搬运而显著减薄,因此旋回曲线显示快速海退。

(4)岩性岩相发生明显变化。一般为粗碎屑岩分布区,有时则为粘土岩或泥炭沼泽沉积持续发育区,煤层向同沉积隆起或同沉积背斜合并,向坳陷带分岔,各分岔煤层与合并后的厚煤层的相应分层可以对比。

(5)煤层底板根土岩比较发育。反映较长时间的暴露和较深的风化层。

我国华北石炭纪—二叠纪聚煤盆地晚石炭世太原组厚度大体由北西向南东方向加厚,呈向南东方向敞开的箕状盆地,盆地内部发育一系列次级同沉积隆起和坳陷(图2-7)。在盆地北部边缘,次级隆起和坳陷呈北东向相间排列,主要同沉积隆起自东而西为辽东、闻山、阜平、清水河隆起等。这些隆起的北东端与盆地北侧的东西向阴山构造带相连,处于沉积界面之上,为局部陆源区,沿隆起周缘有冲积粗碎屑边缘相带分布;向南西方向,则潜没于聚煤盆地之中,成为沉积界面之下的"隐伏隆起",隆起带的含煤岩系厚度较薄。介于同沉积隆起之间的同沉积坳陷带是沉降-补偿较为均衡的地区,含煤岩系厚度较大,也是厚煤层分布区。

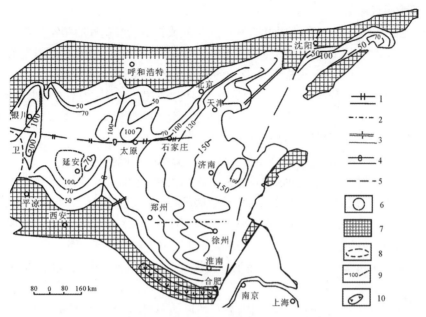

图 2-7　华北晚石炭世古构造略图（据杨起、韩德馨，1980）

1. 纬向构造；2. 区域东西向构造；3. 北东向构造；4. 经向构造；5. 断裂带；6. 穹隆；7. 古陆；8. 山间盆地；9. 上石炭统太原组等厚线/m；10. 晚古生代前侵入岩

2. 次级同沉积褶皱

煤盆地内有些后期构造形迹是伴随含煤岩系堆积过程而发育起来的，是一种同沉积向斜和背斜。同沉积背斜包括 3 种类型，即滚动背斜，与同沉积正断层相伴生；继承背斜，与基底断隆相对应；分布在基底高的部位上的挤压背斜，是区域挤压或扭动作用的产物。同沉积背斜可能影响水系样式、局部沉积过程和聚煤作用。澳大利亚悉尼盆地，煤层和其他地层单位的厚度在小型背斜脊部减薄，在向斜槽部增厚，显示同沉积背斜的特征；同时，在背斜部位煤层底板根土岩比较发育，表明较长时间的暴露和较厚的土壤层存在。我国辽宁阜新煤盆地内斜列的短轴状背斜构造可以作为同沉积背斜的典型实例，盆地内部的这种同沉积背斜是一种正花状构造，与北东走向的基底断裂有成因联系（李思田，1988）。背斜的规模较小，上部背形展宽仅 1～2km，隆起幅度不超过 500m。背形起伏向深部变缓，在接近元古宇—太古宇基底处消失，被切入基底岩系的直立断层所取代。花状构造主要发育于沙海组及海洲组下部层位，通常与各种铲状正断层共生。阜新东梁矿区花状构造之上海洲组中已证实存在雁列褶皱和辐射状正断层系，北部的东梁背斜具有顶薄特征，褶皱和断裂系统反映沉积盖层中核心部分逆时针旋转的扭动状态。聚煤期后仍保持了背斜形态，位于背斜脊部的大部分煤层已被剥蚀，雁列褶皱型式反映了基底断裂的左旋走滑运动（图 2-8）。

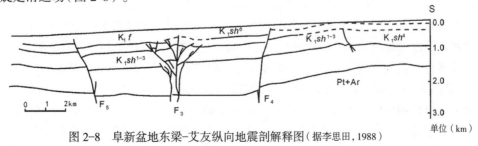

图 2-8　阜新盆地东梁-艾友纵向地震剖解释图（据李思田，1988）

3. 同沉积基底断裂

同沉积基底断裂是指盆地形成演化过程中新生的或再活动的基底断裂及其延续断裂。同沉积基底断裂的动力作用方式、延伸方向、组合形式和活动性特征等，决定了断陷型聚煤盆地的几何形态、构造样式、盆地沉积-构造结构、盆地的沉降性质和盆地群体配置等。

同沉积基底断裂是一种线性构造，因而具有明显的方向性，与区域构造有成生联系，并可作为一种构造结构面看待，从而区分为张性、压性和走向滑动断裂及其过渡类型。沉积分析和剖面对比是确定同沉积基底断裂的主要方法，其主要识别标志如下。

（1）同沉积断裂内侧有粗碎屑冲积扇带，沉积层向盆缘断裂倾斜和增厚。

（2）同沉积断裂两侧岩性岩相和层段厚度差异显著，沿断裂构成岩相变化带或厚度梯度带。

（3）碎屑岩楔或煤层向同一方向变薄尖灭或分岔、合并，并且这种变化呈明显的带状展布。

（4）同沉积断裂两侧的地层层序不对应。下降盘层序完整，底部层段可能存在早期堆积的粗碎屑岩楔；上升盘层序不完整，可能缺失下部层段，而上部层段超覆于剥蚀面上。

（5）流体系流向和样式的急剧改变，古河流持续发育的坳陷带和由此产生的煤系及煤层中河道冲蚀填充体的叠置。

（6）断层两侧岩层、煤层厚度显著不同，各层段断距不等，自下而上断距逐渐减小，直至消失。邻近活动基底断裂带同沉积变形构造发育。

盆缘断裂是控制盆地形成、演化的主干断裂，往往是切割较深的基底断裂或地壳断裂，有时可能切穿整个岩石圈，并伴生岩浆或热液活动。盆缘断裂可以是挤压、伸张、走滑断层，也可以是张扭或压扭性过渡类型断层，以区域伸展作用产生的正断层和区域扭动作用产生的走滑断层最为常见。盆缘断裂往往是由多条断层组成的复杂断裂带，不同演化阶段可能处于盆地边缘的不同位置，沿剖面方向呈阶梯状由里向外增生扩展。盆缘断裂沿走向可能被横向或斜向断层所错移，或追踪基底先存断裂，以致在平面上呈锯齿状或折线状。伸展作用形成的盆缘断层向盆内倾斜，浅部倾角较陡，向深部变缓、变平而呈铲状。走滑断层的产状一般为陡倾斜或近于直立。盆缘断裂延伸至地表，是沉积盆地和剥蚀区的分划性构造。断裂的一侧不断上隆而遭受剥蚀，另一侧不断沉陷而接受沉积，邻近断层是盆地的最大沉陷带。与盆缘断裂近直交的陡坡带山涧河流携带大量粗碎屑沉积物注入盆地，沿盆缘形成巨厚的冲积扇、扇三角洲叠覆体，构成断陷盆地典型的粗碎屑边缘相带。由于盆缘断裂外侧剥蚀区主要为外流水系，因而在强烈裂陷期，深湖区可直抵盆缘断裂，这时边缘相则主要来自断崖滑坡和崩塌岩屑、冲积扇和泥石流沉积，与湖泊沉积相共生。

我国辽宁阜新煤盆地四周被断层所限，其长轴方向为北东向50°～30°。盆缘断层是控制盆地形成和演化的主干断裂，沿断裂内侧分布着巨厚的粗碎屑冲积扇，宽达数千米，在盆地演化的各个阶段持续发育，对整个盆地的层序更替和环境演化亦有重要影响。盆缘断裂具有间歇性活动特征，可区分为相对活动期和稳定期。含煤组中所夹的多层砂砾岩层可作为这种断裂活动态势的沉积标志，断裂活动期使盆缘地带沉陷加剧，冲积砂砾岩楔被限制叠积在盆缘地带，而盆地内部则广泛发育湖泊、沼泽相沉积，当盆缘断裂趋于稳定时，冲积相碎屑岩楔越过盆缘地带，延伸覆盖整个盆地，聚煤作用则暂时终止。随着断裂活动衰亡，整个盆地被冲积相粗碎屑沉积物所填充。阜新盆地东部盆缘断层呈显著的锯齿状，是北东向、北北东向、北西向和北北西向4组基底先存断裂所致。断面向盆内倾斜，倾角为45°～75°。在盆地演化的不同阶段，盆地东缘的断裂可能处于不同的位置，其南段多处见到煤系上覆孙家湾组红色、杂色角砾岩直接不整合于元古宇、太古宇片麻岩之上（图2-9）。

盆地内部的同沉积基底断裂可以造成地层和充填层序的显著差异，在盆地发育的早期阶段，作为剥蚀单元和沉积单元的分划界线。随着盆地范围的扩展，演变为隐伏断裂，作为沉积分区的

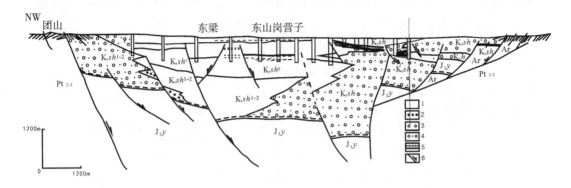

图 2-9　阜新盆地横向沉积-构造综合剖面图（据李思田，1988）

1. 泥岩、粉砂岩；2. 砂岩；3. 砾岩；4. 冲积扇；5. 炭质泥岩和煤层；6. 断层

分划界线。湘中 N27°30′ 左右，大致横过斗笠山矿区中部有一条区域性东西向构造带，二叠纪表现为沉积类型南北差异的突变"陡坎"（图2-10）。早二叠世茅口晚期，由于华南地区东吴运动的影响，构造带的北侧隆起，并遭受剥蚀；南侧则持续沉降，并堆积了茅口晚期含煤碎屑岩系。晚二叠世早期，伴随华南地区广泛的海侵，沉积盆地向北超覆扩张而形成统一的聚煤盆地，但南北沉积分异显著，形成湘中南型、湘中北型两种沉积类型。其中，湘中南型含煤沉积以碎屑岩为主，总厚为 200～1000m，自南而北逐渐变薄，含煤 4～20 余层，可采 2～6 层，平均可采厚度 0.7～7m，煤层稳定性差；湘中北型含煤沉积主要由石灰岩、泥质岩组成，超覆沉积于早二叠世茅口灰岩侵蚀-溶蚀界面上，局部可见残积角砾岩，含煤岩系厚约70m，含煤 1～3 层，平均可采厚度 0.4～4m，煤层较稳定，结构简单。这条狭窄的东西向突变带是一条具有长期发育历史的基底断裂带，对震旦系冰碛层、泥盆纪宁乡式铁矿和早石炭世含煤性都有一定的划分作用。

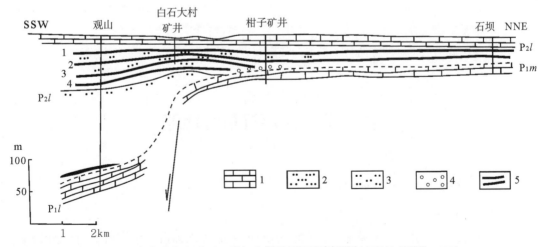

图 2-10　湖南斗笠山矿区二叠纪含煤岩系沉积剖面图（据杨起、韩德馨，1980）

1. 灰岩；2. 细砂岩；3. 中粒砂岩；4. 砾岩；5. 煤层

4. 生长断层

聚煤盆地内的生长断层主要是指分布于沉积盖层中的大量低级别同沉积断裂,是发育于未固结沉积物中的塑性变形。生长断层主要是由于沿软弱层的重力滑动作用或不同岩性沉积体的差异压实效应引起的。有的生长断层与基底地形或基底断裂有成因联系,盆地充填过程中,当沉积界面的原始倾角超过 2°时,未固结沉积层在重力作用下易产生滑塌。大型进积三角洲的前缘,河流搬运的大量砂质沉积物覆于深水泥质沉积物或有机软泥之上,由于下伏泥质沉积物的压缩和滑塌作用,沿砂体和泥质沉积物界面易产生生长断层系。断层的规模一般不大,主断面向盆地方向倾斜,断面上部倾角为 60°～70°,向下变缓,为 30°～40°(图 2-11)。下伏松软层的滑脱作用所产生的生长断层系,其规模可达几千米至上百千米。断层带大致沿岸线延伸,滑脱体向盆地方向滑动。断层面浅部较陡,切截不同岩层,向深部变缓变平,而与层面近于平行。滑脱体的后方为一系列拉张正断层,而滑脱体的前方发育同沉积褶皱和冲断层。生长断层的主要识别标志如下:

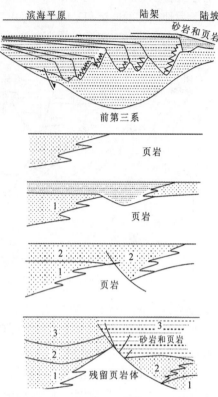

图 2-11 美国墨西哥湾海岸三角洲沉积体中生长断层形成机制图示(据 Bruce, 1973)

(1) 断层面呈铲状,上陡下缓,向盆地方向倾斜,有时发育对偶断层,构成生长断层系。

(2) 断距随深度的加深而增加,两盘岩、煤层不等距错位。

(3) 断层两盘岩性、层厚、间距和煤层结构等显著不同,下降盘厚度突然增大,上、下盘层序难以对接。

(4) 生长断层是发生于未固结沉积物中的变形,一般不具断层破碎带,有时沿裂面有后期充填物。

(5) 常常集中发育一定的充填层序,具有一定的层控特性。

(6) 断层或断层带延伸方向与沉积方向或岸线方向相平行。

第三节 含煤沉积古地理

一、含煤地层类型及成因标志

1. 含煤地层类型

含煤地层类型是指含煤岩系本身物质沉积属性的主要类型,即指含有煤层的一套沉积岩系在一定的沉积环境下形成的物质表现。因此,含煤地层类型是与其形成的古地理类型分不开的。

由于含煤地层是在一定的古构造、古地理、古气候和古植物演化条件下的产物,因此,在地质历史上,随着上述4个条件朝着不利于聚煤的方向转化,含煤地层势必在纵向和横向上过渡为不含煤的沉积岩系。以我国华北大型聚煤区为例,晚石炭世到早二叠世晚期,含煤地层在全区普遍发育;中二叠世至晚二叠世早期,仅豫西、淮南一带有含煤地层发育,向北则逐渐过渡为不含煤,沉积了代表半干燥到干燥气候条件的杂色和红色的陆相碎屑岩系;至晚二叠世晚期,豫西、淮南一带的聚煤作用停止,全区发育了杂色和红色的碎屑岩系。可以看出,主要由于古气候条件的变化和华北地区整体的构造变化,导致聚煤条件丧失而使含煤地层不发育。

再以广东的晚三叠世沉积为例,粤西一带是内陆湖泊相含煤碎屑岩系,粤中至粤北一带是滨海—沼泽(海湾—潟湖)相含煤碎屑岩系,而到了粤东一带则是以浅海相为主,不含煤而含铁、磷及碳酸盐的碎屑岩系。可以看出,聚煤古地理条件的变化也是控制含煤地层发育的主要因素。

含煤地层是沉积地层的一个特殊类型。因此,含煤地层不是区域性的地层单位,其界线不一定和地层划分相吻合。有些含煤地层是跨时代的,如我国北方石炭纪—二叠纪含煤地层,即跨越两个地质时代。再者,由于含煤地层与非含煤地层之间经常为过渡关系,而聚煤作用往往在盆地的一定位置或范围内,因此严格确定含煤地层的上下限及其在横向上的界线通常是较困难的。

含煤地层的概念表明,只要含有煤层就是含煤地层,但是概念没有对所含煤层的厚度进行人为规定。因此,早期的煤地质研究者曾将地层中是否含最低可采厚度的煤层作为确定含煤岩系及其边界的标准。这种标准不具备统一的对比价值,因为我国不同地区对煤层的最低可采厚度的要求不同。无论地层中所含煤层的厚度为多少,都代表曾经发生过聚煤作用,而这种聚煤作用所具有的特殊意义是非常重要的,因此,如果某个沉积岩系在大区域内所含的都是低于可采厚度的煤线,可不作为资源对待,但是其沉积学价值是不能低估的,而所含的煤层无论多薄,在成烃源岩方面也是不能忽视的。

含煤地层是潮湿气候条件下的产物,因此,主要由暗色调的岩系组成,即由灰色、灰绿色及灰黑色的沉积岩组成。少数情况下,当古气候条件逐渐地由潮湿向干燥转化时,在含煤地层中也会出现一些杂色的岩石,如带红色、紫色、绿色斑块的泥质岩及粉砂岩等。我国豫西的上石盒子组就是由灰黑色含煤层段与这样的杂色岩石层段多次交替组成的。

按照含煤地层形成的区域地质背景和古地理类型,可以将其分为浅海型含煤岩系、陆相含煤岩系、海陆交互相含煤岩系、近海型含煤岩系等。

2. 成因标志

含煤地层的成因标志包括诸多方面,如沉积构造、矿物成分、地球化学和生物等方面的标志。因为含煤地层是沉积岩系,沉积构造和矿物成分几乎都可以在含煤地层中见到,而其颜色、岩性组合和所含的古生物类型则有其独特性。

(1)沉积物颜色。颜色是反映沉积物成因的直观标志,由于煤系多是在潮湿气候条件下形成的,所以组成煤系沉积岩的颜色主要是灰色、灰黑色、黑色和灰绿色,也含有一定数量的杂色沉积。

(2)岩性组合标志。煤系的岩性以各种粒度的陆源碎屑岩和粘土岩为主,夹有石灰岩、燧石层等,也有的煤系主要由石灰岩构成。此外,煤系中还常见有铝土矿、耐火粘土、油页岩、菱铁矿、黄铁矿等。

煤系中碎屑岩的矿物成分决定于陆源区岩性成分和构造环境:煤系中最常见的碎屑岩为石

英砂岩、长石石英砂岩、长石砂岩和岩屑砂岩,以及粉砂岩、砾岩。不同沉积条件下形成的碎屑岩在成分、结构上差别很大。内陆条件下形成的煤系,以过渡性的砂岩较多,如长石石英砂岩和岩屑石英砂岩等;砾岩和粗砂岩多形成近侵蚀区条件下的煤系。煤系中粘土矿物占相当大比重,但多含粉砂质;石灰岩在一些古生代煤系构成主要组分,如南方早古生代煤系、晚二叠世煤系及华北一些地区的晚石炭世煤系。

在成煤时期,由于火山作用往往为大量的成煤植物繁衍提供了良好的大气条件及土质条件,因此在煤系的形成过程中,如果有岩浆活动或火山活动,就会有相应的火山岩及火山碎屑岩的分布。如我国许多中、新生代的煤系就含有各种火山岩及火山碎屑岩,我国晚古生代的一些煤系也往往含有火山碎屑岩。

组成含煤岩系的沉积岩,在沉积构造上以具有各种非水平层理为最突出的特征。

(3)古生物标志,即动物化石及其遗迹。由于生物的分布受盆地含盐度及其变化的严格控制,所以,动物化石的种类是判断含煤岩系及沉积相的重要标志。含煤岩系中主要有以下3类动物化石组合:适应海水正常盐度的典型海相动物化石组合,适应变动盐度的海湾、潟湖相动物化石组合,适应淡水环境的动物化石组合。含煤岩系中还含有繁多的动物遗迹,如生物扰动、生物钻孔与潜穴,以及动物爬行遗迹等,其中,含煤岩系中的生物扰动最为发育,成为含煤岩系的典型成因标志。

(4)植物化石。煤系中常具有丰富的植物化石,有的煤系也富产动物化石。特别是在煤层的顶、底板岩层中,植物化石及其碎屑很发育,是鉴别含煤岩系的主要标志之一。陆相含煤岩系中植物化石最为丰富,完整而平放的植物叶片化石表明平静的水体环境,大量植物碎片的出现可能是河流沉积,而粗大树干常见于河床沉积物中。在藻类化石中,蓝藻适应能力最强,可在不同环境下生活。叠层石可能表明海水和盐湖的环境;而树枝状或分离的结核团块是在淡水河流和湖泊环境形成的;绿藻中的海松科和伞藻科以及红藻是海相的;轮藻是陆相的。

此外,煤系中还含有各种碳酸盐(特别是菱铁质)结核和泥质、粉砂质及菱铁矿包体。

二、含煤沉积古地理类型

1. 划分依据

含煤地层的古地理类型最早是由德国的 Nauman 于 1854 年提出的,当时只划分为近海和内陆两种类型。但随着煤地质学科的发展,上述分类显得过于笼统和不科学,难于细致地从成因上阐明含煤岩系的许多特点。含煤地层古地理分类的主要依据主要是含煤地层形成的古环境、沉积物、含煤旋回、相组合特点以及含煤性等。

2. 主要类型及其特点

(1)浅海型。这种类型多出现在早古生代,多为开阔的浅海环境。因为那时高等植物尚未发展起来,只有低等植物菌、藻类在浅海环境下繁殖,死亡后在一定条件下形成了石煤。沉积物以浅海相为主,煤层多形成于泥质沉积之上,而煤层上覆为碳酸盐沉积,旋回结构十分清楚。煤为腐泥煤,有机组分为菌、藻类,硫分、灰分含量较高。典型例子是陕南早寒武世含煤岩系,南方分布较广的早古生代含石煤的煤系等。

(2)陆表海型。陆表海是属于海盆地还是近海盆地抑或过渡型盆地一直存在不同看法。多数学者把陆表海和陆缘海都归属浅海。陆表海(或内陆海、陆内海、大陆海)是位于大陆内部或陆棚内部、低坡度、范围广阔的浅水海洋盆地。陆表海应该属于一种特殊的盆地类型,盆地的基底是陆壳,在发生海侵时属于海洋盆地,而海水退出时则暴露为陆地或呈现为适宜植物繁盛的沼泽环境。比如山西沁水盆地石炭纪—二叠纪含煤岩系(图 2-12、图 2-13)。

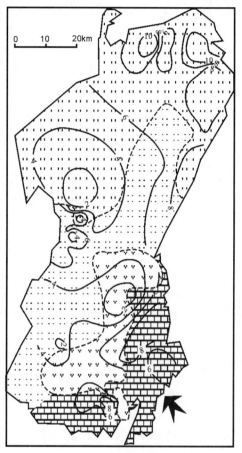

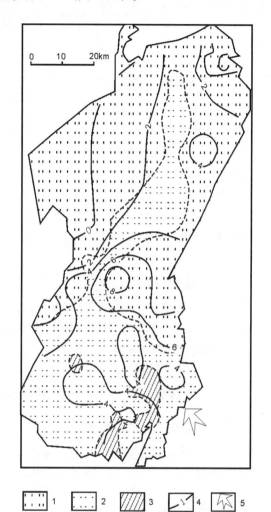

图 2-12 沁水盆地太原组古地理与聚煤作用的关系(据邵龙义等,2006)
1. 下三角洲平原;2. 潟湖;3. 障壁砂坝;4. 滨外碳酸盐岩陆棚;5. 煤层厚度/m;6. 海侵方向

图 2-13 沁水盆地山西组古地理与聚煤作用的关系(据邵龙义等,2006)
1. 下三角洲平原分流河道;2. 下三角洲平原分流间湾;3. 下三角洲河口坝;4. 煤层厚度/m;5. 海侵方向

(3)近海型。近海型一般指在海岸线附近的地区,沉积区比较广阔,地形比较简单,海平面变化对沉积影响很大,是海与陆共同作用的区域,总体上应属海陆过渡区。其特点是形成的煤系分布广,岩性岩相比较稳定,旋回结构清楚且易于对比,含煤性较好。近海型还可以进一步划分为滨海平原型、滨海三角洲型、障壁—潟湖型、滨海—扇三角洲型等。

(4)内陆型。内陆型指远离海洋的大陆区和山涧区。内陆型的聚煤古地理类型是比较复杂的,有的地区主要以河流作用为主,有的则以湖泊作用为主,有的可能既有河流作用又有湖泊作用,有的是冲积作用。其岩性、岩相以及含煤性相差较大,对比也比较困难。内陆型还可以进一步划分为内陆盆地型、山涧盆地型、山涧谷地型、冲积扇型和扇三角洲型等。

第四节 聚煤规律研究

一、富煤带、富煤中心

聚煤规律是指在古植物、古气候、古地理和古构造等有利的条件下,泥炭聚集而最终形成煤矿床的作用。由于古植物、古气候、古地理和古构造的综合作用和影响,使聚煤作用总是在盆地的一定部位发生,在时空上表现出规律性特征,说明煤聚积是有规律可循的。另外两个重要概念是富煤带和富煤中心。同一煤炭剖面中煤层发育较好、相对富集的块段,在空间上呈带状分布的特点,称富煤带,即出现于一定的古地理、古构造部位的煤层相对富集带。富煤带内煤层总厚较大的部位或聚煤作用长期持续发育的部位,称富煤中心。富煤带和富煤中心可以根据国家的技术政策和当地的具体情况确定。

二、富煤单元

富煤单元概念是在富煤带研究的基础上发育而来,指同一层煤相对较厚而稳定分布的部位,空间上具有一定的形态和方向性,即在含煤盆地发展演化的某一阶段,古地理、古构造最有利于泥炭堆积而形成较厚的部位。

三、富煤带（中心、单元）的形成条件

1. 富煤带形成的沉积学特点

（1）泥炭沼泽环境在盆地的某一部位长期保持,或均位于补偿状态持续时间较长,说明古气候、古地理景观在较长时间没有重大变化,泥炭堆积速度等于地壳下沉速度。

（2）富煤带是多煤层发育地层,尽管每次成煤环境相对短,但有利的成煤环境仅在同一部位出现,说明盆地总的古构造格局、总的古地理环境相对稳定。

2. 富煤带（中心、单元）的相对性

需要指出的是,富煤带（中心或单元）具有相对性,就是说它不可能在一个统一的尺度内进行衡量,它只反映聚煤作用的强弱,没有绝对数值限定,不同煤田、不同地区富煤带（中心、单元）的圈定边界值可以不同。也可以说富煤带（中心、单元）在不同盆地、煤田是没有可比性的。

富煤带（中心、单元）还有时代限定的要求,即对比富煤带（中心、单元）的特征要在某一时代的煤系或者相同层序中对比,不同时代不能一起圈定富煤带（中心、单元）的范围。

富煤带（中心、单元）可以采用单层厚度,也可以采用群层累积厚度。

3. 富煤带的形成条件

富煤带（或富煤中心、单元）需要一定的地质条件,在地貌上或者地理特征上,要具备有利于植物生长和泥炭堆积、保存的条件,而且这种条件要有相当的时间延续。最有利于泥炭形成和堆积的地质条件是在盆地演化的整个过程中,要有构造条件保持地貌条件持续存在或反复出

现,达到一种均衡补偿状态。而要达到均衡补偿状态,古植物、古气候为"先决条件",古地理、古构造为"主控因素"。

四、富煤带(中心、单元)的展布特点

富煤带(或富煤中心、单元)的空间展布形式或样式多种多样。查清其空间展布样式,对于掌握一个煤田或者聚煤盆地煤资源状况是很重要的(图2-14)。一般情况下,大型盆地富煤带(中心、单元)的展布样式呈似圆形、椭圆形。此外,富煤带(中心、单元)还具有方向性,这是因为它受地质构造的控制,如呈现长条形,即富煤带(中心、单元)展布与主构造线的延展方向是一致的。

由于聚煤盆地的大小、所在的大地构造位置,特别是板块构造的部位不同,因此,富煤带还有一些其他形式。如发育于构造相对活动区的聚煤盆地,或者发育于板块边缘的一些聚煤盆地,其富煤带的展布样式是很复杂的,有串列式、雁列式、并列式、弧形等,还有一些不规则的展布样式(图2-15)。因此,富煤带或富煤单元的空间展布形式是与盆地形态、控制因素密切相关的。

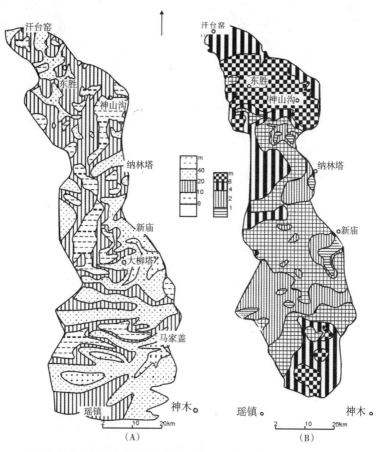

图2-14 鄂尔多斯盆地东北部侏罗系第二单元砂岩厚度图(A)和煤层厚度图(B)
(据李思田等,1992)

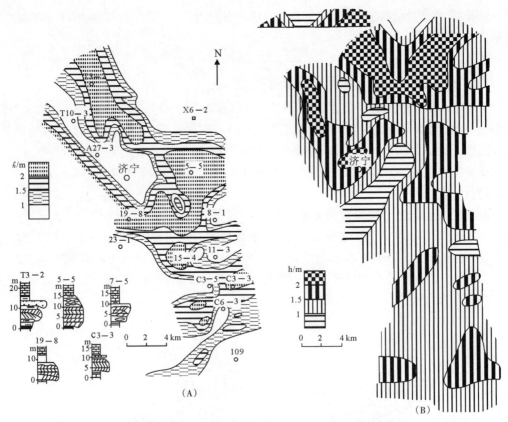

图 2-15 山东济宁煤田潮汐三角洲体系砂体（A）与富煤单元对应图（B）
（据李增学等，1998）

第三章 含煤岩系沉积学及煤（泥炭）的堆积作用

第一节 含煤岩系概述

一、含煤岩系及其同义词

含煤岩系（coal-bearing strata）顾名思义就是指一套含有煤层或者煤线的沉积岩系。其同义词有含煤沉积、含煤地层、含煤建造及煤系等。不论是陆相及海陆相交替的碎屑岩系、滨海及浅海相的碳酸盐岩系，还是含大量火山碎屑岩的沉积岩系，只要在其建造过程中，由于内外力地质因素（古构造、古地理及古气候等）的有利配合（短暂地或是较持续地，一次或是多次地），出现了泥炭层得以发育和保存的条件，就可以成为含煤岩系。

由于含煤岩系是一定的古构造、古地理及古气候条件下的产物，因此，在地质历史上，随着上述条件朝着不利于聚煤的方向转化，含煤岩系势必在纵向上和横向上过渡为不含煤的沉积岩系。

二、含煤岩系的岩性特征

构成含煤岩系的沉积岩大多呈灰色、灰绿色、灰黑色和黑色，主要由各种粒度的砂岩以及粉砂岩、泥岩、灰质泥岩和煤组成，砾岩、粘土岩和石灰岩也常见，有时也见到铝质岩、油页岩、硅质岩和火山碎屑岩等。含煤岩系一般富含动植物化石。有时也可见到碳酸盐结核、硫铁矿结核以及硅质结核等。

不同时代、不同地区的含煤岩系，其岩性组合差别很大。有的以中、细碎屑岩为主，有的则以粗碎屑岩为主，巨厚的砂砾岩带在剖面中多次出现；有的完全不含石灰岩，有的含多层石灰岩甚至以石灰岩为主。即使是同一含煤岩系，在一个煤田或一个矿区范围内，其岩性组合在纵向和横向上也可以有显著的变化。仔细地观察这些变化，通过编制岩地比图及砂体图等找出其变化规律，能够为再现聚煤期的古地理环境和寻找成煤有利地段提供许多重要线索。

含煤岩系形成过程中，若附近有火山喷发，岩系中就会有相应的火山碎屑岩分布。若含煤岩系遭到岩浆侵入，还会见到各种岩浆岩，但岩浆岩不应作为含煤岩系的组成部分。当含煤岩系遭到变质作用后，原来的沉积岩就会变成变质岩（通常为浅变质的）。

三、含煤岩系形成的控制因素

从时间上,自古生代开始直到新近纪,各个地质时期中都有含煤岩系形成(第四系中也有泥炭层发育);在空间分布上,世界各大洲无一例外地都发现有含煤岩系,足见发育之广泛。但各个含煤岩系之间的差别是很大的,例如含煤岩系的原始分布范围(聚煤坳陷的面积)可由几平方千米到几十万平方千米;含煤岩系的厚度可由几米到上万米;含煤层数可由一层到一二百层;单个煤层的厚度可由几十厘米到一二百米。引起含煤岩系如此千差万别的原因以及含煤岩系形成和分布的规律性等都是煤田地质学研究的范畴。

地史上含煤岩系的形成、分布及其特征都不是偶然的现象,而是多种地质因素综合作用的结果。这些因素叫作含煤岩系形成的控制因素,主要包括古构造、古地理、古气候及古植物等几个方面。其中又以古构造最为重要,它对其他几个因素的发展、变化有直接的影响。

关于古植物因素,将在本章第二节中详细叙述。

1. 古构造因素

古构造的作用主要在于为含煤岩系提供了堆积场所——聚煤坳陷。坳陷的性质、大小、形状和沉降的幅度、速度以及各个坳陷之间的组合规律等,无疑对含煤岩系的原始分布范围及含煤岩系的厚度等起着直接的控制作用。古构造的另一重要作用是坳陷内部的次级隆起以及坳陷所导致的沉积作用分异。同沉积构造现象近年来愈来愈引起人们的重视,也愈来愈多地被人们所识别。所反映的是含煤岩系的岩性、相、厚度及含煤性等在同沉积断裂的两盘、同沉积褶皱的翼部和核部等处所出现的差别。

按照地质力学的观点,坳陷就是地壳的巨型形变。一定类型或型式的巨型构造体系控制了一定时期的聚煤坳陷的生成与总体展布。至于坳陷内部的次级隆起和坳陷,其中也包括各种同沉积构造,则可以看作是低级别、低次序的构造形变。总之,含煤岩系是伴随着地壳的改造而产生的,是改造控制了建造。研究构造体系对含煤岩系形成的多级控制作用,对于正确地开展战略性和战术性的找煤工作有重要的指导意义。

2. 古地理因素

煤层的前身是泥炭和腐泥,但绝大部分是泥炭,它们是沼泽的产物。通过对现代泥炭层的调查,已知它们与多种地貌单元有关,如冲积扇前缘、湖泊、潟湖海湾和浅海的滨岸地带,河漫滩阶地和牛轭湖、水上三角洲平原等。如果只有有利的构造条件为沉积岩系提供堆积场所而无上述有利地形条件,那么,形成的将是其他沉积岩系而不是含煤岩系。

聚煤古地理环境决定了含煤岩系在岩性组合、相的类型等方面的基本面貌及它们在纵向、横向上的展布特点和变化趋势。它还决定了煤层发育的一般地段和最有利地段。为此,应通过岩性组合与沉积相分析再现聚煤期的古地理环境,确定其古地理类型。而对于各个煤层或煤层组合则更应做细致的工作,阐明煤层发育的具体规律。

3. 古气候因素

含煤岩系的形成要求适宜的气候以利于成煤原始物质——植物的大量繁殖和泥炭沼泽的广泛发育。气候因素在这里主要是指空气的温度和湿度。目前倾向于认为适宜的湿度是最重要的因素,只要有足够的湿度,热带、亚热带、温带和寒带都可以发育泥炭沼泽并形成泥炭层。

湿度通常是以年平均降水量和年平均蒸发量的比值即湿度系数来表示。当年平均降水量大于年蒸发量,即湿度系数大于1时,可以发生广泛的沼泽化,不仅在低洼地带,甚至还可扩展到地势较高的地方。当湿度系数小于1时,沼泽化只局限在地势极为低洼的,能得到地面水系或溢出地表的潜水补给的地方。

气温既影响到植物繁殖的速度,也影响到植物遗体分解的速度。以热带地区为例,植物繁殖的速度很快,为形成泥炭提供大量的原始物质。但高温又促使植物遗体较快地分解,不利于泥炭的大量堆积,除非植物遗体能得到迅速的埋藏。目前倾向于认为温暖的气候条件比寒冷的、炎热的气候条件对成煤更为有利。但这只是一个总的估计,至于地史上哪个聚煤期以哪种气候带的聚煤作用为主,还应结合植物界的演化作具体分析。

苏联地质学家叶戈罗夫(Егоров)1965年在《地球的聚集带和含油气带》一书中指出,在每个地质时期中皆存在类似于现代的气候分带,即两个干旱带和它们所分隔开的3个潮湿气候带(南、北温暖潮湿带和赤道潮湿带),所有已知的煤田和煤产地都分布在该时期的潮湿气候带中。他还认为,在不同地史时期的植物组合中,占主导地位种属的生理特点对赤道和温带地区植物的富集程度有很大的影响。泥盆纪晚期和石炭纪以蕨类为主的植物组合由于不适应地面环境,多集中在湿、热的滨海地区,这一时期赤道潮湿带的聚煤量相对较大。古生代末期出现了适应性较强的种属,而到了中生代的下半叶,成煤物质的主要来源可能已是更能适应内陆环境的耐寒植物种属了,所以温暖潮湿带甚至是更高纬度地区的相对聚煤量显著增大。与此同时也出现了聚煤作用由滨海地区逐渐向大陆纵深发展的趋势。

研究含煤岩系的形成条件和分布规律,固然要了解全球气候带对聚煤作用的影响,但尤其要注意区域构造及古地理条件的变化(山系的形成及海陆的变迁等)对一个具体地区气候变化和聚煤作用的影响。我国东部地区中生代聚煤作用的迁移也可能与气候变化有一定关系。这种实例在国内外是很多的,只是对它们研究和了解得还不够。

四、含煤岩系的后期变化

含煤岩系的后期变化主要表现在构造形态、保存程度和煤质3个方面。引起这些变化的因素是构造(地壳下沉导致含煤岩系被覆盖、褶皱、断裂和岩浆侵入)与非构造的(风化侵蚀、冲刷、岩溶坍塌等)两方面。

含煤岩系形成后,在地壳继续下沉的过程中,被其他沉积物所覆盖。处于地下深处的煤,在较高的温度和压力作用下,经成岩作用和变质作用而形成各种煤化程度的煤,围岩也相应地发生一系列的变化。随后的构造运动使含煤岩系遭到褶皱、断裂和岩浆侵入,其赋存状况改变,煤质也进一步发生变化。被构造运动抬起的部分,在外力作用下受到风化侵蚀,致使含煤岩系有相当一部分被剥蚀掉,浅部的煤质也因风化而变差。含煤岩系经剥蚀后所保存下来的部分构成今日所见的煤田和煤产地。它们在构造形态上和保存的程度上是很不相同的。

所谓"煤田",是指在同一地史发展过程中形成的含煤岩系经后期改造所保留下来的,比较连续分布的广大地区。

所谓"煤产地",是指煤田中由于后期改造影响而分隔开的一些单独的部分,或是某些面积和储量都较小的含煤盆地。

煤田和煤产地作为一个包括含煤岩系及其下伏、上覆岩系在内的统一体,是地质因素长期作用的产物。当研究含煤岩系和煤田时,既要充分考虑不同阶段(聚煤期前、聚煤期和聚煤期后)地质发展的特点,又要强调整个地质历史过程,把整个煤田当作统一的地质体看待。

第二节 成煤的原始物质

作为成煤的原始物质是植物,在自然界有其漫长的发展演化过程,这一历史过程与煤的形成和地史上聚煤时期的出现有着密切关系。

一、植物演化与成煤作用的关系

植物在地史过程中逐步由低级向高级发展演化,经历过许多次飞跃。

为了阐述这一演化历史,首先需要简要地了解一下植物的分类。根据植物组成细胞的功能是否分化成组织和器官,将其分为高等植物和低等植物两大类。低等植物主要是由单细胞或者多细胞构成的丝状和叶片状植物体,没有根、茎、叶等器官的分化,如细菌和藻类。低等植物大多生活在水中,细菌生存的环境十分广泛,它们是地球上最早出现的生物。高等植物有根、茎、叶等器官的分化,包括苔藓植物、蕨类植物、裸子植物和被子植物,地史上这些类别的植物除苔藓外,常能形成高大的乔木,具有粗壮的茎和根,成为重要的成煤质料。

植物的这些类别并非一开始就都存在。自有植物以来,从低等的菌藻到高级的被子植物其发展过程显示出 5 个阶段,由老到新为菌藻植物阶段、裸蕨植物阶段、蕨类和种子蕨植物阶段、裸子植物阶段以及被子植物阶段(杜远生、童金南,1998)。这 5 个阶段对煤的形成和聚集有直接的关系。植物由低级向高级演化,当某种高等植物占优势之后,低等植物的一些门类依然继续存在。

菌藻植物阶段是从太古宙、元古宙至早泥盆世以前。这一阶段植物都生活在水中,无器官的分化。前期以丝状藻为主,后期以叶状藻为主。以藻类等低等植物生物遗体为原始质料形成的古老的煤在我国俗称"石煤",一般属于高灰分的腐泥煤类,见于下元古代到下古生代各纪的地层之中,在我国的南方分布很广,尤以寒武纪的石煤最为重要。

裸蕨植物阶段是从志留纪末期至早中泥盆世,地壳上陆地面积增大,植物界由水域扩展到陆地。最早的陆生植物以原蕨植物门为主,并有原始的石松门、节蕨门和前裸子植物门,全部仅适应于滨海暖湿低地生长。该阶段形成了目前所知的世界上最古老的陆生植物群,说明植物界经过漫长的发展从海域扩大到陆地,这是植物发展史上也是聚煤历史上的重大事件。裸蕨植物的组织器官还是很原始的,它们一般高度不超过 1m,没有真正的叶和根,只在地下茎上生长着假根(图 3-1)。由裸蕨形成的煤始于早泥盆世,如德国莱茵区早泥盆世板岩中所夹的镜煤条带即由裸蕨枝桠形成。我国泥盆纪由裸蕨形成的煤层见于云南禄劝、广东台山和秦岭西段等地。

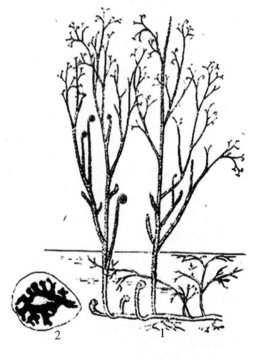

图 3-1 裸蕨植物星木属复原图
(据克里斯托弗,1957)
1. 植物全貌;2. 茎的横断面

从泥盆世开始,经过石炭纪和晚二叠世早期以孢子植物蕨类及裸子植物的种子蕨类为主,植物界发生了重大的变化,在植物演化史上可称作蕨类、种子蕨类时代。这一时期,石松植物中的鳞木、封印木,节蕨植物中的芦木、种子蕨类和苛达树等达到全盛。在温暖潮湿的气候条件下,许多树木十分高大,如鳞木、封印木等可高达30余米,它们是当时大面积发育的森林沼泽中的主要植物群,为煤的形成和聚集提供了丰富的物质基础。这一时期在世界广大范围内都有煤形成,是地史上最重要的聚煤期。

晚二叠世晚期开始,到中生代早期,由于海西和印支运动影响,陆地面积大增,地形分化,气候条件亦发生相应的变化,干旱气候带的扩大使石炭纪—二叠纪的植物群开始衰退,随着植物界的演化,适应能力更强的苏铁纲、银杏纲,特别是松柏纲的植物繁盛,进入了裸子植物时代。这一时期的植物为中生代的聚煤作用提供了丰富的成煤质料。侏罗纪和早白垩世是地史上第二个重要的聚煤时期。

从早白垩世晚期开始,被子植物迅速代替了裸子植物群,进入到被子植物时代。被子植物成为古近纪—新近纪聚煤的主要物质来源。

最主要的植物门类在地史上的分布如图3-2所示。

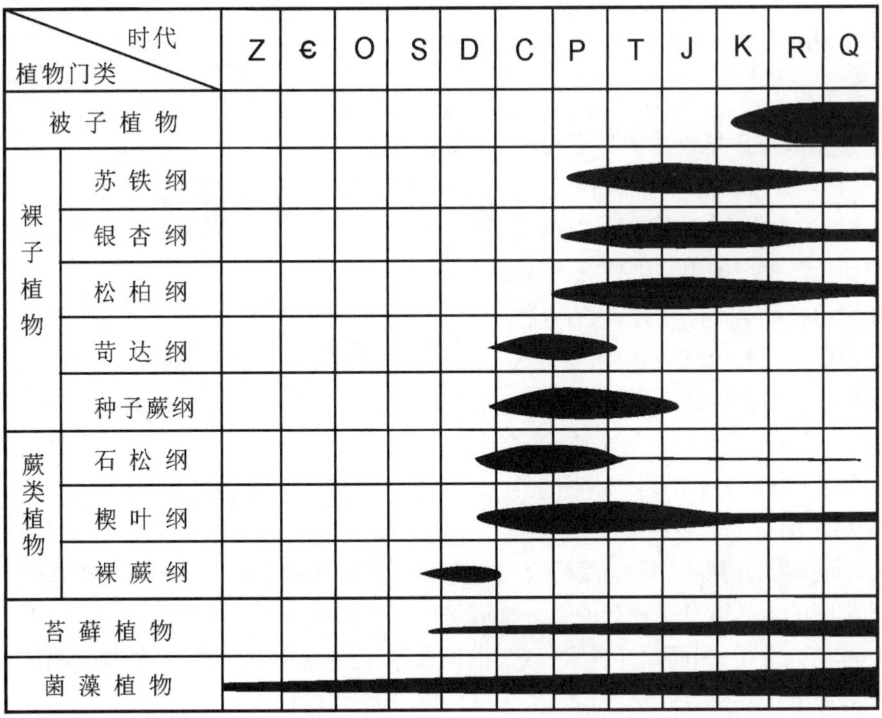

图3-2 地史上主要植物群分布图

从以上的叙述可以看到植物的演化对煤的形成和聚集有十分重要的影响,只有植物大量分布时才有聚煤作用发生;而新的聚煤时期的出现又总是以新的门类的植物群的出现为前提。

二、植物的有机组成和化学性质

植物的有机组成主要是:①糖类,即纤维素、半纤维素和果胶质等碳水化合物;②木质素;③蛋白质;④脂肪、树脂、树蜡、孢粉质等脂类化合物。植物的不同种类及其不同成长阶段所含的各种有机组成的百分比不同,低等植物的有机组成主要是蛋白质和脂肪,高等植物则主要由纤维素、半纤维素、木质素组成(表3-1)。植物的有机组成不同,在沼泽中分解的难易程度有所差别,从而影响煤的性质。以下分别叙述植物的各种有机组成。

表3-1　高等植物组成　　　　　　　　　　（单位：%）

植物种属	蛋白质	脂类化合物	糖类	木质素
脂肪藻	20～30	20～30	10～20	0
苔藓	15～20	8～10	30～40	10
蕨类	10～15	3～5	40～50	20～30
针叶及宽叶类	1～10	1～3	>50	30
草类	5～10	5～10	50	20～30

1. 糖类

糖类包括纤维素、半纤维素、果胶质等成分,它们构成植物营养细胞的细胞壁。纤维素是一种高分子的碳水化合物,它在生长着的植物体内很稳定,但植物死亡后在某些微生物的参与下分解成为二氧化碳、甲烷和水,又容易发生水解作用形成葡萄糖,成为微生物营养的来源。半纤维素和果胶质经常混合出现,或集中于植物果实之中,其性质与纤维素类似。

2. 木质素

木质素是成煤原始物质中最重要的有机组分,它常分布在植物茎部的细胞壁中,包围着纤维素并填满其间隙,以增强茎部的坚固性。据德国佛莱格分析,木质素的组成因植物种类不同而异,它有3种不同类型的单体:针叶树中的松柏醇是这类树木的木质素的主要成分;落叶树的木质素中含芥子醇;禾本植物的木质素含有第三种成分,为p-香豆醇。3种不同类型的单体的区别在于苯核侧链上含甲氧基的数目不同,其结构如图3-3所示。表3-2列举了不同种类植物的木质素中甲氧基和氮的含量。不同类型的木质素是单成分的聚合物或是聚合物的混合物。木质素的单体以不同的链接成三度空间的大分子,因而比纤维素稳定,很难水解,但在多氧的情况下,经微生物的作用比较容易氧化成为芳香酸和脂肪酸。

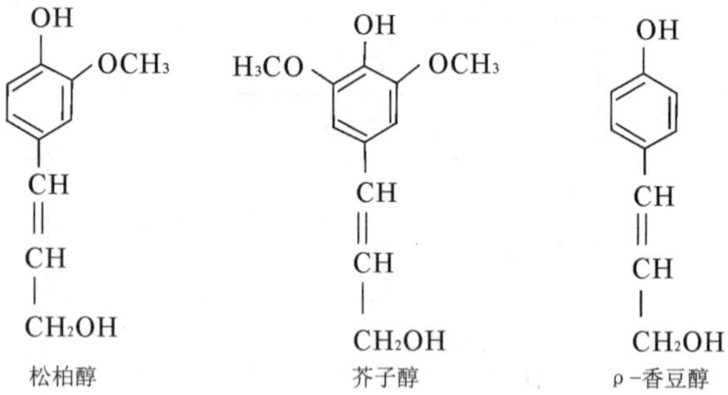

图3-3　木质素不同类型的单体

表3-2　不同木质素中甲氧基和氮含量的百分比（据莫奇森等,1968）（单位：%）

植物种类	—OCH$_3$	N
硬木类	20.0	0
软木类	15.0	0.2～0.3
禾木	10.0	1.2～1.6
豆科	5.0	2.9～3.4

3. 蛋白质

蛋白质是组成植物细胞内原生质体的最重要物质,是一种无色透明半流动状的胶体,也是有机体生命起源最重要的物质基础。蛋白质是由许多不同的氨基酸分子缩合而成的,其成分含羧基和氨基,呈两性,与强酸和强碱作用都可生成盐类。植物死亡之后处于氧化条件之下,可分解为气态产物和氨基酸。

4. 脂类化合物

脂类化合物一般包括脂肪、树脂、树蜡和孢粉质。

脂肪也是植物细胞内原生质体的一种成分。低等植物含脂肪较多,如藻类可达20%;高等植物中含量较少,多集中于植物种子内。脂肪是一种较稳定的有机化合物,在酸性或碱性溶液中水解可生成脂肪酸和甘油。

树脂在植物体内呈分散状态,在植物受伤时即分泌出树脂在伤口上形成胶冻状物质,其中易挥发的成分逸去后,剩余部分即氧化聚合而变硬,起保护伤口的作用。树脂的化学性质很稳定,不溶于有机酸。煤中的琥珀即由树脂变化而成。

树蜡的化学性质很像脂肪,但比脂肪更稳定,呈薄层覆于植物的叶、茎和果实表面,以防止水分的过度蒸发和微生物的侵入。树蜡是酸和醇的聚合产物,植物茎、叶表面细胞壁外层的角质化和老的根、茎的栓质化,皆与树蜡物质加入有关。树蜡的化学性质非常稳定,遇强酸也不易分解。

孢粉质是构成植物繁殖器官孢子、孢粉外壁的主要物质,其成分与树蜡近似,化学性质特别稳定,不溶于有机溶剂,可耐较高的温度而不发生分解。由于植物各种有机组成的化学稳定性不同,在成煤过程中,容易分解的不稳定成分(如糖类和蛋白质)大部分被破坏,比较稳定的木质素和脂类化合物成为参与成煤的主要物质。

第三节 煤(泥炭)的堆积环境

植物遗体不是在任何情况下都能顺利地堆积并转变为泥炭,而是需要一定的条件。这首先需要有大量植物的持续繁殖,其次是植物遗体不致全部被氧化分解,能够保存下来并转化为泥炭。具备这样条件的场所就是沼泽。

一、沼泽及其类型

沼泽是常年积水的洼地,其中有大量植物生长和堆积,植物死亡后遗体被沼泽水所覆盖,与氧呈半隔绝状态,使植物遗体不完全氧化分解,经过生物化学作用即可转变为泥炭。

按照水分的补给来源,沼泽可划分为3种类型:①主要由地下水补给、潜水面较高的沼泽称为低位沼泽,其地下水面的高度几乎与沼泽表面相等,而且由于其地形低凹,常被水淹没或周期性地被水淹没;②主要以大气降水为补给来源的沼泽称为高位沼泽,其地下水面经常低于凸起的沼泽表面;③兼有低位沼泽和高位沼泽的特点,其水源部分由地下水补给,部分由大气降水补给的沼泽称为中位沼泽或过渡型沼泽。

上述3种沼泽的划分不仅与地貌、水文条件有关,也与沼泽的发展阶段有关。如一个低位沼泽,随着植物遗体的不断堆积,泥炭层不断加厚,在沼泽中部养分、矿物质来源减少的情况下,发育了一些不需很多养分的特有植物,如水苔类,这种植物的抗分解能力很强,它们逐步积累可使沼泽表面逐渐凸出水面,潜水面相对下降而形成过渡型沼泽,并进一步转化为高位沼泽。

由于不同类型沼泽的环境条件不同,因而具有不同的植物群落。低位沼泽中由于地下水带来了大量溶解的矿物质,为植物的营养来源提供了有利条件,高等植物能大量繁殖,故常形成茂密的森林沼泽,显然这种沼泽形成泥炭的条件最为有利。高位沼泽由于靠大气降水供应,缺乏矿物质,不利于高大植物的生存,常常只有苔藓植物分布。安德生(Anderson)曾描述过位于加里曼丹岛西北部的水藓沼泽,其表面高度变化在 4~5m/km,植物以泥炭藓(*sphagnum*)为特征。

按照水介质的含盐度,沼泽可分为淡水的、半咸水的和咸水的,其中前者一般是内陆的,后两者则都与海水有关。从美国南部墨西哥湾北岸现代沼泽的分布情况可以见到由海向陆地方向,滨岸沼泽由咸水的逐步过渡为半咸水的以致淡水的沼泽(图3-4)。

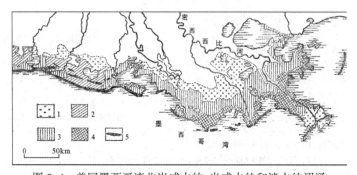

图 3-4 美国墨西哥湾北岸咸水的、半咸水的和淡水的沼泽
(据 Teichmüller,1982 修改)
1.淡水沼泽;2.弱半咸水沼泽;3.半咸水沼泽;4.咸水沼泽;5.滩脊

淡水沼泽在成煤沼泽中占重要地位,这种沼泽在我国分布很广。据初步统计我国沼泽面积约 $11\times10^4 km^2$,其中大部分为淡水沼泽。分布于我国四川省西北部的若尔盖沼泽是淡水沼泽的一例,这里就是举世闻名的二万五千里长征时红军通过的大草地。这个沼泽位于岷山以西海拔 3 400m 的高原上,是一个四周被高山环绕的盆地,在这个面积近 $2\times10^4 km^2$ 的盆地内有黄河的两条支流通过,沼泽和湖群广布,沼泽的面积达 2 700 km^2。这个地区降水量较大(年降水量 560~860mm),地下水得到充分补给;由于年平均湿度很大,气候又寒冷,水分蒸发很慢,因而地面常年积水并沼泽化。沼泽中长满了喜湿的草本植物,如苔草、睡莲、眼子菜、蒿草等,还有藻类,这些植物随着水的深浅不同呈带状分布。这个地区的沼泽类型基本都属低位草本沼泽,沼泽水质以 HCO_3—Ca 水为主,矿化度低,pH 值一般为 6.2~7。沼泽中普遍形成了泥炭层,厚度为 3~4m 不等,最厚处可达 6m,总储量很大。

淡水沼泽在大陆上分布很广,有些是湖泊淤浅形成的,有些是河流两侧的泛滥平原和扇前地区形成的。图3-5 为德国西北部一个淡水沼泽的实例,这个地区原是冰川成因的湖泊,后来因植物生长堆积淤浅而沼泽化,可以看到湖心的有机质淤泥向湖滨逐渐过渡为细碎屑的淤泥、芦苇泥炭,最后被森林泥炭所充填,形成缓慢而连续过渡的剖面。

滨海地区咸水和半咸水沼泽的景观面貌及植物群落与淡水沼泽有明显不同。如现代热带、亚热带的红树林就是咸水、半咸水沼泽的一种典型植物群落。我国海南岛崖县海边的红树

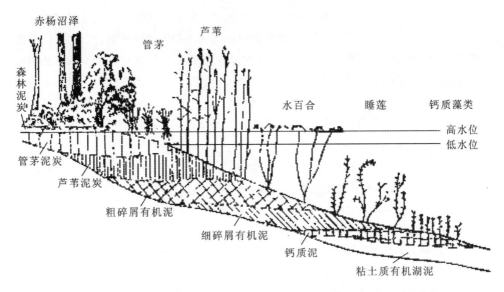

图 3-5 植物生长充填着的湖泊和由不同类型的有机质淤泥和泥炭形成的剖面
（据 Overbeck, 1950 修改）

（*Rhizophora apiculata*）高可达 6～8m，它们具有板状根和鸡笼状的支柱根，还有从树枝上长出来又插入地下的空中根，这些为数极多、错综交叉生长的根深深地插入滨海沿岸河口湾或潟湖海湾浅滩的淤泥中，以防止风暴的侵袭，由于这些根大量埋藏于地下，因而比茎更容易保存下来转变为泥炭。在这里涨潮时海水可淹没到支柱根以上，退潮时支柱根部分露出水面。

美国东海岸和南海岸的现代沼泽中也有广泛的红树林发育，如佛罗里达州南部的白水湾潟湖区，红树林沼泽中堆积了泥炭层。

近代的大型森林泥炭沼泽常常发育在有沙坝、海岬或岛链保护的滨海地区。分布于北美大西洋海岸的著名的底斯摩沼泽（Dismal swamp）即属于这种情况。它位于美国弗吉尼亚州和北卡罗林纳州之间的地区，面积约 2 400km^2。那里地势低洼，高出海面仅数米，高潮时海水可以侵入沼泽，在受海水影响的部分，亦属于半咸水、咸水沼泽。在底斯摩沼泽中生长着茂密的森林，树木的基部膨大，树根向各方撑开以保持树木的稳固性，但大风时仍然有大量树木被刮倒到沼泽水中。所形成的泥炭层厚 3～7m，以每年 2～2.5mm 的堆积速度增长。地史上的一些滨海沼泽（如石炭纪的）景观面貌与这种沼泽有许多可类比之处。

生长草本植物的咸水、半咸水沼泽在沿海地区亦有很多，这种沼泽也经常要受到海水的影响。如美国北部大西洋海岸沼泽（生长网茅 *Spartina* 和灯芯草属 *Juncus*），每天要遭受两次海水的侵袭。在新英格兰的一个现代海草沼泽面积达 800km^2，由 *Spartina* 形成的泥炭厚达 10m（以每年 2mm 的速度堆积）。我国海南岛文昌县境内，有面积达数百平方千米的泥炭层，这种形成于滨海沼泽中的泥炭层厚达 1～2m，现代大量草本植物生长在泡软的泥炭之上，在积水约 0.5m 深的地方生长着蒲草，水浅或缺水的地方生长着芒箕、野牡丹、铺地蜈蚣等，这些植物的遗体继续在形成泥炭。

二、煤（泥炭）发育的必要条件

泥炭沼泽的形成是一定的气候和地貌、水温条件下的产物。泥炭堆积的必要条件也能看作是植物生长和有机质腐败之间的平衡。两者都是随气候而变化的。在热带潮湿地区植物的生长最快,而在干旱寒冷地区则最慢。有机物的腐败大体上是温度的函数,气候愈冷,腐败愈缓慢。现代大部分泥炭堆积在寒冷气候带中——大多在北纬50°和70°之间。大多数热带雨林区并不是泥炭堆积的场所,因为森林地表上有机物质迅速破坏了。现在热带泥炭形成的主要地区是东南亚的部分地区,那里降雨量每年在2 000mm以上,而且全年都有大量降雨。由于蒸发也是温度的函数,所以认为煤是一种高降雨量的标志那就错了。西伯利亚和加拿大许多广阔的泥炭沼泽,降雨量每年小于500mm。

  古纬度与含煤沉积区的关系(图3-6)表明,从赤道到两极的所有纬度上都沉积有煤,但主要形成在中纬度区。有些高纬度地区的煤显然是在寒冷气候下形成的。例如,冈瓦纳二叠纪含煤地层中的舌羊齿植物群,是在冰川期后和间冰期寒冷气候下生长的(Krausel, 1961)。与北美和欧洲石炭纪煤系的植物群相比,植物可能矮化。然而,不能把古纬度地区与现代气候带等同起来。例如,北达科他州古新世尤宁堡群褐煤沉积在约北纬55°的地方,但植物群中包括木兰属、胡桃属、柏属,动物群中有鳄及大海龟(Erickson, 1982),表明至少是亚热带气候条件。

  虽然煤的特征可能与古气候有关,但煤本身并不是古气候的一种良好的标志。甚至连煤本身是否指示湿润气候条件(即降雨量大于蒸发量)也不清楚。世界上的干旱地区或季节性半干旱地区,大面积分布的沼泽与某些河流和湖泊有关。例如,苏丹南部的苏德地区是尼罗河上游坡度很缓的沼泽广布地区(Hurst, 1933; Rzoska, 1974)。热带稀树大草原上,尽管11月到

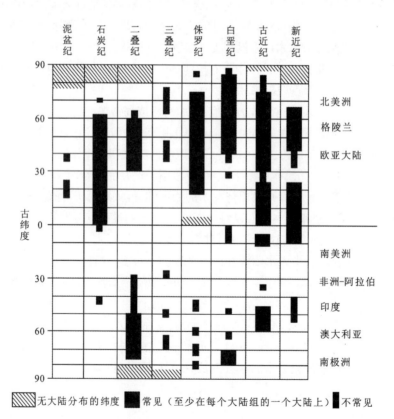

图3-6 煤按古纬度的分布(据Habicht, 1979修改)

注:每组大陆群所处的纬度可以出现在北半球或南半球,但自二叠纪以来,上部组中拥有含煤地层的大陆主要出现在南半球。

次年6月期间的降雨量可以忽略不计,但雨季大部分地区洪水泛滥,全年在众多河道附近保持着沼泽条件。河流体系中的水流部分受到丰富的、能堵塞许多河道的沼泽植被的阻滞。Rzoska(1974)报道了在这种河道边缘沼泽中形成的泥炭。在干旱气候条件下形成的其他沼泽,还有伊拉克的底格里斯河和幼发拉底河汇合处周围地区,尼日利亚和乍得湖周围地区。

沼泽的形成在地貌条件上需要有低洼的、能保持积水的地形(只有少量的高位沼泽例外,但对于泥炭的聚积来说,这些沼泽不占主要地位)。

在水文条件上要求入水量大于出水量,这样才能使沼泽化地区有充分的积水,因此沼泽地区的水文平衡方程可简单地用下式表示:

$$入水量 = 出水量 + 存水量$$

上式中入水量应包括地表水、地下水的流入量和大气降水;出水量应包括地表水和地下水的流出量以及蒸发量。沼泽总是在有充分积水的地方发育。

具有上述气候、地貌和水文条件的地方就容易发生沼泽化。按照沼泽化的方式可概括为两种情况:一是湖泊、海湾、潟湖等水体在其发展过程中逐步淤浅而沼泽化;二是洼地的沼泽化,即本来并不存在水体的洼地,由于水流的停滞、潜水面的上升等原因造成土壤过分湿润而发生的沼泽化。

三、有机质与碎屑

具有成煤远景的泥炭是否能同时堆积在碎屑物正在沉积的环境之中?这个问题是很复杂的。加拿大新斯科舍石炭纪波特霍特组(Gersib 和 McCabe,1981)含有无经济意义的薄煤层,图3-7表示此含煤层序的典型的沉积模式。碎屑沉积物被解释为河流成因。在这个所拟定的

图3-7 加拿大新斯科舍石炭纪波特霍特组的沉积模式(据Gersib 和 McCabe,1981)
注:煤聚集在邻近曲流河道的低位沼泽中。

模式中,煤形成在靠近曲流河道的漫滩木本沼泽中。河流的决口扇和天然堤沉积物往往形成煤中夹层。

像图3-7这种模式的成因,能追溯到Fisk关于密西西比河的上三角洲平原泥炭的研究工作。Fisk(1958)指出的新奥尔良附近"泥炭沉积"厚达5m,横剖面上"泥炭和有机腐殖土"与天然堤和决口扇呈指状交错,在一些地方又被牛轭湖切割。但是这些地区"泥炭"的工业分析表明,其灰分很高,无水基的平均灰分值是72.3%,最低的记录是55%。如果这些沉积物石化了,这种沼泽沉积物只能体现为炭质页岩,而不是煤。

Fisk描述的"泥炭"发育在密西西比河泛滥平原上,因此,这种泥炭偶尔被携带沉积物的洪水所淹没。因为泥炭的堆积速度很缓慢,所以稀少的洪泛事件对泥炭的灰分含量却起重要作用。为了了解影响的程度,需要考虑泥炭堆积速度、煤化作用时的压实程度和"意外事件"的影响。泥炭的堆积速度难以核定,因为泥炭堆积逐渐增多,压实作用也是逐渐累进的,也因为在一给定的沼泽中,泥炭的堆积速度是不规则的。表3-3中指出了不同地区的泥炭堆积速度,是根据基底沉积物的年龄除以泥炭厚度计算的。假定泥炭与煤的压实比为10:1,并利用表3-3,可以有根据地推测煤的沉积速度大约为$1mm/(4\sim100)a$。因此,在10年甚至100年内发生的地质事件(洪泛、飓风、海啸等)导致任何碎屑沉积物进入沼泽,都应认为是正常供给的沉积物的一部分。这种沉积物很可能与泥炭基质混合,而不是形成夹矸。即使由这种事件导入的碎屑物数量较少(如每次事件1mm),泥炭的灰分含量也将会很高。

表3-3 估算的泥炭堆积速度 (单位:mm/a)

阿拉斯加育空三角洲	0.1
欧洲西部高位沼泽	0.2~0.8
不列颠哥伦比亚弗雷塞河三角洲	0.9
佐治亚州奥克芬诺基沼泽	0.3~1
佛罗里达州大沼泽	0.8
下密西西比河冲积平原	1.6
东南亚沙捞越高位沼泽	2.3

资料来源:1.Klein和Dupre,1980;2.Barber,1981;3.Styan和Bustin,1983a、b;4.Spackman等,1976;5.Spackman等,1969;6.Frazier和Osanik,1969;7.Anderson和Muller,1975。

除了流入的碎屑沉积物外,与活动的碎屑沉积环境有关的许多沼泽还经常被富含氧的水淹没。这有助于泥炭的降解,并使无机物富集。因为有腐植酸形成,所以许多沼泽是酸性的,而且Renton等(1980)指出,微生物降解作用在pH值小于4.5的沼泽是很缓慢的。由于经常被非沼泽水淹没,这往往会中和沼泽水,并使泥炭的生物降解作用较快地进行。

因此,不必奇怪的是,即使在活动的碎屑环境中也有沼泽广泛分布,但可以发现它们大部分并不是有远景的成煤泥炭的堆积场所。例如,美国大西洋沿岸障壁后环境的盐沼,就不是形成泥炭的环境。南卡罗来纳州的斯纳杰迪沼泽中的泥炭(Staub和Cohen,1979)、北卡罗来纳州和弗吉尼亚州的迪斯马尔沼泽中的泥炭(Osbon,1920),分布在现代活动的海滩障壁朝陆方向20km以上。即使这里,沼泽边缘出现的较缓慢流动的河流和潮汐溪流,似乎对泥炭的高灰分起重要影响。

Renton 等（1980）报道,斯纳杰迪沼泽泥炭的无水基最低灰分为 11.6%～93.4%,Osbon（1920）报道,迪斯马尔沼泽泥炭的无水基最低灰分为 6%,平均灰分为 20%。

绝大部分有经济价值的煤矿床,至少在某个时期,是被解释为三角洲成因的。但是,大多数活动三角洲似乎不是有远景的成煤泥炭的堆积场所。正如前面已讨论的,靠近密西西比河的"泥炭"的灰分含量很高。Coleman 和 Smith（1964）描述了现代密西西比河三角洲中许多的埋藏泥炭的存在。Frazier 和 Osanik（1969）,Frazier,Osanik 和 Elsik（1978）报道,在整个现代密西西比河三角洲复合体中广泛分布着沼泽和共生的泥炭,泥炭层厚达 6m。Kolb 和 Van（1966）报道,在密西西比河三角洲的淡水沼泽沉积中,有机物质含量只占 20%～50%,许多半咸水沼泽中有机物质更少。在巴拉塔里亚盆地废弃的拉福切三角洲上,大约有 3m 厚的富有机质的沉积盖层,但是有机质成分占 70%以上的泥炭,只占其中 22%。这种低灰泥炭的厚度小于 1.3m,横向上不连续,灰分都大于 17%。

尼日尔三角洲有时被引证为具有大面积沼泽的热带三角洲的实例,但对它的详细描述（Allen,1965,1970）却没有提到泥炭沉积。红树林沼泽由富含有机质、含植物根的粉砂质粘土组成,下三角洲平原漫滩沼泽由植物碎屑和细根的、不明显成层的粉砂和粘土组成（Allen,1965）。处于印度尼西亚泥炭形成带内的加里曼丹大面积的（5 000km^2）马哈卡姆三角洲（Allen et al,1979）,完全覆盖着沼泽,但却没有原地生成的泥炭。

佛罗里达州大沼泽地的边缘堆积了红树林泥炭（Scholl,1969;Spackman, et al,1969,1976）。与这些泥炭伴生的海相沉积物是碳酸盐的地区形成的。因此,红树林能在海相沉积物是碳酸盐的场所形成有意义的泥炭。煤中保存了海相动物化石的极少数实例,可以解释为像大飓风这种不寻常环境下,海水短暂地侵入到沼泽中（Mamay 和 Yochelson,1962）。Renton 和 Cecil（1979）也认为,咸水沼泽的中性 pH 值条件,能引起广泛的生物降解作用,阻碍有意义的泥炭矿床的堆积。

低灰煤很可能起源于高灰泥炭,在泥炭化或煤化作用过程中,灰分贫化。酸性沼泽水有助于许多矿物的溶解。据推测,许多来源于植物物质的灰分可以迅速地退回到溶解状态,又被植物进行再循环（Renton 和 Cecil,1979）。在煤中呈夹矸,或底土岩（根土岩）的沉积物中可发现淋滤作用的迹象。粘土级物质一般富含高岭石。许多富含粘土的根土岩明显地呈浅灰色。这些粘土的高岭石含量很高（Huddle 和 Patterson,1961；Moore,1968a）。Staub 和 Cohen（1978）指出,在斯纳杰迪沼泽底部的含根粘土中高岭石富集,这是酸性沼泽水往下运移而形成的。直接位于煤层之下的砂岩与其他砂岩相比,其岩屑和长石相比都较贫乏。这种类型的根土岩几乎完全由硅质胶结的石英颗粒组成（Huddle 和 Patterson,1961）。这种坚硬砂岩在英国石炭纪煤田中很普遍,在当地,通称为致密硅岩（Hatch et al,1965）。

虽然并不是所有的沼泽都明显地呈酸性,甚至有些煤海含有钙质贝壳（Teichmuller,1982）,但毫无疑问,许多冲到沼泽中的矿物将受到淋滤。Kosters 和 Bailey（1983）认为,淋滤作用对密西西比河三角洲泥炭中灰分含量的减少可能起重要作用。他们指出,泥炭经水淋滤后,灰分含量降低,虽然这仅仅在受海水影响的泥炭中才明显。像石英和高岭石这类矿物往往不受这种淋滤作用的影响。但是,泥炭中的高灰分含量也与活动的碎屑体系有关,这一点表明,淋滤作用没有能力充分地减少这种活动沼泽泥炭中的灰分含量。为了把这种泥炭转变为低灰煤,淋滤作用必须在泥炭埋藏之后发生。这似乎是不可能的,因为泥炭一旦被埋藏,泥炭的酸度就可能大大减弱,并被淡的地下水包围。在排水期煤中矿物任何明显的淋滤,往往都会通过矿物的淋滤或再沉淀,影响泥炭的上覆、下伏沉积物。在地质记录中,似乎极少有这种现象的迹象。任何灰分的消耗都可能与次生矿物的增加相平衡。

正如看来是可能的那样,如果低灰煤是由低灰泥炭所形成的,那么成煤泥炭与碎屑体系的关系并不像许多沉积模式表示的那样简单。与活动碎屑环境共生的许多沼泽,也会形成薄的、横向不连续的泥炭,如果接近海水,则泥炭是高硫分的。

那么,在碎屑层序中如何形成具有经济价值的煤层呢?有3种可能性。

(1)某些沼泽水的化学性质可以保护泥炭免受碎屑沉积作用的影响。

(2)在高位沼泽或漂浮沼泽中形成的泥炭,由于沼泽的物理性质,也被保护免受碎屑沉积作用的影响。

(3)泥炭沉积作用与当地碎屑沉积作用不是同期发生的,即在沼泽发育时,区域碎屑物的供给被截断。

看来,在大多数有经济价值的煤沉积期间,这些因素中至少有一个是重要的。大部分煤可能起源于离碎屑沉积区较远的泥炭沼泽中。因此,这些煤的沉积作用暂时与上覆、下伏碎屑沉积物截然不同。然而,在某些情况下,在直接与泥炭沼泽相邻的地区,有明显的同期碎屑沉积作用证据(Pedlow,1977)。在这种情况下,其他某个因素可能起重要作用。

上述3个因素中的每个因素都影响与煤共生的碎屑沉积物的沉积作用类型。建立含煤地层的沉积模式必须把这些因素考虑进去。

四、形成煤(泥炭)的环境和同期碎屑的沉积作用

煤常常分为异地煤和原地煤两种基本类型。异地泥炭或煤,是指成煤植物物质经过一定距离的搬运;而原地泥炭或煤,是由原地堆积的植物组成(如根、苔藓、树桩),或者是由经过很短距离搬运的植物(如倒下的树干、落下的树枝和树叶)组成。

1. 异地泥炭或煤

少数煤无疑是异地成因的,例如,烛煤是由冲刷到湖泊中以腐泥形式堆积的降解泥炭组成(Moore,1968b)。它们也可能含有大量吹入湖泊中的孢粉。大多数烛煤呈层状出现在腐植煤中,或在腐植煤顶部,也可形成在泥炭沼泽内的湖泊中。补给这种湖泊的河流很少或几乎不搬运碎屑沉积物。

由水搬运来的较大的植物残体也可富集在湖泊和滨岸地区。碎屑有机物质快速堆积的一个最惊人的实例,是位于分流河道之间陆岬上的马哈卡姆三角洲上的滩脊(Allen et al,1979)。该滩脊沿滨岸线分布,长达7km,朝海方向加积2km。该滩脊由2m厚的细粉末状木质物质所组成。但是,正如所预料的那样,这些泥炭含有大量的无机物质,所以,最好也不过是形成高灰煤(石煤)。

Treese和Wilkinson(1982)描述了美国密执安州苏克湖中由砾石级到粉砂级植物碎屑组成的吉尔伯特型三角洲,在一些地方形成厚达15m的泥炭。Treese和Wilkinson在他们的文章摘要中提出,泥炭"几乎全部由有机物质"组成,此三角洲是一个"现代成煤环境",但在正文中却描述沉积物最低含有30%的灰分(假定无水基)。现在北密执安州不是一个真正的沉积盆地,苏克湖很少接受陆源碎屑沉积,而是以泥灰岩沉积为主。在厚的含煤层序中,可以预料任何大型湖泊三角洲的无机物质的百分含量都较高。

很可能在自然界中某些腐植煤有一部分是异地成因的,以和烛煤同样的方式堆积在泥炭沼泽内湖泊中。若认为整层低或中等灰分的腐植煤是异地成因的,则必须要设想一种能阻止碎屑沉积物随有机物质一起搬运和沉积的作用过程。

2.原地泥炭或煤

绝大部分有经济价值的煤矿床是原地生成的（Teichmuller,1982）。沉积盆地中原地生成的泥炭沼泽有3种基本类型：漂浮沼泽、低位沼泽和高位沼泽。可以把这3种类型看作是泥炭沼泽的地貌随时间演变的连续系列（图3-8）。

（1）漂浮沼泽。漂浮沼泽出现在某些较浅的湖泊中,有时把它们当作"颤沼"（quaking bogs）。Spackman

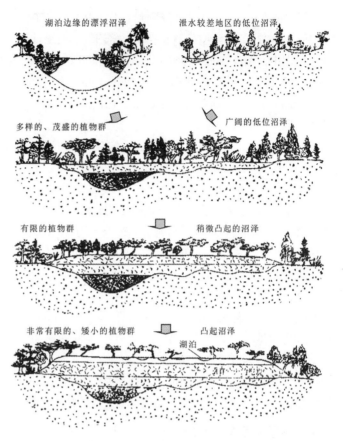

图 3-8 沼泽类型的演变序列（据 Romanov,1968）
注:显示有明显泥炭分带的高位沼泽发育情况。

等(1976)记载了奥克芬诺基沼泽中浮动泥炭的成因。在干旱期,由于有机物质的分解,在半含水的(浅沼)泥炭中形成气泡。当正常气候条件恢复时,泥炭分层浮动并向上鼓起,与泥炭席的其余部分撕裂。在奥克芬诺基沼泽,由于浮动泥炭席中大量朝下延伸的植物根,使浮动泥炭向上变为"树屋"泥炭。在水域开阔的地方,漂浮的泥炭席可四处浮动,也会随其他漂浮的植物物质一起堆积在湖泊边缘。这种物质不断加积,可在湖泊边缘堆积起漂浮泥炭台地,甚至可以覆盖整个湖泊。

（2）低位沼泽。所谓"低位沼泽",是一种泥炭层覆盖在基底地形之上,泥炭堆积到接近水平沼泽表面的沼泽。泥炭层很薄的地方,它的表面可以反映出基底地形。美国墨西哥湾沿岸地区的很多沼泽是这种类型的。这种类型沼泽通常归并在图3-7所示的碎屑相模式中。低位沼泽一般是微酸性的(pH值在4.8～6.5之间),植物养分丰富,并有各种各样的植物类型(Teichmuller,1982)。这种沼泽一般具有极其潮湿的表面,大部分可能具有如芦苇、睡莲等浅沼泥炭植物群。

（3）高位沼泽。高位沼泽(有时称为"高位酸沼"沼泽),是指那些并不反映先前存在的地形,但沼泽表面凸起的沼泽。这种类型沼泽一般发育在寒带和热带形成泥炭的地区。高位沼泽只能发育在年降雨量大于年蒸发量的地区(Teichmuller,1982)。在东南亚的热带地区,高位沼泽只能在海洋性气候、高降雨量（年降雨量在3 000mm以上）和干旱季节不明显的地区发现（Polak, 1975）。典型的高位沼泽中部平坦，边缘陡凸。例如，在马来西亚一个高位沼泽的边缘切面中，Anderson（1964）记录沼泽上升高度变化情况，第一个100m上升4.2m，第二个100m上升0.75m，接着的400m只上升了1.9m。温带的高位沼泽以低矮的草本植物群为主，泥炭藓（Sphagnum）特别普遍。在热带高位沼泽中有浓密的森林。温带和热带沼泽中，植物群落都明显地呈同心状分带，这反映了泥炭剖面内部的不同植物和泥炭相序列（Anderson, 1964；Romanov, 1968；Anderson 和 Muller, 1975）。高位沼泽一般酸度大（pH值为3.3～4.6），水中植物养分很低（Teichmuller, 1982）。这些条件导致朝热带沼泽中心树木种属减少，形态更加矮化（Anderson 和 Muller, 1975）。

早在19世纪，就已鉴别出高位沼泽（Ganong, 1897），自此以后有大量文献记载。Smith（1962, 1968）根据孢粉资料、煤岩学和煤层形态，解释了古代高位沼泽。但是，高位沼泽很少被沉积学家归并到沉积模式中。只有Ethridge等（1981）、Flores（1981, 1983）是例外，他们引用高位沼泽来解释怀俄明州和蒙大拿州波德河盆地中的厚煤层（厚达61m）。

Ethridge等（1981）根据Jackson（1979）的资料提出了一个模式，描述地下水排泄区的高位泥炭沼泽。在盆地边缘，地下水受到补给，但奇怪的是这种补给来自"盆地轴向主干河流"。此模式需要地下水输入到沼泽中，以补给各种各样的沼泽植物所需要的养分。在此模式中，地下水位恰好位于泥炭表面之下。但是，在地下水位之上，泥炭不能明显地堆积（Romanov, 1968）。由于泥炭沼泽中的地下水位比共生河流沉积物中的高，这就需要留在沼泽中的水不断受到降雨量，或者有可能的话，受到盆地边缘的地表径流补给。

3. 与原地泥炭共生的碎屑

（1）漂浮沼泽。漂浮泥炭产生于碎屑沉积区。它们对浅水湖泊，包括由河道废弃形成的浅水湖泊的充填可能起重要作用。路易斯安娜州沿岸平原和密西西比河上三角洲平原中某些优质泥炭，发育在漂浮的湿沼地中（Kolb 和 Van, 1966；Russel, 1967）。目前对这种泥炭的组成了解极少，但是，它们的灰分很可能较低，因为推测泥炭席的顶部是浮在水面之上，即使在大洪泛期也如此。鉴别这种由漂浮泥炭形成的煤是很困难的。基底沉积物中有根出现，也未必能排斥漂浮成因，因为湖泊被充填达到泥炭层位时，如果泥炭层薄，根可以穿透泥炭层。但是，许多漂浮泥炭下伏的是富含有机物质的泥，通称为腐植黑泥（Russel, 1967；Dean, 1981），如果这种层序保存下来，就能预期出现从下到上为炭质页岩到煤的这种序列。漂浮泥炭可能形不成厚煤层，泥炭席的上、下表面都出露而发生降解作用，因而堆积速度比较缓慢。此外，漂浮泥炭形成于浅水中，其厚度必定受到限制。

（2）低位沼泽。在离活动碎屑沉积作用较远的地区，低位沼泽中能堆积厚层优质泥炭。因此，如果在碎屑物和泥炭沉积时有时序差，那么碎屑层序中的煤就可以由低位沼泽泥炭所形成。Staub 和 Cohen（1979）提出了一种低灰泥炭与碎屑物同期形成的观点。他们注意到在斯纳杰迪沼泽中，表面水的pH值为3.3～5.2，认为这种酸性条件引起粘土迅速地从洪泛期进入沼泽的水中絮凝出来。粘土堆积在沼泽边缘，留下的泥炭堆积在沼泽中心，灰分较低。

（3）高位沼泽。高位沼泽可以形成在与活动碎屑环境极接近的地区。Anderson（1964）记录了拉姜三角洲一个岛中沼泽表面高3.95m。高位沼泽也可在马来西亚和印度尼西亚的滨岸及冲积平原中发现。在马来半岛西部的滨岸平原上，高位泥炭厚达6.1m（Coleman等，

1970),马来西亚沙巴的冲积平原上泥炭层厚达12m(Anderson,1964;Anderson和Muller,1975)。在冷温带,高位沼泽与活动碎屑环境密切有关,例如,在韦尔什滨岸上高位沼泽泥炭厚达5m(Wilks,1979),在不列颠哥伦比亚的弗雷塞河三角洲上有广泛分布的高位沼泽(Johnston,1921;Styan和Bustin,1983a、b)。这些沼泽表面比平均海平面高出4.8m,正好在高潮线之上(最大潮汐范围是4.6m)。

许多高位沼泽具低灰泥炭。Fitch(1954)报道了沙巴冲积平原上泥炭的4个样品分析情况,无水基泥炭的平均灰分含量只有6.5%,硫分低至0.2%。Polak(1975)报道印度尼西亚和马来西亚热带森林泥炭的灰分值为0.7%~3%。Styan和Bustin(1983b)报道了弗雷塞河三角洲高位沼泽泥炭的低灰分含量,此地区的泥炭的灰分只有0.5%~1.5%。

许多沼泽的酸度很高,能引起某些矿物淋滤,这也是造成泥炭灰分含量低的一个因素。然而,主要因素明显的是沼泽上升到洪泛水位之上,因此一点也没有接受洪水搬运来的矿物质。例如,沙巴许多高位沼泽的大部分表面是在任何高潮水位或洪泛水位之上3~7.5m处(Anderson,1964)。

高位沼泽的抬高特性和有厚层泥炭发育,很可能对沉积过程有很大影响。由于侵蚀速度明显地减弱,因此高位沼泽的发展对某种环境有稳定的影响,像河道变曲折、海岸被侵蚀等作用可以延缓。在越岸沉积物的垂直加积速度与活动河道地区填积速度快的地方,河流体系很可能以不同方式演变。河道冲裂作用往往不能预测。被高位沼泽围绕的马来西亚巴兰河,在最近5000a中,河道显然没有明显的移动。如果这样一种地区连续下沉,出现厚层垂直叠加的河道沉积层序,很可能横向上发育厚层泥炭沉积(图3-9)。

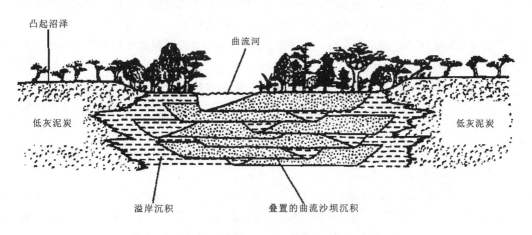

图3-9 高位沼泽区河流体系沉积结构的理论模式
注:抬高的沼泽限制了越岸洪泛和组织河道冲裂,导致叠加的河道砂岩发育。

五、煤层下伏、其间和上覆的碎屑沉积物

许多成煤的沉积环境很可能不同于上覆或下伏沉积物的沉积环境。碎屑沉积物与煤之间的接触面,在很多情况下,代表一种明显的沉积间断。环境变化也可以通过煤层和其上覆、下伏碎屑沉积物中明显不同的植物群反映出来(Scott,1979)。

(1)下伏沉积物。很多现代泥炭发育在很古老的沉积物之上,甚至在结晶岩之上。大多数煤或泥炭在纯沉积地区中形成,它们在沉积年代上与下伏沉积物不同,要年轻10万年以上。

然而,在很多情况下,这就会有足够的时间使环境发生明显的变化。例如,南卡罗来纳州斯纳杰迪沼泽的泥炭(Staub 和 Cohen, 1979)和佐治亚州奥克芬诺基沼泽的泥炭(Cohen, 1974; Spackman et al, 1976),分别沉积在距现在海岸线 20km 和 75km 的更新世滩脊上。当前这些淡水泥炭沼泽在全新世海平面上升期间发育。在一个地区发育的原始沼泽,在特征上可能完全不同于大多数最后泥炭层沉积的沼泽。斯纳杰迪沼泽、弗雷塞河三角洲和沙捞越的冲积平原等地的各种淡水泥炭,均下伏有薄层盐沼或红树林泥炭。

尽管在煤与下伏沉积物之间有沉积时间差异,但煤层之下的沉积物为泥炭或煤的沉积提供了基本格架。在泥炭沼泽发育的初期,地形控制了泥炭的厚度(Staub 和 Cohen, 1979; Kosters, 1983),并可能明显地影响着原始泥炭相(Styan 和 Bustin, 1983b)。较厚的煤层预期覆盖在废弃河道上或滩脊之间。这种厚度变化常常构成有经济价值和无经济价值煤矿床之间的差别(Padgett 和 Ehrlich, 1978)。

实际上,已经描述过的各个煤矿床都与所有陆相沉积环境有关,包括砂质辫状河(英格兰石炭系, Haszeldine 和 Anderson, 1980)、冲积扇(西班牙北部石炭系, Heward, 1978; 澳大利亚东部二叠系, McKenzie 和 Britten, 1969; 不列颠哥伦比亚第三系, Rouse 和 Mathews, 1979)、风成沙丘(如新西兰第四系, Richardson, 1975, 1985)和火山碎屑岩(如新西兰第四系, Suggate, 1978; 不列颠哥伦比亚第三系, Williams 和 Ross, 1979)。然而,大多数煤是在平坦平原上形成的,富于湖泊、滨岸、三角洲或河流沉积之上。

(2)泥炭沼泽发育的结束。泥炭沼泽向上增长受到水位的调节。如果条件有利于水位升高,泥炭增长也可能与这种升高保持平衡。在高位沼泽情况下,泥炭堆积可能促进水位上升。相反,当水位降低时,上层泥炭就发生降解;长时间的干旱可以使泥炭完全毁坏。如果泥炭要能在岩石记录中保存下来,沼泽必定下沉或很快地被碎屑沉积物覆盖。

如果泥炭堆积速度跟不上水位上升速度,沼泽就会被淹没。泥炭堆积速度可能比大多数正常沉降速度稍快一些,而如果在沉降异常快速或者由于其他因素引起水位突然升高的情况下,沼泽将会被淹没。现代密西西比河三角洲上大面积的沼泽由于下伏富含粘土沉积物的快速压实,正在被水淹没。咸水注入到三角洲的废弃部分可能是一个因素,在这种情况下也可能降低泥炭堆积的速度。水位突然上升可能与河流下游堵塞有关——这个因素可能仅在谷地中才重要,或者与气候波动有关。持续的干旱时期会引起泥炭收缩和某些降解。恢复到正常潮湿条件能使部分沼泽处于水位之下。

大部分煤显然是由最终被淹的沼泽演变而来。著名的美国(Weller, 1930)和英国(Hudson, 1924)的石炭纪含煤韵律层,在煤层上覆盖有海相灰岩或含化石页岩。在另一些地区,诸如加拿大新斯科舍的石炭系,煤层上覆的是湖相页岩和淡水灰岩(Duff 和 Walton, 1973; Gersib 和 McCabe, 1981)。最初覆盖泥炭的水的古盐度对决定煤中的硫含量似乎是关键。煤层顶部的腐泥煤,可能代表沼泽被水淹没之后的过渡性的湖泊阶段。

(3)河流沉积物。如果河流迁移进入泥炭沼泽,那么决口扇和天然堤沉积物可以覆盖在泥炭之上。由于河流与具最低灰分泥炭的低位沼泽不可能共生,所以几乎没有由于曲流河迁移进入沼泽形成曲流沙坝沉积物而覆盖在煤层之上的实例。然而,河道冲裂可能是一种重要作用。

1882 年萨斯喀彻温河决口,形成"冲裂扇"沉积物覆盖在 50km 长的湿沼地上(Smith, 1983)。像艾恰发拉亚流域一样,新扩张的河流显示出网结河格式,有可能缓慢地侵入到泥炭中,但最后,一条单一河道占主要地位,并流过大部分水量。似乎在萨斯喀彻温河的这一流段上,早已发生过一次决口,距今 2 000a 的河道裂口,以平均厚度 6.6m 的决口扇和天然堤沉积物覆盖在以前存在的泥炭之上。最终发育的曲流河道切入泥炭和上覆碎屑物(Smith,1983)。

这两种被称为"带状分裂层"和"带状冲刷层"的特殊层,看来是河流冲裂,河水进入泥炭沼泽的产物。这两种特殊层在横剖面上大致呈椭圆形,在平面上呈条带状,由河道和(或)越岸沉积组成。它们的椭圆形横剖面形状至少部分是由压实现象所致(图3-10)。宽度范围从几十米至若干千米,长可达几十千米。条带状分裂层(图3-10)的上覆和下伏都是煤层(煤层分叉),这些煤层在其他地方是单层煤。大多数带状分裂层的底部要么没有侵蚀,要么仅仅很微弱地侵蚀到下伏煤层中。相反,带状冲刷层一般上覆不直接是煤层,它们切割大部分或全部下伏煤层,甚至也可以切割到下伏沉积物的相当厚度。带状分裂层和带状冲刷层之间有各种过渡情况,并可有一带状体兼有这两种特点。带状分裂层和带状冲刷层都会给开采带来明显的问题。

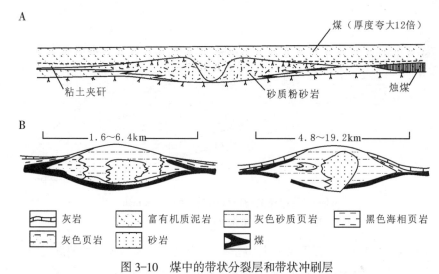

图 3-10 煤中的带状分裂层和带状冲刷层
A. 英格兰石炭纪托普哈特煤中带状分裂层的综合剖面图(Elliott,1965),煤层已"脱压",表示接近于原始泥炭的厚度,煤中的线表示层理面;B. 印第安那州和伊利诺斯州福森维尔/迪克斯堡岩组的带状分裂层(左)和带状冲刷层(右)的综合剖面图(据 Eggert,1982)

西弗吉尼亚州和宾夕法尼亚州石炭纪匹兹堡煤上覆的河流复合体沉积,其河床砂岩综合统称为匹兹堡砂岩。最下部砂岩切割到煤,在一个地点形成带状冲刷层,可追溯 8km 以上(Donaldson,1979)。这表明,泥炭可能受到初期水流的有限的侵蚀,因此,在泥炭堆积结束后不久,匹兹堡砂岩复合体的下部河流河道可能就开始活动了。

带状分裂层和冲刷层在许多其他地区也有报道。Thaidens 和 Haites(1944)描述了荷兰石炭系中可以追溯 4km 的带状体;Ferm 等(1979)报道了阿巴拉契亚中部石炭系中的带状分裂层和冲刷层;肯塔基州东部布雷蒂特组分叉煤层之间的沉积物(Baganz et al,1979;Ferm 和 Horne,1979)显示出与带状分裂层相似的横剖面,它们被解释为插入分流间湾内的决口扇沉积(Baganz et al,1975),但不是与决口扇沉积厚度相等或稍大一些的海湾沉积,而只有横向上与分裂层相当的一层薄夹矸。这表明越岸沉积物可能在河道切割泥炭沼泽之前就覆盖在泥炭沼泽之上了。

(4)滨岸沉积。在海侵时,海滩沉积物可以覆盖沼泽。粗粒碎屑沉积物可从沿岸沙丘和冲溢扇带入沼泽。在大多数情况下,如果连续海侵,前滨和近滨地区内侵蚀作用将搬移这些沉积物和下伏泥炭。这种海侵滨线的实例包括密西西比河三角洲废弃的朵叶(Kolb 和 Van, 1966)和美国东海岸海滩障壁复合体的一部分(Kraft, 1971)。只有在泥炭的原始厚度大于侵蚀深度时,泥炭才能保存下来。只有在前滨和滨面的斜坡非常缓的地方,才会出现这种情况,最好的实例是佛罗里达州西南海岸(Spackman et al, 1966)。多数海洋滨线的坡度可能较陡,除了最厚的泥炭沉积外,全部沉积物都能被侵蚀掉。许多湖泊和潟湖的滨岸坡度较缓。因此,海侵期间在湖泊和潟湖的边缘地区发育海滩沉积的地方,可能在泥炭层上沉积了薄层滨岸沉积。Kraft(1971)根据特拉华沿岸地区的资料(图 3-11),论证了坡度在沿岸沼泽和滨岸沉积的保存中所起的重要作用。在障壁岛朝陆一侧形成的盐沼沉积中,其前滨地区受到侵蚀。相反,在潟湖朝陆一侧形成的湿沼地,被一层薄的充溢海滩沉积覆盖而保存。

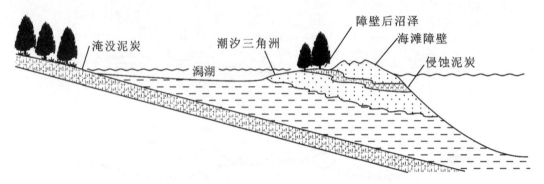

图 3-11 经受海侵的海岸线的横剖面图(据 Kraft, 1971)
注:泥炭的保存情况取决于近滨的梯度。

由此看来,在海侵以后保存下来的大部分泥炭,会被经大面积改造的潟湖泥或薄板状海滩障壁砂覆盖。在海侵朝陆地范围内,很可能保存条带状较厚的海滩沉积,其宽度不比原始海滩复合体宽。

第四章 煤岩学基础

第一节 煤岩学概述

煤岩学,即将煤作为有机岩石,主要采用物理方法研究煤的物质成分、结构、性质、成因、储集性能、煤及煤层气、伴生资源合理利用的学科。作为煤地质学最早系统研究煤的学科,其发展经历了煤的原始资料之争,到薄片向光片研究方法之转变,再到现今原地成煤到异地成煤认识的不断提高,以及逐渐由煤到煤层气、煤系地层页岩气资源勘查的应用与拓展。煤岩学理论、技术和方法正在焕发新的活力。其发展历史和标志性成果如下。

(1)藻煤源自藻类。1854年,在英国托班藻煤是否算作煤的争论中,煤的显微镜下研究首先受到重视。1870年前后,赫胥黎首次发现煤中的植物孢子,镜下观察进一步证明腐植煤是陆生植物形成的。1882—1898年,对藻煤薄片的观察作出了藻煤来自藻类的结论。20世纪初期较广泛地开展煤的显微镜下研究,煤岩学才逐渐发展成为一门独立的学科。与此同时,也带动了相关的石油地质学关于烃源岩有机质类型的研究和认识拓展,尤其对于中国陆相成油理论的发展具有重要的促进作用。

(2)四种宏观煤岩类型建立。1919年,斯托普丝在《条带状烟煤中的四种可见组分》一文中,首次提出烟煤中镜煤、亮煤、暗煤和丝煤4种宏观岩石类型。从此,煤这种有机岩石与其他无机岩石如沉积岩、变质岩、火山岩一样,形成一套完整、系统的物理性质和结构构造标准化描述方法。

(3)显微组分正式提出。1935年,斯托普丝提出"显微组分"一词,代表显微镜下能够辨认的煤的有机组分,犹如镜下识别岩石中的矿物。这一术语的应用,标志着在改进煤岩学研究基础方面前进了一步。同时,镜下煤的显微组分的识别和鉴定,形成了系统的分类依据,在此基础上逐渐得以拓展,并且逐渐延伸至煤层气、页岩气、油页岩等资源勘查领域。

(4)国际煤岩学委员会成立与国际标准ISO7404制定。1953年国际煤岩学委员会(ICCP)的成立是煤岩学发展史上的一个里程碑。该委员会于1957年和1963年分别出版了《国际煤岩学手册》的第一版和第二版,1971年和1975年又作了补充,使煤岩术语与工作方法趋于标准化,推动了煤岩学的交流和发展。国际标准ISO7404基本与《国际煤岩学手册》的内容一致,并吸收了ICCP会员和ISO/TC27"固体矿物燃料委员会"会员团体的许多有用的意见,包括:①名词术语;②煤样制备方法;③显微组分组成的测定方法;④显微煤岩类型、显微矿化类型和显微矿物质类型组成的测定方法;⑤镜质体反射率的显微测定方法5个国际标准,国内有相应的国家标准。这些标准的不断更新出版,为煤岩学研究标准化提供了技术标准支持,极大地促进了煤岩学的发展。

第二节 煤及成煤作用

煤——主要由植物遗体经历成煤作用转变而成的富含碳的固体可燃有机岩石,含有一定数量的矿物质,相应的灰分产率小于或者等于50%(干燥质量分数;国内煤炭储量计算灰分上限为40%)。

成煤作用分为两大阶段:第一阶段为泥炭化作用或/和腐泥化作用,系指地表条件下植物残体或/和藻类在沼泽或/和湖泊等环境中发生生物化学变化过程,形成煤的前身——泥炭或/和腐泥。第二阶段为煤化作用,泥炭、腐泥被上覆沉积层逐渐覆盖,经受温度、压力和时间等因素的作用而发生一系列的物理化学变化。该阶段早期为成岩作用,对应于泥炭、腐泥转化为褐煤阶段;后期则为变质作用,即褐煤逐步变质形成至各个变质阶段的煤。值得强调的是作为有机岩石的煤,其对温度、压力和时间等地质因素的响应远比无机岩石灵敏得多,但是依然属于沉积岩范畴,因此,煤的变质作用不同于壳幔深部俯冲消减折返抬升机制形成的变质岩类高温高压或超高压变质作用。与煤变质同类的包括常规油气、非常规页岩气、烃源岩热演化阶段。

由于成煤的原始植物质料、聚煤环境和煤化作用阶段不同,所以形成不同的煤。按照原始植物质料和聚煤环境的不同,可将煤分为腐植煤、腐泥煤和腐殖腐泥煤三大类(表4-1)。

表4-1 煤的成因分类

腐植煤类		腐泥煤类		腐植腐泥煤类	
腐植煤	残殖煤	藻煤	胶泥煤	浊煤	半浊煤

腐植煤——前身是古代高等植物遗体在沼泽中形成的泥炭。这类煤根据其原始物质(主要按照是高等植物的木质纤维组织,还是木栓、角质、孢子和花粉等稳定物质)而分为腐植煤和残殖煤两个亚类。

腐泥煤的前身是古代的低等植物和低等浮游生物在湖泊等水体形成的腐泥。根据腐泥煤中有无保存低等生物原始结构,又可分为藻煤和胶泥煤两个亚类。

腐植腐泥混合类的原始物质兼有高等植物和低等植物,其聚煤环境介于湖泊和沼泽等过渡环境。腐植腐泥煤又可分为浊煤和半浊煤等亚类。

第三节 煤的显微组分

煤的显微组分是指在显微镜下可以区分和辨认的煤的基本组成成分,按煤的成分和性质分为有机显微组分和无机显微组分两大类。有机显微组分指显微镜下观察到的煤中由植物残体转变而成的显微组分；无机显微组分指显微镜下观察到的煤中矿物质。

通常运用两种方法研究煤：一种是在透射光下研究煤的薄片，主要鉴定标志是颜色（透光色）、结构、形态、透明度和轮廓；另一种是在反射光下研究煤的光片（粉煤、块煤光片），鉴定标志除颜色（反光色）、结构、形态和轮廓外，还有突起和反光性等，分普通反光和油浸反光两种。

煤的有机显微组分在透射光和反射光下分为两套术语分类体系，其中，煤薄片透射光下按照成因标志和工艺性质的不同大致可以分为4组：凝胶化组、丝炭化组、稳定组和腐泥化组。块煤或者粉煤光片反射光下分为镜质组、壳质组和惰性组。随着煤及煤系地层烃源岩（常规油气源岩或非常规页岩气源岩）的研究拓展，显微组分鉴定越来越重要。尽管油气方面对于变质阶段划分与煤地质学有差异，但是传统的褐煤、长焰煤、气煤、肥煤、焦煤、瘦煤、贫煤、无烟煤等主要煤种，依然较为常用。在进行显微组分观察定量方面，褐煤和长焰煤、气煤、肥煤、焦煤等适合制作煤薄片进行透射光下观察，而块煤光片或者粉煤光片进行反射光下显微组分鉴定；对于瘦煤、贫煤，由于透光性较差而不宜制作薄片，块煤和粉煤光片进行反射光下观察较为合适；无烟煤进行显微组分定量，由于各类组分趋于一致，需要慎重鉴定。变质程度较高的煤，如无烟煤，组分单一已经不适合作煤相分析之用，对其环境分析可采用煤层宏观沉积构造以及顶、底板沉积相分析确定。

一、煤的有机显微组分

煤的有机显微组分按照成因标志和工艺性质的不同大致可以分成4组：凝胶化组、丝炭化组、稳定化组和腐泥化组。

1. 凝胶化组分

凝胶化组分是煤中最为常见、最为重要的有机显微组分，它是在泥炭化作用和成岩作用阶段，植物的木质纤维组织经过凝胶化作用形成的。具体过程是植物组织在生物化学作用下分解、合成产生新的化学物质；同时植物组织在沼泽水浸泡下吸水膨胀，植物细胞结构变形、破坏直至消失。金兹堡（1965）采用植物组织结构分解图，示意凝胶化作用后一种情况变化趋势（图4-1）。

用块煤制作煤薄片，在透射光下观察，凝胶化组分大多呈橙红色、棕红色到褐红色，透明到半透明，其变化取决于煤的变质程度和薄片厚度；该组分一般较为均一，较少含有外来物质混杂，且由于均匀收缩而产生明显的垂直裂纹（煤的内生裂隙）。

按照结构和形态特征的不同，可把凝胶化组分分为下列几种。

（1）木煤。植物细胞结构保存完好，或细胞壁轻微膨胀加厚，细胞腔排列规则，有时显示年轮，细胞腔在切面上呈椭圆形、圆形或长条形。胞腔中空或有时为矿物质或有机质充填。具有木质结构（图版Ⅰ-1）。透射正交偏光下具有明显的条带状消光现象。木煤在煤中多呈透镜状或碎片状。

（2）木质镜煤。细胞壁明显膨胀加厚，细胞腔时有时无，仅留下大小不等的细胞腔，排列不规则，细胞结构模糊。有的细胞腔膨胀更甚，细胞腔几乎完全消失，仅由于腔和壁的颜色不同，显示出团块状结构。透射正交偏光下可清晰见到条带状消光现象，轮廓明显。通常呈透镜状出现，角质体镶边的存在可作为团块状木质镜煤的特征之一（图版Ⅰ-2）。

（3）结构镜煤。细胞壁强烈膨胀，细胞腔全被凝胶化物质所充填，仅仅根据原细胞腔和细胞壁部位的色调深浅的不同，才能大致辨认原来细胞结构的痕迹。有时在显微镜下看不出细胞壁有强烈膨胀迹象,而细胞腔多被均匀的有机物质所充填,细胞结构清楚(图版Ⅰ-3)。在正交偏光下,结构镜煤通常呈现微弱的条带状消光和网状消光现象。在煤中呈条带或透镜状分布。

(4)无结构镜煤。细胞壁强烈膨胀分解,在透射光下细胞结构完全消失,显现均一状结构(图版Ⅰ-4);唯在正交偏光下有时仍隐约见到细胞结构的残迹,如轻微显出粒状或均匀消光现象。无结构镜煤常呈条带状、透镜状出现,轮廓清楚,有时有垂直裂纹角质体镶边。

(5)凝胶化基质。凝胶化基质是煤中最常见的显微组分,它经常作为稳定组分、丝炭化碎片和矿物质的胶结物存在。透射光下呈橙色、红色、褐色,透明到半透明。凝胶化基质在显微镜下可分两种:一种是完全无结构的均一凝胶化基质,在高倍镜下也呈现均一性;另一种是有结构的不均一凝胶化基质,常呈团块状或木质镜煤状。透射光下根据色调深浅的不同,可以看出它们是由大小不同、形状各异的斑点,团粒和凝块集合而成的(图版Ⅰ-5)。

(6)凝胶化浑圆体(gelified circleinite)。煤中偶见一些圆形、椭圆形及纺锤形的物体,轮廓很清楚,透射光下呈红褐色,表面光滑,一般结构均匀致密,甚至在正交偏光下也呈现均匀消光现象,其成因尚不十分清楚(图版Ⅰ-6)。

(7)凝胶化菌类体(gelified sclerotinite)。高等植物内部有时寄生着低等植物的真菌等菌类,由菌类的繁殖器官构成的菌类体,往往由菌丝紧密交结并具有坚硬暗黑的外膜。菌类体呈椭圆形或圆形,常具有网格状结构,轮廓清楚,透射光下为褐红色,反射光下呈灰白色,突起不高。古近纪和新近纪煤中较为常见,多为真菌菌类体。此外还有椭圆环状的菌孢子。国外烟煤中则有由细胞分泌的菌类体出现,但较为罕见。

(8)凝胶化碎屑。特征与无结构镜煤相似,但小于30μm,形态极不规则,无细胞结构。

凝胶化组分共同特点在于具有黏结性,挥发分和氢含量都比较高。

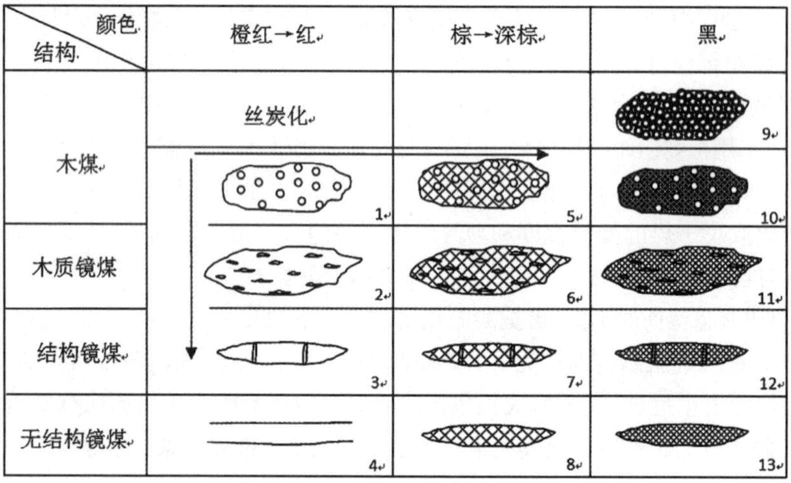

图 4-1 植物组织结构分解变化示意图(据热姆丘日尼柯夫、金兹堡,1965)
1.木煤;2.木质镜煤;3.镜煤;4.凝胶化基质;5.半木煤丝炭;6.半木质镜煤丝炭;7.半镜煤丝炭;8.半凝胶化基质;9.丝炭;10.木煤丝炭;11.木质镜煤丝炭;12.镜煤丝炭;13.丝炭化基质

2.丝炭化组分

丝炭化组分是煤中比较常见的显微组分,它是由植物的木质—纤维组织在泥炭化阶段经过强烈炭化(丝炭化)作用形成的。丝炭化过程不仅可以直接作用于未经变化的植物遗体,而且可以作用于不同凝胶化作用的产物,即可以与凝胶化作用叠加,因此,植物细胞保存程度上也存在于凝胶化组分相对应的不同显微结构系列(图4-1)。

透射光下,丝炭化组分显著特征表现由于高度碳化而造成细胞壁黑色不透明,反射光下高突起、白色,油浸反射光下为白色到亮白色,空的胞腔因为光线散射而呈黑色,细胞中空或被矿物质充填。

按照结构、形态不同,可把丝炭化组分分为下列几种。

(1)丝炭。植物细胞结构保存清楚,与木煤相当,有时还可以看到局部的年轮。一般丝炭的胞腔宽大而胞壁较薄,胞腔形状有扁圆形、圆形和长方形等(图版Ⅰ-7)。胞壁有厚、薄两种,由于丝炭本身孔隙较多,脆度很大,在后期受到外力作用时常发生各种变形,挤压破碎成褶曲状、弧状和星状等次生结构;有时遭受强烈挤压而全部破碎压紧,以至于无法辨认植物的原生结构。丝炭细胞常被黄铁矿、粘土矿物等充填。煤中丝炭多呈透镜状、条带状、斑块状或碎片状顺层分布,有时呈薄层出现。

(2)木质镜煤丝炭。细胞壁加厚,细胞腔缩小,细胞结构不很清楚,排列亦不规则,有时只保留个别胞腔。具有相当于木质镜煤的结构(图版Ⅰ-8)。在煤中较为常见,多呈透镜状出现。

(3)镜煤丝炭。透射光下几乎呈全部黑色不透明,极少见到细胞结构痕迹,通常呈条带状或透镜体出现,有时可见垂直裂纹。镜煤丝炭在煤中比较少见。

(4)丝炭化基质(不透明基质)。透射光下不透明,反射光下呈白色,微凸起。油浸反光高倍镜下有时见到呈均一状或粒状、团块状、棉絮状及条带状结构的丝炭化基质,可夹有稳定组分、凝胶化基质团块与透镜状或轮廓清晰的丝炭微粒、矿物质等(图版Ⅱ-1)。丝炭化基质在煤中比较常见。

(5)丝炭化浑圆体。透射光下黑色不透明,反射光下呈亮白色,高凸起。形状多为圆形或者椭圆形,表面光滑,轮廓清楚(图版Ⅱ-2)。煤中较为少见。

(6)丝炭化菌类体。透射光下为褐色及黑色不透明,反射光下呈黄白色,具中高凸起。常成群出现。其他特征与凝胶化菌类体相似。

(7)丝炭化碎屑。小于30μm的无细胞结构的丝炭化物质碎屑,形态极不规则。

(8)微粒体。在反光油浸下呈白色,是极其细小的颗粒,大小近于1μm,往往充填在细胞腔中,也常与粘土矿物混杂在一起。马科夫斯基(Mackowsky,1973)在扫描电子显微镜下对浸蚀光片的研究发现,微粒体可以由细胞壁分解而形成,也可以由惰性组碎屑组成,还可能是由细胞分泌物所组成。

丝炭化组分没有黏结性,挥发分和氢含量低,碳含量高。

3. 稳定组分

稳定组分是成煤植物中化学稳定性强的组成部分,在泥炭化阶段和成岩阶段几乎没有发生什么质的变化而保存在煤中的组分。稳定组分包括孢子体、花粉体、树脂体、角质体、木栓体和不定型体等。透射光下显著特征表现为以黄色为主,兼有橙红色,透明到半透明,轮廓清楚,各自有自己的特征外形便于区分。反射光下呈深灰色,中低突起;油浸反射光下呈黑—灰黑色。从低煤级烟煤到中煤级烟煤,稳定组分在蓝光激发下发绿黄色—亮黄色—橙黄色—褐色荧光,随煤化程度增高,荧光强度减弱,直至消失。

(1)孢子体和花粉体。孢子体是孢子植物(如藻类、苔藓、蕨类植物)繁殖的器官。一般雌性的孢子较大,称为大孢子体;雄性的孢子体较小,称为小孢子。大孢子体的直径为

0.2～1.5mm，通常放大镜甚至肉眼下就可以看到；小孢子体的平均直径为0.03～0.1mm，仅在显微镜下才能辨认。

花粉体是种子植物（裸子植物、被子植物）的繁殖器官，体积更小，一般小于0.05mm。

大孢子体在煤中多被压成扁平体，纵切面呈封闭的长环状，其宽度与长度的比例从1:10～1:20。内缘平滑，不具锯齿；外缘平整或附瘤状、针状和刺状等各种纹饰。末端转折处呈钝圆形，有时局部折叠（图版Ⅱ-3）。

小孢子体的纵切面常呈长圆形、扁圆形或三角形。常以群体聚集，成堆出现，称为小孢子群（图版Ⅱ-4）。

花粉体和小孢子体形态相似，主要区别在于小孢子体具有三射裂纹或者单射裂纹，而花粉体则没有。

孢子体和花粉体的颜色在普通透射光下呈浅黄色到橙黄色，透明到半透明；反射光下呈浊黑色，微突起到中低突起。

孢子和花粉都由单细胞构成，发育在特殊的孢子囊（或花粉囊）中。一般情况下，外部的孢子囊和孢子内含的原生质一般都不稳定，难以保存下来。通常见于煤中的是孢子体和花粉体的细胞壁的中层，即由化学性质极其稳定的孢粉素构成的薄膜。

据古植物学分类，石炭纪—二叠纪以蕨类植物为主，繁殖器官为雄性小孢子囊、雌性大孢子囊；侏罗纪以裸子植物最为繁盛，孢子体发达，占绝对优势；白垩纪及其以后出现被子植物，具有花粉。由此可见，古生代和侏罗系煤中以孢子体居多，中生代晚期和新生代煤及煤系地层中则以孢粉占优，如抚顺古近纪盆地超厚煤层及煤系地层中有大量孢粉产出。

（2）角质体。角质体是由植物的角质层转化而来的组分，属于复杂脂类混合物，存在于植物的叶、枝、芽的最外层（图版Ⅱ-5），起保护植物组织的作用。显微镜下呈宽度不等的细长条带状，一边（外缘）平滑，一边（内缘）呈锯齿状。产出为断片状、叠层状、盘肠状，末端则为尖角状，与大孢子体易于区分。

根据厚度可将角质体分为厚壁角质体和薄壁角质体两种。角质体的厚度随植物种类、植物组织的不同或生长环境的差异而有所不同。叶的角质层比茎的角质层薄；阴湿环境下生长的角质层薄甚至没有，干旱环境中则较厚；由于腹背两面受光的情况不同，也影响角质层的发育，通常上表皮角质层较厚，下表皮的较薄。

（3）木栓体。木栓体是由木栓层形成的组分。木栓层是多年生植物周皮的外层部分，由木栓形成层向外分裂产生（图4-2）。它是组成树皮的一部分。木栓层多由长方形木栓细胞组成，

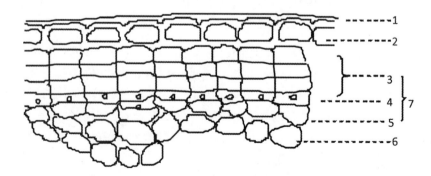

图4-2 茎的部分横切面
1.角质层；2.表皮；3.木栓层；4.木栓形成层；5.栓内层；6.皮层；7.周皮

非常规排列。木栓的细胞具有木栓化的细胞壁,其主要成分为木栓素,具有抵抗高温、强酸和细菌的能力;不透气、不透水,构成植物良好的保护组织,因此也常能较好地保存在煤中。多数木栓体保持原有木栓细胞的形态与结构特征,常呈叠瓦状及鳞片状出现,轮廓清楚;少数情况下细胞结构隐约可见。

我国南方晚二叠世煤中木栓体分布普遍,江西乐平煤中木栓体高度富集,形成典型的树皮残殖煤(图版Ⅱ-6)。

(4)树脂体。树脂体是植物的分泌组织——树脂道的分泌物,它可保护植物不至干枯腐败并防止微生物侵袭。化学性质稳定,在生物化学过程中很少发生变化,并聚合成不溶解、不熔融的物质,因此能够较好地保存在煤中。

树脂体在普通透射光下多呈柠檬黄色、稻草黄色到橙黄色,透明到半透明,平滑均一,一般无结构。轮廓清楚,形状多样,常呈椭圆形、圆形和透镜状等(图版Ⅱ-7)。反射光下呈灰色,微突起。

裸子植物尤其松柏类,富含树脂体。我国抚顺古近纪煤中树脂体特别丰富,肉眼可以明显识别,煤中、泥岩中均有产出,呈现细树干状、软砾状,被泥质或者炭质包裹,断面呈现橙黄色、橙红色,其中有昆虫(蚊子、蜻蜓)化石。石化的树脂称琥珀,为名贵的工艺品原料。

4.腐泥化组

腐泥化组由藻类等遗体在还原环境中经过腐泥化作用转变而成,一般划分为藻类体和腐泥化基质等显微组分。目前,非常规页岩气烃源岩中相当一部分为湖相油页岩,其源岩由腐泥化组分主导。

(1)藻类体。藻类体是由藻类形成的组分。腐泥煤中常见的藻类是绿藻和蓝绿藻,它是绿色和蓝绿色的单细胞结合组成的群体。聚集成团状,藻类群体轮廓不规则,边缘不平整,表面呈放射状、蜂窝状或海绵状结构;有时分解较强而结构模糊或完全不显示结构。高倍镜下可见群体内的斑点是细胞的内胞腔(图版Ⅱ-8)。

透射光下,颜色从柠檬黄色到棕褐色,有时受污染变化较大;普通反射光下呈各种色调的灰色、深灰色,微突起;油浸反射光下近乎黑色,有内反射现象。

藻类体在紫外光照射下发出银色带蓝绿色彩的荧光,易与由木质纤维组织转变的显微组分(不发荧光)相区分。山西浑元二叠系煤中有由皮拉藻形成的藻类体;抚顺古近系煤、云南先锋煤矿新近系煤中亦有由藻类体形成的藻煤。

(2)腐泥化基质。腐泥化基质是由藻类彻底分解的产物。腐泥基质在透射光下以透明和半透明为主,颜色从黄绿色、棕褐色到灰色,一般呈较鲜明的黄色色调,并常见矿物污染致使颜色变深,透明度降低。油浸反射光下呈不均匀的深灰色,表面粗糙无突起。结构呈粒状、块状、絮状及带状等。实际上完全纯净的腐泥基质少见,常见的多为腐植-腐泥或者腐泥-腐植混合基质。显微镜下观察时,腐泥基质和混合基质较难区分。但在紫外光照射下,腐泥化基质具发光性,呈现黄色、灰黄色或棕色的荧光,而混合基质则不发荧光。

二、煤的无机显微组分

煤的主要组成部分虽然是植物残体,但是从植物生长到其残体泥炭化、煤化的全过程,都有无机成分(矿物质)的参与,并且对有机物质转化及其伴生油气资源生成过程产生影响,因此无机成分也是成煤的重要组成部分。

煤中无机显微组分按照来源可以分为3种：第一种是成煤原始物质（植物）本身所固有的原生矿物，属于植物的营养物质（钙质和硅质），随植物残体一同参与成煤，称为原生矿物；第二种是在泥炭化过程中沉积及成岩过程中生成的矿物，主要是搬运进沼泽的石英碎屑和粘土矿物、长石、云母等，胶体溶液中沉淀的和化学成因的黄铁矿、粘土矿物、蛋白石、菱铁矿、褐铁矿等，多属成岩阶段产物；第三种是由地下水带来的矿物质，由于物化条件变化而沉淀于裂隙、层面或风化溶洞中的，称为后生矿物。

以不同方式和赋存状态出现在煤中的无机矿物，按照其成分和性质，可以分为下列几类。

1. 粘土类

这类矿物在煤内矿物所占数量比例很大。常见的粘土矿物有高岭石、水云母、蒙脱石等，常分散分布于煤中，有时集中成小的透镜状或薄层状；粘土矿物一般可占煤中矿物总量的70%左右。准噶尔盆地东部侏罗系煤层含有膨润土（主要为蒙脱石组成）夹矸，吸水后高度膨胀，导致岩芯加长。

普通反射光下为暗灰色、土灰色，油浸反射光下为灰黑色、黑色，低突起或微突起，表面不光滑，常呈微粒状、团块状、透镜状、薄层状产出，或充填于细胞腔中（图版Ⅳ-7）。

2. 硫化物类

这类矿物多不透明，在反光镜下具有耀眼的金属光泽，包括黄铁矿、黄铜矿等，其中黄铁矿是煤内大量存在和经常出现的矿物之一。黄铁矿在普通反射光下为黄白色，油浸反射光下为亮黄白色，突起很高，表面平整，有时不易磨光，呈蜂窝状，常呈结核状、浸染状或球粒状集合体产出（图版Ⅳ-8），或充填于裂隙和细胞腔中。黄铁矿为均质，在正交偏光下全消光，而白铁矿具有强非均质性，偏光色为黄—绿—紫色，双反射显著，常呈放射状、同心圆状集合体。

3. 碳酸盐类

煤中常见的碳酸盐类矿物主要有方解石和菱铁矿。方解石在普通反射光下为灰色，低突起；油浸反射光下为灰棕色，表面平整光滑，强非均质性，偏光色为浅灰—暗灰色，内反射显乳白—棕色，双反射显著。多呈脉状充填裂隙或胞腔中，常见双晶纹及菱形解理纹。菱铁矿的突起比方解石高，常呈结核状、球粒状集合体产出，有时呈脉状。其他特征与方解石相似。

4. 硫酸盐类

煤中硫酸盐类矿物主要是石膏，往往沿层面或者裂隙以微小晶粒出现，属于后生矿物。一般情况下，在煤层风化带、氧化带煤中石膏分布较多。

5. 氧化物类

煤中氧化物类矿物主要有石英、蛋白石、褐铁矿、赤铁矿、磁铁矿，石英最为常见。

石英在普通反射光下为深灰色，有时呈浅紫灰色，云雾状；油浸反射光下为黑色。一般表面平整，由于磨损硬度大，突起很高，周围常有暗色环。棱角状、半棱角状碎屑为主。自生石英呈自形晶或半自形晶，也有充填细胞腔的，热液石英多呈脉状充填在显微组分的裂隙中。

煤层中自生自储煤层气甚至于煤系地层富含有机质泥页岩研究，越来越重视无机矿物测试分析。如粘土矿物对采气工程的影响、煤储层裂隙充填（方解石、石英）特征、煤层气水动力封闭性水型等，都与煤中无机矿物及其变化有关，决定着煤层气、页岩气的保存和开采条件。

三、煤的有机显微组分分类和命名

煤的显微组分为英国煤岩学家 Stopes 于 1935 年提出,用以表示煤的组成的最小基本单位,它在分类上的地位与"造岩矿物"的意义相当。

国内外煤的有机显微组分的分类有多种方案,归结起来,分属于两种类型:一类侧重于成因研究,组分划分较细,侧重于透射光中的研究;另一类侧重于工艺性质的研究,分类较为简明,则以反射光研究为基础。

(1)国际煤岩学术委员会(1956)显微组分国际分类草案。该草案于 1955 年在列日(Liege)会议上基于 1935 年赫尔冷会议所推荐的司托普丝(Stopes)—塞勒(Seyler)显微组分分类方案而提出(表 4-2),且于 1956 年在伦敦获得通过,确立以光片研究为基础,附有各类组分的物理、化学-工艺性质材料,并被收录进《国际煤岩详解词典》(第二版)。因此,司-塞方案可视为偏重工艺研究的分类。

表 4-2 国际煤岩学术委员会(1956)显微组分分类方案(据武汉地质学院煤田教研室,1981)

显微组分		分组	代号
结构镜质体		镜质组	V
无结构镜质体			
丝质体		惰性组	I 或 F
半丝质体			
微粒体	微粒微粒体		
	粗粒微粒体		
菌类体			
孢粉体		壳质组 或 稳定组	E 或 L
角质体			
树脂体			
藻类体			

(2)苏联(1960)显微组分的分组方案。热姆丘日尼柯夫和金兹堡(1965)提出显微组分分类方案,侧重于成因研究(表 4-3)。

表 4-3 热-金显微组分成因分类方案

组	显 微 组 分
凝胶化组	木煤
	木质镜煤
	镜煤(无结构的、隐结构的、结构的)
	菌核
	基质(均一的、团块的)
弱丝炭化组	半丝质体
	木质镜煤—半丝炭
	镜煤—半丝炭
	菌核
	基质

续表 4-3

组	显 微 组 分
丝炭化组	丝炭和木煤—丝炭
	木质镜煤—丝炭
	镜煤—丝炭
	菌核
	基质
角质组	小孢子
	大孢子
	花粉
	角质层
	木栓质物质
树脂组	树脂体
	类树脂形成物
藻类组	藻类
	腐泥基质

（3）国际煤岩学术委员会（1975）显微组分国际分类方案。由于荧光显微镜、电子显微镜的应用，煤岩学研究方法不断改进，如煤反射率测定、荧光测定法、亚甲基碘化物浸蚀法、放射性照射等，显微组分的划分、命名和特征研究有了新的进展。期间，国际煤岩委员会于1971年和1975年两次对1963年《国际煤岩详解词典》第二版作了增补。

表 4-4 国际硬煤显微组分一览表（据武汉地质学院煤田教研室，1981）

显微组分分组 （group maceral）	显微组分 （maceral）	亚显微组分 （submaceral）	显微组分变种 （maceral variety）
镜质组 （vitrinite）	结构镜质体（telinite）	结构镜质体1 （telinite 1） 结构镜质体2 （telinite 2）	科达木结构镜质体 （cordaitotelinite） 真菌质结构镜质体 （fungotelinite） 木质结构镜质体 （xylotelinite） 鳞木结构镜质体 （lepidophytotelinite） 封印木结构镜质体 （sigillariotelinite）
	无结构镜质体（collinite）	均质镜质体 （telocollinite） 胶质镜质体 （gelocollinite） 基质镜质体 （desmocollinite） 团块镜质体 （corpocollinite）	
	碎屑镜质体 （vitrodetrinite）		

续表 4-4

显微组分分组 (group maceral)	显微组分 (maceral)	亚显微组分 (submaceral)	显微组分变种 (maceral variety)
壳质组 (exinite)	孢子体(sporinite)		薄壁孢子体 (tenuisporinite) 厚壁孢子体 (crassisporinite) 小孢子体 (microsporinite) 大孢子体 (macrosporinite)
	角质体(cutinite) 树脂体(resinite)		
	藻类体(alginite)		皮拉藻类体 (pila-alginite) 轮奇藻类体 (reinschia-alginite)
	碎屑壳质体 (liptodetrinite)		
惰性组 (inertinite)	微粒体(micrinite) 粗粒体(macrinite) 半丝质体(semifusinite)		
	丝质体(fusinite)	火焚丝质体 (pyrofusinite) 氧化丝质体 (degradofusinite)	
	菌类体(sclerotinite)	真菌菌类体 (fungosclerotinite)	薄壁菌类体 (plectenchyminite) 浑圆菌类体 (corposclerotinite) 假浑圆菌类体 (pseudo corposclerotinite)
	碎屑惰性体 (inertodetrinite)		

施塔赫(Stach)1975 年出版的《煤岩学教程》集中反映了之前 20 多年煤岩学的研究成果，该教程首次将褐煤的显微组分与硬煤(烟煤和无烟煤)的显微组分分开(表 4-4、表 4-5)，认为：①褐煤与硬煤在物理性质、化学和工艺特征及成因方面很不相同，且在显微组分组成上也很不一致；②褐煤的显微组分数目比硬煤的多，组分的特征也有差异；③硬煤显微组分分类方案(表 4-4)总体上与国际煤岩学术委员会 1956 年的国际分类方案接近，都分出 3 个显微组分组(镜质组、壳质组、和惰性组)和十几个组分，增加了 3 个新的显微组分(碎屑镜质体、碎屑壳质体和碎屑惰性体)，划分出若干亚显微组分(如丝质体细分为氧化丝质体和火焚丝质体两个亚显微组分)以及若干显微组分变种(如结构镜质体细分科达木、鳞木、封印木、真菌质和木质结构镜质体等变种；孢子体可分为薄壁孢子体、厚壁孢子体、小孢子体和大孢子体 4 种)。

表 4-5　国际褐煤显微组分分类（据武汉地质学院煤田教研室，1981）

显微组分分组	显微组分亚组	显微组分	亚显微组分（maceral type）
腐质组（huminite）	结构腐植体（humotelinite）	木质结构体（textinite） 腐木质体（ulminite）	木质结构腐木质体（texto-ulminite） 充分分解腐木质体（eu-ulminite）
	碎屑腐植体（humodetrinite）	细屑体（attrinite） 密屑体（densinite）	
	无结构腐植体（humocollinite）	凝胶体（gelinite）	多孔腐植体（porigelinite） 均匀腐植体（levigelinite） 树皮质腐植体（phlobaphinite） 假树皮质腐植体（pseudo-phlobaphinite）
壳质组（liptinite）		孢子体（sporinite） 角质体（cutinite） 树脂体（resinite） 木栓体（suberinite） 藻类体（alginite） 碎屑壳质体（liptodetrinite） 叶绿素体（chlorphyllinite） 沥青质体（bituminite）	
惰性组（inertinite）		丝质体（fusinite） 半丝质体（semifusinite） 粗粒体（macrinite） 菌类体（sclerotinite） 碎屑惰性体（inertodetrinite）	

总体上，该显微组分分类方案侧重于化学工艺性质的分类（表 4-4）。此分类中镜质组相当于凝胶化组分，具黏结性，其中，结构镜质体指植物细胞结构清楚或朦胧可见的镜质组分，无结构镜质体指一般看不到细胞结构的镜质组分，碎屑镜质体呈碎屑状。壳质组相当于稳定组分，挥发分和氢含量高。惰性组相当于丝炭化组分，其工艺性质往往呈惰性，其中粗粒体常呈基质出现，胶结壳质组有时也呈团块状出现，没有细胞结构，微突起或不显突起。

（4）煤炭部地质勘探研究所（1978）显微组分分类方案。主要根据各种组分的化学工艺性质和成因，制定我国"烟煤显微组分划分及命名"方案，对烟煤有机显微组分共划分 4 类 6 组、20 个组分、29 个亚组分。在透射光和反射光下使用同一术语，同时用反射率作为组别划分的定量依据。在评价煤质时，一般区分到组或组分，在研究成因及用于煤层对比等问题时，可细分到亚组分。

（5）煤炭科学研究总院西安分院 2001 年制定的《烟煤显微组分分类》（GB/T 15588—2001）（表 4-6）是对 GB/T 15588—1995《烟煤显微组分分类》的修订。重要修订包括：①删去半镜质组，采用国际标准镜质组、惰质组和壳质组的三分划分方案；②删去菌类体，增加真菌体和分泌体;③增加火焚丝质体、氧化丝质体两个显微亚组分;④增加显微组分的英文名称;⑤显微组分和矿物特征的描述内容作了部分修改。

本次显微组分基本特征参照《烟煤显微组分分类》(GB/T 15588—2001),简述如下。

A.镜质组

镜质组是由成煤植物的木质纤维组织,经腐植化作用和凝胶化作用而形成的显微组分组。在低煤化烟煤中,镜质组油浸反射光下呈深灰色,无突起。

随煤化程度增加,反射率增大,反射色变浅,可由深灰色变为白色。

根据细胞结构保存程度及形态、大小等特征,镜质组分为3个显微组分和若干个显微亚组分。

a.结构镜质体。普通显微镜下植物细胞结构(木质、皮层和周皮细胞)清楚或朦胧可见的镜质组分,由植物的组织器官如树干、树枝、茎、叶和根等,以细胞形态保存于煤中的镜质化(凝胶化)细胞壁,称之为结构镜质体(指细胞壁部分)。其细胞结构或完整或压扁变形,而胞腔常常为无结构镜质体充填,有时也有树脂体、微粒体或粘土矿物充填。根据细胞结构保存的完好程度,又分为2个亚组分。结构镜质体1:细胞结构保存完好的结构镜质体。细胞壁未膨胀或微膨胀,细胞腔清晰可见,细胞排列规则。细胞腔中空,或为矿物和其他显微组分充填。结构镜质体2:细胞壁强烈膨胀,细胞腔完全变形或几乎消失,但可见细胞结构残迹。细胞腔闭合后常呈线条状结构。由树叶形成的结构镜质体2,常具角质体镶边,有时显示团块状结构(图版Ⅲ-1)。

表4-6 中国烟煤显微组分分类(GB/T 15588—2001)

显微组分组 (maceral graup)	代号 (symhal)	显微组分 (maceral)	代号 (symhal)	显微亚组分 (submaceral)	代号 (symhal)
镜质组 (vitrinite)	V	结构镜质体 (telinite)	T	结构镜质体1 (telinite 1)	Tl
				结构镜质体2 (telinite 2)	T2
		无结构镜质体 (collinite)	C	均质镜质体 (telocollinite)	Cl
				基质镜质体 (desmocollinite)	C2
				团块镜质体 (corpocollinite)	C3
				胶质镜质体 (gelocollinite)	C4
		碎屑镜质体 (vitrodetrinite)	Vd	—	—

续表 4-6

显微组分组 (maceral graup)	代号 (symhal)	显微组分 (maceral)	代号 (symhal)	显微亚组分 (submaceral)	代号 (symhal)
惰质组 (inertinite)	I	丝质体(fusinite)	F	火焚丝质体 (pyrofusinite)	
				氧化丝质体 (degradofusinite)	
		半丝质体 (semifusinite)	Sf	—	—
		真菌体(funginite)	Fu	—	—
		分泌体(secretinite)	Se	—	—
		粗粒体(macrinite)	Ma	—	—
		微粒体(micrinite)	Mi	—	—
		碎屑惰质体 (inertodetrinite)	Id	—	—
壳质组 (exinite)	E	孢粉体(sporinite)	Sp	大孢子体 (macrosporinite)	Sp1
				小孢子体 (microsporinite)	Sp2
		角质体(cutinite)	Cu	—	—
		树脂体(resinite)	Re	—	—
		木栓质体(suberinite)	Sub	—	—
		树皮体(barkinite)	Ba	—	—
		沥青质体(bituminite)	Bt	—	—
		渗出沥青体 (exsudatinite)	Ex	—	—
		荧光体(fluorinite)	Fl	—	—
		藻类体(alginite)	Alg	结构藻类体 (telalginite)	Alg1
		碎屑壳质体 (liptodetrinite)	Ed	—	—

b. 无结构镜质体。是指普通显微镜下没有显示细胞结构的镜质组分。作为其他显微组分碎片和共生矿物的基质胶结物。根据形态特征，无结构镜质体又分为 4 个亚组分。①均质镜质体：在垂直层理切面中呈宽窄不等的条带状或透镜状，均一、纯净，常见垂直层理方向的裂纹。低煤级烟煤中有时可见不清晰隐结构，经氧化腐蚀，可见清晰的细胞结构。该组分为镜质组反射率测定的标准组分之一（图版Ⅲ-2）。②基质镜质体：没有固定形态，胶结其他显微组分或共生矿物。均匀基质镜质体显示均一结构，颜色均匀；不均匀基质镜质体为大小不一、形态各异、颜色略有深浅变化的团块状或斑点状集合体（图版Ⅲ-2）。与均质镜质体相比，反射率略

低,透光色略浅。该组分亦为反射率测定标准组分之一。多见于微亮煤、微暗亮煤、微亮暗煤和微三合煤中。③团块镜质体：是一种均质体,多呈圆形、椭圆形、纺锤形或略带棱角状、轮廓清晰的均质块体。常充填细胞腔,其大小与细胞腔一致（图版Ⅲ-1）；也可单独出现,最大者可达300μm。油浸反射光下呈深灰色或浅灰色。④胶质镜质体:数量很少,充填到与层理近于垂直的裂隙中和菌核的空腔中,甚至沿孢子外壳裂缝充填到孢子空腔中,是一种真正没有结构的凝胶,并可见到其流动的痕迹,反射率较高。镜下其他光性特征与均质镜质体相似。

c.碎屑镜质体。由镜质组碎屑颗粒组成（图版Ⅲ-3）。大多数源于早期阶段已经被分解了的植物碎片和腐植泥炭的碎颗粒；碎屑镜质体常常被基质镜质体所胶结,两者颜色、突起和反射率相近,加上碎屑镜质体的颗粒很小,往往不易加以区分,均被当做基质镜质体看待,只有用亚甲基碘化物浸蚀后,彼此才能区分。碎屑镜质体,是煤中较为少见的一种显微组分。

B.惰质组

惰质组是主要由成煤植物的木质纤维组织受丝炭化作用转化形成的显微组分组。少数惰质组分来源于真菌遗体,或是在热演化过程中次生的显微组分。油浸反射光下呈灰白—亮白色或亮黄白色,反射率强,中高突起。惰质组在煤化作用过程中的光性变化不及镜质组明显。与其他两个显微组分组相比,碳的含量最高,氢的含量最低,挥发分产率最少,因此在炼焦碳化过程中一般不会熔化（微粒体除外）。根据细胞结构和形态特征等惰质组分为以下若干组分。

a. 丝质体。指常具有清晰并且往往是比较规则的木质细胞结构的丝炭化组分。油浸反光下为亮白色或亮黄白色,中—高突起,具细胞结构,呈条带状、透镜状或不规则状。细胞结构保存完好,甚至可见清晰的年轮及分节的管胞。细胞腔一般中空或被矿物、有机质充填（图版Ⅲ-4）。根据成因不同分为2个亚组分——火焚丝质体和氧化丝质体。①火焚丝质体,是植物或泥炭在泥炭沼泽发生火灾时,受高温碳化热解作用转变形成的丝质体。火焚丝质体的细胞结构清晰,细胞壁薄,反射率和突起很高,油浸反光下为亮黄白色。②氧化丝质体,与火焚丝质体相比,细胞结构保存较差,反射率和突起稍低,油浸反光下为亮白色或白色。

b. 半丝质体。是丝质体与结构镜质体之间的过渡型丝炭化组分。油浸反光下为灰白色,中突起,呈条带状、透镜状或不规则状。具细胞结构,有的呈现较清晰的、排列规则的木质细胞结构,有的细胞壁膨胀或仅显示细胞腔的残迹（图版Ⅲ-5）。

c. 真菌体。来源于真菌菌孢子、菌丝、菌核和密丝组织。油浸反射光下呈现灰白色、亮白色或亮黄白色,中—高突起,显示真菌的形态和结构特征。来源于真菌菌孢的真菌体,外形呈椭圆形、纺锤形,内部显示单细胞、双细胞或多细胞结构。形成于真菌菌核的真菌体,外形呈近圆形,内部显示蜂窝状或网状的多细胞结构（图版Ⅲ-6）。现代泥炭和古近纪—新近纪煤中较为常见,古生代煤中少见。

d. 分泌体（氧化树脂体）。由树脂、丹宁等分泌物经丝炭化作用形成,因而常被称为氧化树脂体,但它也可能起源于腐植凝胶。油浸反光下为灰白色、白色至亮黄白色,中高突起。形态多呈圆形、椭圆形或不规则形状,大小不一,轮廓清晰。一般致密、均匀。根据结构不同可分为无气孔、有气孔和具裂隙3种。无气孔的多为较小的浑圆状,表面光滑,轮廓清晰;有气孔的往往具有大小相近的圆形小孔;第三种则呈现出方向大约一致或不一致的氧化裂纹。

e. 粗粒体。是一种无结构或者没有显示结构的无定形丝炭化基质,胶结孢子体、角质体、树脂体和丝质体等显微组分,在暗煤中较为常见。油浸反光下为灰白色、白色、淡黄白色,中—高突起,基本上不呈现细胞结构。有的完全均一,有的隐约可见残余的细胞结构,一般大于30μm。

f. 微粒体。油浸反光下呈白灰色—灰白色至黄白色的细小圆形或似圆形的颗粒。常聚集成小条带、小透镜体或细分散在无结构镜质体中,也常充填于结构镜质体的胞腔内或呈不定形基质状出现(图版Ⅲ-7)。反射率明显高于镜质组,微突起或无突起。主要为煤化作用过程中的次生显微组分。粒径一般在 1μm 以下。

g. 碎屑惰质体。为惰质组的丝质体、半丝质体、粗粒体和真菌体碎片成分,粒径小于 30μm,形态极不规则(图版Ⅲ-8)。

C. 壳质组

壳质组主要来源于高等植物的繁殖器官、保护组织、分泌物和菌藻类,以及与这些物质相关的降解物。包括孢粉体(大孢子体、小孢子体)、角质体、树脂体、木栓质体、树皮体、沥青质体、渗出沥青体、荧光体、藻类体(结构藻类体、层状藻类体)和碎屑壳质体等显微组分。

从低煤级烟煤到中煤级烟煤,在油浸反射光下呈灰黑色到深灰色,反射率比煤中其他显微组分都低,突起由中高突起降到微突起。随煤化程度增高,壳质组反射率等光学特征比共生的镜质组变化快,当镜质组反射率达 1.4% 左右时,壳质组的颜色和突起与镜质组趋于一致;当镜质组反射率大于 2.1% 以后,壳质组的反射率变得比镜质组还要高,常具强烈的光学各向异性。

a. 孢粉体。孢粉体是由成煤植物的繁殖器官大孢子、小孢子和花粉形成的,分为 2 个显微亚组分——大孢子体和小孢子体。由大孢子形成的孢粉体称为大孢子体。由于小孢子和花粉在煤垂直层理切片中非常相似,很难区分,故将小孢子和花粉形成的孢粉体统称为小孢子体。①大孢子体,长轴一般大于 100μm,最大可达 5 000～10 000μm。在垂直层理的煤片中,常呈封闭的扁环状。常有大的褶曲,转折处呈钝圆形。大孢子体的内缘平滑,外缘一般平整光滑,有时可见瘤状、刺状等纹饰(图版Ⅳ-1、2)。②小孢子体,长轴小于 100μm。在垂直层理的煤片中,多呈扁环状、蠕虫状、细短的线条状或似三角形状。外缘一般平整光滑,有时可见刺状纹饰。常呈分散状单个个体出现,有时可见小孢子体堆或囊堆。

b. 角质体。来源于植物的叶和嫩枝、果实表皮的角质层。显微镜下角质体呈厚度不等的细长条带。外缘平滑,而内缘大多呈锯齿状,叶的角质体保存完好时,为上、下两片锯齿相对,且末端褶曲处呈尖角状。一般顺层理分布,有时密集呈薄层状。角质体可以镶边的形式与镜质组伴生。根据厚度,可将角质体分为厚壁角质体和薄壁角质体两种。

c. 树脂体。来源于植物的树脂以及树胶、脂肪和蜡质分泌物。树脂体主要呈细胞充填物出现,有时也呈分散状或层状出现。在垂直层理的煤片中,树脂体常呈圆形、卵形、纺锤形等,或呈小杆状(图版Ⅳ-4)。油浸反射色深于孢粉体和角质体,多为深灰色,有时可见带红色色调的内反射现象。一般不显示突起。

d. 木栓质体。来源于植物的木栓组织的栓质化细胞壁。细胞腔有时中空,有时为团块状镜质体充填。常显示叠瓦状构造。栓质化细胞壁在油浸反射光下呈均一的深灰色,低突起到微突起(图版Ⅳ-3)。

e. 树皮体。可能来源于植物茎和根的皮层组织,细胞壁和细胞腔的充填物皆栓质化。在油浸反射光下呈灰黑色至深灰色,低突起或微突起。树皮体有多种保存形态,常为多层状,有时为多层环状或单层状等。在纵切面上,由扁平长方形细胞叠瓦状排列而成,呈轮廓清晰的块体,水平切面上呈不规则的多边形。

f. 沥青质体。沥青质体是藻类、浮游生物、细菌等强烈降解的产物。油浸反射光下呈棕黑色或灰黑色。没有一定的形态和结构,分布在其他显微组分之间,也见有充填于细小裂隙中或呈微细条带状出现。微突起或无突起,反射率较低,荧光性弱,呈暗褐色。

g. 渗出沥青体。渗出沥青体是各种壳质组分及富氢的镜质体,在煤化作用的沥青化阶段渗出的次生物质。呈楔形或沿一定方向延伸,充填于裂隙或孔隙中(图版Ⅳ-5),并常与母体相连,其光性特征与母体基本一致或略有差别。

h. 荧光体。由植物分泌的油脂等转化而成的具强荧光的壳质组分。在蓝光激发下发很强的亮黄色或亮绿色荧光。荧光体常呈单体或成群的粒状、油滴状及小透镜状,主要分布于叶肉组织间隙或细胞腔内。油浸反射光下为灰黑色或黑灰色,微突起。

i. 藻类体。藻类体是由低等植物藻类形成的显微组分,它是腐泥煤的主要组分。根据结构和形态特征分为2个亚组分——结构藻类体和层状藻类体。①结构藻类体,在普通反射光下为灰色,结构和形态清晰,低—中突起。油浸反射光下呈灰黑色或黑色,反射率很低。煤中常见的是由皮拉藻形成的结构藻类体,呈不规则的椭圆形和纺锤形等形状。在垂直层理切片中,表面呈斑点状、海绵状,边缘呈放射状、似菊花状的群体细胞结构特征。由轮奇藻形成的结构藻类体较少见,水平切面为中空的环带,边缘呈齿状,在垂直切面上中空部分压实后呈线性。②层状藻类体,其细胞结构和形态保存不好,在垂直层理的切面中呈纹层状、短线条状(图版Ⅳ-6)。油浸反射光下呈黑色至暗灰色,反射率很低。

j. 碎屑壳质体。粒径小于3μm的碎屑状壳质体,常成群出现,在油浸反射光下呈深灰色,反射率低。

第四节　腐植煤的岩石类型

将煤作为一种岩石,用肉眼或显微镜观察描述煤的组成、结构、物理性质,划分出煤的岩石类型,分为"宏观煤岩类型"和"显微煤岩类型"两大类。肉眼观察所作的划分,通称"宏观煤岩类型"或"肉眼煤岩类型",一般按照煤的平均光泽进行划分;显微镜下所作的划分,被称为"显微岩石类型"。关于显微岩石类型,以往我国多按照煤的显微组分含量进行分类(韩德馨,1996);1989年我国基于国际煤岩学术委员会和国际标准化组织(ISO)推荐的方法,讨论制定了适用于烟煤、无烟煤的"显微煤岩类型的分类与测试方法",至1995年正式颁布《显微煤岩类型分类》(GB/T 15589—1995),强调显微组分的自然共生组合,在粉煤光片上采用20点网格法进行显微岩石类型鉴定统计。

一、煤的宏观岩石类型

由于煤的化学成分和内部结构存在不均一性,因此肉眼状态下观察并划分煤的宏观煤岩类型,需要区分煤的可见组分。斯托普丝(1919)在《条带状烟煤中的四种可见组分》一文中,首次提出烟煤中镜煤、亮煤、暗煤和丝煤4种宏观煤岩成分,其中镜煤和丝炭为简单煤岩成分,亮煤和暗煤为复杂的煤岩成分;1955年国际煤岩学委员会规定,只有在它们的厚度大于3～5mm时才能划分出来。《烟煤的宏观煤岩类型分类》(GB/T 18023—2000)规定:宏观煤岩类型划分的基本依据是煤的总体相对光泽强度和光亮成分含量,宏观煤岩类型最小煤分层厚度大于5cm;以镜煤光泽为参照,根据这些可见宏观煤岩成分的组合所构成的平均光泽,划分煤的宏观岩石类型——光亮煤、半亮煤、半暗煤、暗淡煤。

1. 宏观煤岩成分

（1）镜煤。颜色深黑,光泽强,属于煤中颜色最深、光泽最强的成分。结构均一,以贝壳状断口和垂直的内生裂隙发育为显著特征。内生裂隙面常具眼球状特征,易破碎成棱角状的立方体或者多面体小块。镜煤在煤层中常呈透镜状或条带状,有时线理状存在于亮煤和暗煤中,与其他煤岩类型界限明显。镜煤主要是由植物的木质—纤维、皮层或木栓细胞组织经凝胶化转变而成,组成成分包括木煤、木质镜煤、结构镜煤和均一镜煤等凝胶化组分。镜下显微结构或为均一结构,或为植物细胞结构。

（2）亮煤。亮煤光泽较强,仅次于镜煤,较脆易碎,内生裂隙较为发育,有时也有贝壳状断口,均一性较镜煤差,表面隐约可见微细层理。亮煤在煤中常组成较厚的分层或者呈透镜状产出。镜下观察,亮煤的组成也比较复杂,与暗煤相比,亮煤中的凝胶化组分较多,稳定组分及丝炭化组分次之。亮煤各种物理化学工艺性质介于镜煤和暗煤之间。

（3）暗煤。颜色暗黑,光泽暗淡致密坚硬,一般层理不清,断面粗糙,呈不规则状或平坦状。暗煤常以较厚的分层或单独成层出现在煤层之中。镜下暗煤组成成分相当复杂,一般凝胶化组分较少,而稳定组分或丝炭化组分较多,矿物质含量也较多。通常情况下富含稳定组分的暗煤用途较广,富含丝炭化组分或矿物质的暗煤煤质较差。

（4）丝炭。颜色暗黑,纤维状结构,丝绢光泽,外形像木炭,疏松多孔,硬度小,脆度大,易碎,污指。丝炭的空腔常被矿物质充填而成矿化丝炭,坚硬致密,密度增大。镜下观察主要为丝炭化组分（丝炭、木质镜煤丝炭、镜煤丝炭）。丝炭的挥发分产率和氢含量低,没有黏结性,因此,丝炭是工艺用煤的有害组分。由于孔隙度大、吸水性强,丝炭易于发生氧化和自燃。煤层中丝炭分布广,多呈扁平状或透镜状断续产出,亦有大的斑块状顺层分布。

2. 宏观煤岩类型

前述4种宏观煤岩成分由于其赋存状态与分布差异,诸如镜煤和丝炭以细小的透镜体或者不规则的薄层出现,亮煤和暗煤分层厚但是互为过渡,因此,宏观煤岩成分不足以作为观察煤层的单位,所以在实际应用过程中需要按照煤的平均光泽划分煤的宏观煤岩类型。按照平均光泽强弱依次为:光亮煤、半亮煤、半暗煤和暗淡煤。

（1）光亮煤。为光泽最强的宏观岩石类型,与镜煤的光泽接近。内生裂隙发育,脆度大,机械强度小,易破碎,常具贝壳状断口。结构近于均一,一般条带状结构不明显。显微镜下观察,光亮煤一般含凝胶化组分80%以上,因此黏结性较强。

（2）半亮煤。光泽强度仅次于光亮煤,最大特点是条带状结构极为明显,一般由较光亮的和较暗淡的条带互层而显示出半亮的光泽。内生裂隙较发育,常具棱角状或阶梯状断口。显微镜下观察,凝胶化组分含量80%～60%,矿物质含量较光亮煤多,中等变质程度的半亮煤黏结性较好。

（3）半暗煤。光泽较弱,常由光泽较暗淡的均一状或粒状结构的部分和少量比较光亮的条带和线理所组成。内生裂隙不发育,比较坚硬,断口参差不齐。镜下观察凝胶化组分含量在40%～60%之间。

（4）暗淡煤。光泽十分微弱,其特点与半暗煤相似,但是光泽更弱,光亮的条带和线理更少。质地坚硬,韧性强,密度大,内生裂隙不发育,断口呈棱角状或参差状。显微镜下观察凝胶化组分小于40%。

二、煤的显微岩石类型

显微岩石类型是显微镜下所有可见各组（种）显微组分的组合。由于研究目的的不同，有两套显微岩石类型的分类——化学工艺分类和成因分类（表 4-7、表 4-8）。

1. 国际煤岩学术语委员会显微岩石类型分类

1955 年国际煤岩学委员会在继续肯定煤的宏观岩石类型地位的同时，提出了国际显微岩石类型分类方案（表 4-7），属于工艺类划分，也是中国采用的标准。该方案侧重于研究煤的工艺性质和用途，规定各种显微组分类型条带的最小宽度为 50μm，或者最小覆盖面积为 50μm×50μm，以镜质组（V）、壳质组（E）和惰质组（I）含量百分比来划分类型。显微煤岩类型按照显微组分的组合情况，可分为单组分组类型、双组分组类型和三组分组类型 3 种。属于单组分组的是指只有一组显微组分占绝对优势（>95%）的显微岩石类型，其中仅含很少量（<5%）的其他有机组分，如微镜煤、微壳煤、微惰煤。属双组分组的则是两组显微组分之和大于 95%，且其中每一组的含量必须大于 5%，如微亮煤、微镜惰煤和微暗煤。由于这两组显微组分含量变化比较大，影响煤的工艺性质，所以根据占主体的显微组分的组别命名。例如，微亮煤以镜质组为主时，称微镜亮煤；以壳质组为主时，称微壳亮煤。对于三组分显微岩石类型中，三组显微组分的含量均大于 5%，其中 V>I、E 的称微暗亮煤，I>V、E 的称微亮暗煤，而 E>I、V 的称微镜惰壳煤。

表 4-7 国际显微岩石类型（工艺）（据武汉地质学院煤田教研室，1979）

显微组分（不包括矿物质）	含量/%	显微煤岩类型	显微组分组的组成（不包含矿物质）/%	显微煤岩类型组
单一组分				
无结构镜质体	>95		V>95	微镜煤
结构镜质体	>95	（微无结构镜煤）		
碎屑镜质体	>95	（微结构镜煤）		
孢子体	>95	微孢子煤	E（L）>95	微壳煤
角质体	>95	（微角质煤）		
树脂体	>95	（微树脂煤）		
藻类体	>95	微藻类煤		
碎屑壳质体	>95			
半丝质体	>95	微半丝煤	I>95	微惰煤
丝质体	>95	微丝煤		
菌类体	>95	（微菌质煤）		
碎屑惰性体	>95	微惰暗煤		
粗粒体	>95	（微粗粒煤）		

续表 4-7

显微组分 (不包括矿物质)	含量/%	显微煤岩类型	显微组分组的组成 (不包含矿物质)/%	显微煤岩类型组
双合组分				
镜质组 + 孢子体	>95	微孢子亮煤	V+E(L)>95	微亮煤 V,E(L)
镜质组 + 角质体	>95	微角质亮煤		
镜质组 + 树脂体	>95	(微树脂亮煤)		
镜质组 + 藻类体	>95	(微藻类亮煤)		
镜质组 + 碎屑壳质体	>95			
镜质组 + 碎片体	>95		V+I>95	微镜惰煤 V,I
镜质组 + 半丝质体	>95			
镜质组 + 丝质体	>95			
镜质组 + 菌类体	>95			
镜质组 + 碎屑惰性体	>95			
惰性组 + 孢子体	>95	微孢子暗煤	I+E(L)>95	微暗煤
惰性组 + 角质体	>95	(微角质暗煤)		
惰性组 + 树脂体	>95	(微微树脂暗煤)		
惰性组 + 藻类体	>95			
惰性组 + 碎屑壳质体	>95			
三合组分				
镜质组、惰性组、壳质组	均 >5	微暗亮煤	V>I, E(L)	微三合煤 V,E(L),I
		微镜惰壳煤	E>I, V	
		微亮暗煤	I>V, E(L)	

注：带括号的术语尚未通用。

2. 以成因研究为主的显微岩石类型

热姆丘日尼柯夫提出腐植煤的类型和亚型分类，强调分类的目的在于研究煤和煤层形成条件、煤的岩石类型。其中，煤的岩石类型可以组成煤的分层乃至整个煤层。他们将微观研究与肉眼观察相结合，因此这些术语既可以在镜下观察时用以表示显微组分的组合（实质上也是显微煤岩类型），又可以在肉眼研究时使用（韩德馨，1996）。

显微岩石类型成因分类（表 4-8）方案首次按照结构把腐植煤划分为均一煤类和不均一煤类。对于结构均一的煤类，按照凝胶化组分（镜质组）含量，可分为木质镜煤-镜煤质煤、亮煤质煤、暗亮煤质煤、亮暗煤质煤、暗煤质煤和丝炭-木煤质煤 6 个类型及其相应的亚型。

我国 1989 年制定了《显微煤岩类型的分类与测定方法》，1996 年 2 月 1 日后实施 GB/T 15589-1995《显微煤岩类型分类》，新近实施的 GB/T 15589-2008《显微煤岩类型测定方法》为现行执行标准。该标准按照三大显微组分镜质组、壳质组、惰性组的单组分、双组分、三组分体积含量百分比（>95%），可以划分单组分、双组分、三组分显微煤岩类型（表 4-9），三组分类型中每个显微组分都应大于或等于 5%。当矿物含量超过 20% 时，则确定显微矿化类型或者显微矿质类型。

表 4-8 均一腐植煤按显微结构和物质成分划分类型及亚型(成因类显微岩石类型)

(据热姆丘日尼柯夫等,1965)

按外观区分的类型	凝胶化物质含量/%	在显微镜下区分的亚型					类型和亚型的光泽程度
		树茎亚型	树茎和角质亚型	孢子亚型	角质层亚型	树脂亚型	
丝炭-木煤质煤	0~10	丝炭-木煤的	—	—	—	—	暗淡的
		半木质镜煤-丝炭的					
		丝炭的					
暗煤质煤	10~25	丝炭-木煤型暗煤	混合暗煤	孢子暗煤	角质暗煤	树脂暗煤	
亮暗煤质煤	25~50	丝炭-木煤型暗煤	混合亮暗煤	孢子亮暗煤	角质亮暗煤	树脂亮暗煤	半暗的
暗亮煤质煤	50~75	丝炭-木煤型暗亮煤	混合暗亮煤	孢子暗亮煤	角质暗亮煤	树脂暗亮煤	半亮的
亮煤质煤	75~100	丝炭-木煤型亮煤	混合亮煤	孢子亮煤	角质亮煤	树脂亮煤	
木质镜煤-镜煤质煤	90~100	木质镜煤-镜煤	—	—	—	—	光亮煤

对于显微煤岩类型测定,一般在反光显微镜下按照一定的分层厚度直接鉴定统计显微煤岩类型。国际煤岩学会和国际标准化组织推荐的规定:显微煤岩类型在垂直层面的块煤光片(或者粉煤光片)上的最小分层厚度为50μm或最小面积为50μm×50μm。该方法采用点数法直接定量统计,有20点网格测定法和直线测微尺法。其判别原理即为每个视域20个点分别代表5%,基于5%规则鉴定每个区域显微岩石类型,统计得出样品各种显微岩石类型百分含量,而非某一种显微岩石类型百分含量。该方法缺点在于投入的工作量较大,尤其对于巨厚煤层显然难以接受,而且由于样品代表性和采样条件、实验条件均很局限,采用宏观岩石类型(GB/T 18023—2000)描述更为适合。

表 4-9 中国显微煤岩类型分类(据 GB/T 15589-1995)

显微岩石类型		显微组分组的体积百分含量/%
单组分组类型	微镜煤	镜质组 >95
	微壳煤	壳质组 >95
	微惰煤	惰质组 >95
双组分组类型	微亮煤	镜质体+壳质体 >95
	微暗煤	惰质体+壳质体 >95
	微镜惰煤	镜质体+惰质体 >95
三组分组类型	微三合煤	镜质体+壳质体+惰质体 >95

第五节 煤的若干物理性质

煤的物理性质是煤的化学组成和分子结构随着成煤作用进程的最终体现,煤岩成分、变质作用阶段和后期风氧化作用等决定煤的物理性质。

煤的物理性质包括颜色、光泽、密度(容重)、硬度、断口、裂隙、脆度、导电性等。鉴定煤的物理性质以不改变煤的自然状态为原则,有的煤可以用肉眼或者通过简易试验作大概判断,有的则必须借助专门的仪器进行测定。应当指出,当将煤作为一种岩石时,它的物理性质实际上是分别针对煤的"宏观煤岩类型"和显微组分而言的,需要区分不同的对象研究它们的物理性质;当煤作为一种矿石时,则需要根据煤的物理性质确定煤的成因类型、宏观煤岩类型和大致的变质阶段,作为初步评价煤质的依据。更为重要的是,煤的物理性质显著特征可以用于解决煤层对比问题。

1. 颜色和粉色

煤的颜色是指新鲜煤块表面的自然颜色,是煤对不同波长可见光吸收的结果。自然状态下,煤的颜色以黑色居多,褐色、褐红色也有见到。观察煤的颜色通常是指在普通白光照射下煤的表面反射光线所显示出来的表色。

影响表色的因素主要是煤的变质程度、水分、矿物质,其中,腐植煤的表色随着变质程度增高而变化,从褐煤、烟煤到无烟煤,其表色从棕褐、褐黑、深黑到灰黑色,直至钢灰色(表4-10)。水分加深煤的表色,矿物质浅化煤的表色。

表4-10 不同煤级煤的光泽和颜色(据韩德馨,1996)

煤化程度		光泽	颜色	粉色
褐煤		无光泽或暗沥青光泽	褐色、深褐色、黑褐色	浅棕色、深棕色
低煤化烟煤	长焰煤	沥青光泽	黑色,带褐色	深棕色
	气煤	强沥青光泽、弱玻璃光泽	黑色	棕黑色
中煤化烟煤	肥煤	玻璃光泽		黑色,带棕色
高煤化烟煤	瘦煤	金刚光泽		黑色
	贫煤		黑色,有时带灰色	
无烟煤		似金属光泽	灰黑色,带有古铜色、钢灰色色调	浓黑色、灰黑色

粉色是指煤碾成粉末的颜色。一般是用钢针在煤的表面刻划或者用镜煤在脱釉素烧瓷瓦板上刻划的条痕而得,所以也被称为条痕色。比表色略浅一些。

此外,还有体色、反射色。体色——在透射光煤的切片(煤薄片)显示的颜色;反射色——在垂直反射光下煤的光面(煤光片)显示的颜色。各种显微组分其体色和反射色互不相同。

2. 光泽

煤的光泽是常光下煤的新鲜断面的反射能力,是肉眼鉴定煤的主要标志之一,通常采用的是煤的平均光泽。肉眼根据煤的平均光泽强度可以分出煤的4种煤岩类型:光亮煤、半亮煤、半暗煤和暗淡煤。一般情况下,煤的平均光泽强度由于人为主观性和煤矿床差异性,难以作为比较标准,仅仅是一种描述性术语。

腐植煤光泽常见的光泽有沥青光泽、玻璃光泽、金刚光泽和似金属光泽等（表4-10）。油脂光泽是玻璃光泽由于表面不平引起的变种；丝绢光泽是纤维状集合方式的表现；土状光泽则是松散状集合方式引起的。年轻褐煤光泽微弱，像蜡一样，称为蜡状光泽。腐泥煤一般光泽暗淡。

影响煤的光泽变化的因素很多，主要有煤岩成分、变质程度、氧化程度、矿物质特征和表面性质、断口、裂隙、错动和沾污等。相同变质程度下，凝胶化组分组成的光亮煤（含镜煤）、半亮煤、半暗煤、暗淡煤光泽依次由强到弱。随着变质程度升高，镜煤或光亮煤显著增强，丝炭或暗淡煤的光泽变化较小，因此，镜煤或光亮煤的光泽特征可以用来判断变质程度。氧化程度越高，煤的光泽越暗；矿物质含量在相同变质条件下含量越高，煤的光泽越暗。

3.真（相对）密度和视（相对）密度

煤的密度是单位体积煤的质量。根据测量的方法不同，分为真（相对）密度和视（相对）密度两种，以往称真比重和视比重。

（1）真密度。煤的密度与煤的岩石类型、变质程度以及煤中所含矿物的成分和含量有密切关系：①通常煤的密度是包括煤的矿物质在内的密度，煤中常见矿物诸如粘土矿物密度一般为 2.4~2.6 g/cm³，石英密度为 2.7 g/cm³，方解石密度为 2.7 g/cm³，菱铁矿密度为 3.8 g/cm³，黄铁矿密度为 5.0 g/cm³。因此，煤的密度很大程度上受到煤中矿物质的影响，随着矿物质含量的增加而增大。②变质程度相同的煤，其煤岩类型不同，密度也有差异，一般暗淡煤的密度比光亮煤的密度大。③煤的密度随着变质程度的增高而加大，以煤的真密度为例：褐煤一般小于 1.3 g/cm³，烟煤多为 1.3~1.4 g/cm³，无烟煤 1.4~1.9 g/cm³，腐泥煤一般仅为 1.1 g/cm³。

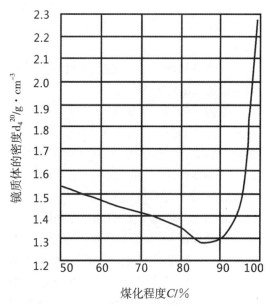

图 4-3　镜质体密度与煤化程度关系
（据武汉地质学院煤田教研室，1979）

如果不考虑煤中矿物质影响，煤中有机质密度（即纯煤密度）可近似地反映煤的密度。此外，镜质体密度随着煤化程度而变化，在 1.3~1.8 g/cm³ 之间变化（图4-3）。由图中可知，含碳量在 87% 时（焦煤阶段），镜质体密度最小，仅为 1.27 g/cm³；无烟煤镜质体密度在 1.81~1.86 g/cm³ 之间变化。

（2）视密度。煤的视密度原称容重、"煤的体重"或者"煤的假密度"，是生产单位在勘探过程中通过采集专门的容重（生产单位依然习惯沿用这一概念）样品测定的。

煤的视密度是煤层储量计算的重要参数之一，有的勘探报告中概念比较模糊，有容重、真比重、视比重、密度等，其实以往的勘探报告中多用容重或者体重，严格意义上容重更为合适（武汉地质学院煤田教研室，1979）。

实际上，煤的容重（武汉地质学院煤田教研室，1979）、视比重（GB/T 6949-1986）、视相对密度（GB/T 6949—2010）以及现行煤炭资源勘查依然在使用"比重"，均为不同时期的同物异名术语,专门测试用于不同时期"无烟煤、烟煤、褐煤储量计算"(GB/T 6949—1986)。

一般褐煤的视密度为 1.05～1.20 g/cm³;烟煤为 1.20～1.40 g/cm³;无烟煤视密度变化范围较大,为 1.35～1.80 g/cm³。煤的视密度同样受煤岩类型、变质程度、矿物质影响。

4. 硬度

硬度指的是煤抵抗外来机械作用的能力或强度。分为刻划硬度、压痕硬度和磨损硬度(耐磨硬度)3类。

刻划硬度,接近普通矿物鉴定的摩氏(Mons)硬度,用一套标准矿物(摩氏硬度计)刻划煤标本而得出的粗略的相对硬度概念。摩氏硬度计测量的煤的硬度一般介于1～4之间。在肉眼煤岩类型中,暗淡煤比光亮煤(包括镜煤)的硬度大,煤的硬度与变质程度有关(图4-4),从低变质烟煤到中变质烟煤,硬度减小;随变质程度增高,硬度逐渐增大。年轻褐煤和中变质焦煤的硬度最小为 2～2.5;无烟煤硬度最大,接近 4。

煤的刻划硬度划分过粗,因此一般采用显微硬度作煤变质指标。

煤的显微硬度是压痕硬度的一种,是在显微硬度计上测定的。在显微硬度计上以小的静力负荷(一般为 10～20g),将金刚石锥压入煤的显微组分,测量其所得压印对角线长度,然后换算即可得到显微硬度值。

煤的硬度与变质程度和显微组分密切相关。变质程度相同时,丝质组比镜质组具有更大的显微硬度;不同变质阶段的煤各类显微组分的显微硬度又有一定规律变化,以镜质组表现最为特征(图4-5)。中国地质科学院(1958)测定了各变质阶段标准煤样的显微硬度,所得的曲线图(图4-6)和泰茨的工作成果相似。

煤炭科学研究院(1975)对我国部分无烟煤测定了反射率与显微硬度的关系,以及体积挥发分与显微硬度的关系等,证实了在无烟煤阶段镜煤反射率与显微硬度都随着变质程度的增高而增大,即镜煤反射率和显微硬度与随变质程度增大而增大,与变质程度均成正相关关系(图4-7);而显微硬度与可燃煤体积挥发分成负相关关系(图4-8)。在无烟煤阶段,随着变质程度的增高,显微硬度在 30～200kg/mm² 之间。因此,显微硬度是鉴定无烟煤变质程度的一个相当灵敏的

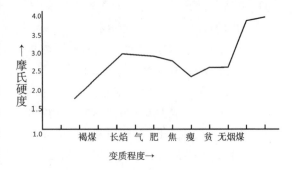

图 4-4 变质过程中光亮煤(镜煤)的硬度变化
(据武汉地质学院煤田教研室,1979)

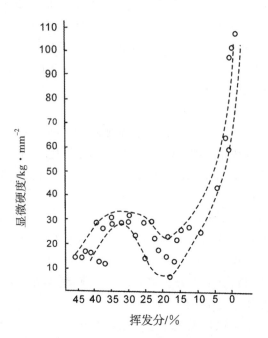

图 4-5 变质过程中煤的硬度变化
(据武汉地质学院煤田教研室,1979)

指标。

5. 脆度

煤的脆度是指煤受外力作用而破碎的性能。表现为抗压强度和抗剪强度两个方面。强度大者，其脆度小；反之则大。

脆度和硬度同属抵抗外来机械作用的性能，但是所受外力的性质与硬度不同。对于同一种煤来说，脆度与硬度的反映往往不相一致，很脆的煤同时可能很硬。

在不同变质阶段的煤中，肥煤、焦煤、瘦煤的脆度最大，无烟煤脆度最小，长烟煤和气煤的脆度较小。

在腐植煤的岩石类型中，镜煤和光亮煤的脆度最大，暗淡煤往往由于其中分散许多稳定组分和矿物质，所以脆度最小。

6. 断口

煤受外力打击后不沿层理面或者裂隙面断开，而是成为凸凹不平的表面，称为断口。根据表面形状和性质的不同，煤的断口常被分为贝壳状断口、参差状断口、阶梯状断口、棱角状断口、粒状断口、针状断口等，总的反映了煤的物质组成的均一性或方向性的变化。例如，贝壳状断口可作为腐泥煤、腐植煤的光亮煤以及某些无烟煤的特征，同时也是煤的物质组成均一性的重要标志；不规则状断口常是各种变质程度的、暗淡的、矿物质高的煤的特征。

肉眼观察煤的断口，应该以煤岩类型为基本鉴定单位，并注意避免同整块煤或者整个分层煤的断面发生混淆。只有对于某些均一性较好的煤，如腐泥煤和块状的无烟煤，由于煤岩类型趋于一致，断口和断面实际上才可以不加以区分。

7. 裂隙（割理）

煤的裂隙是指在成煤过程中，煤受到自然界各种应力的影响所造成的开裂现象。按照成因可以分为内生裂隙和外生裂隙两种。

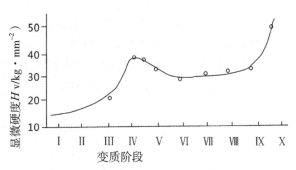

图 4-6　煤的变质阶段与显微硬度的关系
（据地质科学研究院，1958）

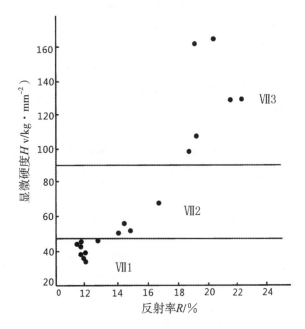

图 4-7　煤的反射率与显微硬度的关系
（据武汉地质学院煤田教研室，1979）

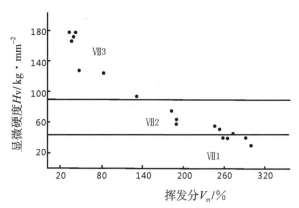

图 4-8　煤的体积挥发分与硬度的关系
（武汉地质学院煤田教研室，1979）

内生裂隙是在煤化过程中,煤中凝胶化物质受到温度和压力等因素的影响,体积均匀收缩产生的内张力而形成的一种张裂隙。内生裂隙的发育情况与煤的变质程度和岩石成分(煤岩类型)密切相关。同一种煤岩类型中内生裂隙的数目随着变质程度由低到高有规律变化。

内生裂隙发育特点:①主要集中出现在比较均匀致密的光亮煤分层中,尤其是镜煤条带或者透镜体中最为发育;②一般垂直或大致垂直于层面;③裂隙面较为平坦光滑,裂隙面或者断面常伴有眼球状的张力痕迹;④裂隙方向有大致垂直或者斜交的主次两组,交叉成四方形或者菱形,其中一组裂隙较发育,为主要裂隙——面割理(face cleat),另一组稀疏为次要裂隙——端割理(butt cleat),位于面割理之间;⑤裂隙在中变质烟煤中最为发育,而统计经验为褐煤和无烟煤中一般较少发育(图4-9),但是现在的煤层气勘探开发实践证明,美国煤层气突破在低煤阶(褐煤),而中国煤层气则突破在高煤阶(无烟煤),虽然与煤中裂隙有着直接联系,但是更为重要的在于低煤阶生物气及其二次运移次生生物气与高煤阶热成因气之间煤层气成因类型的差异。

同一变质阶段煤中光亮煤的内生裂隙比较稳定,因此以光亮煤为准判断煤的内生裂隙发育程度。

伊凡诺夫(1939)和萨尔别耶娃(1943)分别对苏联顿巴斯和卡拉干达煤田进行内生裂隙测定,主要内生裂隙组的方向是很规则的,但是与现有的构造方向不一致,由此得出结论:内生裂隙是褶皱运动之前形成的,因此内生裂隙与聚煤古构造密切相关。

阿莫索夫和叶廖明(1956)曾在各种煤牌号煤标本中测量其内生裂隙数目(图4-10),发现相同牌号煤的内生裂隙是有变化的,其中少数标本与多数标本的内生裂隙数

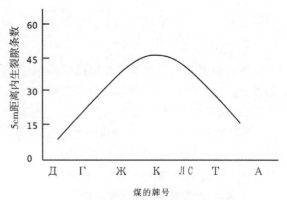

图4-9 煤的内生裂隙与变质程度的关系
(据格列什尼科夫,1959)

Д.长焰煤;Г.气煤;Ж.肥煤;К.焦煤;
ЛС.瘦煤;Т.贫煤;А.无烟煤

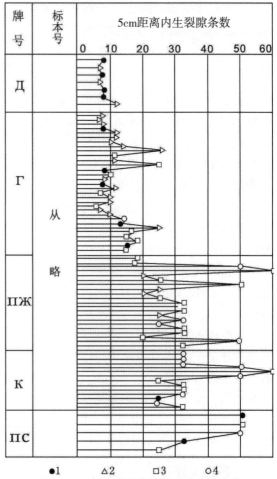

●1 △2 □3 ○4
图4-10 顿巴斯北缘煤的裂隙特征曲线
(阿莫索夫等,1956)

1.煤中仅有内生裂隙;2.除内生裂隙之外煤中有时有外生裂隙;3.除内生裂隙外煤中常见外生裂隙;4.除内生裂隙外煤中有很多外生裂隙(粉碎煤)

注:图中牌号同图4-9。

之间差别还很大。尽管如此,不同牌号煤内生裂隙数变化的总的趋势还是比较清楚的,与图4-9变化规律大体一致。因此,内生裂隙也是确定煤变质程度的指标之一。

外生裂隙是煤层形成之后,受构造运动的作用产生的。特点有:①外生裂隙可以出现在任何部位,往往可以穿过多个煤岩分层,大裂隙甚至可以穿过煤层;②产出方向与煤层层理面角度相交;③裂隙面有波状、羽毛状或光滑的滑动痕迹,为次生矿物或破碎煤屑充填,不平坦、不干净;④有时沿着内生裂隙叠加改造而发育。

外生裂隙实际上就是一种后生裂隙,是由附近断层派生出来的后期的一种次生小构造,与断层有着成因联系,因此一定程度上外生裂隙方向与断层方向一致。除了有利于研究构造之外,外生裂隙对于确定煤尘和瓦斯突出,也具有实际应用意义。

裂隙组合之破裂——煤层在受力或自然条件下破坏时,沿着不同方向的各组裂隙破裂构成一定的几何形态,称之为"节理"。煤层中常见的节理有板状、柱状、立方体状、平行六面体状等。有时还会见到复杂外生裂隙面交切构成的近球状、锥状和鳞片状等,反映后期多期构造叠加。

8.导电性——电阻率、电导率

煤的导电性是煤传导电流的能力,通常用电阻率ρ表示这一性质。电阻率的单位$\mu\Omega \cdot m$。用公式表示为:

$$\rho = R\frac{S}{L}$$

式中:L为沿电流方向煤的长度(m);S为垂直电流方向的截面积(m^2);R为煤的电阻(Ω)。

有时我们用煤的电阻率的倒数—电导率σ表示煤的导电性。公式为:

$$\sigma = \frac{1}{\rho}$$

电导率的物理意义与电阻率相反。煤的导电能力越强,则电导率越强,而电阻率越小;反之导电能力越弱,则电导率越小,而电阻率越大。

煤和其他岩石、矿石一样也是导体。按照导电性质的不同,分为电子性导电和离子性导电两种。电子导电性的煤是依靠组成煤的基本物质的自由电子导电,如无烟煤属于此类。离子导电性的煤是依靠煤的物质成分孔隙中水溶液的离子导电的,如褐煤属于此类。

在自然状态下,不同煤的电阻率值变化范围很大,可由$10^{-4}\Omega \cdot m$到大于$10^4\Omega \cdot m$。这是由于煤的电阻率受到变质程度、煤岩成分、矿物质的含量和分布、煤的构造以及水分和孔隙度等变化因素影响的结果,故其电阻率变化范围很大。

煤的导电性与变质程度——两者之间的关系是有规律变化的。通常情况下烟煤是不良导体,具有较高的电阻率,而褐煤、贫煤与无烟煤则具有较好的导电性,尤其是无烟煤阶段,电阻率急剧下降,为良导体(表4-11、图4-11)。

煤的导电性与煤岩成分——煤岩成分对煤的导电性有很大影响:在低中变质程度的煤中,光亮煤和半亮煤比半暗煤和暗淡煤具有较大的电阻率,尤其明显的是镜煤的电阻率比丝炭高;在高变质阶段的贫煤和无烟煤中,暗淡煤和半暗煤比光亮煤和半亮煤具有较高的电阻率。

表 4-11 煤变质程度与电阻率变化范围

煤的变质程度	电阻率变化范围 /Ω·m	煤的变质程度	电阻率变化范围 /Ω·m
褐煤	$10^{-2} \times 10^2$	瘦煤	10^3
长焰煤	$4 \times 10^3 \sim 5 \times 10^3$	贫煤	$10 \sim 5 \times 10^2$
肥煤	$10^2 \sim 10^4$	无烟煤	$10^{-4} \sim 10^0$

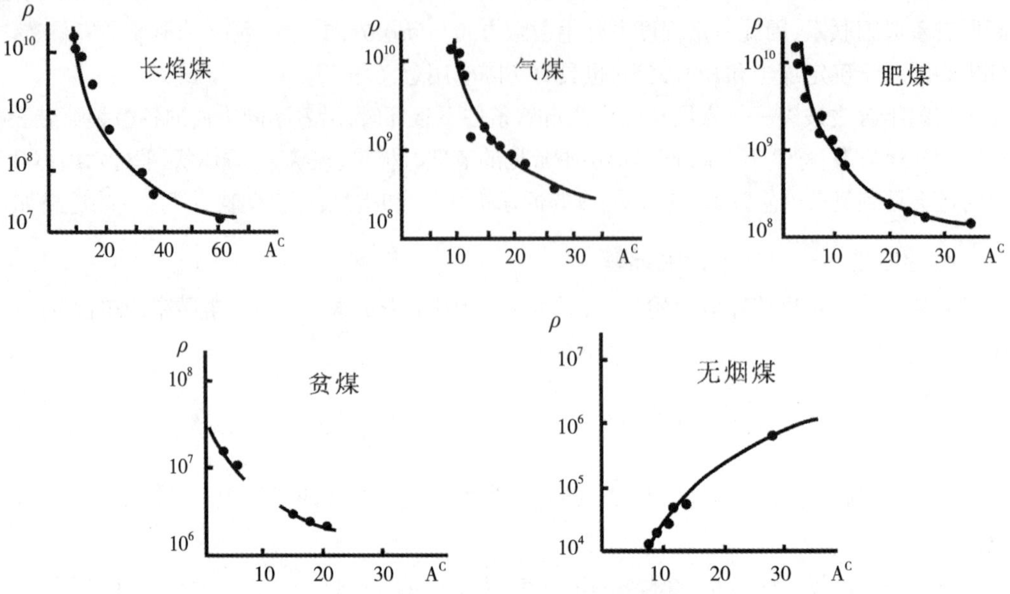

图 4-11 不同变质阶段煤的电阻率 ρ 与灰分产率的关系

煤的导电性与矿物质——两者关系见图 4-12。通常中低变质程度煤的电阻率随着矿物质含量的增加而减少,而高变质煤则正相反,电阻率随着矿物质含量的增加而增大(实际工作中,煤的灰分产率近似代表矿物质含量)。黄铁矿使煤的电阻率显著降低。

煤的电阻率与煤的层状构造密切相关。大多数煤具有明显的层状构造(层理),这种层状构造使煤的导电性具有明显的各向异性(异向性),即电流沿着层理方向流动时的电阻率 ρ_t 小于垂直层理方向流动的电阻率 ρ_n。

煤导电性的各向异性一般采用各向异性系数 λ 表示:

$$\lambda = \sqrt{\frac{\rho_n}{\rho_t}}$$

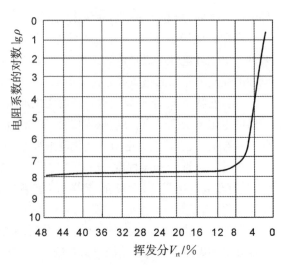

图 4-12 煤的挥发分与电阻系数 $\lg\rho$ 的关系

因为 $\rho_n > \rho_t$，所以 $\lambda \geqslant 1$。不同变质程度的煤，各向异性系数（λ）是不同的。据经验值烟煤的 λ 为 1.73～2.55，无烟煤的 λ 为 2.00～2.55。煤的各向异性在电法勘探过程中必须给予足够重视，否则将会造成很大的误差。

煤的电阻率与煤的水分、孔隙度的关系也很密切。一般低中变质煤的孔隙（包括裂隙）度比较大，水分可达较大值，而煤的水分可以使得煤的电阻率减小。从褐煤到烟煤，煤的电阻率显著增加（导电性变差），原因在于褐煤具有较高的水分和溶于其中的腐植酸的离子导电性起主导作用；到了烟煤阶段水分很快降低，同时腐植酸向不溶解状态转变，离子导电性减弱。水分和孔隙度对电阻率的影响，是通过腐植酸离子实现的。

对于煤的电化学性质（包括导电性、电化学活动性和电介质等）的研究十分重要，它是煤田电法勘探和电测井成果的解释依据。在测井过程中利用煤和围岩顶底板导电性的差别以及煤本身导电性的变化，可以判定煤质和煤层的特征。

第六节 煤的结构构造

煤的结构构造反映成煤原始质料及在成煤作用过程中的变化，是煤的重要原生特征。

一、煤的结构

煤的结构是指煤的组成成分的各种特征，包括形态、大小、厚度、植物组织残迹以及它们之间数量关系的变化等。煤的结构代表的是成煤原始质料在成煤过程中性质、成分变化的最终表现。随着成煤作用的进行，原始成煤质料的肉眼标志逐渐消失，到了高变质阶段基本趋于均一。煤的结构常见的有以下几种。

1. 条带状结构

由煤的成分相互交替而构成条带状结构。宽 1～3mm 为细条带，宽 3～5mm 为中条带，宽大于 5mm 为宽条带（图版 V-1、图版 V-3、图版 V-8）。条带状结构在烟煤中表现得尤为明显，尤其以半亮煤和半暗煤中最常见。年轻褐煤、无烟煤中条带状结构不明显。

2. 线理状结构

线理状结构经常伴随着条带状结构出现，宽度小于 1mm（图版 V-4、图版 V-5）。根据线理交替出现的间距又可分为密集线理状结构和稀疏线理状结构两种。组成线理状结构的成分往往是镜煤、丝炭和粘土矿物等，断续出现在煤层中，在半暗煤中常见。

3. 透镜状结构

镜煤、丝炭、粘土矿物和黄铁矿常以大小不等的透镜体形式，连续或不连续散布于煤层中，构成透镜状结构。和线理状结构一样，透镜状结构也常与条带状结构伴生（图版 V-4、图版 V-5）。在半暗煤和暗淡煤中常见。

4. 均一状结构

组成成分较为单纯、均匀，镜煤具有较为典型的均一状结构，若干腐泥煤、腐植腐泥煤和某些无烟煤也具有均一状结构。

5. 木质状结构

该结构是植物原生结构在煤中的反映或继承。植物形成煤之后,植物茎部的木质组织的痕迹得以继承保存(图版Ⅴ-1、图版Ⅴ-2)。规模较大的有时会有煤化树干、树桩、硅化木等。木质结构多见于褐煤、长焰煤中,抚顺古近系长焰煤中的煤化树干、树桩以及云南先锋新近系褐煤中大面积产出煤化树干、硅化木。木质结构一般被认为是泥炭化阶段的凝胶化作用中断而保存下来的,但是凝胶化并非唯一决定因素,很多木质结构得以保存是由于铁质胶结而成,如煤化树干、树桩,有些木质结构确实是凝胶化作用中断后向硅化作用转化形成木质结构的硅化木,如新疆侏罗纪煤系地层中大量的硅化木等。

6. 纤维状结构

纤维状结构在一定程度上反映了植物的原生结构,最大特点是具有沿着某一方向延伸的性质,是植物茎部丝炭化作用的产物,疏松多孔。丝炭常以明显的纤维状结构为重要鉴定特征(图版Ⅴ-6)。因此,丝炭又常被称为纤维煤。

7. 粒状结构

粒状结构是肉眼在煤中清楚可见的颗粒状结构,常常是由煤中散布着大量稳定组分或矿物质造成的,为某些暗煤或暗淡煤所特有。粒状结构变形有时呈鲕状或者豆状结构(图版Ⅵ-1)。

8. 叶片状结构

叶片状结构具有纤细的页理,能被分成极薄的薄片,外观呈纸片状、叶片状,主要是煤层中顺层分布大量的角质体、木栓体所致(图版Ⅵ-2为新疆煤种中的叶片状结构),云南禄劝角质残殖煤具有叶片状结构。

二、煤的构造

煤的构造是组成成分之间的空间排列和分布特点以及它们之间的相互关系。煤的构造与煤组成成分的自身(如形态、大小)无关,而与植物遗体的聚集条件和变化过程有关。构造仅说明煤中各组成成分和煤岩类型在空间的分布、排列,它的最重要的标志是层理。

煤的构造按照层理类型特征分为层状构造和块状构造。

1. 层状构造

有机物质与无机矿物质垂向上交替出现,显示层状构造。按煤层中层理的形态可分为水平层理、波状层理和斜层理等(图版Ⅵ-3)。

2. 块状构造

无层理,煤的外观均一致密,就一块煤标本而言甚至难以分出是垂直方向还是水平方向,说明成煤物质的相对均匀(图版Ⅵ-4)。块状构造多见于腐泥煤、腐植腐泥煤和某些暗淡型的腐植煤。

第五章 煤地球化学

第一节 煤地球化学概述

地球化学是研究地壳和地球的化学成分,以及元素在其中分布、分配、集中、分散、共生组合与迁移规律和演化历史的科学(韩吟文等,2004)。

有机地球化学是地球化学的组成部分,是研究地质体内碳质物质的科学。它研究地壳内各种含碳物质体的分布情况,探讨它们的运移和富集规律,鉴别它们的化学本质,研究它们的成因和起源(中国科学院地球化学研究所,1982)。有机地球化学就是研究碳化合物在地壳内所表现的性能和演化历史的学科。

有机地球化学研究范围:限于地壳,因为有机质广泛分布于地壳的沉积岩石中。但地球属于宇宙天体的一部分,随着科学技术的进步,有机地球化学的研究领域逐步加以扩大,因而陨石和星际空间的有机质成为有机地球化学的重要课题之一。

煤是一种固态可燃有机岩,是地壳中主要的有机质中的一种。煤地球化学可以定义为:它是研究成煤物质组分在成煤作用过程中分解、化合、聚集、成煤(气、油)的规律和演化,并研究煤中所含的伴生元素的地球化学行为的学科(孙中诚等,1996)。因此煤地球化学属于有机地球化学的一个分支,是有机地球化学研究的主体。但同时也兼顾到无机和有机地球化学的综合研究。煤地球化学研究内容主要包括以下5个方面。

(1)研究地壳和地球中有机质的丰度及分布,了解地质体中有机质的主要类型特征。

(2)研究地球上分布的主要有机质的地球化学,包括有机质的组成、类型、性质、分离分析方法,以及它们在自然界的分布规律,在成煤作用过程中的地球化学行为。

(3)研究煤的地球化学,包括煤的元素组成特征、煤的成因类型和煤岩组成,以及成煤过程中有机质的转化和分布规律。

(4)研究煤成烃(煤成气、煤成油)的地球化学,包括煤成烃的模拟实验、煤成烃母质类型、煤成烃产生聚集条件及主要类型。

(5)研究煤及含煤岩系中伴生有益元素(钒、钠、锗)的地球化学规律。

一、煤地球化学的研究方法

常规的地质学研究方法是煤地球化学研究的基础。特别是煤田地质学和沉积岩石学的研究提供了主要的地球化学信息。经历了成煤作用和煤成烃过程,利用常规的地质学方法很难取得认识上的突破,因而多采用有机地球化学方法来研究煤和煤成烃。

1. 煤岩学研究

它用于判定煤岩的显微组成和煤岩类型,以及判定有机质的类型和煤的成熟度。煤岩学研究中多采用矿相显微镜确定显微组分的类型和数量;用显微光度计测定煤的反射率;用荧光分析鉴别各种壳质组分,并确定褐煤和低煤阶烟煤的煤化程度及烃源岩的成熟等;用显微硬度计测定煤的硬度,以确定煤化程度。而一些新方法(如核磁共振、扫描电子显微镜等)对确定煤的原始物质组成、煤的结构、煤的演化历史等的研究,提供了更准确的依据。

2. 煤的化学性质和结构特征的研究

它主要用于煤不溶有机物的研究,它可清楚地展示煤成烃的生成过程和机制。它包括煤的核磁共振谱、煤的电子顺磁共振、煤的红外光谱、煤的X射线光电子能谱等。通过这些研究,可以确定煤中有机质类型及其演化、成熟度、生烃能力等。

3. 煤中有机质的色谱-质谱研究

它主要用于煤可溶有机物的研究。通过可溶有机质的色谱-质谱分析,也可清楚地展示煤成烃的生成过程和机制。它包括煤的色谱分析、煤的色谱-质谱分析等。通过这些研究,可以确定煤中生成的可溶有机质的成因类型及其演化、成熟度、生烃特征和生烃能力等。

4. 模拟实验

模拟地球化学作用的过程,进行物理化学实验,是了解地球化学作用的物理化学条件和化学机制的重要途径。

煤的组成较一般的岩石矿物复杂,成煤作用经历了复杂的变化导致煤及煤成烃的模拟实验十分困难。目前已进行的模拟实验有:原始有机质形成的模拟、光合作用的模拟、煤成烃热裂解的模拟、有机物与金属作用形成金属硫化物的模拟等。

煤成烃热裂解的模拟实验解决了煤成烃的产率、煤成烃的可行性,以及成煤的地质环境、物理化学条件,建立相应的成烃地质模型。煤及煤成烃模拟实验的研究已成为有机地球化学的一个重要分支。

5. 煤中微量元素的研究

它主要研究煤中元素的丰度、来源、赋存状态,以及形成和演化过程中的地质地球化学因素。通过这些研究,可以探讨成煤作用中的许多地质问题,并为煤炭燃烧利用过程中煤中的有毒有害微量元素的污染控制提供有用的环境信息;另外,可以为煤和含煤岩系中富集的伴生有益元素(钒、铀、锗等)的提取利用提供理论指导。

二、煤地球化学的研究进展和趋势

煤的地球化学研究和煤田地质学的发展相一致,早期主要着眼于煤炭资源的开发和利用,直到显微镜的出现,才对煤进行了煤岩学的研究,确立了煤岩的显微组分、确定煤岩类型,进而研究各种有机物质在煤化作用过程中的生物化学、物理化学及地球化学变化。随着煤田地质勘探工作的深入,发现了与煤和含煤岩系相伴生而且有成因联系的油和气的形成。

20世纪50年代以来,荷兰与含煤地层成因有关的格罗宁根特大气田,苏联西伯利亚乌连戈伊气田、澳大利亚吉普斯兰富氢壳质组的原油,以及与树脂体输入有关的加拿大马更些三角洲油田的凝析油等。我国在20世纪70—80年代先后发现了与含煤岩系有关的文留煤成气藏、苏桥天然气藏和凝析油藏。已勘探的天然气和石油结果显示，部分油气来源于煤及煤系地层：如琼东南盆地崖13-1气田；而吐哈盆地以内的煤成油研究热点地区。由此可知，自50年代以来，对构成生命和碳资源的有机质的地球化学研究进入了一个新的阶段，并逐渐发展成为一门独立的学科。其中，油气地球化学和煤及煤成烃地球化学是两个重要的分支。60年代初，布雷格（1963）主编的《有机地球化学》主要论述了天然有机质的地球化学、沉积物的有机地球化学等；苏联Mahckar（1964）著有《有机质的地球化学》，重点论述了沉积有机质对各金属元素（钒、铜、镍、钴等）的富集作用。

随着大庆油田等大型陆相油田的相继发现与开发，我国各研究单位开展了有机地球化学的研究工作，特别是20世纪60年代末至70年代初，中国科学院地球化学研究所建起我国第一个较完整的有机地球化学实验室，对我国有机地球化学的发展起了一个推动作用。由中国科学院地球化学研究所有机地球化学与沉积学研究室编著的《有机地球化学》（1982）是对我国有机地球化学研究的总结。

在有机地球化学研究的基础上，煤地球化学的研究在煤成烃的研究上有了新的突破，特别是煤的热模拟实验结果证实了煤成气和煤成油的可能性，确立了烃源岩、煤成气、煤成油的判识标志。在此期间，《煤成烃地球化学》（傅家谟等，1990）一书的出版是我国煤地球化学研究的总结。我国煤地球化学，特别是煤成烃地球化学的研究起步较晚，今后不仅要进一步完善煤成烃综合判识指标与模式，煤成烃的生成、运移及聚集的模拟实验，以及煤成烃成因理论和评价方法的研究，更需要用新的测试方法、新的成烃理论来推动煤成烃的研究工作。特别是煤成油的研究在我国十分薄弱，急需加强煤成油地球化学研究，以丰富和发展我国陆相生油理论及指导煤成油的勘探和开发。

纵观国内外煤中微量元素研究的历史，按其研究的内容和时间，大致可分为微量元素的发现、理论研究和应用3个阶段。国外对煤中元素的研究开展较早，1848年Richardson首先在苏格兰的烟煤煤灰中发现Zn和Cd；自此之后的100多年时间里，人们关心的是从煤中发现新元素，并研究其地球化学特征。从20世纪30年代以后，国外逐渐开始对煤中少数微量元素分布规律进行研究，许多学者逐步探索微量元素在煤中的含量分布、赋存形式，并对煤中微量元素的富集、迁移进行了深入探讨。与此同时，许多学者先后对煤中微量元素在地质学、环境学和回收利用方面的应用进行了研究。我国于1956年才开始对煤中伴生元素的调查和研究，少数学者率先对煤中Ga、Ge、U、V、Ni、Mo等微量元素的分布规律进行了探讨。20世纪70年代末期到80年代中期，我国多数学者仍集中在对煤中微量元素的分布规律、成因方面的研究，但是对煤中微量元素的研究范围有所扩展，注意到了煤和煤系中的微量元素与沉积环境之间的关系。20世纪80年代末至90年代中期，我国对煤中微量元素的研究处于历史高峰，国家基金委、煤炭、地质矿产和国土资源等部门设立了专门的项目，开展煤中微量元素的研究。进入21世纪，随着信息、网络系统的发展，资料获取较为方便，促进了我国煤环境地球化学、煤地球化学等领域的研究进程。其中比较有代表性的有：唐修义等（2005）、任德贻等（2006）、Dai等（2012a），系统研究了煤中微量元素的丰度、分布规律、赋存状态、富集因素及成因类型，煤在开采、洗选、燃烧及各种加工利用过程中潜在有害微量元素的迁移转化、再分配及其对环境和人类健康的影响，与煤伴生的可利用的金属元素成矿作用以及高新技术的应用等。

第二节 煤中主要有机质地球化学特征

一、地质体中主要有机质类型

有机化合物和无机化合物不同,它主要由碳和氢以及氧、氮、硫、磷等元素组成。由于碳原子与碳原子之间可以相互以 1~3 个共价键联结,也可以和其他元素原子相结合,还有同分异构体存在,所以,有机化合物的数量远比无机化合物多。

目前对于地质体中产出的有机物的一种分类是按元素组成的分类。煤地质学家通常采用这种分类。这里列出两个分类方案:第一个方案按照 5 个组成元素的含量比值划分,该分类方案优点是能够按元素组成将地质体中复杂的有机质划分为几个主要类别;另一个则按 H/C 比值和 O/C 比值划分,尤其是范克雷维伦(1963)的分类能够较好地区分沉积岩不溶有机质的主要类型及其演化趋势,目前已被有机地球化学家广泛采用(图 5-1)。

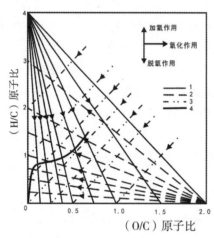
(a)煤化作用中镜质体 H/C 与 O/C 比的曲线
(据 Van,1950)
1.脱甲烷线;2.脱羧线;3.脱水线;4.镜质化带

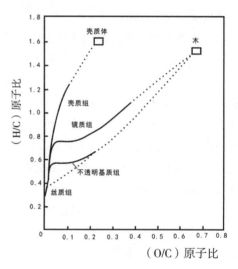
(b)煤岩微成分演化曲线
(据 Van,1957)

图 5-1 煤岩微成分划分曲线

有机体死亡,随着沉积岩成岩作用而发生变化。生物体中某些稳定的有机化合物保存了下来,而大部分有机质发生了变化,生成了新的更为复杂的物质—成岩作用残存有机质和成岩作用产生的有机物。成岩作用残存的有机质来源于动植物的某些有机化合物,如色素,在各种成岩条件下极其稳定,甚至在前寒武纪岩石中也可以保存卟啉化合物。在古代沉积物中,氨基酸和其他具有生物意义的单体,如糖、嘌呤和嘧啶,乃是普通的生物化学化石。成岩作用新生成的有机质——生物聚合物慢慢断裂为组成它的单体,而后又进一步发生剧烈变化。引起变化的原始是官能团,如 —COOH、—OCH$_3$、—OH、—C=O、—NH$_2$ 的消失,加氢作用与异构化作用,裂解反应以及破坏生物体中一些有序骨架构型的其他作用等。

目前,从广义的有机地球化学观点来看,可以将地质体中的有机质划分为 5 类。

1.类脂化合物

类脂化合物在生物化学中指的是能够溶于醚、苯、氯仿等有机溶剂而不溶于水的一大类有机化合物。它们包括烃类、醇类、某些有机酸（如脂肪酸）、甾族化合物以及这些化合物的衍生物。

烃类主要有烷烃、烯烃、炔烃、萜烯、环烷烃以及异戊二烯烃类等。烯烃、炔烃由于存在有未饱和的碳、碳双键等而不稳定，易于聚合或破环而变成较稳定的其他有机化合物，所以地质体内含量比较少。而正烷烃类、异戊二烯烃以及芳香烃的化学性质较为稳定，所以广泛分布于地质体内（图 5-2）。

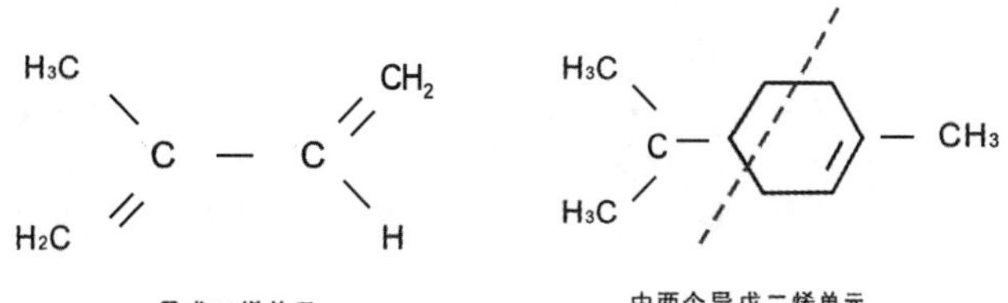

图 5-2 异戊二烯结构碳骨架图

醇类：由于醇易于脱水成烯烃而被破环或易被氧化成酸，所以在地质体中不如正烷烃和脂肪酸多，自然界产出的醇主要是 $C_{14} \sim C_{18}$ 和 $C_{28} \sim C_{34}$ 的高级醇，或它们与脂肪酸结合的脂类（图 5-3）。

脂肪酸和其他有机酸（图 5-4）：脂肪酸和地质体中发现的正烷烃相似，广泛产出于自然界中。由于其结构与正烷烃相类似，而且较大量地产出于地质体中，许多人认为它们就是正烷烃的前身物。地质体中其他的有机酸类相当复杂，多半是一些较高聚合程度的含羧基化合物，通常不知其准确结构，被称为腐植酸。只能用化学方式测其官能团。

脂类是醇与酸的缩合产物，如脂肪、脂肪油、石蜡等在此类化合物中广泛分布。

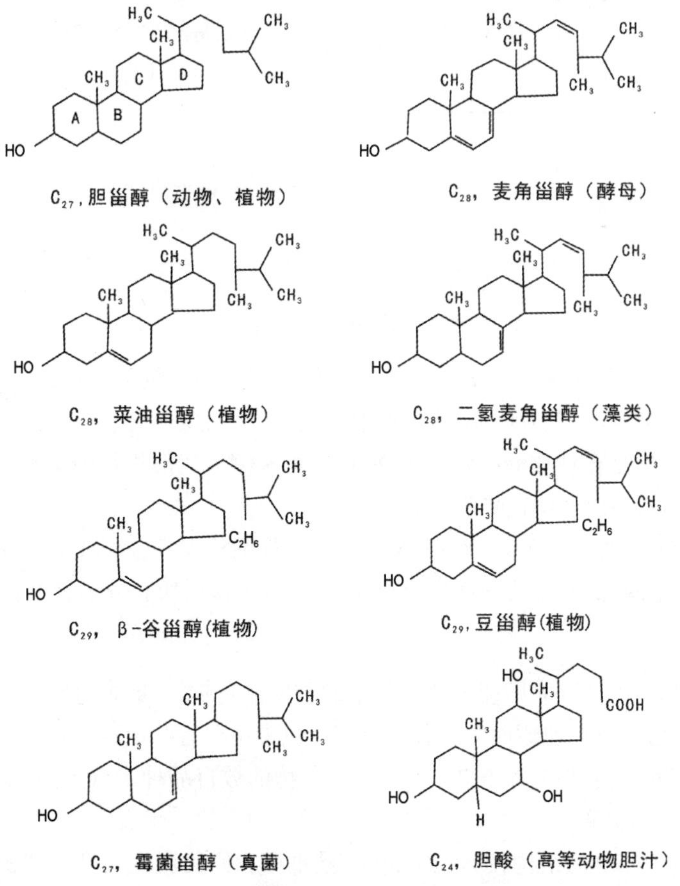

图 5-3 自然界重要的甾族化合物结构

名 称	分 子 式
虫 蜡	$C_{25}H_{51}COOC_{26}H_{53}$
蜂 蜡	$C_{15}H_{31}COOC_{30}H_{61}$
鲸 蜡	$C_{15}H_{31}COOC_{16}H_{33}$
巴西棕榈蜡	$C_{25}H_{51}COOC_{30}H_{61}$

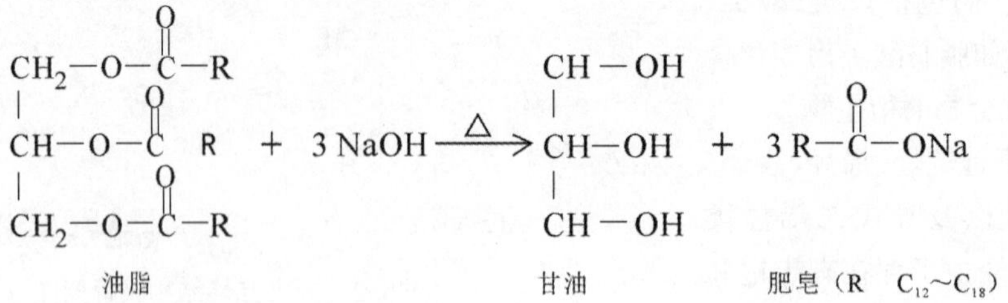

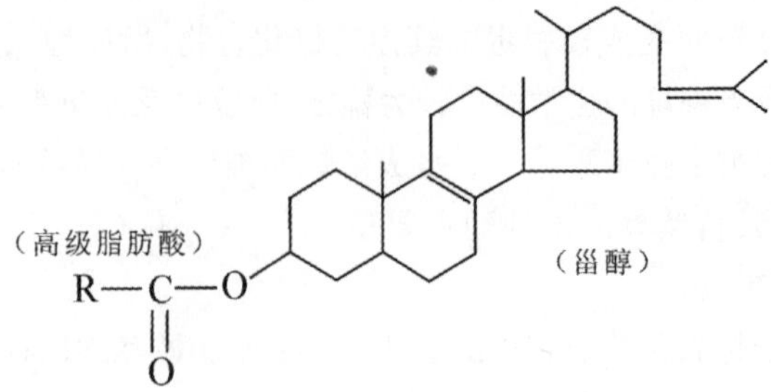

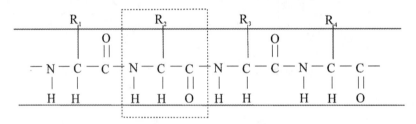

图 5-4　脂类化合物分子式

2. 氨基化合物

该类化合物包括胺、氨基酸、缩氨酸、蛋白质，以及含氮的嘌呤、嘧啶等含氮碱。胺分为脂肪族胺和芳香族胺，它们可能是氨基酸脱羧而来，被粘土矿物吸附在层间结构中。氨基酸是组成蛋白质的基本材料，它们可以以—（HNC=O）—联结，许多个氨基酸缩合成缩氨酸（图 5-5）。

图 5-5　氨基化合物碳骨架图

嘌呤、嘧啶类化合物是属于脱氧核糖核酸水解后产生的含氮碱类化合物。嘌呤有鸟嘌呤、腺嘌呤等。嘧啶亦有胞嘧啶、腺嘧啶等。它们广泛分布于土壤、近代沉积物中，陨石中也有这类化合物。正因为它们是核糖核酸的降解产物，所以可利用近代沉积物中嘌呤、嘧啶等的含量，反映生物繁殖和营养状态以及生物降解程度。

蛋白质是由 20 多种氨基酸以肽键—NH—CO—首尾相连缩合而成的复杂高分子化合物。分子量在 6000 以下的称为肽，分子量在 6000 以上的称为蛋白质。分子量可高达数百万。

3. 色素

色素是动植物体内储存太阳能和传送能量的重要化合物，一般含有和金属结合的吡咯化合物结构，它们随动植物死亡埋藏而参加沉积作用。色素主要有叶绿素、血红素、叶黄素等及它们的破坏产物——卟啉（图 5-6、图 5-7）。这类化合物的数目品种十分繁多，如沉积物中叶绿素的衍生物即可达 2×10^4 种。

地质体中，由于卟啉的结构较为稳定，在变质不深和经历温度不高的沉积物中一般都含有此类化合物。

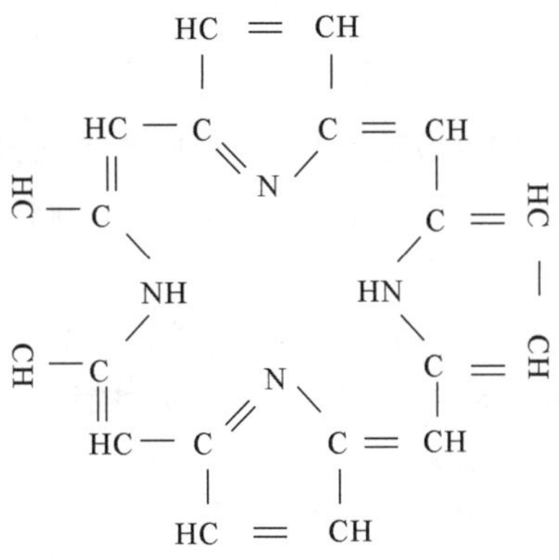

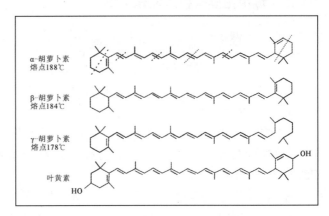

图 5-6 卟吩（游离卟啉）的结构图　　　图 5-7 不通透色素分子结构图

4.碳水化合物

该类化合物是指具有 $[C_x(H_2O)x-(n-1)H_2O]$ 通式的一类化合物。可以分为单糖、二糖（水溶性的）、三糖、四糖和不溶于水的多聚糖，如淀粉、纤维素等。碳水化合物易被新陈代谢降解，其最后产物是 CO_2、H_2O，所以在地质体中碳水化合物比较少。

醛糖中以含 6 个碳原子的 D 型葡萄糖最为常见，也是最重要的，它有 α、β 两种半缩醛异构体，分子式是 $C_6H_{12}O_6$，结构式如图 5-8 所示。

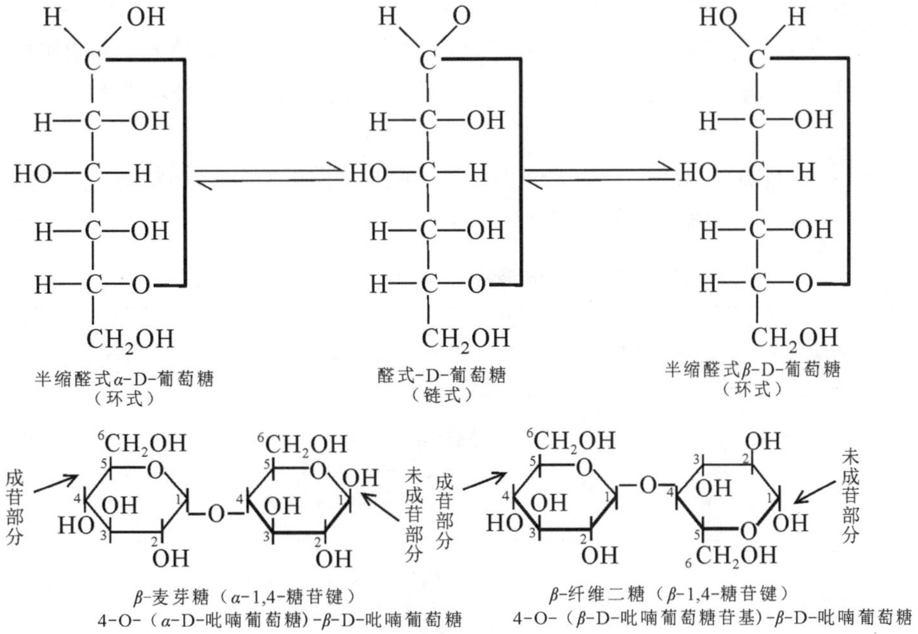

图 5-8 碳水化合物分子结构图

5.干酪根

干酪根是沉积岩中的主要有机质和生油生气的主要母质。不同的学者对干酪根的含义有不同的解释。干酪根是沉积物中不溶于非氧化的无机酸、碱和有机溶剂的一切有机质。

二、煤中主要有机质地球化学

（一）干酪根

干酪根是沉积岩有机质中分布最普遍、数量最多的一类，约占地质体中总有机质的95%，估计岩石平均含干酪根0.3%，地壳中干酪根总量约为3×10^{15}t，大约相当于煤的总储量的1 000倍和石油总储量的16 000倍。

干酪根可以由沉积物中的各种类型原始有机质转化而成。在现代沉积物中，植物的孢子花粉的残余物可直接生成干酪根，而大部分有机质要经过菌解和聚合之后才转化成为干酪根。它们的形成方式可能有3种。

第一种：不饱和化合物（聚合、氧化）中间产物（聚合）干酪根；

第二种：碳水化合物或蛋白质（聚合）腐植酸（聚合）干酪根；

第三种：脂肪或碳水化合物，或蛋白（经微生物作用）腐植酸（聚合）干酪根。

1. 干酪根的组成和性质

（1）干酪根组成。干酪根主要由碳、氢、氧组成，含少量氯、硫、磷及其他元素。由于干酪根的分离很难全部除去无机物，硫的含量又常常受到无机杂质的影响，因此，一般将C、H、O含量换算成100%，碳的含量一般为70%～90%，氢的含量3%～11%，氧的含量为3%～24%，C/N比值在40～150之间。

大多数沉积岩中，干酪根的元素组成与类脂物质近似。干酪根的化学成分受原始沉积时的沉积环境、有机质母质类型，以及成岩作用中的演化程度的影响。随着埋藏深度的增加，干酪根的含碳量增加，而其他元素逐步减少。

以浮游生物为主要母质的干酪根富含氢和氮，而陆源植物为主要母质的干酪根则相反。在深水还原条件下的湖泊中形成的干酪根富氢、富氮，而在近岸浅水氧化环境里形成的干酪根则贫氢、贫氮。

（2）干酪根的基团组成。用红外光谱仪测定的干酪根基团类型有3种：烷基类型、芳基类型、含氧基团类型。各基团类型的红外光谱特征见表5-1。

表5-1 有机官能团的红外光谱特征（据中国科学院地球化学研究所，1982）

基团类型	主要吸收频带 /cm	反映的基团振动特征	代表符号
烷基类型（H）	2 930 2 860	脂肪链的甲基（—CH_3）、次甲基（>CH_2）官能团的伸缩振动	K_{a1}
	1 455	>CH_2、—CH_3的不对称弯曲振动	K_{1455}
	1 375	—CH_3的对称弯曲振动	K_{1375}
	720	脂肪链—$(CH_2)_n$—的C—C骨架振动	K_{720}

续表 5-1

基团类型	主要吸收频带 /cm	反映的基团振动特征	代表符号
芳基类型（C）	1630～1600	芳核中 C=C 伸缩振动	K_{1630}
	870 820 750	芳核 CH 的面外变形振动	K_{aro}
含氧基团类型（O）	3600～3200	—OH 的伸缩振动	K_{OH}
	1710	羧基、羰基的 C=O 的伸缩振动	K_{1710}
	1100～1000	芳基烷基中醚 C—O、—C—O—C 的伸缩振动	K_{1200}

（3）干酪根的类型。干酪根分类主要依据干酪根的成因和成分，如：元素组成，即碳、氢、氧的含量；化学结构，有机官能团的组成及其氧化产物的组成；有机质的颗粒成分类型；沉积环境的氧化还原程度；演化途径等。

Forsman（1963）依据元素组成及沉积环境提出了将干酪根划分为 3 个带，分别称为煤带、煤-油页岩带、油页岩带；Tissot（1980）根据干酪根的元素组成，将干酪根划分为 4 种类型，目前该方案被广泛采用。

Ⅰ型干酪根：具有较高的原始 H/C（1.5 以上）和低的 O/C 比（一般小于 0.1），富含类脂物质且主要由脂肪族组成，多芳香族核和杂原子键含量低，少量的氧主要存在于酯键中并且在自然界中分布不普遍。

Ⅱ型干酪根：具有较高的 H/C 原子比（1.0～1.5）和较低的 O/C 原子比（0.1～0.2），酯键丰富且含大量中等长度的脂肪族化合物和脂环化合物，芳香结构和含氧基团增多，常见于生油岩和油页岩。

Ⅲ型干酪根：具有较低的原始 H/C 原子比（一般小于 0.1）和高的原始 O/C 原子比（0.2～0.3），含大量芳基结构和含氧基团—COOH、>C=O、—O—C—O 等，没有酯基、脂族链只占很少部分；主要分布在三角洲沉积的砂质粘土岩中。

Ⅳ型干酪根：具有异常低的 H/C 比（小于 0.5～0.6）和异常高的 O/C 比（0.25 以上），它是一种残余有机质。

国内学者也对干酪根进行了分类，傅家谟等（1975）将有利于成油的干酪根称为腐泥型干酪根。有利于成煤的称为腐植型干酪根，而介于二者之间的称为过渡型干酪根。根据干酪根本身的分子组成和结构，将干酪根划分为 4 种类型：脂肪族型、含芳香的脂肪族型、含脂肪的芳香族型、芳香族型（表5-2）。

表 5-2　干酪根类型及性质(据傅家谟等,1975)

性质＼类型	脂肪族干酪根	含芳香的脂肪族干酪根	含脂肪的芳香族干酪根	芳香族干酪根
脂肪族化合物的含量 /%	≥ 90	90～50	50～10	≤ 10
芳香族化合物的含量 /%	≤ 10	10～50	50～90	≥ 90
H/C（原子比）	> 1.25	1.25～1.0	1.0～0.85	≤ 0.85
O/C（原子比）	≤ 0.8	0.8～1.0	1.0～1.5	≥ 1.5
热失量（600℃）/%	≥ 85	85～50	50～30	≤ 30
生油潜力	优(>0.8)	良(0.8～0.5)	差(0.5～0.2)	极差(<0.2)

（二）正烷烃

正烷烃是石油的主要成分之一,亦广泛分布于煤中。如泥炭和褐煤的正烷烃分布范围通常为 $C_{22}\sim C_{33}$,主峰是 C_{27}、C_{29} 或 C_{31}。

1.正烷烃的组成和性质

1) 正烷烃的组成

正烷烃又叫饱和直链烃,属于甲烷系碳氢化合物,具有 C_nH_{2n+2} 的通式。在现代沉积物和煤、石油中高分子量正烷烃中普遍存在着奇碳优势,仅在个别情况下具有偶碳优势。

(1) 高分子量($nC_{25}\sim nC_{33}$)奇碳数正烷烃。这类烃经常出现在富含陆源物质的碎屑岩系有机质、低成熟度的石油和泥炭中。

(2) 中等分子量($nC_{15}\sim nC_{21}$)奇碳数正烷烃。这类烃主要出现在海相和深湖相有机质中,以 C_{15} 和 C_{17} 为主,奇碳优势多不明显。其生物来源主要是藻类等水生浮游生物。

(3) 具有偶、奇优势的正烷烃:主要见于碳酸盐岩和蒸发岩层有机质中,其正烷烃分布在 $C_{25}\sim C_{30}$ 范围内,显示出 C_{26} 和 C_{28} 分别大于 C_{27} 和 C_{29} 的特征。

(4) 无奇、偶优势的长链正烷烃。这类烃是从早古生代到新近纪的一些沉积有机质中重要组成部分,也是高蜡原油的主要成分。其碳数可延至 40～50,奇、偶优势不明显。这类烃可能来自细菌和其他微生物蜡,也可以来自为细菌强烈改造的高等植物蜡。

2) 正烷烃的性质

(1) 物理性质。常温下,$C_1\sim C_4$ 为气体,$C_5\sim C_{17}$ 为略带特殊嗅味的无色液体,C_{18} 以上均为固体——"石蜡烃",其密度小于 $1g/cm^3$,其密度、凝固点和沸点均随分子量的增加而增加,难溶于水而易溶于石油醚、已烷、庚烷、氯仿、苯等有机溶剂中。

(2) 化学性质。正烷烃物质化学性质稳定,能经受浓硫酸、沸硫酸、熔融的氢氧化钠处理,或用重铬酸钾、高锰酸钾进行氧化而不损失。

高级正烷烃在 100～160℃ 时可以顺利地被氧气或空气氧化成长链的脂肪酸及其衍生物。

正烷烃能被细菌生物所分解和代谢,是石油中最容易被消耗的部分,高分子量的正烷烃,更易因细菌作用而消失。

正烷烃的热稳定性比芳烃、环烷烃差,但较烯烃稳定。随着分子量的增大热稳定性降低,即高碳数正烷烃热裂解成低碳数直到热解成简单甲烷气。热解也可能伴随有异构化作用。

2. 正烷烃的分析方法

正烷烃常用气液色谱仪或气液色谱-质谱联用仪测定,所测结果以正烷烃气液色谱图表示。常用以下指标参数。

(1)碳数分布范围及分布曲线。前者指一组色谱峰的最低至最高碳数的容量峰,后者是反映这组容量峰的分布形态。通过这两个参数可以了解岩石有机质或油样中烃类的全貌,反映出其有机质丰度、母质类型和演化程度。

(2)主碳数。即一组色谱峰中的质量分数最大的正构烷烃碳数。该参数反映有机质或油样中烃类的轻重、成熟度和演化程度的高低。数值小的烃类轻、成熟度和演化程度高。

(3)碳优势指数(CPI)和奇偶优势(OEP)。这两个参数的意义相同,都是说明一组色谱峰中,正烷烃奇数碳的质量分数与偶数碳的质量分数之比。一般来说,所有奇偶优势值越接近于1,则说明该样品的演化程度和成熟度越高,反之越低。

(4)轻烃和重烃比值($\sum C_{21}^- / \sum C_{22}^+$)。小于 C_{21} 以前烃的质量分数总和与 C_{22} 以后烃的质量分数总和之比。它是一个有机质丰度、母质类型和演化程度的综合参数。

3. 正烷烃的地球化学特征

1)正烷烃在自然界中的分布特征

正烷烃广泛分布于植物及其他生物体中。在泥岩和褐煤中,分布范围通常为 $C_{22} \sim C_{23}$,主峰是 C_{27}、C_{29} 和 C_{31},分布特征受煤的变质程度(即煤阶)的影响(图5-9)。

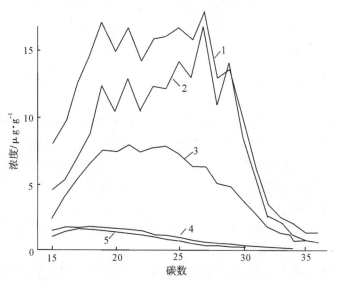

图5-9 各煤阶烟煤的 $C_{13} \sim C_{36}$ 正烷烃含量分布曲线(据 Radke 等,1980)
1. $0.8 \leqslant R_o\max < 0.95$;2. $0.65 \leqslant R_o\max < 0.80$;3. $0.95 \leqslant R_o\max < 1.10$;
4. $1.10 \leqslant R_o\max < 1.25$;5. $1.25 \leqslant R_o\max < 1.40$

2）正烷烃的来源及其地球化学意义

（1）正烷烃的来源。对于正烷烃的来源有以下几种假说：①现代生物及生化作用。在活的生物中含有微量正烷烃，尤其是细菌和藻类所含的正烷烃特征在原油中可找到证据，如原油中高含量的正十五烷或正十七烷被认为可能直接来源于绿藻和褐藻。模拟实验方法证明，藻和细菌能生成正烷烃。②脂肪酸和蜡质。不少学者认为，偶碳正脂肪酸脱羧后生成比原脂肪酸少一个碳原子的奇数正烷烃。富含脂类的高等植物中的脂肪、蜡质，也是正烷烃的前身物。这些成分分布于高等植物的叶之中。③成岩过程中其他有机物的演变。地质体中其他有机质组分，如蛋白质水解产物氨基酸的脱羧脱胺基、色素类化合物、甾类、萜类化合物的侧链的断裂、开环等都可能生成正烷烃。

（2）正烷烃的地球化学意义。①判别生油岩与非生油岩。布雷和伊万斯（1961）从123个样品的正烷烃分布发现，现代沉积物的CPI值为2.4～5.5，古代沉积物为0.9～2.4，原油为0.9～1.2，认为生油岩与原油应具有相似的正烷烃分布曲线，从而把CPI或OEP值限在0.9～1.2为生油界限的判别指标。利用正烷烃分布奇偶优势判别生油岩和非生油岩时，应注意其地区性和局限性。②判别原油和岩石有机质的成熟度。正烷烃在地质体中的含量随埋藏深度的增加而增加，随着岩石变质程度的增高奇偶优势趋近于1。随着成熟度增加，重烃减少，轻烃增多，碳数范围缩小，主峰碳数向低碳位置移动。

此外，正烷烃分布特征还广泛用于原油对比，区别原始母质类型，进行有机质在地质历史中的成因和演化机理的研究等。

（三）芳烃

芳烃是天然有机质的一个重要组成部分，是烃类仅次于甲烷系的第一大类别，由碳氢化合物苯为母体的苯及其衍生物组成的。芳烃广泛分布于地质体中，特别是在沉积岩、石油和煤中检测出了上百种芳烃化合物和环烷芳烃化合物。其中，以1～3个环的苯、萘、菲系列最为丰富。

近年来，在煤和石油的有机地球化学中，人们广泛利用芳烃及芳烃衍生物作为煤和石油的有机地球化学指标。

1. 芳烃的组成及性质

由于芳烃中的一些化合物是来自香脂、树脂和香精油等具有香味的物质，故命名为芳香族化合物。

芳烃是分子中含有苯环结构的化合物，富含碳，C/H原子比大于烷烃。按芳烃结构的特点，可分为3类：单环芳烃、多环芳烃和环烷-芳烃。芳烃的稳定性随着环数的增加而降低，即苯＞萘＞蒽＞菲。地质体中的芳烃主要来源于生物体及生物体的某些有机成分的转化物。高等植物所含的木质素（约占陆生植物干重总量的15%～20%）就是一种高分子量的芳烃化合物；某些细菌可合并积累苯并芘，淡水藻也能合成几种多环芳烃，普通香料含仲异丙基苯，植物胶含有芳烃成分。当这些生物体被埋藏在地下时，它们就成为地质体中芳烃的来源。一般天然来源的芳烃化合物，至少都具有10个碳原子。

有机物在地质体中转化为芳烃的过程极为复杂。一般来说，构成生物主要成分的蛋白质、糖类、脂类和色素等，在沉积与成岩作用过程中受温度、压力、催化剂、微生物等作用，使有机化合物发生热裂解、催化裂解、异构化、氧化和还原等作用来完成形成芳烃化合物的转化。

2.芳烃的地球化学特征

1)芳烃地质体中的分布

芳烃广泛分布于原油、煤和岩石抽提物中,是原油总烃的组成部分,局部富集可达30%~39%,还有一些原油含量可达58%~86%,构成芳烃型原油。此外,芳烃也是岩石可溶有机质的主要组成(如沥青"A"的苯胶质)。

缩合芳烃是干酪根(包括煤)和沥青烯的主要成分。高等植物所含木质素以及许多植物和动物脂肪中所含的胡萝卜素类化合物均以芳烃或缩合芳烃为基本结构特征,它们在成岩过程中转化为缩合芳烃——孢粉素。

2)芳烃的地球化学意义

芳烃有机地球化学指标主要包括苝及单芳香化甾烷两个指标。①苝是一种具有五个芳环的多环芳烃化合物,它不是直接来源于现代生物,而是在成岩过程中,在还原环境下由色素(如红牙色素)和 4,9 二羟苝 3,10 醌转化产生的。这些配色素曾发现于昆虫和真菌中。因此转化产生苝的条件是要求在快速堆积的还原环境。苝的样品都有丰富的 C_{27}~C_{31} 范围的长链烃。具有明显的奇偶优势,CPI>1。在所有含苝样品中,有机组分的 C_{13}/C_{12} 比值证明了高等植物组分的存在。因此,苝的存在可证明该沉积物为陆源快速堆积的还原沉积环境。②单芳香化甾烷在原油对比和运移研究中,可以作为饱和烃生物标志物的一个补充。Seifert(1979)认为,单芳甾烷可以作为成熟度指标。根据取代基数量,可以将这种甾族型单芳核化合物(4 环、C_nH_{2n-12})分为两类:C_{20}~C_{22} 组(稳定单芳甾烷)和 C_{27}~C_{29} 组(可以成熟的单芳甾烷)。当有机质成熟时,前一组稳定,为单芳核甾烷 Ms;而后一组大量消失,称为 Mm。可以用 Mm 峰的变化来显示原油的成熟度。③芳烃结构分布指数判定生油岩:芳烃结构分布指数是指缩合芳烃(C_{10} 以上)组分中与芳核直接相连的两类初级氢原子的丰度比,即第一类氢原子的丰度与第二类氢原子丰度的比值。第一类氢原子是指芳核上有 1~2 个相连的初级氢原子;第二类氢原子是指芳核上有 4~5 个相连的初级氢原子。布雷(1970)在分析了大量原油和岩样后提出,凡芳烃结构分布指数在 0.8~1.4 的岩层为生油层,而小于这个范围的为非生油层(岩)。

3)芳烃结构指数和缩合芳烃结构图的应用

分析我国不同地区、不同时代样品的红外光谱谱图发现,6.85μm 吸收带(缩合芳烃侧链上的甲基、次甲基的变形振动)与 6.25μm 吸收带(芳核骨架 C=C 伸展振动)的吸收强度比值:原油、生油层和储油层大多数大于 1,而非生油层和煤则多数小于 1。

采用芳烃结构分布指数(12.4μm/13.4μm = A)与芳核上甲基、次甲基与芳核的丰度比(6.85μm/6.25μm = B)作函数相关图——缩合芳烃结构图(图 5-10),得出以 $B = 0.66A - 0.86$,曲线为区分生油岩(腐泥质有机质)和非生油岩(腐植质有机质)的分界线。

(四)类异戊二烯烃、萜类、甾烷

在石油、煤、油页岩及近代沉积物等地质体中,均具有生物标志的类异戊二烯烃、萜类、甾烷等有机化合物。生物标志物一般认为是生物体死亡之后,在沉积作用及成岩作用过程中,在微生物作用、埋藏作用(温度、压力)、无机催化作用的影响下,经过物理化学反应最终生成的稳定有机化合物。类异戊二烯烃、萜类、甾烷等有机化合物,就是地质体中具有特征性的生物标志化合物。

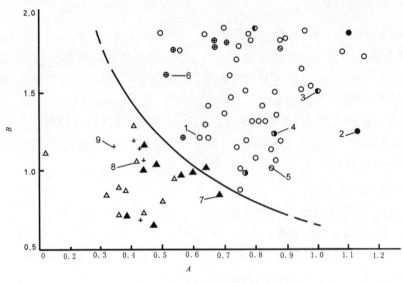

图 5-10　缩合芳烃结构图

（据陈德玉等,1977）

1.原油；2.裂解油；3.沥青、沥青页岩；4.油页岩、泥岩、生油岩；5.含油砂岩；6.碳酸盐岩生油岩、储油层；7.煤、炭质页岩（芳烃馏分）；8.煤、炭质页岩；9.非生油岩

1.类异戊二烯烃、萜类、甾烷的组成和性质

类异戊二烯烃、萜类、甾烷等化合物为白色或淡黄色油状液体或固体,不溶于水,溶于石油醚、苯、氯仿、丙酮等有机溶剂中。无论是链状的异戊二烯烃还是环状的萜类,实际上都是萜类化合物。这些分子大多是由一个或多个异戊二烯烃单位组成的。

（1）类异戊二烯烃。类异戊二烯烃是一类具有规则甲基支链的饱和烷烃。在它们的分子中,每隔3个碳链（—CH_2—）有一个甲基支链,成为一系列化合物（图 5-11）。与相应碳数的正烷烃相比,其沸点较低,但其本身随着碳数的增加沸点相应增加。类异戊二烯烃的热稳定性和抵抗微生物侵蚀的能力均强于正烷烃。它和正烷烃一样,在热解情况下,高碳数的异戊二烯烃断裂成低碳数的类异戊二烯烃。

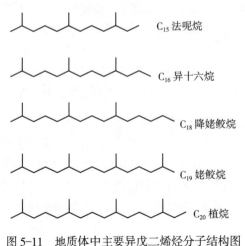

图 5-11　地质体中主要异戊二烯烃分子结构图

（2）萜类。萜类是环状类异戊二烯化合物，是指含有通式（C_5H_8）n 以及其含氧和不同饱和程度的衍生物。可分为单萜（C_{10}）、倍半萜（C_{15}）、二萜（C_{20}）、三萜（C_{30}）和多萜类；它们的结构十分复杂。在地质体中，分布比较广泛的是二萜类和五环三萜类。

近代深海沉积构中的二萜类（二萜烷酸）是高等植物树脂类的主要成分，它们的母体结构主要是松香烷、海松烷、脱氧松香烃、栖松烷等。五环三萜烷（$C_{30}H_{48}$）普遍存在于各种沉积物中，其中以藿烷的分子结构为典型代表（图5-12）。藿烷分子式为 $C_{30}H_{52}$，属于五环三萜烷系，它的分子结构特点是在4、8、10、14、18碳位上均有甲基取代基，21碳位上是异丙基取代基。地质体中多是藿烷及其不同光学结构的异构体衍生物。藿烷的立体异构化主要发生在 C_{17}、C_{21} 和 C_{22} 上。

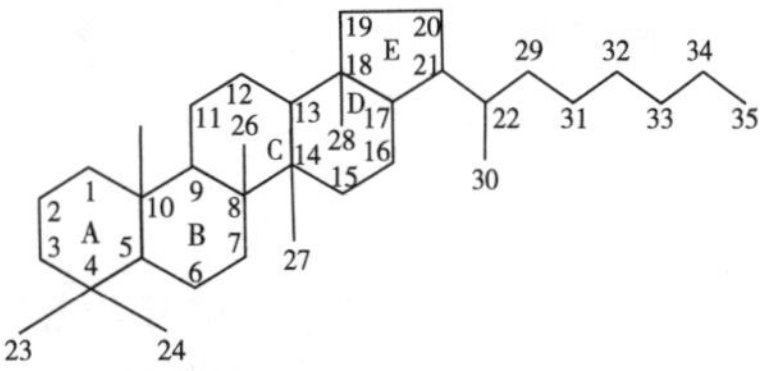

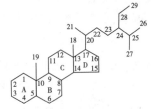

图5-12 藿烷结构示意图

萜类的热稳定性及抵抗细菌侵袭能力强于正烷烃，所以能稳定地存在于地质体中，是地质体中重要的生物标志化合物。

（3）甾烷。甾族化合物（或类固醇化合物）广泛存在于近代生物体中，它是生物体中不能发生皂化作用的结晶醇类。在现代生物体中没有发现甾烷，显然在地质体中的甾烷是由甾醇、甾烯类物质在沉积岩中经历了一系列改造的结果。

根据现有资料，生油岩和原油中的甾烷可分为4类：正常甾烷、重排甾烷、4-甲基甾烷和低分子量甾烷。

正常甾烷是指甲基分别位于 C_{10} 和 C_{18} 位置上的甾烷（图5-13），其碳数从27到29，常用 C_{27}/C_{29} 和 $C_{27}/(C_{28}+C_{29})$ 来表示有机质类型。该比值大时，说明水生、浮游动植物的贡献大；比值小时，则表明陆源高等植物的有机质成分多。

图5-13 甾烷结构示意图

2.类异戊二烯烃、萜类、甾烷的地球化学特征

（1）沉积环境的判定。在类异戊二烯烃中姥鲛烷和植烷来源于高等树脂，早期植物腐烂时处于需氧阶段，在陆地上分解比完全厌氧的水下环境分解更为有利。因此植醇容易被氧化为植烷酸，进一步脱羧而形成姥鲛烷，使姥鲛烷与植烷的比值变大，因而可用姥植比（Pr/Ph）作为环境指标。一般来说，Pr/Ph 小于1，反映还原环境；Pr/Ph 大于1，反映氧化环境。

Powell 和 Mckirdy（1973）提出海相原油中 Pr/Ph 小于3，陆相原油中 Pr/Ph 大于4，近海成因原油介于二者之间。

根据我国的资料，梅博文等（1980）提出湖相生油岩的石油 Pr/Ph 为 1～3，湖沼相石油的 Pr/Ph 大于3，煤系地层中煤的 Pr/Ph 为 5～10，寒武系—奥陶系的海相灰岩有机质中的 Pr/Ph 仅为 0.75～0.91。

（2）原油成熟度的判定。Seifert 等（1986）衡量原油成熟度的各项指标是：原油中饱和烃的高低，表示成熟度的高低；原油中萜烷含量降低，表示成熟度增高；Tm 代表 17aH-22、29、30 三降藿烷，Ts 代表 18aH-22、29、30 三降藿烷，油样中 Tm/Ts 比值自下向上降低，成熟度逐渐增高。

第三节　煤成气地球化学

一、天然气组分指标参数

目前对煤成气研究常选用的气体组分的指标主要有以下几种。

（1）气体组分的百分含量。主要用气体组分的体积百分比表示，其中汞蒸气常用 ng/m^3 表示。

（2）干燥系数。为 $C_1 \sim C_5$ 烷烃类气体中 CH_4 含量的比例。计算方法为：

$$C_1(\%) = CH_4 / (\sum C_1 - C_5) \times 100\% \tag{5-1}$$

或

$$C_1(\%) = CH_4 / (\sum C_1 - C_4) \times 100\% \tag{5-2}$$

分子、分母各项均以体积或体积比表示。由于天然气样品中 C_5 气体的含量很少，所以（5-1）、（5-2）两公式所计算出的结果相差不大。目前国内外以干燥系数大于85%为干气，小于85%为湿气。

（3）湿度系数。为 $C_1 \sim C_5$ 烷烃类气体中 $C_2 \sim C_5$ 重烃气含量的比例。计算方法为：

$$C_2^+(\%) = \sum(C_2 - C_5) / (\sum C_1 - C_5) \times 100\% \tag{5-3}$$

或

$$C_2^+(\%) = \sum(C_2 - C_4) / (\sum C_1 - C_4) \times 100\% \tag{5-4}$$

分子、分母各项均以体积或体积比表示。

很显然，干燥系数与湿度的关系是：

$$C_1(\%) + C_2^+(\%) = 1$$

此外，由于重烃气组分中 C_2 含量常常大于 C_3、C_4 或 C_5^+ 组分含量，所以利用 C_1/C_2，$C_1/(C_2+C_3)$，$C_1/(\sum C_2 - C_4)$ 等指标表示气体干湿度的差别不会太大，但这些指标有以下优缺点。优点：这些指标是数值分布范围宽，易于分析；缺点：干气的数值很大（趋于无穷大）并难于图示。

（4）正异构比值。气体中正构烷烃和异构烷烃的含量比。计算方法为：

nC_4/iC_4（正丁烷含量/异丁烷含量）和 nC_5/iC_5（正戊烷含量/异戊烷含量）

（5）酸烷比或烷酸比。气体中 CO_2 气体与 C_1-C_5 烷烃气体的含量比。计算方法为：

酸烷比 $R(a/h) = CO_2/(\sum C_1 - C_5) \times 100\%$

烷酸比 $R(h/a) = \sum(C_1 - C_5)/CO_2 \times 100\%$

（6）扩散渗透性。

$$(C2 + iC4) / (C3 + nC4)$$

由于 C_2H_6，C_3H_8，iC_4H_{10} 和 nC_4H_{10} 4种气体在煤和泥岩中的扩散渗透性不同，应用该指标可作为天然气扩散渗透性指标。

除以上指标外，还有非烃气/烃气、烷烃气/稀烃气，$C_2H_6^+/C_2H_4^+$，C_2/C_3，苯指数（$C_6H_6/\sum C_6$），正己烷指数（$nC_6/\sum C_6$）等广泛应用于天然气和热解气组成特征的研究对比。

二、天然气组分指标的应用

以腐泥型有机质为主要母质生成的成熟原油，成分以烃类为主，而且烃类富含脂肪链结构。原油裂解气的重烃 $C_2 \sim C_5$ 主要来源于脂肪链结构等裂解（图5-14）。

煤干酪根结构中的脂肪型侧链和桥键都比较短,如—CH_2—,—$(CH_2)_2$—,—$(CH_2)_3$—,—CH_3,—C_2H_5等,在热解时,煤干酪根结构中的侧链和桥链形成自由基,在与氢相遇时,结合成气态烃分子,其中,CH_4分子是主要产物(图5-15,图5-16)。

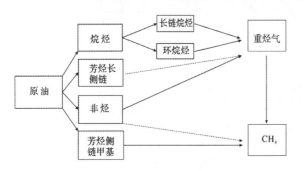

图 5-14　原油热解气中烃类成分来源
(据傅家谟等,1990)
注:实线为主要方式,虚线为次要方式。

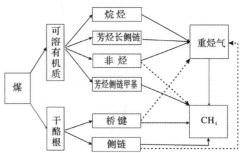

图 5-15　煤热解气中烃类成分来源
(据傅家谟等,1990)
注:实线为主要方式,虚线为次要方式。

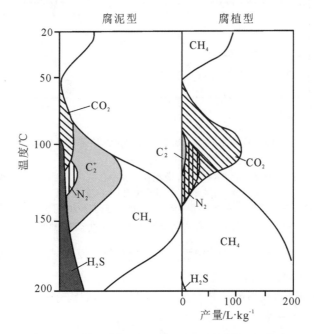

图 5-16　煤化作用中元植素组成发生变化,Ⅰ型或Ⅱ型(腐泥型)和Ⅲ型
(腐植型)有机质产生气量(L/kg)
细菌甲烷如图上部(低温度)所示,而绝对数量可能多变
(据 Hunt,1979;Rice,1993)

(一)干燥系数与气源岩类型

1.煤成气与原油裂解气的干燥系数

根据各类气源岩的模拟实验结果,不同生气母质的热解成因气的干燥系数差别明显。我国不同地区褐煤和成熟原油在不同热演化阶段的热解气干燥系数与热解温度和R_o之间的关系,从图5-17中可以看出。

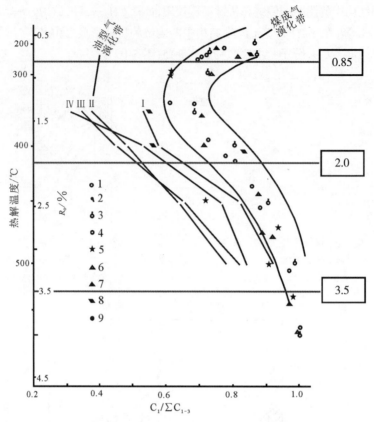

图 5-17　我国不同地区褐煤和成熟原油热解气干燥系数
（据傅家谟等，1990）

1. 云南柯渡褐煤；2. 内蒙古东胜褐煤；3. 云南先锋褐煤；4. 吉林舒兰褐煤；5. 四川合哨褐煤；
6. 沈北蒲河褐煤；7. 云南小龙潭褐煤；8. Ⅰ型干酪根；9. 原油【Ⅰ. 东濮，Ⅱ. 充 48 井（据
王函云和杨天宇，1982）；Ⅲ. 角 7 井（据王函云和杨天宇，1982）】
注：实验条件均为真空或惰性气体中封闭热解 100h。

（1）低演化阶段（R_o<0.85%），原油裂解气的干燥系数与煤成气的干燥系数差别不大。原油裂解气不一定是湿气。

（2）在中等演化阶段（0.85%≤R_o<2.0%）以后，两种成因气的干燥系数表现了明显的差别，煤成气较油成气要"干燥"。

（3）高成熟阶段（2.0≤R_o≤3.5%）不同母质的热成因气的干燥系数迅速增加，气体向"干"气过渡，但煤热成因气仍然大于腐泥型干酪根的热成因气。在这个阶段，油热成因气干燥系数由 0.5～0.6 迅速上升至 0.8～0.9，远比成熟阶段煤热成因气的干燥系数要大。

（4）过成熟阶段——石墨化阶段（R_o>3.5%）煤成气完全是"干"气，而油型气则处于向"完全干气"型过渡之中。

图 5-18 是对中国煤成气组分进行统计分析成果图，从中可以看出煤成气的湿度随成煤作用加深由小变大再变小的过程，煤成气中重烃气含量高、低值曲线峰顶在 R_o = 1% ±0.1%左右，即肥煤阶段。

随着成熟度的增加，油型气和煤成气的湿度、重烃的低值曲线和峰值具有相似变化特征（图 5-18）。但是很明显在 R_o = 0.5%～2%区间内，油型气比煤成气相对更富含重烃气，在峰值处

相同成熟度煤成气比油型气的重烃气含量相差较大。

2. 煤型干酪根与煤成液态烃热成因气的干燥系数

热解气烃类成分说明在中等成熟阶段,煤型干酪根热成因气基本不含 C_4 以上成分,而煤热成因气含 C_4 以上成分(表5-3)。煤成液态烃热作用演化形成的气,其干燥系数也比煤热成因气小得多。油型气的干燥系数也比腐泥型干酪根热解气的干燥系数小得多。煤型干酪根热成因气比煤热成因气要"干"(图5-19)。

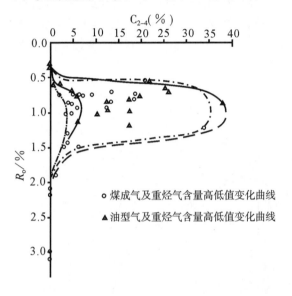

图 5-18 我国煤成气和油型气 R_o-C_{2-4} 关系图
(据戴金星等,2001)

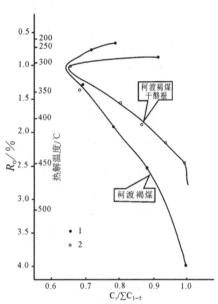

图 5-19 云南柯渡褐煤及其干酪根热解气的干燥系数
(据傅家谟等,1990)

表 5-3 云南柯渡褐煤及其干酪根热解气的烃类成分(据傅家谟等,1990)

样品 \ 烃类成分 \ 温度/℃	R_o/%	C_1	C_2	C_3	iC_4	nC_4	iC_5	nC_5
柯渡褐煤(%,V/V) 原样	0.268							
280	0.67	8.33	0.831	0.576	0.622	0.174	0.034	0.061
300	0.76	8.99	1.84	1.34	0.166	0.217	0.035	0.046
350	1.31	24.95	5.95	3.65	0.429	0.860	0.208	0.268
400	1.92	35.75	6.96	2.70	0.219	0.154	—	—
450	2.52	44.79	5.84	0.194	—	—	—	—
500	3.99	63.32	0.18	—	—	—	—	—
柯渡褐煤干酪根(%,V/V) 原样	0.260				—	—	—	—
280	0.878	5.10	0.19	0.30	—	—	—	—
300	—	9.98	3.88	1.48	—	—	—	—
350	1.571	18.47	3.36	1.23	—	—	—	—
400	2.078	32.84	4.34	1.06	—	—	—	—
450	2.471	38.95	0.48	—	—	—	—	—
500	—	47.73						

3.不同煤岩组分热成因气的干燥系数

煤岩组分热解成因气干燥系数的一般规律为丝质组＞镜质组＞稳定组、腐泥型干酪根＞成熟原油；上述一般规律与母质生烃能力大小的顺序是相反的（图5-20）。如前面所述，煤成气中的CH_4主要来源于干酪根结构中的侧链和桥链的断裂，湿气的主要来源为液态烃分子的断裂。

丝质组的液态烃产率最低，湿气产率也最低，所以热解气的干燥系数最高；镜质组的液态烃产率较强，液态烃能在热解中产生较多的重烃气，因而热解气干燥系数比丝质组低；稳定组产液态烃能力最强。热解过程中，先前产生的液态烃二次裂解，生成大量重烃气，所以热解气的干燥系数最低；稳定组中各类不同煤岩组分热解气的干燥系数又小于镜质组；腐泥型干酪根也含有较多类脂类化合物，生烃能力强。而腐泥型干酪根热成因气的干燥系数与藻煤、藓煤、树皮煤等稳定组的接近；不同稳定组中的各类组分的热解气干燥系数有一定差别。

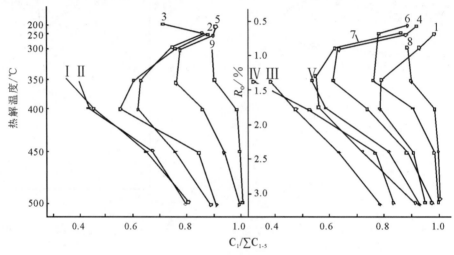

图5-20 不同煤岩组分热解气干燥系数
（据傅家谟等，1990）

1.树脂体；2.藻脂体；3.藓煤 4.壳质组（树皮煤）；5.镜质组（抚顺）；6.镜质组（茂名）；7.腐泥型干酪根；8.原油（Ⅰ.角7井，Ⅱ.女23井，Ⅲ.充48井，Ⅳ.荔3井，Ⅴ.东濮）；9.丝质组

（二）正异构比值nC_4/iC_4与成气母质类型

1.煤热解成因气的nC_4/iC_4值

同等演化阶段，煤热成因气的nC_4/iC_4值低于油热成因气的nC_4/iC_4值。可能原因：原油含长链烷烃较多，热解时正构烷烃产率较高，而煤的生烃能力差，煤成液态烃中长链烷烃相对含量较少，热解时正构烷烃产率较低（图5-21）。

2.不同煤岩组分热解气的nC_4/iC_4值

同等演化程度时，不同煤岩样品热解气的nC_4/iC_4值具有如下规律：稳定组＞镜质组＞丝质组（图5-22）。因而可以认为，nC_4/iC_4值的高低，主要与液态烃有关。

3.同等演化程度，稳定组各类样品热解气的nC_4/iC_4值

藻质体＞壳质体（树皮煤）＞树脂体。这一规律与酸烷比、干燥系数是一致的。

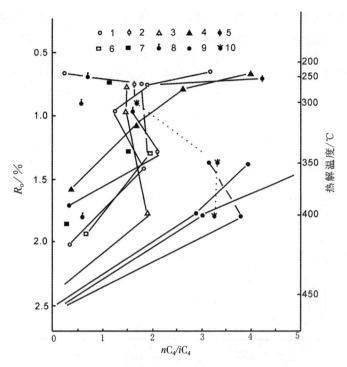

图 5-21 不同成气母质热成因的 nC_4/iC_4 值
(据傅家谟等,1990)

1. 四川合哨褐煤；2. 吉林舒兰褐煤；3. 沈北蒲河褐煤；4. 云南小龙潭褐煤；5. 云南先锋褐煤；6. 云南柯渡褐煤；7. 内蒙古东胜褐煤；8. 云南蘚煤；9. 原油；10. 腐泥型干酪根

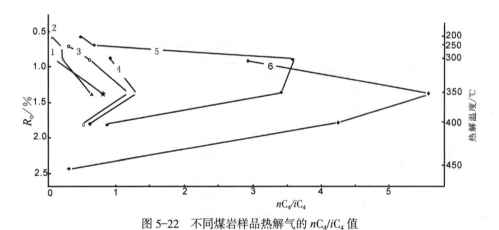

图 5-22 不同煤岩样品热解气的 nC_4/iC_4 值
(据傅家谟等,1990)

1. 丝质组；2. Ⅲ型干酪根；3. 镜质组；4. 树脂体；5. 壳质体(树皮煤)；6. 藻质体

(三) 气体酸烷比[R(a/h)]与母质类型

1. 油型气和煤成气的酸烷比差别较大

(1) 原油成因气的酸烷比一般小于 0.2,大大低于煤热解成因气的酸烷比(图 5-23)。

（2）不同地区的褐煤,尽管它们的显微组分含量不同,但它们的热解气酸烷比值变化趋势却是一致的,即随演化程度的加深而逐渐减小（图5-24）。

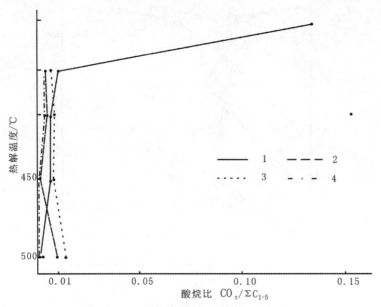

图 5-23　成熟原油样品热解气酸烷比值
（据傅家谟等,1990）

1. 东濮原油；2. 充48井原油；3. 女23井原油；4. 角7井原油

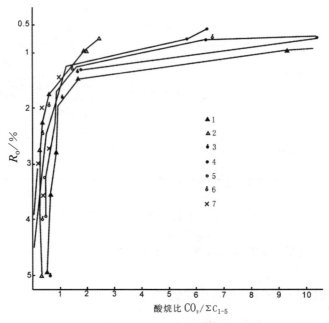

图 5-24　我国不同地区褐煤热解气酸烷比值
（据傅家谟等,1990）

1. 云南小龙潭；2. 沈北蒲河；3. 内蒙古东胜；4. 云南柯渡；5. 吉林舒兰；6. 云南先锋；7. 四川合哨

2.煤型干酪根与煤成液态烃热成因气的酸烷比差别也较大

（1）褐煤干酪根热解气的酸烷比值比褐煤热解气要高。褐煤热解气中的CO_2气,主要来源于干酪根。

（2）腐泥型干酪根的数据与热成因气的数据对比(表5-4),可见油型气(腐泥型干酪根及原油的热成因气)的酸烷比也取决于固体(腐泥型干酪根)和液体(原油)两者热解气体产物。

（3）虽然各类液态烃热解气的酸烷比很低,但煤成液态烃热解气与腐泥型干酪根生成的原油热解气相比,煤成液态烃热解气酸烷比仍然略高一些。

表5-4 褐煤及其干酪根的热解气酸烷比（据傅家谟等,1990）

热解温度/℃	腐泥型干酪根		云南柯渡褐煤干酪根		云南柯渡褐煤干酪根	
	R_o/%	酸烷比	R_o/%	酸烷比	R_o/%	酸烷比
250	0.800		0.689			
280		0.037	0.878	13.060	0.67	6.43
300		0.790		4.590	0.76	5.69
320	1.389	0.830	1.375	5.750		
350	1.956	0.220	1.571	2.910	1.31	1.24
380	2.354	0.190	1.773	1.720		
400		0.090	2.078	1.310	1.92	0.85
420	2.448	0.020		1.400		
450	2.640	0.045	2.471	1.350	2.52	0.55
500				0.946	3.99	0.15
600	4.080	0.038	3.962	0.119	4.53	0.06

3.不同煤岩组分热解气的酸烷比不同

各热演化阶段,尤其是在$R_o>1.0$以后,各煤岩组分的热演化气体产物中的酸烷比大小顺序为:丝质组＞镜质组＞稳定组＞原油(图5-25)。

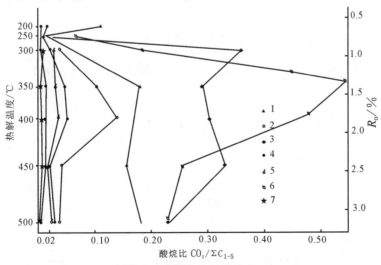

图5-25 不同煤岩组分热解气的酸烷比（傅家谟等,1990）
1.镜质组（抚顺古近系）；2.树脂体（抚顺古近系）；3.丝质体（皇新侏罗系）；4.东濮原油（古近系）5.藻类组（水城二叠系）；6.藓煤（云南新近系）；7.壳质组（树皮）

三、煤成气组分的判识

热模拟实验结果中的煤热成因气的生油岩与原油热解裂解气的多种组成特征是判识煤成气的重要依据。由前面分析可知,煤热成因气具有高酸烷比,高干燥系数,低正异构比(nC_4/iC_4)的特点(表5-5),煤热成因气酸烷比普遍大于0.2,干燥系数在0.6~1之间,而正异构比(nC_4/iC_4)在0.2~6之间;油热成因气酸烷比均小于0.2,干燥系数处于0.3~0.9之间,而nC_4/iC_4分布于0.05~6之间。不同煤岩组分其判别指标的数值范围也不同(表5-6)。不同热成因气的不同热演化阶段的参数指标也存在一定的变化趋势(表5-7)。

表5-5 煤热成因气与油热成因气的判别标志(据傅家谟等,1990)

指标	酸烷比	干燥系数	nC_4/iC_4
煤热成因气	>0.2	0.6~1	0.2~6
油热成因气	<0.2	0.3~0.9	0.05~6

表5-6 不同煤岩组分热成因气组成特征(据傅家谟等,1990)

指标	酸烷比	干燥系数	nC_4/iC_4
丝质组	<10	0.85~1	0.1~0.8
镜质组	0.2~100	0.75~1	0.3~1.4
树脂体	0.03~0.7	0.78~0.98	<1
壳质组	0.004~3	0.6~0.98	0.4~5
藻质体	0.02~3	0.55~0.91	0.2~6

表5-7 煤热成因气在不同演化阶段的参数值(据傅家谟等,1990)

相当煤阶	褐煤—气煤			肥煤—瘦煤			贫煤—半无烟煤			无烟煤	
指标	酸烷比	干燥系数	nC_4/iC_4	酸烷比	干燥系数	nC_4/iC_4	酸烷比	干燥系数	nC_4/iC_4	酸烷比	干燥系数
煤热成因气	2~100	0.9~0.6	0.2~5	0.5~2	0.6~0.8	2~0.2	0.2~1	0.7~1	-	<0.5	0.9~1
油热成因气	<1	0.6~0.76	1.7	<0.2	0.3~0.6	6~1	<0.02	0.6~0.9	0.05~1	0	0.8~1

因此,可以利用干燥系数、酸烷比和正异构比值3项气体组分指标均随煤化程度增加而明显变化,作为判断成熟度的重要参数(定性判断)(表5-8)。

表 5-8 不同煤岩组分热成因气在各煤阶的参数值（据傅家谟等，1990）

相当煤阶	褐煤—气煤			肥煤—瘦煤			贫煤—半无烟煤			无烟煤	
指标	酸烷比	干燥系数	nC_4/iC_4	酸烷比	干燥系数	nC_4/iC_4	酸烷比	干燥系数	nC_4/iC_4	酸烷比	干燥系数
丝质组	<10	0.6	—	<1	0.08~0.98	<1	<0.5	1	—	<0.5	1.0
镜质组	<100	0.8~0.9	<1	0.1~1	0.75~0.9	0.5~1.4	<0.1	>0.9		<0.05	1.0
树脂体	<0.5	>0.9		0.1~0.7	0.75~0.9	0.5~1	<0.1	>0.9	近于0	<0.05	>0.95
壳质组（树皮煤）	0.01	0.88~0.94	<1	0.01~0.5	0.6~0.75	0.9~4.5	0.01~0.1	0.88~0.98	<1	<0.01	—
藻质体	<10	0.9	—	<0.5	0.5~0.8	2~6	<0.1	>0.8	<0.5	<0.1	>0.9

四、煤成气同位素组成特征

由于煤成烃的碳、氢同位素组成与其母质类型和成熟度密切相关，因此，在世界各国的石油和天然气研究中，对碳、氢同位素分布特征给予了极大的关注。现在稳定同位素的研究和应用正在不断地扩大和深入，就其范围来说有以下几个方面：①天然气成因分类；②研究天然气及其有机质母质的演化；③进行气-岩及油源岩对比；④鉴别油气生成的沉积环境；⑤探讨油气运移规律。

中国科学院地球化学研究所对中原油田、任丘油田、长庆油田等天然气的碳、氢同位素组成进行了测定，提供了我国首批天然气的氘同位素数据，并对中原油田等天然气成因类型进行初步探讨，提出了以下 3 种天然气类型的划分方案：①煤成气碳氢同位素范围为 $\delta^{13}C > -30‰$，$\delta D > -190‰$；②油型气的碳氢同位素为 $\delta^{13}C < -40‰$，$\delta D < -210‰$；③混合气的碳同位素为 $\delta^{13}C = -34‰ \sim -40‰$，$\delta D = -190‰ \sim -210‰$，以上的油型气与现在研究的热点——原油裂解气以及干酪根裂解气显然不同。

1. 煤成气的碳、氢同位素组成特征

（1）煤成气的碳同位素组成特征。戴金星等（2001）通过对四川盆地、鄂尔多斯盆地、渤海湾盆地、松辽盆地、柴达木盆地和琼东南盆地 23 个气藏（构造）及 14 个煤矿上的 168 个原生煤成气样进行测试分析，得出煤成气甲烷具有以下特征：我国煤成气的甲烷同位素区间为 -66.4‰ ~ -24.9‰。气油兼生期和后干气期煤成气的 $\delta^{13}C_1$ 主值区间为 -41.779‰ ~ -24.9‰；$\delta^{13}C_2$ 的主值区间为 -27.1‰ ~ -23.4‰；$\delta^{13}C_3$ 为 -25.8‰ ~ -19.1‰（图 5-26）。

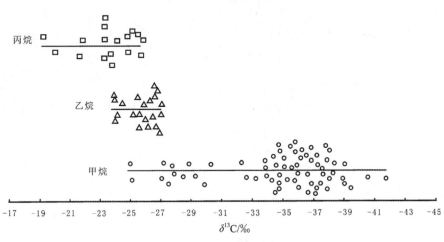

图 5-26 我国气油兼生期与后干气期煤成气甲烷、乙烷、丙烷 $\delta^{13}C$ 分布图
（据戴金星等，2001）

对比国内的煤层气资料，可以发现国内的煤成气与 $\delta^{13}C_2$ 比库珀盆地的差不多，但比德国西北盆地明显要轻一些。而 $\delta^{13}C_3$ 明显比德国西北盆地要轻（表 5-9）。

表 5-9 国外煤成气乙烷、丙烷 $\delta^{13}C$ 值（据戴金星等，2001）

盆地	$\delta^{13}C_2$/‰			$\delta^{13}C_3$/‰		
	样品数	区间值	平均值	样品数	区间值	平均值
库珀盆地	26	-28.8 ~ -21.3	-24.86			
德国西北盆地	26	-25 ~ -18.5	-22.59	13	-24.7 ~ -17.8	-21.95

不同演化阶段各类气源岩碳、氢同位素的研究结果表明，在不同地质条件下，低演化阶段的煤成气不一定都比高演化阶段的油型气重，所以要用碳同位素区别煤成气与油型气，还要学会判断天然气的演化程度。

除碳氢同位素综合研究之外，烃类组分的碳同位素组成的变化，也被用来进行天然气成因类型、成熟度等方面的研究。烃类绝大部分都是生油岩在埋藏期间通过干酪根的热转化生成的。在有机质未成熟阶段细菌成因的甲烷 $\delta^{13}C_1$ 小于 $-55‰$，在生油门限的深度和温度范围内（$65\sim150°C$），生成的天然气 C_2 以上的重烃含量高。在生烃高峰期，腐泥型和腐植型干酪根生成的甲烷 $\delta^{13}C_1$ 分别为 $-45‰$ 和 $-30‰$ 左右；在过成熟阶段，干酪根主要生成 CH_4，腐泥型和腐植型干酪根生成的 CH_4 的 $\delta^{13}C_1$ 分别为 $-35‰$ 和 $-25‰$ 左右，有关烃类的生成与甲烷同位素 $\delta^{13}C_1$ 值的变化关系见图（5-27）。

2. 油型气与煤成气的碳、氢同位素的特征

在具体的地质研究过程中，由于氢同位素受影响的因素较多，如源岩有机质初始氢同位素、源岩所在的环境、地下水的氢同位素等影响，因而在对天然气研究过程中氢同位素一般需要结合碳同位素来综合使用，傅家谟等（1990）通过测量不同气源的碳、氢同位素，利用 $\delta^{13}C_1$-δD 关系图成功地将煤型气、油型气和混合气进行了区分，取得了较好的应用效果（图 5-28）。

3. 煤成气的碳、氢同位素与 R_o 关系

从图 5-30 可知：煤成气的 $\delta^{13}C_1$ 值随气源岩成熟度的增加而变大，$\delta^{13}C_1$ 与 R_o 关系经回归：

$$\delta^{13}C_1 = 14.154 \lg R_o - 34.3922$$

在相同成熟度情况下，我国煤成气的 $\delta^{13}C_1$ 回归线比油型气回归线重约 $7‰\sim8‰$（图 5-29）。由于产生甲烷的碳来源于煤或分散腐植质，因为断开 $^{12}C-^{12}C$ 键比断

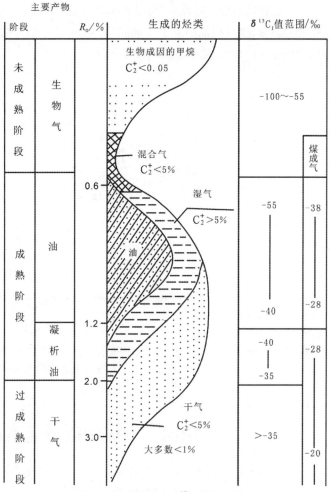

图 5-27 烃类组成与 $\delta^{13}C_1$ 值标志范围
（据傅家谟等，1990）

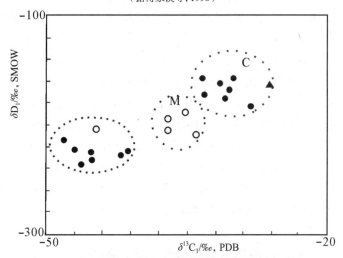

图 5-28 天然气甲烷 $\delta^{13}C_1$-δD 关系图（据傅家谟等，1990）
C. 煤成气实测值；O. 油型气实测值；M. 混合气实测值；
▲. 煤样模拟值

开 ^{13}C-^{12}C 键所需要的键能小,所以在相对低温的情况下,由煤或分散腐植质有机物脱析出来的 ^{12}C 相对较多,温度增加提供了较多能量,使 ^{12}C-^{13}C 断开的机率增大,甲烷中 ^{13}C 比率也相应增加,故成煤作用加深,随之甲烷同位素变重。

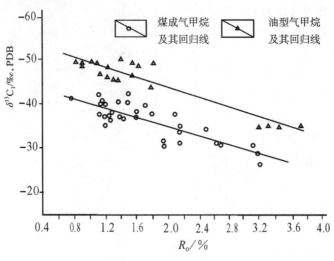

图 5-29 我国煤成气和油型气 $\delta^{13}C_1$ 值与 R_o 关系图
(据戴金星和戚厚发,1989)

第四节 煤中微量元素地球化学

煤中微量元素地球化学是地球化学的一个分支学科,主要研究地壳中煤中元素的丰度、来源、赋存状态以及形成和演化过程中的地质地球化学因素。

研究煤中微量元素具有重要的理论和现实意义。一方面,应用元素地球化学理论可以探讨成煤作用中的许多地质问题,例如,煤的微量元素地球化学能够提供关于煤沉积环境、含煤层序的形成以及区域构造历史等地质信息(Yudovich and Ketris,2002;Dai et al 2008);微量元素可作为煤层对比的标志。另一方面,微量元素对煤炭开采、加工(选煤、制型煤、制水煤浆等)、利用(燃烧、焦化、气化、液化)都会产生影响(唐修义、黄文辉,2002):煤炭在储备、搬运、洗选、燃烧及其他加工利用过程中,其中的微量元素进入空气、土壤或水中,从而影响生态和人体健康(刘桂建等,1999),煤中微量元素的含量和亲和性能够为煤炭燃烧利用过程中煤中的有毒有害微量元素的污染控制提供有用的环境信息(Querol et al,2001;Finkelman et al,2002;Dai et al,2005)。同时,一些富集在煤或含煤地层中的贵重微量元素(如:Au、Ge、Ga、V、Ni、Nb、Zr、U、稀土及铂族元素)能够从煤灰中提取利用,具有重要的经济价值(王兰明,1999;任德贻等,2006;Hu et al,2006、2009;Zhuang et al,2006、2009;Qi et al,2007 a、b;Li et al,2011;Dai et al,2012b)。

一、煤中的常量和微量元素的概念

煤中元素包括了常量元素和微量元素两部分。煤中的 C、H、O、N、Na、Mg、Al、Si、S、K、Ca 和 Fe 共 12 种元素的含量一般超过 0.1%,称之为常量元素(唐修义、黄文辉,2002)。C、H、

O、N 是煤有机物质的主要组成部分,而 Na、Mg、Al、Si、K、Ca 和 Fe 是煤中无机组成的重要部分,S 既是有机物质的重要组成,也是煤中硫化物和硫酸盐等无机矿物的重要组成(代世峰等,2005)。

煤中常量元素的含量和特征,既反映聚煤环境的地质背景,又反映煤层形成后所经历的各种地质作用过程,有助于阐明煤层的成因、煤化作用、区域地质历史演化等基本理论问题(Ward,2002)。另一方面,煤中常量元素含量直接影响煤发热量的高低和煤的加工利用特性,也是在炼焦冶金过程中造成磨损、腐蚀、污染的主要来源。另外,煤中 C、N、S 等元素是燃煤过程排放到大气中碳氧化合物、氮氧化物和硫化物的主要来源(代世峰等,2005)。

煤中含量不超过 0.1% 的元素称之为微量元素,几乎包括可以检测到的地壳中已发现的所有微量元素。Ti 和 P 仅在部分煤中的丰度超过 0.1%,Mn 在煤中的丰度达不到 0.1%,所以 Ti、P、Mn 在地壳里属常量元素,而在煤里被划为微量元素。

煤中一些微量元素具有成煤环境的指向意义,如 Sr、Ba、B 等;一些微量元素在煤的利用和转化过程中起催化剂的作用,如 W、Co、Zn 等(刘桂建等,1999);一些微量元素在煤的开采和加工利用过程中可能对环境和大气产生影响,其中对环境有害的微量元素,包括 As、Cd、Cr、F、Hg、Ni、Pb、Se 等,可能对环境有害的微量元素包括 B、Be、Cl、Co、Cu、Mn、Mo、Sb、Sn、Th、Ti、U、V、Zn 等,对空气有害的微量元素有 As、Cd、Cr、Hg、Ni、Pb、Se、Be、Co、Mn、Sb、F、Cl、Th、U 等;另有一些微量元素为可工业利用的有益元素,包括 Ge、Ga、U、Au、Pt 等。

二、煤中微量元素地球化学研究方法

微量元素在煤中具有量微、分布不均、赋存状态多种多样等特点,因此,分析研究煤中微量元素时应选用合适的地球化学研究方法。

煤中元素含量的测定方法有很多,其中全煤样(包括全煤灰)中元素含量的测定方法常见的有:中子活化分析(INAA)、X 射线荧光(XRF)与同步辐射 X 射线荧光(SXRF)分析、比色法(分光光度法)、原子吸收光谱(AAS)和原子荧光光谱(AFS)、原子发射光谱(AES)与电感耦合等离子体原子发射光谱(ICP-AES)、电感耦合等离子体质谱(ICP-MS)、离子选择电极(ISE)和离子色谱(IC)等。微区元素含量的测定方法主要为扫描电镜能谱分析以及激光烧蚀与电感耦合等离子体质谱(ICP-MS)联机分析等微束分析技术。

1. 仪器中子活化分析(INAA)

仪器中子活化分析的基本原理是用低能量的中子(慢中子)照射煤样,煤中的元素稳定同位素捕获中子形成放射性同位素,之后,该放射性同位素发射出 γ 射线,根据 γ 射线的能量及半衰期来鉴别元素的种类,γ 射线的强度可用来检测该元素的含量。

其优点是使用固态样品直接测定,多元素测定(40 多种),检测限可达 $10^{-6} \sim 10^{-13}$。不足之处是需要中子反应器,且 B、Be、Cd、Cu、F、Hg、Mo、Ni、Pb 和 Ti 的检测限较高。

目前该分析方法有了新的发展,即高能量中子(快中子)和放射化学中子技术。快中子活化技术能够分析 O、N 和 Si 等轻元素;放射化学中子活化技术能够分析 Hg、Se、As、Sb、Cd 和 Pt、Pd。

2. X 射线荧光(XRF)与同步辐射 X 射线荧光(SXRF)分析

X 射线荧光与同步辐射 X 射线荧光分析的原理是样品在 X 射线照射下(Cr 或 W 靶),样品中的元素发生从基态到激发态的电子跃迁,之后,这些处于高能态的价电子发生从高能态到低能态的跃迁,并产生能量较低的 X 射线荧光。不同元素所产生的荧光的波长不同,因此,可以根据波谱测量仪器(WDXRF)或能量测量仪器(EDXRF)测定元素的含量。

该分析方法的优点是设备造价低,使用广泛,样品制备简单(粉末状);缺点是对微量元素的灵敏度低,只适用于常量元素。同步辐射 X 射线替代 X 射线增强了光源强度,提高了检测精度和范围。但它受同步辐射光源的限制。

3. 比色法(分光光度法)

比色法的原理是首先用化学方法将煤或煤灰中的元素转变为在溶液中具有一定颜色的络合物,之后测定这种带颜色络合物的吸光度,据此计算出该元素在煤和煤灰中的含量。其优点是设备简单,分析成本低,缺点是只能单元素测定,且需要溶样。

4. 原子吸收光谱(AAS)和原子荧光光谱(AFS)

原子吸收光谱分析的原理是将样品原子化,处于激发态的不同种类的气态原子将对白光产生不同吸收,通过分光光度计可以定量地测定这种吸收,并通过与标准样比较而定量地得到被测物质的成分。根据原子被激发的不同方式,可分为:火焰原子吸收光谱、石墨炉原子吸收光谱、氢化物发生原子吸收光谱(比较适合于 As、Bi、Pb、Sb、Sn、Te)、冷原子吸收光谱(分析 Hg)。

其优点在于仪器比较成熟,设备成本和分析成本低,操作简单,可测量大多数常量和微量元素,缺点是只能单元素测定,需要制取液态样品。

原子荧光光谱的仪器结构和原理与原子吸收光谱相同,不同的是它通过检测原子所释放出的荧光而获得元素的浓度。其分析灵敏度高,检测限低,可以测定 As、Sb、Bi、Hg、Pb、Se、Sn、Zn 和 Cd。

5. 原子发射光谱(AES)与电感耦合等离子体原子发射光谱(ICP-AES)

原子发射光谱分析方法的原理是使样品处于激发光源中,样品中元素的原子受到激发并发射特征的谱线,根据谱线的位置和强度来测定物质的元素含量。激发光源分为直流弧、交流弧和诱导耦合等离子体。

其优点是设备成本和分析成本比较低,可分析元素较多(包括 Be、B、Na、Mg、Al、Si、P、S、K、Ca、Sc、Ti、V、Cr、Mn、Fe、Co、Ni、Cu、Ga、Ge、As、Sr、Y、Zr、Nb、Mo、Ru、Rh、Pd、Ag、Cd、In、Sn、Sb、Ba、La、Ce 和 Pr 等),而缺点是分析精度比较低,属半定量分析,对 Hg 和 Se 等挥发性元素分析不够准确。

电感耦合等离子体提高了分析的精度和检测限,但需要将固态样品消解为溶液。

6. 电感耦合等离子体质谱(ICP-MS)

电感耦合等离子体质谱的原理是采用一定的激发源激发样品产生离子,并通过具有高分辨率的质量分析器探测离子,从而定性和定量地获得物质组成的数据。根据离子激发方法和离子分析方法的不同,可以分为不同的质谱仪:火花源质谱仪、热发射质谱仪、二次离子质谱仪和飞行时间质谱仪。

其优点是能够测定 67 种元素,灵敏度高、检测限低(大多数元素的检测限可达 10^{-12}),多元素同时检测,速度快,不足之处在于仪器贵,只适合于液态样品,固体样品需要溶样。

7. 离子选择电极(ISE)和离子色谱(IC)

离子选择电极和离子色谱主要用于测定煤样中的卤素元素(F、Cl),利用这些方法进行测定之前,必须将煤中卤素元素等被测元素分离富集到溶液中。分离富集的主要方法包括碱溶解、氧氮消解和高温水解。

对于煤中部分微量元素测定方法,国家和行业已制定标准。As、Se 采用氢化物-原子吸收光谱法;Hg 采用冷原子吸收光谱法;Cr、Cd、Pb、Zn、Cu、Co、Ni 采用原子吸收光谱法;U、V 采用分光光度法;Ga、Ge、P 采用比色法(分光光度法);F 采用高温燃烧水解-氟离子选择电极法;Cl 采用高温燃烧水解-电化学测定法;K、Na、Fe、Ca、Mg、Mn 统一使用空气-乙炔火焰原子吸收光谱法。

三、煤中的常量和微量元素的丰度

国内外许多学者先后对世界各地不同成因类型的煤中的常量和微量元素含量进行了测试报道。其中代表性的研究如下:Swaine(1990)统计了世界范围绝大多数煤中微量元素的含量范围;Finkelman(1993)报道了美国煤中的微量元素含量;Ketris 和 Yudovich(2009)报道了世界硬煤、褐煤及所有煤中的微量元素的平均含量;Dai 等(2012a)对不同区域煤中常量和微量元素的平均含量进行了报道(表 5-10)。

表 5-10 中国及世界煤中常量和微量元素的平均含量

元素/%	中国煤 Dai 等(2012a)	世界煤						
		世界煤含量范围(Swaine, 1990)		美国煤平均含量(Finkelman, 1993)		世界煤平均含量(Ketris and Yudovich, 2009)		
		最高	最低	算数平均	几何平均	褐煤	硬煤	所有煤
Al	3.2	nd	nd	1.5	1.1	nd	nd	nd
Ca	0.9	nd	nd	0.5	0.2	nd	nd	nd
K	0.2	nd	nd	0.2	0.1	nd	nd	nd
Na	0.1	nd	nd	0.1	0.04	nd	nd	nd
Fe	3.4	nd	nd	1.3	0.8	nd	nd	nd
S	nd	nd	nd	nd	nd	nd	nd	nd
Mg	0.1	nd	nd	0.1	0.1	nd	nd	nd
Si	4.0	nd	nd	2.7	1.9	nd	nd	nd
mg/kg								
Li	32	80	1.0	16	9.2	10 ± 1.0	14 ± 1	12
Be	2.1	15	0.1	2.2	1.3	1.2 ± 0.1	2.0 ± 0.1	1.6
B	53	400	5.0	49	30	56 ± 3	47 ± 3	52
P	402	3000	10	428	22	200 ± 30	250 ± 10	231

续表 5-10

元素 /%	中国煤 Dai et al.（2012a）	世界煤						
		世界煤含量范围（Swaine, 1990）		美国煤平均含量（Finkelman, 1993）		世界煤平均含量（Ketris and Yudovich, 2009）		
		最高	最低	算数平均	几何平均	褐煤	硬煤	所有煤
Sc	4.4	10	1.0	4.2	3.0	4.1 ± 0.2	3.7 ± 0.2	3.9
Ti	1980	2000	10	780	600	720 ± 40	890 ± 40	798
V	35	100	2.0	22	17	22 ± 2	28 ± 1	25
Cr	15	60	1.0	15	10	15 ± 1	17 ± 1	16
Mn	116	300	5.0	46	15	100 ± 6	71 ± 5	85
Co	7.1	30	1.0	6.1	3.7	4.2 ± 0.3	6.0 ± 0.2	5.1
Ni	14	50	0.5	14	9.0	9.0 ± 0.9	17 ± 1	13
Cu	18	50	1.0	16	12	15 ± 1	16 ± 1	16
Zn	41	300	5.0	53	13	18 ± 1	28 ± 2	23
Ga	6.6	20	1.0	5.7	4.5	5.5 ± 0.3	6.0 ± 0.2	5.8
Ge	2.8	50	1.0	5.7	59	2.0 ± 0.1	2.4 ± 0.2	2.2
Se	2.5	10	0.2	2.8	1.8	1.0 ± 0.15	1.6 ± 0.1	1.3
Rb	9.3	50	2.0	21	0.6	10 ± 0.9	18 ± 1	14
Sr	140	500	10	130	90	120 ± 10	100 ± 7	110
Y	18	50	2.0	8.5	6.6	8.6 ± 0.4	8.2 ± 0.5	8.4
Zr	90	200	5.0	27	19	35 ± 2	36 ± 3	36
Nb	9.4	20	1.0	2.9	1.0	3.3 ± 0.3	4.0 ± 0.4	3.7
Mo	3.1	10	0.1	3.3	1.2	2.2 ± 0.2	2.1 ± 0.1	2.2
Cd	0.3	3.0	0.1	0.5	0.02	0.24 ± 0.04	0.20 ± 0.04	0.2
Sn	2.1	10	1.0	1.3	0.001	0.79 ± 0.09	1.4 ± 0.1	1.1
Sb	0.8	10	0.1	1.2	0.6	0.84 ± 0.09	1.00 ± 0.09	0.9
Cs	1.1	5.0	0.1	1.1	0.7	0.98 ± 0.10	1.1 ± 0.12	1.0
Ba	159	300	70	170	93	150 ± 20	150 ± 10	150
La	23	40	1.0	12	3.9	10 ± 0.5	11 ± 1	11

续表 5-10

元素/%	中国煤 Dai et al.（2012a）	世界煤						
		世界煤含量范围（Swaine, 1990）		美国煤平均含量（Finkelman, 1993）		世界煤平均含量（Ketris and Yudovich, 2009）		
		最高	最低	算数平均	几何平均	褐煤	硬煤	所有煤
Ce	47	70	2.0	21	5.1	22 ± 1	23 ± 1	23
Pr	6.4	10	1.0	2.4	nd	3.5 ± 0.3	3.4 ± 0.2	3.5
Nd	22	30	3.0	9.5	nd	11 ± 1	12 ± 1	12
Sm	4.1	6.0	0.5	1.7	0.4	1.9 ± 0.1	2.2 ± 0.1	2.0
Eu	0.8	2.0	0.1	0.4	0.1	0.50 ± 0.02	0.43 ± 0.02	0.5
Gd	4.7	4.0	0.4	1.8	nd	2.6 ± 0.2	2.7 ± 0.2	2.7
Tb	0.6	1.0	0.1	0.3	0.1	0.32 ± 0.03	0.31 ± 0.02	0.3
Dy	3.7	4.0	0.5	1.9	0.01	2.0 ± 0.1	2.1 ± 0.1	2.1
Ho	1.0	2.0	0.1	0.4	nd	0.5 ± 0.05	0.57 ± 0.04	0.5
Er	1.8	3.0	0.5	1.0	0.002	0.85 ± 0.08	1.00 ± 0.07	0.9
Tm	0.6	1.0	0.1	0.2	nd	0.31 ± 0.02	0.30 ± 0.02	0.3
Yb	2.1	3.0	0.3	1.0	nd	1.0 ± 0.05	1.0 ± 0.06	1.0
Hf	3.7	5.0	0.5	0.7	0.04	1.2 ± 0.1	1.2 ± 0.1	1.2
Ta	0.6	2.0	0.1	0.2	0.02	0.26 ± 0.03	0.30 ± 0.02	0.3
W	1.1	5.0	0.5	1.0	0.1	1.2 ± 0.2	0.99 ± 0.11	1.1
Pb	15	80	2.0	11	5.0	6.6 ± 0.4	9.0 ± 0.7	7.8
Bi	0.8	0.5	0.1	1.0	nd	0.84 ± 0.09	1.1 ± 0.1	1.0
Th	5.8	10	0.5	3.2	1.7	3.3 ± 0.2	3.2 ± 0.1	3.3
U	2.4	10	0.5	2.1	1.1	2.9 ± 0.3	1.9 ± 0.1	2.4
Hg	0.2	1.0	0.02	0.2	0.1	0.10 ± 0.01	0.10 ± 0.01	0.1

注：nd，未检测。

通过与世界和中国煤中常量及微量元素平均含量或含量范围的对比，可以清楚地查明所研究煤中元素的富集或亏损情况，并有效地指导煤中有利伴生元素的提取利用或有害微量元素的污染控制。

四、煤中微量元素赋存状态及研究方法

（一）煤中元素的赋存状态

微量元素可能以有机结合态或无机结合态的形式赋存在煤中（图 5-30）。

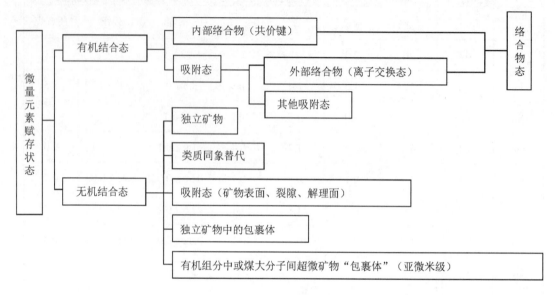

图 5-30　煤中微量元素的赋存状态
（据赵峰华，1997）

1.微量元素的有机亲和性

大量研究认为元素都可以与煤有机质结合，只是结合的程度不同而已。与有机质结合的元素可形成内部络合物和外部络合物两种形式（图 5-30）。外部络合物一般不太稳定，出现在低煤阶煤中，一般 Co、Ni、Cr、V、Ti 和 Sb 表现出较大的有机亲和性，Zn、Cd、Cu 和 P 也表现出一定的有机亲和性。内部络合物比较稳定，煤中 Ga、Ge、Be、B 和 V 主要与有机质结合。

在一些已发表的文献中，也发现 Ca、Mg、F、Cl、Mo、As 和 Hg 具有有机亲和性。一些针对微量元素有机亲和性的研究表明，煤中不同显微组分对微量元素的亲和性具有差异。

2.微量元素的无机结合态

煤中无机态的微量元素主要与矿物密切相关，因此，要研究煤中微量元素的赋存状态，就必须研究矿物与微量元素的关系。

已发现与煤有关的矿物共 180 余种以上，但常见矿物主要有铝硅酸盐、硅酸盐、硫化物、氧化物、碳酸盐、硫酸盐和磷酸盐。

（1）与硅铝酸盐矿物有关的微量元素。硅铝酸盐矿物是煤中最主要的矿物，主要包括高岭石、伊利石、蒙脱石、绿泥石等粘土矿物，此外还有长石、云母及少量的锆石、黄玉、电气石、石榴石和沸石等。与粘土矿物有关的元素为 Be、Cr、Cs、F、Ga、Li、Rb、Ti、V、Ni、Sc 和 REEs。

（2）与碳酸盐矿物有关的微量元素。煤中主要的碳酸盐矿物有方解石、菱铁矿、白云石、铁白云石、文石。与此有关的微量元素主要有 Mn、Fe、Sr、Zn、Cu、Co、Ba。

（3）与硫化物矿物有关的微量元素。煤中硫化物矿物主要有黄铁矿、白铁矿、闪锌矿、方铅

矿、黄铜矿等。与硫化物矿物有关的微量元素主要有 Cu、Pb、Zn、Co、Ni、As、Sb、Se、Mo、Hg、Ag、Ge、Mn 和 Ti。煤中的有害元素主要与硫化物矿物有关。

（4）与磷酸盐矿物有关的微量元素。煤中磷酸盐矿物主要有磷灰石、氟磷灰石、磷钡铝石、磷锶铝石、磷铈铝石、独居石和磷钇矿等。与磷酸盐矿物有关的元素主要有 F、Cl、S、REEs、Sr、Ba、Th 和 U 等。

（5）与硫酸盐矿物有关的微量元素。煤中硫酸盐矿物主要有石膏、重晶石、钡天青石、天青石和水铁矾等。与之有关的元素主要有 Sr、Ba 和 Ca 等。

（6）与氧化物有关的微量元素。煤中氧化物矿物主要为石英，其他还有磁铁矿、赤铁矿、褐铁矿、锐钛矿、金红石、勃姆石、铬铁矿和锡石等。与之有关的元素有 Si、Al、Ti、Mg、Mn、Cr、V、Ca、Cu、Pb、Zn、Cd、Fe、Nb、Ta、Sn 和 W。

（二）煤中元素赋存状态的研究方法

基于煤中元素的多种赋存状态，研究煤中微量元素的赋存状态可通过直接方法，如各种显微探针方法（电子探针、离子探针、X 射线探针），谱学方法（X 射线吸收精细结构谱方法），主要矿物剥离法，激光烧蚀-质谱仪联机等。此外，还可以通过数理统计方法，浮沉实验方法与单组分分析、逐级化学提取方法等间接方法来研究煤中微量元素的赋存状态。

1.数理统计方法

常用的数理统计方法包括相关分析、聚类分析、因子分析和多元判别分析。

相关分析主要基于灰分产率、硫含量、常量元素含量分别与微量元素的相关系数来判别元素的赋存状态。如前所述，在常量元素中，一般将 Al 代表铝硅酸盐矿物、Fe 或 S 代表硫化物、Ca 代表碳酸盐矿物、P 代表磷酸盐矿物、C 代表有机质、Zr 代表重矿物（代世峰等，2005）。

聚类分析是根据相关系数来判别元素的组合特征，进而通过元素的组合特征判别元素的赋存状态，其结果还可以帮助分析元素的来源和及其地球化学属性。

因子分析是根据变量之间的内在联系，通过对原始数据的压缩、归纳、整理和分类，从而理出其成因关系的一种统计方法。

2.浮沉实验方法与单组分分析

该方法的原理是通过浮沉实验，获得不同密度级组分，测定不同密度级组分中元素的含量来间接推测煤中微量元素的赋存状态。将煤样粉碎到适合的粒度，利用煤中不同组分的密度差异，选用不同密度的重液对组分进行分离。一般煤样粒度小于 0.2mm，重液密度范围 1.28～2.8g/cm^3。对分离组分必须进行镜下观察，以确定不同密度分离物中矿物学特征。

单组分分析可采用手捡样和重液分离方法。

3.逐级化学提取方法

该方法属于一种化学方法，选择适当的化学试剂及条件将固体煤中的金属元素选择性地提取到特定的溶液中，然后测定溶液中该金属元素的含量，从而确定其在煤样品中的赋存状态，使赋存状态定量化。

目前常用的是 Querol 等（1996）的 4 步逐级化学提取方法：①水溶态，用去离子水提取；②离子交换态，用 1mol/L, pH 值为 7 的醋酸铵提取；③碳酸盐及氧化物结合态，用 1mol/L, pH 值为5的醋酸铵提取;④有机态和硫化物结合态,用硝酸提取。

五、煤中微量元素分布的地质地球化学因素及其富集的成因类型

(一)地质地球化学因素

煤中微量元素的富集是受多种因素和多期作用控制的,往往是多因素叠加的结果。其中主要地质地球化学因素包括成煤植物、泥炭沼泽类型、陆源区母岩性质、沉积环境、火山活动。此外,微生物作用、气候及水文地质条件、顶底板沉积成岩作用、构造活动、岩浆热液活动、地下水活动及风氧化作用等也对煤中微量元素的分布有一定的影响(刘桂建等,2001)。

在成煤泥炭化作用阶段,陆源区母岩性质、沉积环境、成煤植物类型、微生物作用、气候和水文地质条件是主要控制因素。在煤化作用阶段,煤层顶板沉积成岩作用、微生物作用、构造作用、岩浆热液活动和地下水活动是主要的控制因素。当含煤盆地经过后期改造,煤层进入表生作用阶段时,风氧化作用也可以使煤中的微量元素进一步富集或淋失(任德贻等,1999)。

1.成煤植物

不同门类的成煤植物和同一植物的不同组成部分的元素组成和含量存在差异。

木本植物比草本植物具有更高的 Al 含量。大部分微量元素在低等生物藻类和草本植物中含量高于高等植物,因此藻类形成或参与形成的煤(腐植腐泥煤、腐泥煤)中大部分微量元素的含量比高等植物形成的煤(腐植煤)中含量高(刘桂建等,2001)。

木质部的无机质最少,树皮和叶的无机质最高。木质部灰分小于1%,种子和果实灰分为3%,根和茎灰分为4%~5%,树皮灰分为7%,叶灰分为10%~15%。

植物生长的土壤和基岩的性质影响植物中微量元素,例如生长在超基性岩上的苔藓含 Cr 300×10^{-6},生长在灰岩上的苔藓含 Cr $(10 \sim 30) \times 10^{-6}$。

2.泥炭沼泽类型

根据泥炭堆积方式,泥炭沼泽可分为原地生成的、异地生成的。根据泥炭形成的植物群落可划分为水生植物的开阔水体沼泽、开阔的芦苇沼泽、森林沼泽、苔藓沼泽。根据沉积环境可划分为浅沼的、湖沼的、微咸水-咸水的、富含钙质的。根据营养供给可划分为富养分的沼泽、贫养分的沼泽。根据沼泽表面与浅水面关系可划分为低位沼泽、中位沼泽、高位沼泽。

通常低位沼泽中微量元素含量高于高位沼泽;滨岸带沼泽中微量元素含量高于海岸平原带沼泽;受海水影响的泥炭沼泽中微量元素含量高于未受海水影响的泥炭沼泽。

3.陆源区母岩性质

盆地周缘的岩石经风化剥蚀,以碎屑和离子的形式经水流作用进入盆地。碎屑部分常构成煤层的顶底板和夹矸,而进入煤层的只是一些细碎屑和离子。煤层顶底板和夹矸岩石中的微量元素在煤的成岩过程中还可以进入煤层。

盆地周缘分布的火山岩、侵入岩和金属矿化区易于使煤层产生部分高异常微量元素含量。例如:云南临沧帮卖盆地周边大量花岗岩存在,为高含铀和锗煤的形成提供物源(卢家兰等,2000;胡瑞忠等,1996,2000;戚华文等,2003)。内蒙古胜利煤田乌兰图嘎锗煤矿床物源也主

要来自周边的花岗岩和火山岩(秦胜利,2001;杜刚等,2003)。

由于受母岩区的影响,一些异常富集的元素往往分布在煤层的边缘,或相应的母岩区周边。

4.沉积环境

煤的沉积环境主要包括海陆交互相含煤盆地、大型内陆湖泊含煤盆地、断陷湖泊含煤盆地以及冲积平原含煤盆地等沉积环境。其中海陆交互相含煤盆地主要包含碳酸盐台地、滨岸带、三角洲等沉积环境;大型内陆湖泊含煤盆地包括三角洲、浅湖等成煤环境;断陷湖泊含煤盆地包含冲积扇前、扇三角洲、浅湖等沉积环境;冲积平原含煤盆地主要包含泛滥平原成煤环境。

不同沉积环境对煤中微量元素的富集具有一定的控制作用,主要是由于不同沉积环境中泥炭沼泽的植物群落、海水的影响、水介质条件以及煤层顶底板岩性等的差异。

5.岩浆热液作用

煤层形成后的岩浆热液侵入对煤中微量元素的富集起着重要的作用。一方面热液中的微量元素加入到煤中;另一方面煤中的元素重新分配,形成局部富集。

代世峰(2002)研究表明,华北石炭纪—二叠纪接触变质煤中的 Mo、As、Zn 含量明显高于普通煤的 5.7~2.2 倍;Querol 等(1997)对辽宁阜新早白垩世接触变质煤中微量元素的研究表明,Mn 含量高达 8600×10^{-6},明显高于普通煤。Finkelmen 等(1988)的研究表明,在煤层中的岩浆岩墙附近 W、Co、Ni、Cr、P、Mo、U、Be 和 V 明显富集。

(二)煤中微量元素富集的成因类型

根据煤中微量元素分布的影响因素,可以初步区分出下列几种微量元素富集的成因类型:陆源富集型、岩浆热液作用富集型、沉积环境-生物作用富集型、大断裂-热液作用富集型、地下水作用富集型和火山作用富集型(任德贻等,1999,2006)。

1.陆源富集型

陆源区母岩性质决定了泥炭沼泽古土壤中微量元素含量,在相当程度上也决定了成煤植物和泥炭沼泽介质中微量元素的含量。中小型含煤盆地由于距陆源区较近,陆源碎屑搬运距离较短,有时盆地沉降速率和充填速率较大,煤中异常高含量的微量元素与母岩中该元素的高含量相关性好,可作为陆源富集型的典型实例(任德贻等,1999)。

云南西部新近系聚煤盆地的沉积基底大多为花岗岩、花岗片麻岩,含煤建造底部煤层聚积时,有较丰富的 U 和 Ge 源供给,因此底部煤层往往富集 U 和 Ge,有的甚至形成了特大型锗铀矿床。

2.岩浆热液作用富集型

我国东部地区中、新生代岩浆活动频繁,煤的叠加变质作用发育,其中以煤的区域岩浆热变质作用最为重要,影响最广(杨起,1986)。所形成的中、高煤级煤中有害微量元素的富集与岩浆热液的性质有关。

福建建瓯晚二叠世煤中 U、Th、W 及 REEs 等元素富集,湖南资兴晚三叠世煤中 U、Th、Zn、As、Sb 等元素局部富集,均与燕山期花岗岩岩浆热液活动有关。湖南梅田矿区晚二叠世煤受云母花岗岩侵入体的影响,煤中 Hg、Cd、Mo、Cu 等有害微量元素明显增加。山西古交矿区西部燕山期碱性、偏碱性岩浆热液作用导致煤中 Cl、Se、Pb、Zn 及 Br 元素含量增高。内蒙古伊敏五牧场晚侏罗世—早白垩世煤受次火山热液变质影响,煤中有雌黄、雄黄,煤中 As 含量最高可达 768×10^6。

3.沉积环境-生物作用富集型

沉积环境是控制煤中微量元素分布的最重要因素之一。一般与海相沉积密切的微量元素含量较高,这不仅是因为海水中 B、Mo 和 V 等微量元素含量高于淡水,能提供较丰富的物质来源,更重要的是海水改变了泥炭沼泽的 pH 值、Eh 值和 H_2S 含量,产生特定的地球化学障,使之有利于微量元素的富集。腐植酸和棕腐酸能强烈地络合 U 及其他金属,形成铀酰有机络合物。藻类细胞组成中有许多可解离的带电基团,可以吸收金属离子。在某些低等藻类中 U 等微量元素的富集程度相当可观。沉积环境-生物复合作用所形成的这种富集类型在局限碳酸盐台地潮坪环境形成的煤层最为典型。

4.大断裂-热液作用富集型

此类型一般在深大断裂附近的聚煤盆地中较为典型。煤中异常高含量的有害元素与断裂带运移的热液、挥发物质有关。Zhou 等(1992)对比研究云南三江断裂带附近及与其相距较近的新生代早期褐煤盆地煤中 As 的含量,发现煤中 As 的富集与三江断裂带密切相关。黔西南煤中有害元素的富集主要受深大断裂及其派生的断裂所控制,多期次的低温热液黄铁矿和方解石矿脉成为有害元素的主要载体。

5.地下水作用富集型

煤中富集元素与地下水化学性质以及水位与煤层的相对关系有关,也与煤层围岩和上覆地层性质有关。美国伊利诺伊州石炭系煤部分已经属高氯煤,且氯含量向深部逐渐增大;前苏联顿涅茨煤田西部、英国、德国东部及波兰的一些煤被称为"高盐煤"。一般认为是在成岩作用过程中,地下水流经上覆地层二叠纪的膏盐层时,增高了矿化度,渗入含煤岩系后,使煤中氯含量增高(赵峰华,1997)。

第六章　含煤岩系变形作用和煤田构造

煤田勘查发展到现在，我国各个煤盆地中正常层序的煤层已基本掌握，煤田地质工作者以后面临的大量勘查任务是受煤田构造影响严重的含煤岩系。因此，煤田构造情况、含煤岩系的形变以及上覆盖层的形变和基底构造情况的研究对于寻找掩盖煤田越来越重要（武汉地质学院煤田教研室，1981）。

含煤岩系变形作用是指含煤岩系形成后，在地壳运动的影响下发生的一系列褶皱、断裂等形变现象。

煤田构造是指主体含煤岩系及其上覆、下伏岩系和基底的形态及其相互结合的方式和面貌特征的总称，是煤田地质构造的简称（图6-1）。当含煤岩系、上覆、下伏岩系和基底属于同一构造层时，它们的形变史相近；当它们不属于同一构造层时，其形变史不一致，常形成不同方向和样式的构造，亦即是属于不同体系的或相同构造体系不同发展阶段的构造。

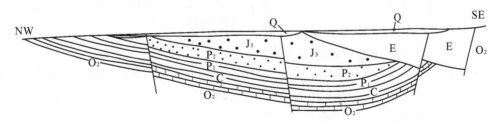

图 6-1　含煤岩系与其基底和盖层关系图

$C+P_1$. 含煤岩系；P_2、J_3、E、Q. 含煤岩系上覆岩系；O. 含煤岩系基底；O_2. 中奥陶统；C. 石炭系；P_1. 下二叠统；P_2. 上二叠统；J_3. 上侏罗统；E. 古近系；Q. 第四系

第一节　含煤岩系赋存的构造特征

含煤岩系的构造包括含煤岩系变形作用形成的褶皱及其被断层切割成的一系列断块。构造变动对含煤地层和煤层形成后的改造、保存均起着决定性的控制作用。成煤后期构造应力场转换,使得煤系地层抬升遭受剥蚀,并遭受挤压褶皱和冲断破坏。在背斜和上升的断块部分,煤系地层容易遭到风化剥蚀及断裂破坏。在断层带内煤系大部分被断失,位于断夹块内煤系地层变形较大,对煤系赋存破坏极大。向斜构造对煤系地层破坏不大,赋存较稳定,煤层局部埋深较深。含煤岩系多保存在向斜(或复式向斜)和陷落的断块部分。图6-2所示为褶皱、断块或其组合形态保存的含煤岩系构造样式。

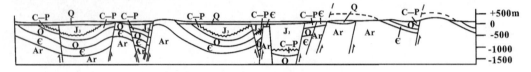

图 6-2　含煤岩系构造剖面图

C-P. 含煤岩系；J、Q. 含煤岩系的上覆岩系；Ar、∈、O. 含煤岩系的基底 Ar. 太古界；∈. 寒武系；O. 奥陶系；C. 石炭系；P. 二叠系；J. 侏罗系；Q. 第四系

一、褶皱与含煤岩系赋存形态的关系

1. 大型向斜含煤岩系赋存形态

此类构造含煤岩系赋存十分平缓、简单,次级褶皱微弱,断裂稀疏,含煤岩系在广大面积内保存很好(图6-3)。煤层的赋存状态受控于褶皱形态的构造特征,向斜核部煤系地层埋深大,产状平缓,煤层变质程度相对较高,两翼埋深相对较浅,甚至出露地表,煤变质程度变低,地层倾角变大,但有利于生产开采。

也有一些构造变动较强的煤田有时翼部产状较陡甚至倒转,表现为不对称向斜,但如果没有被大量的次级构造复杂化,煤层仍较完好地保存。

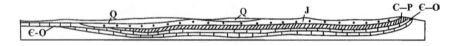

图 6-3　大型向斜煤岩赋存剖面图

C—P. 含煤岩系；J、Q. 含煤岩系上覆岩系；∈—O. 含煤岩系的基底 ∈. 寒武系；O. 奥陶系；P. 二叠系；J. 侏罗系；Q. 第四系

2. 陡立和倒转褶皱含煤岩系赋存形态

此类构造变动强烈,煤田全区褶皱,含煤岩系经常出现陡立和倒转的情况,低级别的褶皱和断裂十分发育,形变造成的剧烈破坏对勘探和开采都有很大影响。图6-4构造剖面表明二叠纪和石炭纪含煤岩系在全煤田内都强烈褶皱。

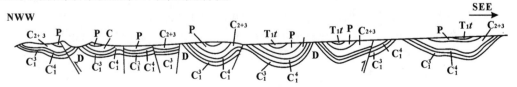

图 6-4　湘中及湘东南构造剖面

C_1^3、C_1^4、C_{2+3}、P. 含煤岩系；T_1t. 上覆岩系

3. 隔挡式褶皱含煤岩系赋存形态

典型的隔挡式褶皱带发育特征为背、向斜相间；背斜构造相对狭窄紧密,产状高陡,轴面近直立,向斜构造较宽缓稳定,产状低平；背斜和向斜之间具有等距特点；与隔挡式褶皱相伴的逆冲断裂均具有上陡下缓的特点(李焕同,2014)。

紧密背斜的两翼及相对宽缓的向斜内均有煤层赋存。由于褶皱翼部急倾斜,向斜核部埋藏很深,含煤地层主要赋存在隔挡式褶皱的开阔向斜中。煤系保存总体较好,一般于背斜处遭受剥蚀及断裂破坏,在背斜两翼及各向斜中则保存较为完整。对含煤岩系的破坏作用主要为构造隆起剥蚀为主,断层切割影响次之。与向斜相匹配的背斜十分紧闭,在岩层的变形过程中,这种背斜部位必然是挤压应力高度集中的地方,产生逆冲断层的可能性相当大,且逆冲断层具有浅部陡,往深部变平的特征。逆冲断层可能会破坏背斜的完整性,导致断层上盘(常为某一向斜的一翼)地质构造十分复杂,煤厚变化幅度极大,成为极不稳定煤层,以致失去了工业价值。但这些逆冲断层也可能在其下盘保存了构造相对简单、厚度相对稳定的可采煤层,从而为寻找新的煤炭工业基地开辟了一条新的途径(杨雄庭等,1997)。

图 6-5 为川东南煤田的隔挡式褶皱剖面。该带背斜狭窄,褶皱轴面以直立为主,北西翼地层倾角陡直,煤层埋藏较浅,南东翼地层倾角较缓,向斜开阔。背斜北西翼和向斜的南东翼常被逆冲断裂切断,地层产状变化较大,局部地段倾角陡直。两断裂成对夹持隔挡式褶皱主体,使其背斜主体呈楔形形态。背斜核部多由二叠系地层组成,常零星出露于地表,两翼分布有侏罗系、三叠系。

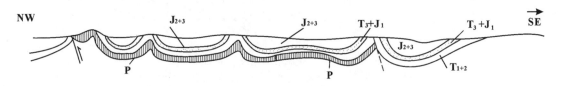

图 6-5 川东南煤田的隔挡式褶皱

P、T_3+J_1. 含煤地层; P. 二叠系; T_{1+2}. 中下三叠统; T_3. 上三叠统; J_1. 下侏罗统; J_{2+3}. 中上侏罗统

在煤田勘查过程中,不仅要注意整个煤田的大型褶皱形态,还要查明更低级别褶皱的形态,后者往往对煤田勘查有重要影响。

如吉林省通化浑江煤田的某矿区,初期勘探和开采了向斜正常翼的煤层,后来正确判断了褶皱的形态并在覆盖层下找到了拉长的向斜转折端,使矿区探明储量扩大了近一倍(图6-6)。

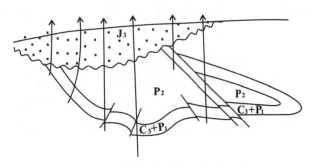

图 6-6 吉林通化浑江煤田某矿区剖面图

C3+P1. 含煤岩系; P2、J3. 含煤岩系的上覆岩系; C3. 上石炭统; P1. 下二叠统; P2. 上二叠统; J3. 上侏罗统

二、断裂与含煤岩系赋存的关系

控制性断裂的力学性质和形态特征的认识对含煤岩系的赋存状况有重要影响,不但可以判断含煤岩系在深部的延伸范围,还会影响其派生的、分布于煤田内部的旁侧构造的方向和特点

的分析。例如,在抚顺煤田勘查初期,认为含煤岩系被一条大的正断层控制,煤层在深部已被切断。后来重新勘探后发现该断层为压性逆冲断层,在深部找到了储量很大的煤炭资源(图6-7)。随着对抚顺煤田与区域断裂关系的研究,又发现该含煤岩系分布于规模巨大的北东方向延展近千公里的抚顺-密山断陷带中,煤田北缘断裂是这个断陷带的北侧断裂组的组成部分。向东还有一些较小的煤田沿此断陷带分布且两侧边缘控制性断裂对冲。邻省根据这一特点在断陷带的掩盖区中部署了物探和钻探工作,找到了同时代的煤田,煤层厚度达数十米(图6-8)。

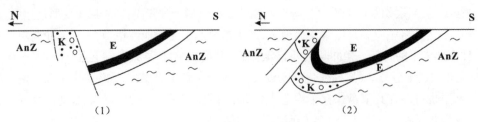

图6-7 抚顺煤田剖面示意图
(1)勘查初期;(2)勘探后期
E. 古近纪含煤岩系;K. 白垩系;AnZ. 前震旦系

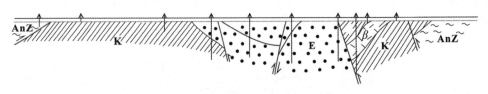

图6-8 吉林某第三纪煤田剖面图
AnZ. 前震旦系;K. 白垩系;E. 第三纪含煤岩系;β. 玄武岩

因此,对于断裂比较发育的含煤岩系来说,正确判断断裂性质可用来分析煤田赋存规律。按照主要断层组的性质和形态特征可以区分出以高角度正断层、逆断层、逆掩断层为主的含煤岩系。

1. 高角度正断层含煤岩系赋存形态

高角度正断层在剖面上的表现形式可分为断块状、阶梯状(图6-9)。构造以断裂为主,褶皱一般属于挟持于大断裂之间的次级构造。含煤地层主要保存在断层间的断块及次级褶皱中,断块的差异沉降作用控制着煤系的赋存状态,地层、煤层的连续性、稳定性均较差。

图6-9 兴隆煤田构造剖面图
O_2. 中奥陶世;C、P_1. 含煤岩系;P_2. 上覆岩系;C. 石炭系;P_1. 下二叠统;P_2. 中二叠统

2. 逆掩断层含煤岩系赋存形态

逆掩断层的识别在煤田构造研究中具有十分重要的地位。逆掩断层可使含煤地层与相邻地层出现多次重复,一系列逆掩断层面把含煤地层分割成叠瓦状。叠瓦状逆冲构造带控制着含煤地层,煤层因流变叠加可形成局部厚煤带。煤系地层多被断层挤压抬升,出露至地表,有利于开采,但分布较局限。多呈与断层走向平行的条带状分布,控制煤系地层出露,经常构成煤田的自然边界。值得注意的是倾角很小的断层在靠近地面部分常有断层面仰翘现象,产状较陡,甚至接近直立或局部倒转,容易被误认为是高角度断层。含煤岩系常被上盘(有时为"飞来峰")的地层覆盖,因而在构造变动复杂地区找煤时应特别注意。

如在萍乡煤田巨源井田内,由于构造运动的影响,下二叠统灰岩由东向西推覆于上三叠统煤系地层之上,构成"飞来峰"构造(图6-10)。煤系地层内部发育多条断层面倾角较陡的逆冲断裂带和多个挟持其间的"飞来峰"构造,破坏了含煤岩系的连续性和稳定性。褶皱及断裂波及到下二叠统及上三叠统,煤系主体在接近断裂处局部陡转,但总体呈现较宽缓向斜构造形态赋存。出露煤层主要为上三叠统含煤地层,局部煤系赋存于"飞来峰"构造之下。二者为不整合接触,地层走向与"飞来峰"构造走向大致相同。"飞来峰"构造最终形成在煤系地层沉积之后,至使含煤岩系地层埋深加大,对煤系地层起到了良好的保存作用,有可能存在着新的隐伏煤田。在巨源井田内钻穿下二叠统硅质灰岩后遇到了中生代含煤岩系,发现了具有一定规模的煤矿区。

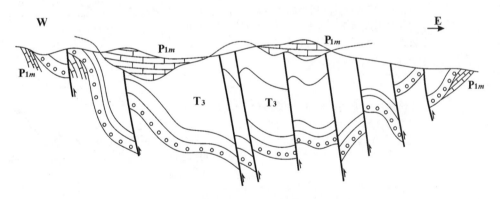

图6-10 萍乡煤田巨源井田的"飞来峰"构造
P_1m. 下二叠统灰岩;T_3. 上三叠统煤系

3. 滑脱构造含煤岩系赋存形态

滑脱构造是由于重力势能的不平衡而引发,断层在滑动过程中,造成上盘煤系地层的缺失,从根本上断失了煤层。高角度断层只是造成煤层走向或倾向的不连续,其煤层客观上还是存在的,只要正确判断出断层的性质(正或逆)、产状、断距,还是可以找到缺失的煤层(王桂梁,1995;何仲秋,2003)。

表 6-1 控煤构造样式及其控煤意义

大类	类型	构造特征及控煤意义	模式图
挤压构造样式	逆冲叠瓦型	由产状相近,平面上近于平行排列且断层面上陡下缓的若干条逆冲断层组成,呈叠瓦状排列,向深部可能收敛于一条主干断层面上。煤系地层为夹持于逆冲断层之间的断夹块,基本为单斜,并伴随一些短轴背斜。上盘地层被抬升受到剥蚀,煤层埋深较浅,有利于开发;下盘地层得以保存并接受沉积,但煤层埋藏较深,不利于开采	
	双重逆冲型	由顶板逆冲断层与底板逆冲断层及夹于其中的一套叠瓦式逆冲断层和断夹块组合而成。双重逆冲构造中的次级叠瓦式逆冲断层向上相互趋近并且相互连结,共同构成顶板逆冲断层;各次级逆冲断层向下相互连结,构成底板逆冲断层。这种形式的堆叠构造造成地层垂向上的重复,增加单位面积内的煤炭资源量	
	逆冲褶皱型	在区域压应力场作用下,夹持于逆冲断层之间的断夹块,由于边界逆冲断层的挤压或逆冲牵引作用,岩(煤)层发生褶皱变形,多发生于应力值较高、变形较强烈的地区。褶皱轴向与边界逆冲断层走向平行,以断裂形态为主,褶皱形态为辅,断裂控制着其间褶皱的形成与发育;也可能是形成断裂的同时形成褶皱。煤系地层赋存虽然较稳定,但埋深变化较大,一般不利于煤矿开采	
	褶皱逆冲型	在区域压应力场作用下,煤系地层发生褶皱变形,随着挤压作用的加剧,发育逆冲断层,褶皱遭受不同程度的破坏,形成褶-断组合形态。褶皱与断层之间存在主次关系,以褶皱形态为主、断层为辅。煤系赋存较为稳定,可大面积分布	
	逆冲前锋型	煤系地层位于逆冲断层下盘前锋带。在区域压应力场作用下,断层前锋带应力集中,局部应力值较高,地层(尤其是位于逆冲断层下盘靠近主断面部位)受强应力挤压作用,产状急剧变化,倾角增大,直立甚至倒转,煤系往往受挤压抬升,出露至地表,有利于开采,但分布较局限	
	逆冲断夹块型	煤系地层为夹持于逆冲断层之间的断夹块,断夹块的变形程度较低,基本保持单斜形态,褶皱不发育。断裂对煤系赋存影响较大,多构成矿区或井田的自然边界	

续表 6-1

大类	类型	构造特征及控煤意义	模式图
挤压构造样式	背冲型	自一个构造单元的两侧分别向外逆冲的两套叠瓦式逆冲断层形成的构造组合形式,多发育于构造复杂部位。煤系受背冲断层控制,赋存于背冲下盘,煤系构造变形较为强烈,分布范围较小	
	对冲型	两套叠瓦式逆冲断层对着一个中心相对逆冲构成,常与盆地伴生,字盆地两侧山体向盆地中心逆冲。煤层赋存于对冲逆断层的断层三角带内,受对冲断层的控制,周围被断裂切割、控制,分布狭小,局部可形成厚煤层	
	隔挡型	主要由一系列平行的紧闭背斜和开阔平缓向斜相间排列组合而成,煤系地层极少被断层破坏,煤层赋存稳定,在背斜两翼及向斜中保存较为完整,有利于开采,背斜核部煤层一般遭受剥蚀及断裂破坏,残留较薄	
	复向斜型	总体为一向斜构造,是由多个波状起伏的次级背、向斜组成,并发育一定数量的断层。煤系主要保存在主向斜及其次级褶皱的两翼中,次级背斜的核部一般遭受剥蚀破坏	
	复背斜型	总体为一较宽缓背斜构造,两侧发育次级褶皱,核部常发育断层,煤层在背斜两翼保存较好。	
伸展构造样式	地堑式	主要由两条走向基本一致的相向倾斜的正断层构成,两条正断层之间有一个共同的下降盘,两侧正断层可以是均等发育的,也可以是一侧断层较另一侧发育。其结果使含煤地层免遭剥蚀而保存完整、分布稳定,但赋存深度大,不利于开发	
	地垒式	主要由两条走向基本一致倾斜方向相反的正断层构成,两条正断层之间有一个共同的上升盘。组成地垒两侧的正断层可以单条产出,也可以由数条产状相近的正断层组成,形成两个依次向两侧断落的阶梯状断层带。地垒式构造破坏煤系赋存,同时也使煤系上覆沉积上抬受剥蚀,使含煤地层变浅,有利于开采	

续表 6-1

大类	类型	构造特征及控煤意义	模式图
伸展构造样式	半地堑型	主要由一侧主干正断层控制的不对称地堑。上盘沿断层面向下滑动,因而上盘地层得以保存并接受沉积,但煤层埋藏较深,不利于开采;下盘地层抬升埋深较浅,有利于勘探开发	
	单斜断块	主体构造形态为缓倾斜至中等角度的单斜,可以是大型褶皱的一翼或为大型逆冲岩席的一部分,通常被断层切割,但断层对单斜构造形态不具主导控制作用,煤层变形一般不强烈,在成煤环境较好的条件下,可形成厚煤层,有利于煤炭资源勘探开发	
	掀斜断块	在水平拉张应力作用下,正断层不均匀运动引起断块旋转,一端倾斜,另一端掀起的断裂/断块组合形式,断层面倾向与断夹块地层倾向相反。断层一般呈上陡下缓的犁状形态,有利于掀斜构造的发生。	
剪切和旋转构造样式	"S"形构造	区域地层受到非共轴力偶的作用,在剪切构造应力场中形成的断裂组合形态,平面上呈现反"S"形和"S"形构造形态。将煤系地层切割为若干不连续的块段	
	平移断裂	平移断层的断层两盘基本上沿断层走向相对滑动。根据两盘的相对滑动方向,又可进一步命名为右行平移断层和左行平移断层,所谓左或右行是指垂直断层走向观察断层时,对盘向右滑动者为右行,向左滑动者为左行	
	平移走滑型	平面上两侧地层则发生了一定程度的沿断层平移运动,当正断层具有走滑性质和平移分量,则为正-平移断裂;当逆断层具有走滑性质和平移分量,则为逆-平移断裂。这种平移走滑断层对煤系地层的赋存和分布具有控制作用,一方面可使断层上盘煤系地层基本保存,下盘煤系地层遭受剥蚀或部分遭受剥蚀,另一方面又使断层两侧的原属同一块段的煤系赋存区发生平错	
	雁列褶皱构造	雁行褶皱又称斜列式褶皱,为一系列呈平行斜列(雁行状)的短轴背斜或向斜,它可以由不同规模和次级的背斜或向斜所组成,是褶皱构造常见的一种组合型式。褶皱的这一组合型式一般认为是由水平力偶作用而形成的,可分为左行和右行雁列褶皱构造两种	

续表 6-1

大类	类型	构造特征及控煤意义	模式图
剪切和旋转构造样式	帚状构造型	平面上呈现一端收敛,另一端发散的构造形态,与平移断裂活动有关	
滑动构造样式	穹隆型	平面上地层呈近同心圆状分布,核部分出现较老的地层,向外依次变新,岩层从顶部向四周倾斜。大的穹隆直径可达几十千米,小的穹隆直径只有数米。穹隆的隆起上升使煤层埋深变浅,有利于煤炭的开发利用	
	层滑构造型	煤系地层力学性质的差异导致变形的差异,高角度断层在穿越煤层、泥岩等软弱岩层时,断层倾角通常变缓呈弧形,尤其是进入主采煤层等厚度较大的软弱层位,断层倾角大幅度变缓,甚至过渡为顺煤层的层滑断层,垂向位移(落差)转换为顺煤层的水平位移,构成所谓"顶断底不断"的层滑构造,引起煤层厚度的显著变化	
反转构造样式	正反转断裂型	指先伸展、后挤压的叠加或复合构造,即先存的伸展构造系统中的正断层及其构造组合,受挤压再活动,形成以逆冲断层为主的构造样式。前期煤系埋藏较深的上盘向斜坳陷区后期被改造成了埋深较浅的背斜隆起区	
	负反转断裂型	指先挤压、后伸展的叠加或复合构造,即先存的挤压构造系统中的褶皱和逆冲断层,受伸展再活动,形成正断层或地堑、半地堑系,但先成的褶皱形态被切割破坏,不甚明显。煤系的完整性保存较好,前期的上盘隆起区变成了后期埋藏较深的向斜坳陷	
	正反转褶皱型	指先伸展、后挤压的叠加或复合构造,即先存的伸展构造系统中的正断层及其构造组合,受挤压再活动,形成以褶皱构造为主的构造样式。前期煤系埋藏较深的上盘向斜坳陷区后期被改造成了埋深较浅的背斜隆起区	
	负反转褶皱型	指先挤压、后伸展的叠加或复合构造,即先存的挤压构造系统中的褶皱和逆断层,受伸展再活动,形成正断层或地堑、半地堑系,但仍然保留早期褶皱形态或后期部分褶皱构造形成于伸展体系中正断层位移的牵引作用。煤系的完整性保存较好,前期的上盘隆起区变成了后期埋藏较深的向斜坳陷	

三、控煤构造样式与含煤岩系赋存的关系

构造样式是指一群构造或某种构造形态特征的总和,或一组相关构造的总体特征,即同一期构造运动或同一应力作用下所产生的构造变形组合(Harding 等,1979;林亮 等,2008;刘和甫,1993;沈建林 等,2014;索书田,1985)。控煤构造样式针对煤炭地质勘查与开发提出,是指含煤建造形成后,经多次构造变形综合作用,对含煤建造现今的赋存和分布状况具有控制作用的地质构造,是区域构造样式的重要组成部分(曹代勇等,1999;李恒等,2012)。

不同的控煤构造样式及其控煤意义见表6-1(曹代勇等,2010;李恒等,2012;梁万林等,2013;廖家隆等,2012;林亮等,2008;宁树正,2012;沈建林等,2014;王泽轩等,2009;曾佐勋等,2008):

第二节 构造体系对含煤岩系形变和赋存的控制作用

任何一个由于形变而产生的地质构造现象都不是孤立的,它的形成必然有和它联系在一起的伴生构造,综合起来构成一个构造体系。从许多构造体系中经常可以发现这一种或那一种相似的类型,称为构造形式。

煤田构造也毫不例外,含煤岩系的褶皱、断裂都不是孤立的现象,它们都是某种构造体系的组成部分或者是不同构造体系复合、联合产生的构造形象。由于每种构造形式都产生于一定的应力场,具有一定的共同形态特征,因而我们可以根据构造体系的研究阐明含煤岩系的形变特点和分布规律。

如果某一构造体系的所有各个主要部分尚未全部查明,但根据其已查明的某些主要部分,已经可以推定它属于某一类型,那么,就可以按照那种构造类型组成的形态的规律,预见某些相应的地区必然有某些构造现象存在,虽然这些构造现象有时被掩盖了或是被后来的原因所破坏(李四光,1954)。

一、"多"字形构造

"多"字形构造是指两边毗邻地块相对扭动形成的,大致平行斜列的压扭性构造(包括褶皱、压扭性断裂,以及各种挤压带等)和与其直交的张扭性断裂组成的,其分布和组合形态像一个"多"字,属于扭动构造的一种类型。是煤田或煤矿区常见的构造形式,通过对这种构造形式的正确判别和地质推断,可找到新煤田。

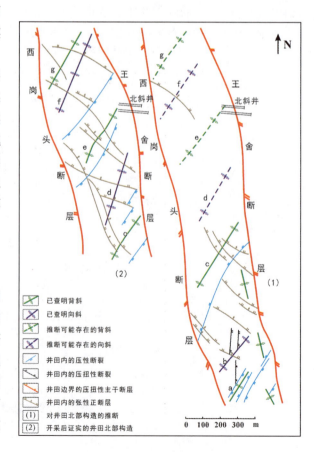

图6-11 河北井陉某矿构造图

该类构造相互斜列呈雁行状,断裂构造的发育有共同特点,压性断裂面与褶皱轴向平行或近于平行,扭性断裂面与之斜交,张性断裂面与之垂直。在我国的北方和南方均会有这种构造形式分布的煤田和煤矿区,如山西省北部的大同煤田和宁武静乐煤田就是"多"字形构造的组成部分,石炭纪—二叠纪和侏罗纪含煤岩系各赋存于轴向北北东的向斜构造之中并互相斜列。如河北井陉某开采井田构造配套属于"多"字形构造,含煤岩系赋存在两条北北西走向的扭性断裂之间。井田南部先期开采,发现了一系列北东向雁行排列的向斜和背斜构造(图6-11),同时有压性的断裂与之平行,有张扭性断裂与之近直交分布,此外还有一些近南北向的扭性断裂。其形成是由于井田两侧边界断裂发生"左"形扭动。根据"多"字形构造的配套特点并大致按照构造分布的等距性,可预测邻区的构造情况。

二、"山"字形构造

"山"字形构造是扭动构造体系的一种特殊的构造型式,主要由弧形褶皱带或挤压带,以及在弧形构造带凹侧的中间部分出现的直线形褶皱带或挤压带共同组合而成,其平面上的形象与中文的"山"字相像。该构造的马蹄形盾地内是保存含煤岩系的良好场所。

如在我国的广西地区,构造总体面貌为受强烈挤压的南北向褶皱和一系列与之平行的规模巨大的逆冲断裂,此外还有东西向的张性断裂与之垂直。"山"字形前弧的弧顶在南部,可见受强烈挤压的褶皱和冲断。两翼展布较为紧闭,可能与后期在其东、西两侧形成规模巨大的经向带的构造运动有关。前弧的东翼作北东向延展,西翼走向北西,在前弧内侧和脊柱之间的广大面积内,晚古生代地层产状总的较为平缓。晚二叠世含煤岩系赋存在一系列向斜构造当中,西翼附近的含煤岩系呈北西向展布,东翼附近则呈北东向展布。其展布方向和排列方式与"山"字形构造基本上协调一致。在脊柱与前弧之间有一条东西向的构造带穿过,该构造带对着脊柱的部分(宜山一带)由于受到自北而南的挤压而朝南凸出成弧形,导致晚二叠世和早石炭世含煤岩系也都呈弧形展布。因此,在"山"字形盾地的中部,赋存有晚二叠世近南北向分布含煤岩系(图6-12)。

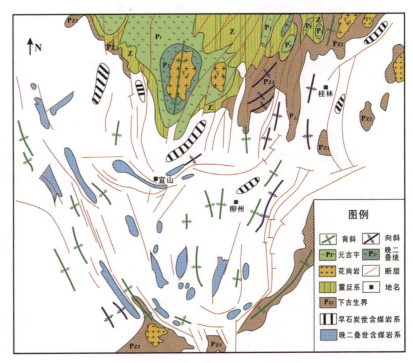

图6-12 广西"山"字形构造与含煤岩系分布关系图

三、"入"字形构造

"入"字形构造由主干断裂和其派生的分支断裂(或褶皱)组成。主干断裂一般呈扭性,分支断裂与主干断裂斜交但不超过它,这种构造型式在煤田中较为常见。通过正确识别"入"字形构造样式也可找到新井田。

如我国湖南郴耒煤田就属于典型的"入"字形构造样式的煤田(图6-13),该煤田内断层发育,断层(F_{12})纵贯全区,逆断层组(F_8、F_9、F_{10})分布密集。初期勘查认为F_{12}为正断层,井田浅部煤层缺失,逆断层组将煤层切割严重,没有进一步评价的价值。勘探后期,仔细分析F_{12}断层结构面力学性质后,发现F_{12}是一条压扭性断层,倾角小于或接近于岩层倾角。逆断层组(F_8、F_9、F_{10})在平面上的延伸中断于F_{12},具有"入"字形构造的特征,由此判断F_8、F_9、F_{10}与F_{12}是分支断裂与主干断裂的关系,推断这一断层组在深部也不穿过主干断裂面。后期勘探证实了F_{12}断层下的一定范围内较完整地保存着煤层,提供更准确的建井储量(图6-14)。

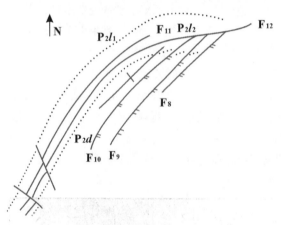

图6-13 郴耒煤田某井田"入"字形构造
P_2l_2.含煤岩系;F.断层编号

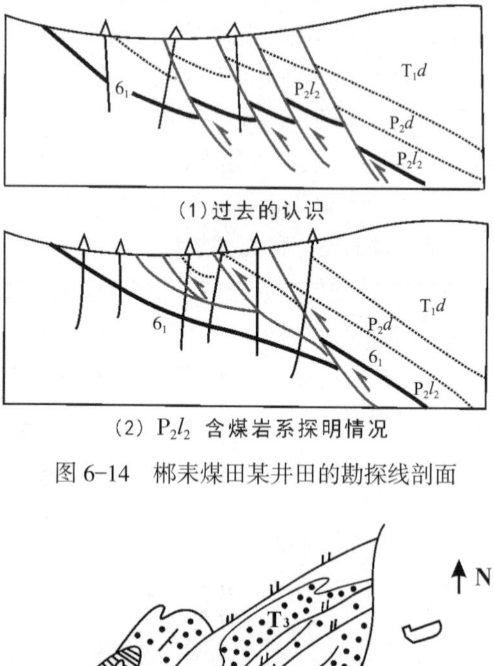

(1)过去的认识

(2)P_2l_2含煤岩系探明情况

图6-14 郴耒煤田某井田的勘探线剖面

四、旋扭构造

旋扭构造体系指地壳局部旋转扭动,或旋转剪切作用产生的构造体系。通过仔细分析与煤田有关的旋扭构造可以发现被卷入的隐伏含煤岩系。

江西西部萍乡煤田的构造形式为典型的旋扭构造,由一系列压扭性的弧形断裂和弧形展布的褶皱组成,总体向北东方向收敛,向南东方向撒开。收敛端向北东方向延伸,受到其他体系断裂的切割,晚三叠世安源含煤岩系卷入该旋扭构造中,并被白垩系覆盖,分布明显受旋扭构造控制。根据对此构造样式的分析,后期通过钻孔穿过白垩系后探到了安源煤系(图6-15)。

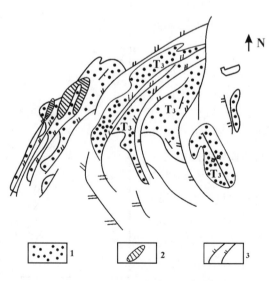

图6-15 萍乡煤田的帚状构造
1.上三叠统安源煤系;2."飞来峰"构造;
3.压扭性断裂

五、纬向构造

纬向构造体系又称"东西复杂构造带",指走向与地球纬度一致的构造体系。受纬向构造样式控制的煤田走向近东西,内部各种构造的发育情况保持了纬向构造的基本特征。

图 6-16 为一代表性的受纬向构造控制的煤田。为阴山-天山纬向构造带的一段,该区受到过强烈的南北向挤压作用,总体构造面貌为不对称的复式向斜,南北隆起褶皱带处有古老岩系大面积出露,南翼陡而北翼缓,总体呈东西向,由古生代和前古生代地层组成复式向斜、背斜,呈东西向或北东东向展布。一系列规模巨大的压性逆冲断层与褶皱的轴向一致,与复式向斜平行或近于平行,北东向和北西向两组压扭性断裂与复式褶皱斜交。晚古生代和中生代含煤岩系夹在大型逆冲断层之间,呈东西向展布。

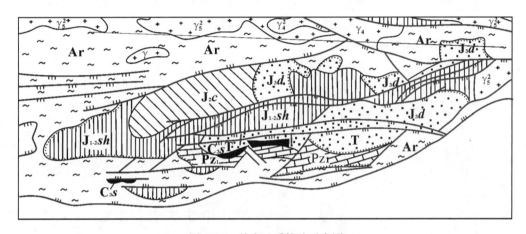

图 6-16 纬向地质构造示意图
C_3s. 晚石炭世含煤地层;$J_{1-2}sh$. 早、中侏罗世含煤地层

该煤田构造形成时的应力作用方式与纬向带范围内的区域整体应力场一致,据此可以预测纬向带内其他煤田的构造面貌。

六、经向构造

经向构造体系又称"南北向构造带",是指走向大体与地球经度一致的构造体系。受经向构造样式控制的煤田走向近南北,内部各种构造的发育情况保持了经向构造的基本特征。

图 6-17 为受经向构造控制的一个典型煤田,在东西向强烈挤压的应力作用下,总体构造形态为一南北向的长条形向斜,两翼均有南北向的压性逆冲断裂发育,横张断裂则呈东西向。中部有一条规模较大的张性正断层将向斜分割为两部分,这个断层还表现出锯齿状追踪断裂的面貌。扭性断裂有北东向和北西向两组。

七、复合型构造

复合型构造体系指在先期形成的一套构造体系的基础上又发生了另外的一套构造体系,或多期形变地区的多套构造相互叠加。我国许多煤田分布区均属此种构造体系,构造呈现多种多样的复合型式,如横跨褶皱、"S"形和反"S"形褶皱等,主干断裂也会以各种形式交叉。在不同构造体系的复合作用下,会产生折衷方位的构造。通过分析不同时期、不同体系的构造样式,才能正确地恢复含煤岩系的形变历史。

图 6-18 为典型的复合型构造体系,龙山构造带(较早形成的东西向复式背斜)横贯煤田中部,后期形成的"山"字形构造体系的北翼(北东向的褶带)与之复合,形成典型的复合型横跨褶曲。龙山带单个褶皱的轴向北东向,相互排成横列,总体又呈东西向。由于此东西向隆起带的存在,赋存晚古生代含煤岩系的向斜构造主要分布于其两侧地区,总体亦呈东西排列,单向斜则各呈北东向。此复合型构造体系对该区的找煤工作起到了相当大的作用,白马山造山带隆起区遭到强烈剥蚀,出露较古老的不含煤岩系,通过追溯勘查"山"字形负向构造与白马山构造的复合部位,可找到可供开采的一些小型煤盆地。

总之,含煤岩系的形变和分布受不同类型的构造形式控制,研究煤田构造必须研究对其起控制作用的构造体系和整个区域的地质背景,这样才能有效地总结、归纳已知区域的形变规律并较有把握地推断未知区域。

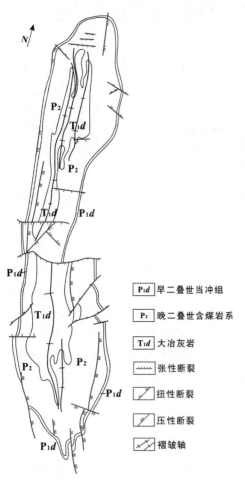

图 6-17　经向带构造示意图

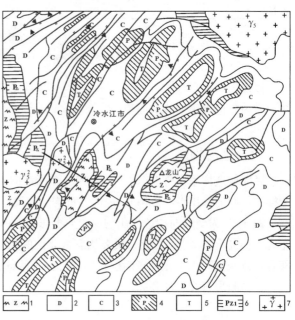

图 6-18　湘中地区的横跨褶皱

1. 震旦系;2. 泥盆系;3. 石炭系(下部包括含煤岩系);
4. 二叠系(上部为含煤岩系);5. 三叠系;6. 下古生界;
7. 花岗岩

第三节 煤层形变

在含煤岩系遭受构造变动时,煤层也随之发生形变。由于煤在构造应力作用下破碎并发生塑性流动,故煤层的形变要比围岩强烈得多。

一、煤在形变过程中的变化和构造煤的类型

1.构造煤的形成及其定义

煤与围岩相比较,在各种方式的应力作用下更容易遭到破坏。因此,煤在构造应力作用下极易破碎。其形变过程首先是发生密集的裂隙,使煤碎裂,随后进一步破碎,碎粒移动过程中又由于粒间摩擦形成更小的碎粒,直到成为细粉状。这样的煤已失去原来的条带结构,煤体原生结构、构造发生不同程度的脆裂、破碎或韧性变形或叠加破坏甚至达到内部化学成分和结构变化,其变形程度有强弱之分,我们将这种煤称为"构造煤"。构造煤宏观上光泽暗淡,煤岩成分破碎或揉皱,结构构造复杂,常见不规则的滑动镜面和构造裂隙(陈善庆等,1989;琚宜文等,2005)。构造煤与原生结构煤宏观特征比较如表6-2所示。

表6-2 构造煤与原生结构煤的宏观特征比较(据琚宜文等,2005)

宏观特征	构造煤	原生结构煤
宏观煤岩类型	分辨或难分辨	镜煤、亮煤、丝炭、暗煤4种成分清晰可辨,其中以亮煤为主
条带状结构	能辨别或不能辨别	清晰
层理	较清或不清	水平层理
构造裂隙	多,网状、树枝状	很少
破碎性	破碎多呈粒状、片状、糜棱状夹少量块状,手捏后成小块状或粉末状	整体性好、硬度大、呈块状
揉皱与滑动现象	常见小褶皱、小断裂构造,滑动镜面多,手触有滑感,具擦痕	未见

2.构造煤的分类

按照煤在构造作用下的破碎程度(从弱到强),总体上可以将构造煤依次分为碎裂煤、碎粒煤、糜棱煤3种类型(王大曾,1992)。

(1)碎裂煤。煤被密集的相互交叉的裂隙切割成碎块,这些碎块保持着尖棱角状,相互之间没有大的移位,仅在一些剪性裂隙表面煤被磨成细粉。

(2)碎粒煤。已破碎成粒状,由于在运动过程中颗粒间相互摩擦,大部分颗粒被磨去了棱角并重新压紧,为了描述上统一,规定其主要粒级在1mm以上。

(3)糜棱煤。煤已破碎成细粒状并被重新压紧。其主要粒级在1mm以下,有时煤粒磨得很细,只相当于岩石的粉砂级。由于这种煤是在强烈形变和发生塑性情况下造成的,肉眼和镜下常可看到流动构造,如长条形颗粒的定向排列等。

在借鉴构造岩的分类方法和总结前人的研究成果基础上,王恩营(2009)依据构造煤的成因、结构和构造,提出了一套既适合煤矿瓦斯灾害防治又适合煤层气开发的新的成因—结构—构造分类方案,将构造煤划分为脆性变形和韧性变形两个变形序列8个煤类(表6-3)。

表6-3 构造煤的成因—结构—构造分类方案(据王恩营等,2009)

变形序列	亚变形序列	构造煤类型	构造	结构	主要宏观结构构造特征	手试强度	微观、超微观和分子尺度上的结构、构造特征	构造变形环境
脆性变形序列	粒状亚序列	碎裂煤	块状构造,层理构造隐约可见	碎裂结构(角砾状结构),粒度大于2mm,原生条带结构隐约可见	角砾棱角状,大小不一,排列杂乱无章	较坚硬,不易捏碎	压碎结构,微张裂隙普遍发育,煤的异向光性紊乱等	挤压或强烈挤压破碎,张裂作用占主导地位的脆性变形
脆性变形序列	粒状亚序列	碎粒煤	块状构造	碎粒结构(粒状结构),粒度2.0~0.1mm	一般为等粒结构,有时可见斑状结构,磨圆度差,无定向排列。煤体中可见大型不规则摩擦镜面,其上有擦痕	可以捏成碎粒状。有时由于二次成煤作用可以变的较硬	压碎结构,微张裂隙普遍发育,煤的异向光性紊乱等	挤压或强烈挤压破碎,张裂作用占主导地位的脆性变形
脆性变形序列	粒状亚序列	碎粉煤	块状构造	碎粉结构(粉状结构),粒度小于0.1mm	等粒结构,偶尔可见残留碎斑,磨圆度差,无定向排列,土状光泽。煤体中大型不规则摩擦镜面非常发育,其上有擦痕	容易捏碎成粉末状。有时由于二次成煤作用可以变得较硬	压碎结构,微张裂隙普遍发育,煤的异向光性紊乱等	挤压或强烈挤压破碎,张裂作用占主导地位的脆性变形
脆性变形序列	片状亚序列	透镜状煤	透镜状构造,层理构造隐约可见	磨砾状结构,粒度大于2mm,原生条带结构隐约可见	磨砾透镜状或椭圆状,相互叠置,排列有序。断面上原煤条带结构清晰可见。透镜体表面可见大量擦痕	透镜体较坚硬,难以捏碎,但容易从煤体中剥落。煤墙断面上有明显刺手的感觉	与粒状序列构造煤的显著区别是显微节理或微劈理十分发育,平行排列,煤的异向光性紊乱,波状消光现象更强烈	压剪或强烈压剪破碎,剪裂作用占主导地位的脆性变形
脆性变形序列	片状亚序列	片状或鳞片状煤	片状或鳞片状构造	粒片状结构,粒度:2.0~0.1mm	片状或鳞片状煤体紧密叠置,排列有序,煤片光亮,似层状	可以捏成粒片状或鳞片状,煤墙断面上有轻微刺手的感觉	与粒状序列构造煤的显著区别是显微节理或微劈理十分发育,平行排列,煤的异向光性紊乱,波状消光现象更强烈	压剪或强烈压剪破碎,剪裂作用占主导地位的脆性变形
脆性变形序列	片状亚序列	粉片状煤	粉片状构造	粉片状结构,粒度小于0.1mm	同上	容易捏成粉片状,极易从煤体中滑落,煤体有明显松软的感觉	与粒状序列构造煤的显著区别是显微节理或微劈理十分发育,平行排列,煤的异向光性紊乱,波状消光现象更强烈	压剪或强烈压剪破碎,剪裂作用占主导地位的脆性变形

续表 6-3

变形序列	亚变形序列	构造煤类型	构造	结构	主要宏观结构构造特征	手试强度	微观、超微观和分子尺度上的结构、构造特征	构造变形环境
韧性变形序列	无	揉皱煤	团块状构造，层理构造隐约可见	揉皱结构	煤层韧性变形形成的揉皱结构明显，呈团块状，光泽暗淡	较坚硬，不易捏碎	显微揉皱、新生面理、蠕变、波状消光现象、煤的异向光性紊乱。网格状结构、C-S构造、固态流变、眼球状构造等	压剪或强烈压剪应力、时间、温度3个因素综合作用下，煤层蠕变或韧性流动变形
	无	糜棱煤	团块状和条纹状构造	糜棱结构	致密坚实，残留碎斑可压扁成眼球状构造，具有定向排列，光泽暗淡	同上		

3.构造煤构造变动标志

煤层在应力作用下产生强烈的挤压和揉搓，其原始结构遭到破坏，层理紊乱，煤中裂隙、揉皱、擦痕、镜面和揉皱镜面发育，出现角砾状、碎粒状、鳞片状或粉末状等结构，此外，还会产生其他一些构造变动的标志（陈善庆，1989）。

（1）褶皱：构造煤中最容易出现的一种塑性形变，多是小型或微型褶曲。褶皱形态复杂，有较简单的单向褶曲，也有复杂的复式褶皱。显微镜下可见各组分协调褶皱。有时在压扭构造应力作用下，形成弧形弯曲的压扭性褶曲，似"牛角状"，表现为一端收敛，另一端撒开。构造煤往往形成"马鞍"小扭曲，这种形变证明了煤受力后，发生脆性破碎，成为较大的碎块，又经过了压扭应力的作用产生弯曲。

（2）断裂：构造煤中广泛出现的变动形迹，是一种脆性形变。常在断裂带附近煤物资沿破裂面发生明显位移，其规模大小差别极大，断裂性质也比较复杂。如在压性应力作用下的断裂，断裂面比较平直，常形成为逆断层。张性应力作用下的断裂，其断裂面常充填其他物质。

（3）破碎：破碎是构造煤的重要特征之一。在张性、压性应力作用下都能使煤破碎。构造煤的破碎特征极其复杂，从裂隙产生到完全破碎都有出现。常有角砾状、细粒状和鳞片状等破碎结构。

（4）擦痕：擦痕是在压性条件下断裂两盘相对位移错动，相对磨擦和刻划的痕迹。构造煤的断裂面上常出现有多种擦痕，有一个方向的擦痕，也有几个方向的擦痕。擦痕有深有浅，一般讲擦痕一端深而宽，另一端浅而窄，其浅的一端指向对盘相对运动的方向。

(5) 阶步：在构造煤的断裂面上，常发育有与擦痕方向垂直的小阶坎（或称阶步）。这种受力作用造成的小陡坎是一种滑坎，是在压性条件下，由于上盘具有压力，构成滑动压性镜面。阶步光滑不甚明显，只有微小平滑起伏。

(6) 滑动镜面：构造煤中相当普遍存在的一种变动形迹。这种光亮如镜的滑动面，是由于较为柔软的煤在压性或扭性条件下，受一定温度的影响，相对滑移的结果。孙岩等称这种发育在压性和扭性断裂面上的变动形迹为"动力薄壳"。因滑动还可形成阶步、擦痕和擦槽等（孙岩等，1982）。在构造煤中往往不是一个方向有滑动镜面，而是多个方向都存在。甚至在极细小的构造煤碎块上，都能见到杂乱方向的滑动镜面。镜面上一般没有明显的构造擦痕，如在较大压应力条件下滑动镜面与构造擦痕同时形成，滑动镜面有时也见小的阶步。

(7) 剪节理：受挤压应力作用剪节理常常成群出现，裂面平直，沿节理面有少量位移，呈斜列状平行排列。这种剪节理对煤层破坏极大，常使煤层破碎。节理本身也不易保存，只是在某些构造煤较大碎块上，可以见到小的平行剪节理。构造煤还可经常见到同时发育的两组剪节理，相互交切成"X"形，是一对共轭剪切面，使煤被切割成近方形或菱形块体，构成棋盘格式构造。节理面比较平直，节理缝间充填有细小鳞片状煤粒。

二、煤层在构造作用下发生的形变

煤自身的力学性质是煤层容易发生形变的内因，除此之外还必须考虑到含煤岩系的结构及其在形变过程中的若干特点。煤整体特点类似于"塑性体"，极易在构造应力作用下发生流动，造成煤层厚度和形态的复杂变化。构造对煤层的控制作用主要包括褶曲、断层及岩浆侵入等地质作用对煤层的影响。

1. 褶皱对煤层的控制作用

含煤岩系经常是软硬岩层的互层。这些岩层的力学性质不同，容易出现的一种塑性形变，多是小型或微型褶曲。在褶曲过程中容易出现层间滑动，从而导致层间牵引褶皱和不协调褶皱的广泛出现。当煤层的围岩产生上述褶皱时，夹在其中的煤因自身的强度较小，按围岩的构造形态流动和重新分配，致使煤层的形态和厚度出现极其复杂的变化。主要表现为如下特征。

(1) 褶皱轴部、翼部煤层厚度发生变化。煤层在褶皱变动的影响下在背、向斜的轴部及两翼地带造成不同的煤厚变化。由于煤层本身比较松软，在构造应力影响下，容易发生塑性流动和变形，导致煤层产生局部加厚、变薄及尖灭。在水平挤压力作用下，煤层形成褶皱的同时，由于褶曲两翼受力大于轴部，煤层由压力大的地方向压力小的地方发生塑性流动，造成背、向斜轴部煤层增厚两翼煤层变薄；若在垂直压力作用下，褶曲轴部压力大于两翼，此时背斜轴部煤层厚度变薄，而两翼煤层增厚。这种现象不论在露头上和井下都可看到。图6-19为含煤岩系褶曲的水平切面，核部强烈增厚，翼部明显变薄。遇到这种煤层变形时，转折端部分容易集中大部分可采储量。

在伏卧褶曲和倒转褶曲中，煤层流变程度受褶皱作用的强弱不同，褶皱作用过程中因受到与褶皱岩层界面相平行或斜交的剪切力偶作用不同，同时在剪切力偶的派生应力场作用下，沿派生应力场的主挤压应力方向和拉张应力方向分别发生缩短应变和伸长应变，导致正常翼的煤层常被挤压变薄且厚度变化大，而倒转翼的煤层厚度一般较厚且稳定性较好（许福美，2014）。

(2) 产生不协调褶皱构造。不协调褶皱是影响煤层形变的最大因素，不协调褶皱发育的地

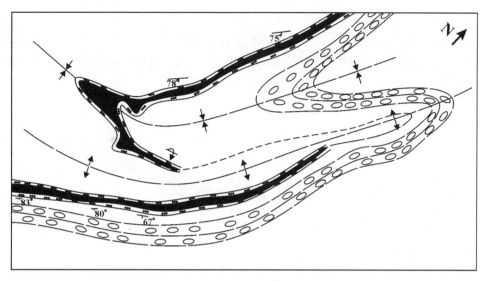

图 6-19 向斜轴部煤层加厚

区,煤层的形态更为复杂,它与一般褶皱有显著的区别,其特殊形态为煤包,是从煤层正常层位鼓出来的瘤状或轴状煤体(田景瑞,1976)。由于煤层的顶底板岩石力学性质差异较大,如底为细砂岩,其与主要为砂质泥岩、粉砂岩的顶板力学性质差异较大,在侧向压力的作用下,产生不协调褶皱,煤层顶底板的褶曲形态不同,同时产生煤层流变,煤层厚度发生变化,局部增厚或变薄,煤层在受到强烈挤压后,发生大规模流变的结果,使煤层厚度呈"串珠状"或"藕节状"的变化,煤层厚度和形态呈现非常复杂的形貌(郑庆福,2013)。组成这种褶皱的岩层

图 6-20 不协调褶皱引起的厚煤包
注:(1)、(2)为厚煤包素描图。

相互之间既不以同心状,也不以相似状向下延伸,而往往是向下很快消失,岩层沿着一个层面滑脱形成揉皱。在这种揉皱部位,可以把煤层挤作一堆(图6-20)。褶皱过程中发生的层间滑动面有时亦可出现于煤层内部,这种情况下在煤层的不同分层之间出现褶皱的不协调现象,即在部分分层中煤层强烈褶皱和搓碎,另外的分层却保持着原来的产状。

(3)产生褶叠构造。褶叠构造是由横卧褶曲、倒转褶曲、"N"形褶曲等造成的煤层重复。煤层的顶板及底板褶叠重复的构造形态相当清楚,由于煤质软,在强烈挤压下,中间重复的部分往往尖灭,所以,一般只见两层煤重复,三层重复的现象少见。

煤层褶叠与顶底板的关系有三种情况:煤层与顶底板三者完全褶叠;煤层与顶板褶叠,煤层分叉,顶板挤进煤层,底板稍有弯曲;煤层与底板褶叠,煤层分叉,底板挤进煤层,顶板发生弯曲。褶叠构造也出现在煤系地层急转弯的位置,造成煤层底板等高线变化极大,很多地段不平

行,甚至重叠交叉(田景瑞,1976)。

(4)产生"刺穿""分岔"构造。煤层由于受到强烈的构造挤压发生流变,流变特征主要为脆性变形。此时煤层的结构与构造遭受破坏,变形成碎粒煤。这些煤被挤压到煤层的顶板或底板发生裂隙的部位,形成"穿刺"或"分岔"现象,成为"煤楔"和"煤脉"。煤楔有时成串发育,向同一方向倾倒,其倾倒方向常取决于层间滑动的方向。这种流变导致煤层厚度变小(郑庆福,2013)。图6-21所示为成组发育的楔状刺穿构造。

图6-21 煤层楔状刺穿构造

(5)产生底辟构造。与盐丘形成机理类似,煤在褶皱过程中可以挤破顶板,形成底辟构造(图6-22),又叫挤入构造,是由某些塑性流体物质在重力作用下,发生底辟刺穿作用,造成负载层褶皱变形或被刺穿。底辟构造多表现为塑性煤层被挤入顶板的灰岩裂隙或溶洞,形成煤脉、煤刺或者煤包,也有底板的粘土岩被挤入煤层,引起煤层变形,但规模一般较小,影响轻微(王炳山等,2000)。规模大的底辟构造有时可刺破顶板,甚至冲破含煤地层的上覆岩系。

(6)产生顶隆或底鼓现象。由于应力作用,煤层出现顶板隆起或底板鼓起现象会导致煤层变化,一些小断层造成煤层顶断底不断或底断顶不断,也会使煤层变厚或变薄(郑庆福,2013)。

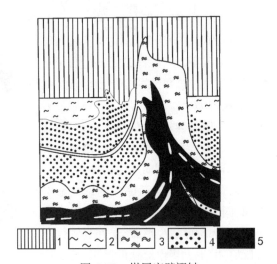

图6-22 煤层底劈褶皱
1.腐植层;2.杂色粘土;3.高岭石;4.砂石;5.煤层

2.断层对煤层控制作用

断裂对煤厚的控制作用除了切割煤层的完整性以外,断裂构造一般只在断层面附近引起煤层厚度的变化,因而引起局部变化。但有时由于裂隙组的发育,可以使煤层厚度在一定范围内产生变化。如图6-23所示,由于煤层顶板垂直层面的张性裂隙受到顺层发生的扭动而像叠砖一样依

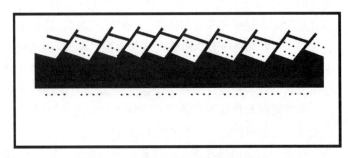

图6-23 顶板小断层引起的煤层变化

图 6-24 正逆断层引起煤层局部变化

次倾倒,煤层形变为锯齿状。如图 6-24 还有一些正断层由于拉张拖拽作用,可导致断层附近上、下盘煤层厚度变薄,一般上盘煤层变薄较为明显。而逆断层因伴生和派生不对称小褶皱,煤层呈现复杂的厚度变化,一般以增厚为主,但很少引起大范围厚度变化。但若是断裂消失在煤层中,如沿煤层滑动、错动,或断裂面接近平行煤层,如滑脱构造、推覆构造等,则可导致煤层大面积变薄或局部增厚,对生产影响较大(黄敏,2014;郑庆福,2013)。

3. 岩浆对煤层控制作用

除了构造作用可引起煤层形变外,其他后期地质作用对煤层形变有时也有重要影响,较常见的是侵入岩体对煤层的破坏。煤层是含煤岩系中比较薄弱的部分,因此岩浆易于侵入煤层使煤层形态、厚度和煤质发生很大变化,煤层原始结构和煤质遭到破坏,甚至大片煤层被吞蚀或变成天然焦(许福美,2014)。岩浆的侵入通常有岩墙、岩床两种形式,岩墙的分布严格地受构造裂隙控制,有清楚的方向性,并常密集成带,对煤层厚度影响小些,只是沿煤的裂隙扩大其空间,且大部分岩墙呈"上小下大"的趋势,侵入体对下部煤层的破坏通常大于对上部煤层(图 6-25)。岩床对煤层的破坏则较严重,呈岩床侵入煤层的岩浆,以熔蚀形式部分甚至全部吞蚀掉煤层,且常出现对煤层吞蚀能力减弱趋势,对同一煤层部位的吞蚀通常出现"先上后下"现象(图 6-26)。

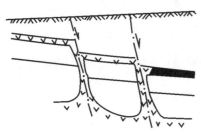

图 6-25 岩浆侵入形成的岩墙和岩床

图 6-26 煤层中的细晶岩岩床对煤层的破坏
1. 煤;2. 细晶岩;3. 粉砂岩;4. 炭质页岩

总之,岩浆侵入的结果,严重者可使全部煤层遭受破坏,有时破坏煤层的一部分,使煤层厚度发生复杂变化。但是大多情况下,煤层厚度没有太大变化,而是由岩浆岩替代了部分煤层,使煤层变为不可采或厚度一定程度的减小,由于岩浆的侵入,改变了煤层及上下地层的空间,煤层原始厚度恢复难度较大(刘东辉,2008)。

三、煤层形变的空间分布

含煤岩系形成之后,会经历一系列构造运动,现今煤田中煤系赋存状况是由后期构造变形及其变形特征的时空差异决定(曹代勇,1999)。许多煤田通过开采之后所取得的资料表明,构造加厚带和减薄带的空间分布并不是杂乱无章的,它们大都有明显的方向性。只要正确地查明引起煤层形变的原因,就可以掌握这些带的展布特点。图 6-27 煤层的构造加厚带都为北北东向展布。从底板等高线的弯曲可以看出,它们与含煤岩系中的低级别的背斜构造位置吻合,方向一致。

为了研究煤层形变的空间分布,还必须查明它与高一级褶皱构造的关系,分析煤田整体构造的特点。京西北岭向斜在开采过程中曾发现一系列的减薄带,这些带都为北东走向,由碎粒煤或糜棱煤组成。已查明这些减薄带与层间滑动造成的牵引褶皱有关。当煤层顶板存在坚硬的厚层砂岩时,常出现顶板平整、底板褶皱的情况,在底板为小背斜或背斜群的地方形成煤层减薄带。在另外一些情况下则出现顶板褶皱或顶底板同时褶皱。统计测量的结果表明,这些低级别的、分布于煤层顶底板中的小褶皱与煤层减薄带的方向一致(图6-28)。将这些构造现象投影到煤田地质图上,可以看到它们的轴向与北岭向斜的轴向基本一致。因此,由于煤层形变的空间展布与不同级别的构造有密切的成因联系,因而根据煤田总的构造特点可以预测煤层加厚带和减薄带的分布。

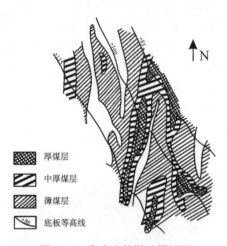

图6-27　湖南省某煤矿煤厚图

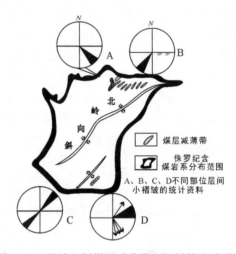

图6-28　北岭向斜煤层减薄带与褶皱构造关系图

第七章 聚煤盆地热演化与煤的变质作用

第一节 聚煤盆地热特征及热演化

在聚煤盆地分析工作中,煤质参数的研究愈来愈显示出重要性,在阐明煤质变化规律的基础上,不仅可以进行煤质预测,指导所需要的特定煤种的找寻工作,而且可以有效地用于重建盆地热演化史,进行油气预测。

一、有机质热演化程度参数

伴随盆地沉降和地壳深部热过程,盆地充填物质将发生不同程度的热转化,其中有机质转化程度是温度及其有效作用时间的函数,这种热效应反映在煤化程度、油气的形成和破坏上(李思田,1988)。在含煤、油气沉积盆地分析中,可根据下列参数直接或间接指示有机质热转化程度。

(1)煤岩、煤化学标志主要是一些反映煤化程度的参数,如镜质组挥发分产率、有机碳含量、氢含量、发热量、镜质组反射率和壳质组荧光性等。

(2)石油化学标志主要为碳原子比率 CPI 等,这类参数决定于干酪根的类型。

(3)矿物学标志主要包括粘土矿物类型和含量、伊利石结晶度、前变质矿物组合(如沸石等)和流体包裹体温度计等。

(4)微体古生物标志主要包括孢粉和牙形石的颜色、孢粉体的半透明率等。

挥发分产率和镜质组反射率是最常用的两个煤化作用参数。在肥煤到瘦煤阶段,镜质组反射率是随芳香组稠环缩合程度的增大而增高,大致代表煤中非芳香馏分(脂肪基团和脂环基团)的挥发分产率则随之逐步降低,由于镜质组反射率和挥发分产率均与镜质组结构单元的芳构化程度有关,因此镜质组反射率的增高和挥发分的降低几乎具有同等程度。在气肥煤阶段前,煤中析出的气体主要不是脂肪基团和脂环基团,而是 CO_2 和 H_2O,因此在这一煤化阶段镜质组反射率和挥发分产率的变化都不明显。到了无烟煤阶段,煤中的挥发分含量已很少,其产率变化有限,因此挥发分主要是在肥煤到贫煤阶段良好的煤化作用参数。镜质组反射率则不同,在贫煤阶段以后的煤化作用过程中,由于芳环层排列有序性明显增长,它仍能作为良好的煤化作用参数,只是由于镜质组出现了光学各向异性,反射率测量精度相应降低。与其他煤化作用参数相比,镜质组反射率具有较多的优点,镜质组反射率测量程序简单,所需样品少,含煤岩系中所含的镜煤碎屑亦能满足要求。镜质组反射率不受煤岩成分、灰分和样品代表性的影响,氧化煤只有在完全丧失黏结性的情况下,镜质组反射率才开始改变。此外,镜质组反射率测定的标准离差小、精度高,并便于大量统计。在低煤级阶段(R_o<0.3%),镜质组反射率变化幅度小,在高煤级时则出现各向异性,影响测定的精度,这些是镜质组反射率的主要不足。

近年来采用壳质组的荧光性作为低煤化阶段的参数,弥补了镜质组反射率的不足,壳质组的各种组分显示出不同的荧光强度和颜色,如褐煤阶段的孢子体显示绿—柠檬黄色的强荧光。孢子体的荧光光谱是随煤级增高而有规律的变化。从图 7-1 可以看出,随着煤级的增高,孢子体的 λ_{max} 由短波段域(绿色)向长波段域(红色)的变化近于直线,而图 7-1 所表示的光谱商 Q(Q=650nm/500nm)是随煤级增高的变化却呈现为曲线,孢子体的荧光性在 R_o 值为 0.9%时发生跃变。因此,可以认为镜质组反射率与孢子体荧光性互相补充,共同成为最好的煤化作用参数(杨起,1987)。

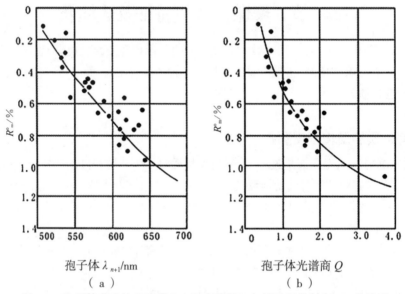

图 7-1 孢子体荧光波长峰值 λ_{max} 和光谱商 Q 与镜质组放射率 R^o_m 的关系
(据 Teichmuller,1983)

Hood 等(1975)研究了煤化作用所需的温度和时间与煤级的相互关系,编制了诺模图(图 7-2)。假若能够估计出有效受热时间,根据镜质组反射率便可求得古地温值。图 7-2 中的有效受热时间是指沉积物在最高温度 ±15℃范围内持续受热的时间。古地温的确定也可借助于共生的矿物、微体古生物"地质温度计"和液态包裹体测量。

牙形石的颜色变化主要取决于温度,从 50℃开始就能分辨出温度的影响,而且不受压力和时间的干扰,因此牙形石的色变指数是较好的指示有机质热转化程度的参数。人工加热能使牙形石的颜色发生变化,所以可以较准确测出各级颜色变化的温度间隔。牙形石只产于海相地层,对于确定煤化程度其温度间隔也显得太大,故其应用受到一定限制。

含煤岩系中的一些共生矿物,尤其是粘土矿物也是较好的指示有机质热转化程度的参数,并可提供古地温数值(图 7-3)。用以估算古地温的共生矿物包括迪开石、浊沸石、叶蜡石、水

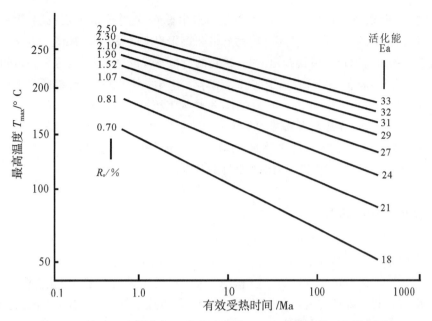

图 7-2 镜质组放射率(R_o)与最高温度 T_{max} 和有效受热时间的关系
（据 Hood 等, 1975）

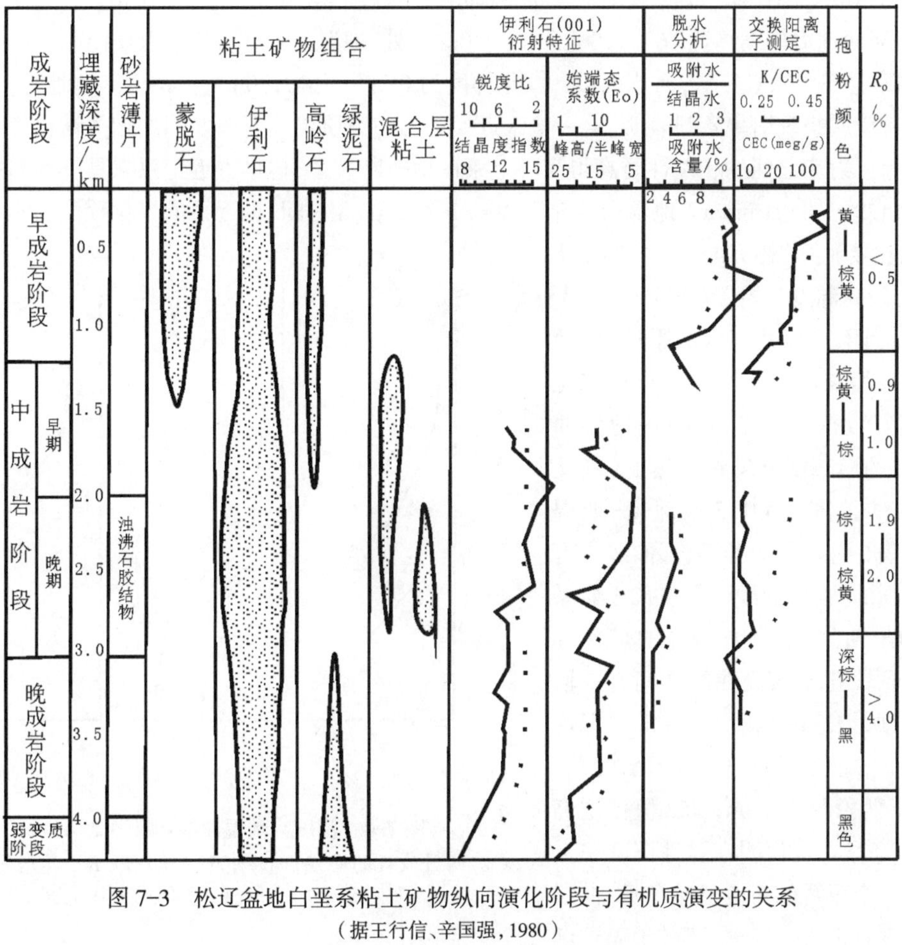

图 7-3 松辽盆地白垩系粘土矿物纵向演化阶段与有机质演变的关系
（据王行信、辛国强, 1980）

白云母、铁白云母、硬绿泥石和钠云母,此外,还有自生石英、蒙脱石-伊利石混层、伊利石、钠长石、黄铁矿和白铁矿等。一些学者还把矿物分带和煤化程度联系起来,将镜质组反射率、温度与矿物分带之间进行对比。值得指出的是,矿物的特性不仅取决于温度、压力和时间因素,而且与形成时的介质 pH 值、Eh 值、离子浓度等地球化学条件密切相关。近期研究工作中,伊利石的结晶度指数已得到广泛应用。伊利石结晶度作为沉积物热转化程度指标也受到一定的限制。在埋藏深度不大的情况下,结晶度可能主要取决于其他因素,包括陆碎伊利石的存在、溶液阳离子的活动性、有机质或碳酸盐含量、不均匀的应力条件和作用过程等。一般在近变质阶段(R_o>4%)伊利石结晶度与镜质组反射率有良好的对应关系。

二、盆地地热史恢复

在深成变质条件下,煤和沉积岩中的分散有机质的煤化程度随其沉降深度的增加(即随地温的升高)而增高。由于煤和其他有机质对温度非常敏感,也不受 pH 值、Eh 值及地下水溶液离子浓度等的影响,因此可作较好的"地质温度计"来估算古地温梯度。煤化程度是温度和时间因素的函数,所以目前还难以把煤化程度与确切的温度联系起来,同时煤化作用是不可逆反应,煤化程度也只能用以确定煤所经受过的最高温度。近年来,根据对年轻沉积盆地中煤化作用的研究,可以将埋藏深度、镜质组反射率和岩石温度进行比较,用来计算地温梯度和煤化梯度。例如,Barker(1979)研究了墨西哥加利福尼亚的一个地热田(Cerro Prieto),由于第四纪岩浆侵入,而使地温梯度高达 16℃/100m。在 240m 深处,地温为 60℃,R^o_m 为 0.12%;在 1 700m 深处,温度达到 350℃,R^o_m 高达 4.1%,煤化梯度为 0.27%(R_o/100m)。由上莱茵地堑中生界、上始新统镜质组反射率资料表明,这一地区近代地温与镜质组反射率之间的相关性比埋藏深度与镜质组反射率之间的相关性要高得多。上莱茵地堑断裂系,自早古近纪以来具有很高的沉降速率(0.123~0.21mm/a),地温梯度介于 4~10℃/100m 之间,古近系的煤化程度与本区近代地温相比要低。Espitalie 等(1977)认为,近代较高温度起始于(200~300)万年前,尚不足以达到煤级平衡,因而反射率的增长滞后于温度。根据煤化程度测定数据可以编制深度-地温曲线,曲线的形态能够反映地热史(任文忠,1993)。图 7-4 中 3 条深度-地温曲线代表 3 种地热史类型,即曲线具有两种不同的坡度,曲线的下段代表岩系堆积的早期阶段,具有较高的煤化梯度;在两段正常坡度曲线之间有一段缓坡曲线,缓坡曲线段在 400m 的深度间隔内 R^o_m 值由不足 1% 增至约 2%,而上、下两段每 1 000m,R^o_m 值仅增高 0.1%~0.2%,这说明在盆地沉降史上曾有过一个短暂的高地温梯度期;曲线具有渐变特征,由早期较高的地温逐渐

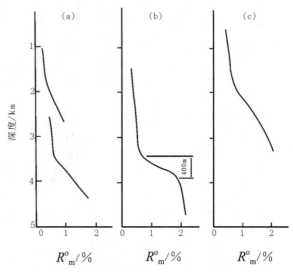

图 7-4 深度-地温曲线(据任文忠,1993)
(a)两种坡度的曲线;(b)中部夹有一段 R^o_m 急增的曲线;
(c)介于(a)和(b)之间的曲线类型

过渡到晚期的正常地温条件。

沥青化作用的起止阶段分别与油源岩中油的开始形成与消亡相对应,煤化阶段与油气成熟度具有可对比性,因此煤化程度研究已经广泛地运用于含油气区远景预测和勘探(图7-5)。图7-5提供了一个煤级(镜质组反射率)和油气生成、消亡带的概略对比,沉积物中有机质(干酪根)的成分是决定油气产量和类型的重要因素。镜质组反射率被公认为测定沉积物热转化程度的最好量度指标,利用其他方法,如温度时间指数(TTI)、碳原子比率(CPI)、有机变质作用程度(LOM)、牙形石变色指数(CAI)、孢粉

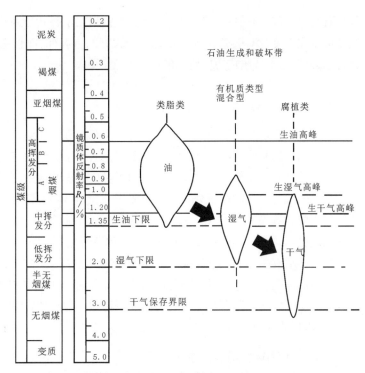

图7-5 煤级、镜质组放射率与油气生成和破坏对比示意图
(据 Dow,1977)

半透明度等,其结果均可与镜质组反射率对比。类脂组(壳质组)的荧光性是有机质成熟度的另一个参数,它对开始生油的低成熟阶段反映尤为灵敏。

裂变径迹也作为一个重要的古温标,进行沉积盆地的热演化的研究。裂变径迹具有随温度增加,径迹密度增加和长度缩短,直到完全消失的特性,这一特性被称为"退火"。磷灰石裂变径迹发生退火的温度范围(退火带)为70～125℃,当最高温度达到70℃时,磷灰石裂变径迹开始缩短,当最高温度达到125℃时,径迹完全消失。这个温度范围与烃类成熟,石油大量生成所需的温度范围是一致的(图7-6)。因此,它是指示含油气盆地油气生成的一个理想古温标。

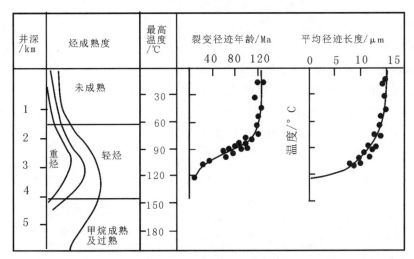

图7-6 裂变径迹长度与油气生成温度对应关系图
(据 Gleadow 等,1983)

磷灰石裂变径迹与有机质古温标的一个重要差别在于裂变径迹具有可逆性,径迹的长度分布随温度的变化而变化。裂变径迹不仅是一个很好的古温标,而且它包含了径迹形成的时间信息,因此,大大提高了地质热历史研究的定量程度。

三、盆地地热场和煤级分布

煤变质问题是煤地质学家十分重视的一个基本理论问题。在我国经过多年的实践和探讨,对煤变质作用的实质、煤变质作用类型、不同变质作用类型的煤的特征、煤级参数和煤级分布的区域规律等都有了比较深入的认识。我国各时代的煤盆地中深成变质作用普遍存在,成盆期及成盆期后的沉降幅度对煤级分布具有重要影响,起到煤变质的"奠基"作用。然而,我国大多数地区的含煤岩系及其上覆盖层的厚度并不大,却出现了煤化程度较高的煤,构成了许多高、中、低煤级的分带现象,并叠加在深成变质作用的背景上。大量事实证明,这种煤级增高和分带与深部岩浆活动有关。温度是促成煤化作用的最重要的因素,煤级分带与地热场有密切的关系。目前流行的煤变质作用分类主要是依据热源的不同而划分的,因此煤化作用和有机质成熟度的研究应当从更广阔的范围和更深的层次加以考虑。现在的煤级分布,在一定程度上反映了煤盆地形成、演化的区域地质背景。

1. 正常地热场和煤级的水平分带

在正常地热场和地温条件下,煤化程度主要取决于含煤岩系形成过程中及其以后盆地沉降幅度的变化。由于煤系本身或上覆岩系厚度的不同,在垂向剖面上,不同层位的煤层随埋深的增加其煤化程度相应增高,在水平方向上,不同地点的同一煤层或煤组具有不同的煤化程度,表现为煤级的水平分带。现以我国鄂尔多斯盆地为例,盆地东部石炭纪-二叠纪煤种齐全,自长焰煤至无烟煤均有分布,并具有明显的水平分带现象(罗昌图,1988)。煤的挥发分产率自北而南逐渐减小,即北部地区 V_{daf} 值在 30%～42% 之间,中部地区 V_{daf} 值在 20%～30% 之间;南部的渭北一带 V_{daf} 值在 10%～20%。镜质组反射率亦呈现规律性变化,即北部准格尔旗、府谷一带为低煤级的长焰煤、气煤, R_o 值在 0.528%～0.86% 之间,兴县地区处于低煤级的气煤阶段, R_o 值在 0.7%～0.9% 之间,盆地中段的吴堡、榆林以中煤级的肥煤、焦煤为主,次为瘦煤,其 R_o 值在 1.124%～1.45% 之间,大宁、宁乡一带为瘦煤, R_o 值为 1.5%～1.9%;向南至渭北地区则以中、高煤级的瘦煤、贫煤为主,局部出现无烟煤, R_o 值一般为 1.811%～2.34%,至盆地内部庆阳、黄陵等地为无烟煤, R_o 值大于 2.705%,最大值可大于 3.5%(图 7-7)。镜质组

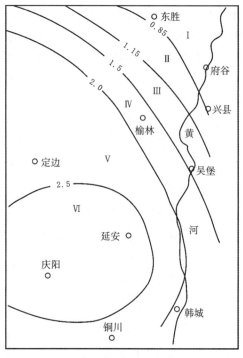

图 7-7 鄂尔多斯盆地东部石炭纪—二叠纪煤系煤级分带(R_o 等值线)图
(据罗昌图,1988)
Ⅰ.长焰煤、气煤;Ⅱ.肥煤;Ⅲ.焦煤;Ⅳ.瘦煤;Ⅴ.贫煤;Ⅵ.无烟煤

反射率等值线大致以庆阳为中心,呈同心环状分布,由盆地中部向盆缘煤级逐渐降低。同时,下部煤层较上部煤层煤化程度高,同一煤层沿构造倾斜方向向下,煤化程度亦逐渐增高,即煤化程度由东向西增高。

2.异常地热场和煤级分布

正常地温条件下的深成变质作用,奠定了煤级分布的背景。我国大多数煤级偏高,这往往是异常地热场叠加的结果。引起异常地热场的原因主要有岩浆侵入和热液活动、深断裂的地热上导、区域构造应力场的热效应和地幔物质上涌、莫霍面升高等。上述诸因素互有联系,通常是盆地所处地质构造单元岩石圈动力过程的不同表现形式。

区域岩浆热变质作用是由于岩浆活动使地温升高,形成地热异常区,从而引起煤的热变质。一般岩体并不与煤层直接接触,而热液通常是热传导和热扩散的主要载体,根据岩浆侵入和热液活动方式可将区域岩浆热变质进一步区分为不同的类型。我国贺兰山煤田汝箕沟矿区是一个比较典型的实例(图7-8),汝箕沟位于贺兰山中部,为一开阔向斜。早—中侏罗世煤均为高变质煤,以大岭井田无烟煤(V_{daf}值为5%)为中心,向北、西和西南方向煤的挥发分产率V_{daf}逐步增高,并显示煤变质分带现象。尽管区内并无岩体出露,但根据物探资料,在大风沟西侧和南侧有3处磁异常,显示深处隐伏岩浆侵入体的存在。贺兰山南段炭井沟早—中侏罗世煤系及其上覆岩系较薄,煤级为长焰煤;汝箕沟大岭井田为沉降中心,煤系及其上覆岩系在千米以上,一次深成变质作用略高于南部,但本区出现高变质煤则主要是由于深部岩浆侵入活动及伴随的热液上导所致。贺兰山构造带是在古生带拗拉槽的基础上形成的,近南北向基底正断裂和近东西向基底调整断裂组成槽地的基本构造格架,后期北北东向延伸的叠瓦状冲断层系和近东西向平移断层与基底断裂系相连接,是本区岩体分布、深部岩浆侵位和热液上导的控制因素。

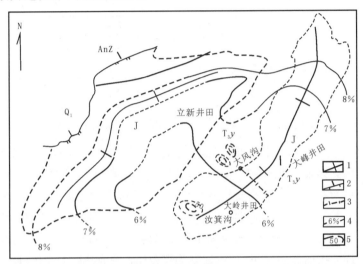

图7-8 宁夏汝箕沟煤变质分带示意图
(据杨起、韩德馨,1980)

1.向斜;2.逆断层;3.井田边界;4.V_{daf}等值线;5.磁异常等值线/nT

煤级的区域分布与板块构造、地球深部热源物质活动密切相关。如我国东南沿海二叠纪煤几乎全部为无烟煤,中生代煤以中、高变质煤为主,煤的变质程度由大陆边缘向大陆内部呈递减趋势,煤变质带沿北东方向展布,与区域构造线方向大体一致。作为海陆过渡带的活动大陆边缘,是构造活动最活跃的地带,沉积作用、岩浆活动、构造作用、变质作用和成矿作用都留下了深刻的烙印。印支期、燕山期西太平洋板块向大陆方向俯冲、潜没,使我国东南沿海长期处于挤压构造环境,基底拆离作用显著,构造形变强烈,深部物质大量汇入,岩浆侵入和火山活动频繁,煤系和煤层中热液蚀变、热液石英脉和热液矿床极为发育。区域热流值高,热液活动可能是深部热源上导的主要载体,华南沿海高变质煤带就是在这种地球动力环境中形成的。

第二节 煤化作用

成煤作用是原始成煤物质最终转化成煤的全部作用(图7-9),它分成两个相继的阶段:从成煤原始物质的堆积,经生物化学作用直到泥炭的形成,称为泥炭化作用阶段;当泥炭形成后,由于沉积盆地的沉降,泥炭被埋藏于深处,在温度和压力增高等物理、化学作用下,形成褐煤、烟煤、无烟煤、变无烟煤,称为煤化作用阶段。对于腐泥来说,则经历了硬腐泥、腐泥褐煤、腐泥亚烟煤、腐泥烟煤到腐泥无烟煤的煤化作用。

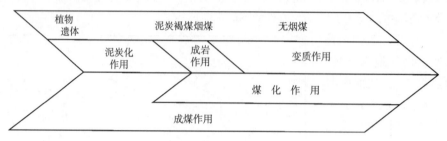

图7-9 成煤作用的阶段划分

从泥炭向褐煤的转变是经历成岩作用的结果,从褐煤的形成到进一步的演化是煤的变质作用的结果。煤的变质作用一直延续到变无烟煤(超无烟煤)的形成。煤再进一步演化成石墨,称为石墨化作用,由于石墨不再属于煤,所以煤的变质作用不包括石墨化阶段。

煤与岩石的成岩作用与变质作用不完全等同,主要是因为煤是一种可燃有机岩石,对于温度、压力变化的反应比无机沉积物敏感得多,所以沉积物的成岩与变质作用往往要滞后于煤。煤的物理、化学煤化作用,表现为煤级和煤的成熟度的变化,是低程度变质作用在有机岩石中的一种表现形式。

煤层和分散煤屑及其他广泛分布的有机物质,对温度和压力的反应比无机矿物灵敏得多。由于近代各种不同物理化学的煤化作用程度的测试技术迅速发展,促进了应用煤化作用的各种特征来研究和解决地质问题,以及煤炭资源的加工利用问题。近年来,煤化作用研究在煤盆地的构造形成与演化中已得到广泛应用,例如确定沉积盆地原始边界、分析盆地形成的古构造格局及演化、阐明盆地形成后的构造形变、盆地热演化的研究,以及确定地层剥蚀厚度、研究大规模构造形变、研究推覆构造的形成与演化、确定断裂变形特征、研究古地温、圈定隐伏侵入体、分析浅层变质作用、寻找油气及煤层甲烷资源等。

一. 煤化作用的阶段与特征

(一)煤的成岩作用与变质作用

无论是岩石学还是煤田地质学领域,对于成岩与变质作用的划分都存在着不同的认识。一般认为,由于亮褐煤(中国的老褐煤、美国的亚烟煤)已出现镜煤,具有强烈的镜煤化作用,并且具有微弱的光泽。因此,主张煤的成岩与变质作用的分界开始于亮褐煤的形成。

1. 煤的成岩作用

泥炭形成后,由于盆地的沉降,在上覆沉积物的覆盖下被埋藏于地下,经压实、脱水、增碳、游离纤维素消失,出现了凝胶化组分,逐渐固结并具有了微弱的反射力,经过这种物理化学变化转变成年轻褐煤。这一转变所经历的作用称为煤的成岩作用。据 Stach 认为。这种作用大致发生于地下 200~400m 的浅层。

在成岩作用中,煤受到复杂的化学和物理煤化作用。化学煤化作用主要反映在泥炭内的腐植酸、腐植质分子侧链上的亲水官能团,以及环氧数目不断地减少,形成各种挥发性产物,并导致碳含量增加,氧和水分含量减少。Blom 等(1957)曾列举了煤的多种含氧官能团随碳含量增加的变化(表 7-1),并引用了 Krevelen(1981)图解(图 7-10)。这是由于有机质的基本结构单元主要是带有侧链和官能团(如羟基—OH、甲氧基—OCH$_3$、羧基—COOH、甲基—CH$_3$、醚基—C—O—C、羰基$-\overset{O}{\underset{\|}{C}}-$等)的缩合稠环芳烃体系,碳元素主要集中于稠环中。稠环的结合力强,具较大的稳定性。侧链和官能团之间及其与稠环之间的结合力相对较弱,稳定性差。因此,在煤化过程中,随温度及压力的增加,侧链和官能团不断发生断裂和脱落,数量减少,从而形成各种挥发性产物,如 CO_2、H_2O、CH_4 等逸出。

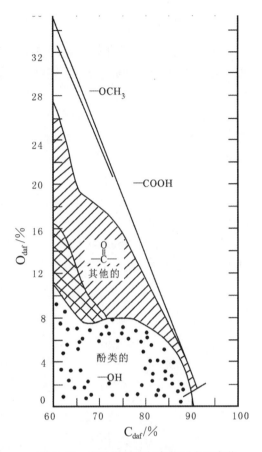

图 7-10 各种煤的含氧官能团含量变化
(据 Krevelen,1981)

表 7-1 煤中各种官能团的氧含量(据 Blom 等,1957)　　　　（单位：%）

碳(C)	羧基 (O_{-COOH})	甲氧基 (O_{-OCH_3})	羟基 (O_{-OH})	羰基 ($O_{C=O}$)	非在官能团中的氧	氧总计
65.5	8.0	1.1	7.2	1.9	9.6	27.8
70.5	5.1	0.4	7.8	1.1	8.2	22.6
75.5	0.6	0.3	7.5	1.4	6.4	16.2
81.5	0.3	0.0	6.1	0.5	4.2	11.1
85.5	0.05	0.0	5.6	0.5	1.75	7.9
87.0	0.0	0.0	3.2	0.6	1.3	5.1
88.6	0.0	0.0	1.9	0.25	0.85	3.0
90.3	0.0	0.0	0.5	0.2	2.2	2.9
90.9	0.0	0.0	0.6	0.25	1.15	2.0

煤的物理煤化作用主要反映在发生了物理胶体反应,即成岩凝胶化作用,从而使未分解或未完全分解的木质纤维组织,不断转变为腐殖酸、腐殖质,使已经形成的腐植酸、腐植质变为黑色具有微弱光泽的凝胶化组分;成岩作用中,丝炭化组分和稳定组分也发生了变化。

2.煤的变质作用

煤的变质作用是指年轻褐煤,在较高的温度、压力及较长地质时间等因素的作用下进一步受到物理化学变化,变成老褐煤(亮褐煤)、烟煤、无烟煤、变无烟煤的过程。这一阶段所发生的化学煤化作用表现为腐植物质进一步聚合,失去大量的含氧官能团(如羧基—COOH 和甲氧基—OCH_3),腐植酸进一步减少,使腐殖物质由酸性变为中性,出现了更多的腐植复合物。本阶段物理煤化作用表现为结束了成岩凝胶化作用,形成凝胶化组分,植物残体已不存在,稳定组分发生沥青化作用,使叶片表皮蜡质和孢粉质的外层脱去甲氧基,形成易软化、塑性强,具黏结性的沥青质,并开始具有微弱的光泽。

在温度、压力的继续作用下,腐植复合物不断发生聚合反应,使稠环芳香系统不断加大,侧链减少,不断提高芳香化程度和分子排列的规则化程度。变质程度不断提高,进而转变为烟煤、无烟煤和变无烟煤。Teichmuller(1954)根据一些作者的资料以图解形式对微镜煤在烟煤和无烟煤煤化过程中的物理、化学变化和分子排列上的变化作了说明(图 7-11)。

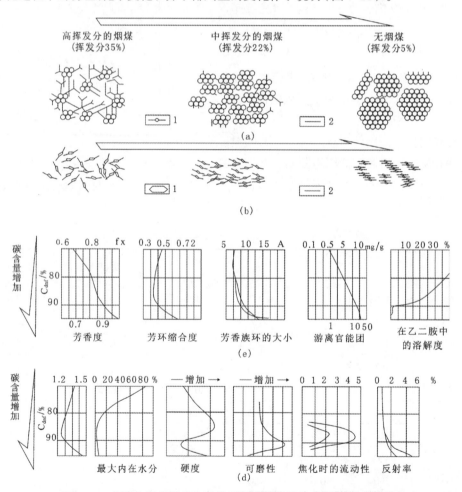

图 7-11 烟煤和无烟煤煤化过程中微镜煤的物理、化学和分子变化
(据 Teichmuller,1954,1968,简化并改绘)

(a)煤化过程中分子结构的变化:1.氢键,2.分子键;(b)垂直层面的分子排列方向规则化:1.芳香族稠环,2.非芳香族成分;(c)化学性质的变化与碳含量(C_{daf})的关系;(d)若干物理性质的变化和碳含量(C_{daf})的关系

（二）煤化作用的特点

煤在连续的系列演化过程中,可明显地呈现出增碳化趋势,即由泥炭阶段含有C、H、O、N、S五种主要元素,演变到无烟煤阶段基本上只含碳一种元素。因此,煤化作用过程,也可称作异种元素的排出过程。排出的方式是由其他元素和碳结合构成挥发性化合物,因此造成了随煤化程度增加,煤中的挥发物减少,碳含量增加。其次,也表现为结构单一化趋势,即由泥炭阶段含多种官能团的结构,逐渐演变到无烟煤阶段,只含缩合芳核的结构,最后演变为石墨结构。因此,煤化作用过程实际上是依序排除不稳定结构的过程,煤化作用过程还表现为结构致密化和定向排列的趋势,即随煤化作用的进行,煤的有机分子侧链由长变短,数量变少,腐殖复合物的稠核芳香系统不断增大。逐渐趋于紧密,分子量加大,缩合度提高,分子排列逐渐规则化,从混杂排列到层状有序排列,因此反光性能增强。

煤化作用过程中还表现为煤显微组分性质的均一性趋势,在煤化作用的低级阶段,煤显微组分的光性和化学组成结构差异显著,但随着煤化作用的进行,这些差异趋于一致变得愈来愈不易区分。

煤化作用是一种不可逆的反应。煤化作用能否形成连续的系列演化过程,取决于具体的地质条件。例如,含煤盆地由沉降转变为抬升,就会导致煤化作用的终止。如果后来由于岩浆作用加剧或盆地再度沉降,那么煤化作用还可能再次进行下去。

煤化作用的发展是非线性的,表现为煤化作用的跃变,简称煤化跃变。煤的各种物理、化学性质的变化,在煤化进程中,快、慢、多、少是不均衡的。20世纪40年代,英国煤岩学家指出,煤化过程中镜质组反射率的增高是跳跃式的。1939年Stach提出,挥发分为28%时壳脂组出现煤化作用转折。70年代以来,提出了煤化过程中的4次明显变化,即煤化作用跃变。

第一次跃变发生在长焰煤开始阶段（$C_{daf}=75\%\sim80\%$, $V_{daf}=43\%$,镜质组反射率$R_o=0.6\%$）,它与石油开始形成阶段相当。本次跃变的特点是沥青化作用的发生,随煤化程度的提高,各种含氧官能团逐渐脱落,在$R_o=0.6\%$以前主要以析出CO_2和H_2O为特征;当煤化作用达到$R_o=0.5\%\sim0.6\%$阶段,芳香核稠环上开始脱落脂肪族和脂肪族官能团和侧链,形成以甲烷为主的挥发物,于是开始了生成沥青质的沥青化作用。

第二次煤化跃变出现在肥煤到焦煤阶段（$C_{daf}=87\%$, $V_{daf}=29\%$, $R_o=1.3\%$）。跃变的发生是因煤中甲烷的大量逸出,从而释放出大量的氢所造成的。本阶段开始,由于富氢的侧链和键的大量缩短及减少,使煤的比重下降到最小值。在压力的作用下,煤的显微孔隙度逐渐缩小,水分减少。到焦煤阶段（$C_{daf}=89\%$, $V_{daf}=20\%$, $R_o=1.7\%$）,腐植凝胶基本完成了脱水作用,水分和孔隙度都达到最低值,发热量则升高到最大值（这和镜质组的硬度、密度的最小值,以及炼焦时可塑性最大相一致）,随后由于化学结构的变化,水分含量又有所回升。此外,第二次跃变中还有耐磨性、焦化流动性、黏结性、内生裂隙数目等都达到极大值,内血积、湿润热等达到最小位。这些性质变化曲线的明显转折,称为煤化作用转折。自第二次跃变后,壳质组与镜质组在颜色、突起、反射率等方面的差异愈加变小,当$V_{daf}=22\%$时,无论用化学还是用光学方法都不能使孢子体、花粉体与镜质组分开,角质体也有类似趋势,其反射率甚至高于镜质组。因此,壳质组在$V_{daf}=29\%\sim22\%$这一阶段的明显变化又称为煤化台阶。本阶段与油气形成的深成阶段后期（即热裂解气开始形成阶段）相当,石油烃转化为气体烃,因此它对应于石油的"死亡线"。

第三次跃变发生于烟煤变为无烟煤阶段（$C_{daf}=91\%$, $V_{daf}=8\%$, $R_o=2.5\%$）。煤化作

用的第三次跃变以后,就是有人称为无烟煤化作用和半石墨化作用(Teichmuller,1987)的阶段。它们代表煤化作用的最终阶段,其产物是无烟煤和变无烟煤的形成。

第四次跃变为无烟煤与变无烟煤分界($C_{daf}=93.5\%$,$H_{daf}=2.5\%$,$V_{daf}=4.0\%$,镜质组反射率$R_o=4\%$)。本阶段和初期煤化作用阶段相比有较多的不同。在化学煤化作用方面,主要表现为氢含量与氢碳原子比的急剧下降。碳含量随埋藏深度的增加明显地增大,同时芳香单元的芳香度和缩合度也急剧增加。

二、煤化作用的因素

煤化作用的演化主要是受温度的高低、经历的时间长短及压力的大小所决定的,其中,对煤化作用影响较大的主要是温度。

1. 温度

随着沉降深度的变化,温度的增加使得煤化作用程度提高,因此煤化作用的演化决定了煤的受热史。煤化程度增高的速度,有人称为"煤级梯度"或"煤化梯度",它首先取决于地区的地热条件,即地热梯度变化。

由于年轻含煤盆地的受热历史及现代地热流易于确定,往往成为研究煤化作用与地热关系的良好对象。墨西哥下加利福尼地热田由于岩浆侵入,具有很高的地热流值,地热梯度达到160℃/km。煤化作用梯度为$0.27\% R_o/100m$(Barker,1979)。在2000m深处的绿色片岩矿物(黑云母、阳起石)已开始浅变质作用,反射率R_o为4%,个别达到6%左右。这明显地反映出,由于地区地热流值高,因而地热梯度高,所以煤化梯度也相当高。

地热条件相类似的地区,由于下伏和共生岩石的导热性能不同,对干煤化梯度的影响也不相同。岩石的导热性首先取决于岩石本身的热导率,也还受到岩石的孔隙、裂隙、溶洞、构造破坏程度等的影响。联邦德国萨尔煤田Tevfelspforte钻孔,在穿过近

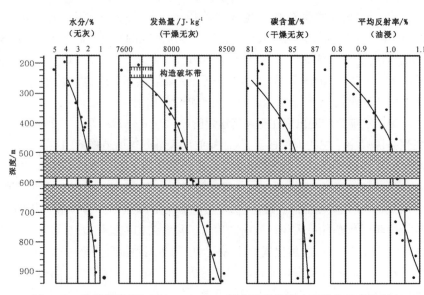

图 7-12 联邦德国萨尔区 Tevfelspforte 钻孔砂岩带影响了煤化程度的增高
(据 Teichmuller 等,1968)

200m的砂岩带时,明显可见各项煤化指标,如无灰基水分、干燥无灰基发热量、干燥无灰基碳含量和平均油浸反射率,都几乎处于停滞状态(Teichmuller et al,1968)。这主要是因为砂岩具有良好的热导率,地温在砂岩中扩散较快,因而相对温差小(图 7-12)。我国四川武胜县某基准

钻井的地温梯度,在二叠系岩层中为 4.1℃/100m,侏罗系为 2.33℃/100m,三叠系总的平均地温梯度为 2.51℃/100m;而在嘉陵江灰岩中由于白云岩和石膏含量高,地温梯度出现 1.9℃/100m,1.5℃/100m,1.3℃/100m 等较低数值。这是由于白云岩等易溶岩石的导热率较高及裂隙、溶洞发育,使其导热性能较好造成的。

2. 时间

在煤化作用中,煤在温度、压力作用下所经历的时间长短,特别是在地质上的时间延续,都是不可忽视的因素。

Karweil(1956)第一次从化学动力学角度评价了煤化作用的持续时间,从而开创了定量评价煤化作用因素的方法。他根据煤化作用的热动力模拟,近似地计算出烟煤各煤化阶段的反应速度,绘制了煤化温度、时间与挥发分的关系曲线,进一步论证了煤级(煤化程度)是温度和时间的函数,即在较短时间的较高温度下与较长时间的较低温度下,可以形成相同煤级的煤(图7-13)。应该指出,时间因素在较高的温度下往往更加明显,温度过低,时间因素就不易起作用了。这从图 7-14 中由曲线 d 向曲线 a 变化愈来愈平缓即可看出,当温度低时,时间差异对煤化程度影响较小。因此,有人主张当温度小于 50℃时,时间因素对煤化作用的影响可以忽略不计,如莫斯科近郊煤田早石炭世的煤仍处于褐煤阶段,这主要是由于煤系本身的厚度不足百米,且上覆岩系很薄,认为从未受到大于 20~25℃的温度,显然这是低于能使时间因素起作用的下限温度。

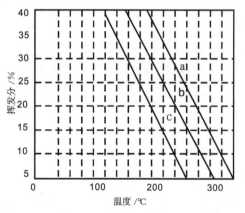

图 7-13 煤化程度与温度和受热时间的关系
(据 Karweil,1956)
a.$5×10^6$a;b.$10×10^6$a;c.$20×10^6$a

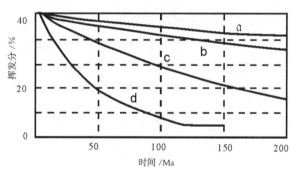

图 7-14 据反映动力学计算的不同温度下煤化时间与煤化程度的关系(据 Karweil,1956)
a.50℃(埋深 1000~1300m);b.80℃(埋深 1000~1200m);c.100℃(埋深 2000~3000m);d.150℃(埋深 3500~4700m)

此外,时间因素还涉及由于沉陷快慢所引起的受热速率问题。在同样沉降幅度的盆地,由于达到相同埋藏深度的沉降速率不同,其受热增温速率也不同。Teichmuller 等(1968)认为应考虑两种因素:①在快速沉降的盆地中,对于一定深度和地热梯度来说,还可能未达到温度平衡;②对于一定温度下,煤化平衡也可能尚未达到。

3. 压力

苏联学者列文施琴(1963)对卡拉干达煤田按 5MPa/min 递增的速度进行加压实验,直到高达相当于地下 15km 处的 500MPa 的压力,煤的 V_{daf},C_{daf},H_{daf} 和 Y 值都未发生明显的变化(表7-2)。

表 7-2　卡拉干达煤田压力变化与煤化指标关系（转引自武汉地质学院煤田教研室，1979）

加压值 /MPa	V_{daf}/%	C_{daf}/%	H_{daf}/%	Y/mm
0	37.5	82.20	5.66	13
100	37.7	82.32	5.81	12
200	37.5	82.62	5.90	13
500	37.4	82.68	5.80	

近年来，在不同压力下的煤化实验更加确认了静压力对化学煤化作用起着抑制作用。在煤化作用中，起决定作用的是化学煤化作用，而不是物理煤化作用。压力因素虽阻碍化学反应，但引起煤的物理结构发生变化。如静压力使煤的孔隙率和水分降低、密度增加，还促使芳香族稠环平行于层面作有规则的排列。构造应力影响到反射率值及镜质组的各向异性，其光性也发生变化。在强烈变形影响的煤中，光性从典型的一轴负光性转变为二轴正光性，最大的反射率轴垂直于应力方向。

在煤化作用的最后阶段，特别是变无烟煤的形成阶段，煤化作用除了高温和压力作用外，剪切应力的作用亦较为明显。在构造压应力作用下，剪切与拉伸能使芳香族单元层沿石墨形成的方向更加排列有序，这在半石墨化、石墨化阶段表现得更为明显。

三、煤的变质作用类型

在煤化作用过程中，热增温对煤的变质起着主导作用。由于引起煤变质的热源和增热的方式及变质特征的不同，将煤的变质划分为深成变质作用、岩浆变质作用（区域岩浆热变质作用和接触变质作用）、动力变质作用。

（一）深成变质作用

1.希尔特定律

深成变质作用是指煤层因沉降而埋藏于地下深处，由于地热及在上覆岩系静压力作用下所发生的变质作用。这种变质作用的增高，往往与煤层埋藏深度加大有直接关系。煤的各种性质及特征随埋藏深度的增加而变化的现象早为人们所关注。德国学者希尔特曾针对西欧若干煤田变质规律提出：在地层大致水平的条件下，每百米煤的挥发分降低约 2.3%，即煤的变质程度随埋藏深度的加深而增高，称为希尔特定律。

深成变质作用主要是由地热引起的。由于地热是由地表向地下深处逐渐增高，故又称为地热变质作用。又因为其影响的广泛性，还将深成变质作用称为区域变质作用。

地热来源于原始的地球残余热、化学反应热、潮汐摩擦热、放射性元素衰变及重物质位移热等，以后两种较为重要。影响地热的分布除热源不同外，还有大地构造特征、构造断裂破坏程度、岩石导热性、岩浆岩性质和活动特征，以及地下水活动特征等。这些因素将造成各地区地温梯度的差异。

近年来，对于深成变质作用有了更加深入的认识，认为深成变质作用具有长期性和阶段性，深成变质作用不一定是在含煤建造褶皱隆起之前一次完成的，而是有时间延续的，可以分阶段累积进行。

希尔特定律普遍存在,但由于局部火成岩的侵入、构造变动、煤的成因类型或煤岩类型等因素的影响,也会使煤质发生异常变化。如徐州晚古生代煤田的 V_{daf} 值随深度加深而增高(表 7-3),这是因为下部太原组 4 号煤为腐泥煤,含藻类体达 70%,故使 V_{daf} 值(达 43.98%)比其上部的煤还高,Y 值也高。

表 7-3　徐州煤田煤的挥发分随深度增高(据李增学等,2005)

煤系	煤层	V_{daf}/%	Y/mm
上石盒子组	3 号	38.64	11
山西组	3 号	37.83	14
太原组	3 号	43.98	28

希尔特定律可用变质梯度表示。变质梯度是指煤在地壳恒温层之下,加深 100m 煤变质程度增高的幅度。煤的变质梯度常用煤中可燃基挥发分减少的数值(ΔV_{daf},即挥发分梯度,是指向地下每加深 100m 挥发分减少的数值),或镜质组反射率增大的数值(ΔR_0,即镜质组反射率梯度)来表示。不同煤田由于地温梯度不同,挥发分梯度也不相同。如我国山西阳泉、大同煤田 ΔV_{daf} 为 1.4%~3.3%,豫西煤田 ΔV_{daf} 为 2%~3%,鲁中章丘煤田 ΔV_{daf} 为 4%等。

2.煤变质的分带性

在煤的深成变质过程中,由于煤系下部煤层或煤组受到大于上部的温度及压力,因而变质程度高低不同。这种煤质随沉降深度呈现规律性的变化,即为煤质的垂直分带。如德国鲁尔煤田石炭纪煤系,厚 500m,含煤 50~100 层,挥发分大约每加深 100m 减少 2.3%。因而在煤系的垂直剖面上,自上而下分为 4 个煤化程度不同的煤级带,即长焰煤气煤带,气煤带,肥煤带,焦煤、瘦煤及贫煤、无烟煤带。

我国黑龙江省鸡西中生代煤系厚千余米,含煤 10 余层,煤质分带自上而下为低变质、低中变质及中变质 3 个带,极为明显。

煤质垂直分带的明显程度与分带的宽窄,主要取决于煤的变质梯度,变质梯度的大小又取决于地热梯度和煤本身的特征。一般来说,地热梯度大,挥发分梯度和变质梯度也大,因而引起相同煤质变化所需要的沉降深度就愈小,煤质的垂直分带就窄。如果考虑到受热时间的延长会使煤质变化所需的深度变得更小,煤质垂直分带则更窄。煤质特点对挥发分梯度也有明显影响,因此不同变质程度的煤,其挥发分梯度各异。如图 7-15 所示,以中变质煤的变质梯度最大,因此中变质程度煤的分带现象明显,变质带厚度一般较小,这也是焦煤分布一般不如低和高变质煤广泛的原因之一。

煤变质的水平分带是垂直分带性的一种表现,由于地壳构造运动的影响,同一煤田内同一煤层或煤组在形成和形变过程中沉降深度不同,这

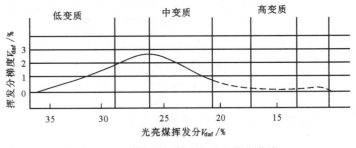

图 7-15　煤变质过程中挥发分梯度曲线
(据李增学等,2005)

就表现在煤系本身厚度变化和煤系上覆岩系厚度变化的不同。因此,同一煤层或煤组所经受的变质程度不同,反映在平面上就构成煤质的水平带状分布特征(图7-16)。

深成变质作用形成的煤质分带,分布较为广泛,分带轮廓和形状常呈带状、环状、弧形等。煤变质带的展布与煤系厚度和上覆岩系厚度有相应的变化趋势,变质带的宽度往往受到聚煤盆地沉降幅度及形态陡缓的影响。

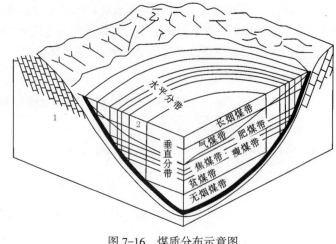

图 7-16　煤质分布示意图
(据李增学等,2005)
1. 煤盆地基底岩系；2. 煤系上覆岩系

3. 煤系上覆岩系厚度与深成变质

影响煤变质的沉降深度,除了煤系本身厚度所代表的沉降深度外,上覆岩系厚度代表的后期沉降同样也影响煤的变质。我国华北晚古生代聚煤盆地煤系厚度一般较薄,它所代表的沉降深度不足以形成不同的煤种。但煤系形成后的继续沉降(即上覆岩系厚度所代表的沉降),是煤变质分带的原因之一。我国湖北东南部早二叠世麻土坡煤系,厚度一般不足10m,但由于上覆岩系厚度不同,使仅含的一层煤在各地的变质程度不同(表7-4)。

表 7-4　湖北东南部麻土坡煤系上覆岩系厚度与变质程度的关系(据邵震杰等,1993)

地点	牌号	煤层上覆岩系总厚度 /m	最大反射率 R_m^o/%
通山老屋基	焦煤	388	9.40
阳新洋港	焦煤	471	9.36
崇阳东堡	焦瘦煤	615	9.91
阳新胡桥	瘦煤	730	10.30
阳新中山岭	贫煤	991	11.60
通山老虎槽	贫煤—无烟煤	1204	11.90

应用上覆岩系厚度分析深成变质作用的影响,应注意在煤系形成后构造运动史的研究。当煤系与上覆岩系之间为连续沉积或仅有短暂的间断时,由于两个岩系基本上处于同一构造运动幕,经受同期构造运动的变形,因此上覆岩系厚度与煤系本身的沉降有关,对煤的深成变质有较大影响；反之,如果上覆岩系与煤系之间存在长期间断,甚至经历了不同的构造运动,必须对其剥蚀的上覆岩系厚度作专门研究后,才能正确分析上覆岩系厚度对煤的深成变质作用的影响。

4. 深成变质作用与煤层赋存深度的关系

近20年来,研究人员进一步认识到煤层现今赋存的深度对煤的变质也有影响。在含煤岩系发生构造变动之后,由于后期形变造成了更大埋藏深度,在这种条件下由于温度、压力和时间因素的影响,仍然可使煤的变质程度累积加深。尽管经受的温度低于构造变形之前(不低于50℃),但由于经历足够长的时间,煤的变质仍会继续加深。如我国河北开滦煤田开平向斜轴部煤的变质程度高于两翼,轴部为焦煤,两翼为肥煤和气煤,因而,造成了等变质面与煤岩层面呈一定交角,两者交角愈大,反映构造形变后煤层赋存深度对煤变质的影响愈大。

根据等变质面与煤岩层向的关系,可以说明煤化作用发生的时间、强弱与构造形变(主要指褶皱形变)的关系。

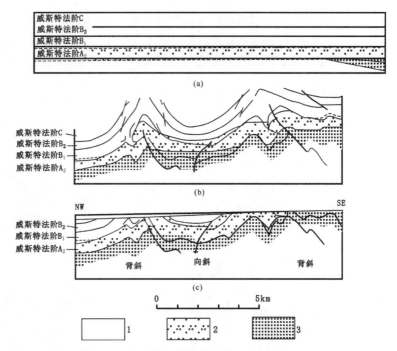

图 7-17　鲁尔煤田煤化作用史(Teichmuller,1979)
(a)主要煤化作用时间 1 200Ma;(b)隆起后剥蚀;(c)28 000Ma 无煤化作用变化
1. 镜质组反射率小于 1.1%; 2. 镜质组反射率 1.1%～1.6%; 3. 镜质组反射率大于 1.6%

Teichmuller 等(1979)分析了鲁尔煤田的煤化作用史(图 7-17),说明该煤田的深成变质作用基本完成后才经受褶皱变形。因此,除原始平缓的倾斜之外,等变质面与煤岩层面大致平行。煤的变质与后期的构造形变无关,即煤系形成后,后继沉降和构造形变而导致的赋存深度变化都远不及煤系形成中的沉降影响大。如果后继沉降和构造形变导致的赋存埋藏加深较为强烈,就使等变质面与煤、岩层面斜交。交角愈大,等变质面愈近水平(图 7-18)。

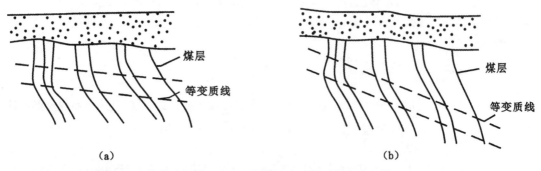

图 7-18　根据剖面中等值线与煤层交角判断构造变形前后煤化作用的强弱(Teichmuller,1979)
(a)褶皱期和褶皱后的煤化作用较强;(b)褶皱期和褶皱后的煤化作用较弱,褶皱前的煤化作用较强

(二)岩浆变质作用

由于岩浆热、挥发分气体和压力的影响,使煤发生了变质作用。这种变质作用形成的条件

是由于岩浆的侵入、穿过或靠近煤层或煤系根据侵入岩体的大小和侵入部位,以及侵入岩体与煤层的直接接触或间接影响,进一步划分为两种类型:一种是与浅成侵入岩有关的接触变质作用;另一种是与地下庞大的深成侵入体有关的区域岩浆热力变质作用。

1.区域岩浆热力变质作用

这种变质作用又称区域热力变质作用或远程岩浆变质作用等。

区域岩浆热力变质作用与深成变质作用的特征有若干相近之处,但在受热温度高低、时间长短及受热均匀程度上又有许多不同之处。区域岩浆热力变质作用有以下主要特征。

(1)由于变质作用是在区域地热场上叠加了岩浆热,故地区的地热温度较高,地热梯度较大,煤变质的垂直分带明显,变质带厚度及平面宽度都较小。

(2)这种变质作用所产生的变质带,在平面上的展布特征与煤系和上覆岩系等厚线的展布无关,而与深成岩体分布有一定关系。如我国黑龙江双鸭山煤田中辉长岩岩株出露宽2km,长4km,围绕岩体煤级呈同心环带分布(图7-19)。

(3)煤的变质程度取决于岩体大小以及与岩体距离。距岩体近的煤变质程度高,并常有热液矿化现象,远离岩体则变质程度较低。

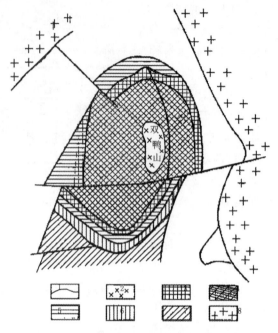

图7-19 黑龙江双鸭山煤田的煤质分布
(据邵震杰,1993)
1.断层;2.辉长岩;3.无烟煤;4.贫煤;5.瘦煤;
6.焦煤;7.气煤;8.花岗岩基底

应该指出,在这种区域热力变质过程中,由于岩浆热液作用,无烟煤带的围岩往往发生蚀变,如硅化、叶蜡石化、绢云母化、碳酸盐化、绿泥石化、黄铁矿化等,且石英砂岩变为石英岩,灰岩变质为结晶灰岩或大理岩,泥质岩变质为板岩,特别是热液石英脉的发育,是区域岩浆热变质作用的标志之一。

2.接触变质作用

接触变质作用是指各种岩床、岩墙、岩脉等浅成岩体侵入或接近煤层,其热能使煤层温度达1000℃以上。这种热影响多是局部的、多变的,地质时间上是短暂的。

这种变质作用有以下特征。

(1)在侵入体与煤层接触带附近,煤层受热温度和增温速率高,但延续时间短,受热均匀性差。因此,邻近侵入体附近,往往有不规则的天然焦带。天然焦多呈深灰色、灰黑色,多孔隙,有明显的垂直柱状节理。

(2)经接触变质作用的煤,颜色变浅,灰分增高,挥发分和发热量降低,黏结性消失,愈近岩体愈明显。在接触变质过程中,由于氧含量迅速减少,碳含量增加得慢,所以与正常煤相比,这种煤的挥发分、发热量均偏低。此外,由于煤在高温下分解时产生的 CH_4 气体与硫酸盐作用可生成碳酸盐矿物,故煤中碳酸盐矿物含量的增加,往往也是接触变质煤的特征之一。

(3)在接触带中,煤的镜质组因经受高温溶解时气体逸出而具气孔状构造,形成多气孔和沟槽的天然焦,其最大反射率和各向异性随温度提高而增大。

(4)在接触带附近,常常存在规模较小且不规则的局部煤质分带现象。其宽度不大,从数厘米至数米不等。

此外,由于接触变质作用,在煤中可出现一些新的成分,大量的挥发分在煤的裂隙或孔腔中冷却固化成焦油或类沥青,然后变成新物质构成的小球体。这种物质在平面偏光下表现为球体堆聚状态,球体直径为 2~5μm。在正交偏光下,每个球体显示有黑"十"字,转动载物台,"十"字不变,因此光学性质是对称同轴的结构。在靠近侵入体的地区,可形成类似中间相球体,可能来自沥青碳化的球体,其直径为 1~10μm。

褐煤和无烟煤的接触变质与烟煤不同。多数烟煤在岩浆侵入后,靠近侵入体的地方变为天然焦。如江苏利国煤矿开采的就是天然焦,且原来比较稳定的煤层在岩浆侵入后,由于塑性变形使天然焦呈串珠状。褐煤在侵入体侵入期间的变化是大量脱水、裂开和充填矿物质,它不会因受热变成胶质体,只是收缩、弯曲,并保留原有的显微结构。无烟煤在侵入体侵入期间不软化,保存无烟煤的结构,在化学组成、光学和其他性质上近似于石墨,具极大的各向异性。

接触变质煤的反射率随与侵入体的距离而变化,还取决于温度、侵入体性质、煤层和围岩的性质。接触变质煤与非接触变质煤相比,在碳含量相同时,其反射率值要大些。

浅成岩体的接触变质作用与以下因素有关。

(1)岩体的产状。岩墙与岩脉都是垂直或斜交煤层穿过,因而它们对煤层的影响范围不大,形成的天然焦仅限于岩体两侧邻近部位,厚度通常只有几十厘米至几米。由此引起的次生分带现象也是局部的。岩床为顺层侵入的岩体,与煤接触的面积较大,因而影响范围和程度也较大。如我国辽宁阜新煤田岩床厚度由 1cm 至百余米,延展数千米,邻近岩床的煤层普遍变成了天然焦。

(2)岩体的大小、侵入部位和侵入次数。一般岩体愈大,对煤质影响愈大。岩体位于煤层下部对煤层变质的影响程度及范围比位于上部要大。侵入次数多对煤变质影响大。

(3)岩浆的成分、性质及煤层围岩的物理性质。通常酸性岩浆体由于含有较多的挥发性气体,因而对煤质影响大,基性岩浆体由于挥发性气体含量少,对煤变质的影响较小。煤与围岩的孔隙度大,导热性好,所以煤质受影响的程度就高。

三、动力变质作用

动力变质作用是指由于地壳构造变动的直接原因而造成煤发生的变质作用。

20 世纪 30 年代,以美国怀特(White)为代表的学者曾认为,煤的变质主要是受构造变动的控制,从而夸大了动力变质作用的影响。应该指出,动力变质作用在自然界是存在的。例如,我国江西上饶八都逆掩断层附近狭长的动力变质带中,晚三叠世煤变质为无烟煤;北京西山八宝山逆掩断层两侧,部分煤已变质接近石墨化阶段。

构造变动产生的动压力不能促进化学煤化作用的进行,一般只引起物理煤化作用。所以只有当构造应力作用于煤岩层而产生大量摩擦热后,从而导致煤的变质。由于这种热量往往较少,因此动力变质作用主要发生在煤层围岩导热差,且热量易于集中的相对密闭的环境。例如,煤及围岩在压扭应力作用下的构造强烈活动地以常常形成动力变质作用带,多呈条带状分布。这种变质作用与其他类型的煤变质作用相比较,往往是次要的和局部的。

含煤建造的形成与演变过程常是复杂的,所以在一些煤田中煤的变质作用也往往以多种复合形式出现。因此,研究煤的变质问题必须综合、全面地分析影响煤质变化的因素及其演化史,从而阐明变质作用的类型及其规律,才能为煤质预测提供科学依据。

第八章　煤资源勘查技术与方法

> 煤资源勘查是指揭露及查明含煤盆地的煤层、煤质、地质构造，以及其他与煤矿生产有关的地质问题，最终获得可靠的煤炭储量，完成勘查任务。要完成以上任务，需要采用各种技术手段和方法，传统的技术手段主要有遥感地质调查、地质填图、山地工程、钻探工程和地球物理勘探等（王定武等，1995）。现代煤炭资源勘查技术手段主要有多元数据复合处理技术、可视化与三维地质模型技术、信息化技术等（赵红亮等，2013），勘查技术的详细阐述属于煤炭资源勘查的范畴。在煤炭资源勘查中，多煤层对比一直是困扰地质人员的技术性难题，煤层对比方法属于煤田地质需要重点研究的问题。因此，本章将简单列举资源勘查的相关技术，详细介绍煤层对比方法。

第一节　煤炭资源勘查常用技术

一、传统技术手段

1. 遥感地质调查技术

人类通过飞机或人造地球卫星运载的各种传感仪器，在几千米至几万米以外的高空，直接接收地面反射与辐射的电磁波或接收仪器主动对地物发射电磁波后反射回来的电磁波，从而获得目的物图像信息和数据信息，以确定物体的属性，分析研究地质问题。

遥感地质调查就是应用飞机或人造卫星，经处理后对所取得的相片进行判读，其图像数据一方面可以观测地貌，在前期踏勘阶段准确并迅速地查明地形、地貌、露头岩性组合等方面的信息，另一方面可以利用其与地表、地下信息的相关关系，作为普查勘探的信息源。

遥感技术最初只是煤炭资源勘查的一种辅助手段。经过 30 多年的不断探索与发展，航空高光谱、航天高分辨、地面探测，及 GPS、GIS 相结合的较完善的"3S"技术的应用研究体系不断发展，使得遥感技术应用范围不断扩大。遥感技术具有快速、准确、直观、动态、可定量化等特点，在一些地区足不出户就可以获取地质资料，可用于地形图更新、高精度煤田地质填图、地质构造的调查研究、小煤窑调查以及新的煤炭资源远景区寻找等（徐水师等，2009；胥哲等，2013）。

2.地质填图技术

地质填图是利用地质学的理论与方法,在含煤地区进行全面的地表地质研究,调查含煤区的地层、构造、煤层和煤质、水文地质以及其他有益矿产情况,为将来的地质工作指明方向。

地质填图的主要成果是编制地质图、地质剖面图、地层与含煤地层柱状图,作为煤田普查与勘探各个阶段编制设计的重要依据。

3.山地工程技术

山地工程又称坑探工程。为了查明表土层下煤系、煤层、煤质及地质构造情况,利用人工方法揭露这些地质现象的工程称山地工程。山地工程可分为探槽、探井和探硐3种。

探槽指垂直地层走向或构造线方向挖掘的深度较浅的槽状剥土工程,用于表土层厚度小于3m地段,施工容易、管理简单、成本低、速度快,且能较好地提供地层、构造、含煤情况等方面的地质资料,是配合地质填图最常用的一种技术手段。

探井是一种从地面垂直向下挖掘的勘探工程。当表土层厚度超过3m,且地层产状比较平缓,不宜使用探槽时,可使用探井。探井主要用以揭露煤系地层剖面,以及煤层层数、厚度与结构,查明地层产状和构造变化,追溯煤层、标志层、断层、地层分界线等。

探硐分为倾斜和水平两种。倾斜的称斜井,水平的称平硐。

斜井是指从地表沿煤层倾向向深部掘进的倾斜巷道,适用于地势较高、地质构造简单、表土不厚且煤层露头良好的缓倾斜(倾角<45°)地区,其目的是查明煤层及其顶底板特征和煤质情况,确定煤层风氧化带的深度。

平硐是指从地表垂直地层走向或沿煤层走向掘进的水平勘探工程。平硐通常适用于地形切割剧烈的沟谷及地层倾角大的地区,但硐口应高于当地最高洪水位,以免发生淹井事故。

垂直地层走向掘进的平硐可用于揭露并研究含煤地层剖面,查明煤层的层位、层数等特征;沿煤层走向掘进的平硐,主要用于研究煤层厚度和结构变化,并可采取煤样。

4.钻探工程技术

钻探是煤田普查与勘探常用的主要勘探手段,占整个勘探区绝大部分工作量,是获得地质资料的主要来源。

钻探是指利用机械转动带动钻具向地下钻进成直径小而深度大的圆孔,称为钻孔。通过钻具从孔内取出岩芯、煤芯进行观测和取样,从而获得各种完整、全面、可靠的地质资料,对勘探区进行含煤地层、煤层、煤质及地质构造等方面的研究。

近些年,煤田钻探出现了许多新工艺、新技术。其中绳索取芯钻进技术已全面推广,绳索取芯钻进技术是在不提出钻杆的情况下,以绳索提出内套管的方式,将钻进中收集到内套管的岩芯提取到地面。该技术能够减低劳动强度,提高工作效率,同时解决钻孔漏失、钻孔坍塌和硬岩层"打滑"的三大难关。另外,空气泡沫钻进和空气泡沫反循环钻进较好地解决了干旱缺水、冲洗介质漏失、孔壁不稳等钻进难题。气动潜孔锤钻进技术是目前突破硬岩的有效手段。由受控定向钻进技术发展来的水平钻进技术越来越受到重视,这种技术不仅能在井下沿煤层钻进,还能在地面沿垂直—圆弧—水平线轨迹进入煤层钻进(徐水师等,2009;胥哲等,2013)。

5.地球物理勘探技术

物探技术手段包括地面物探与钻孔测井两部分。

地面物探包括地震勘探、重力勘探、磁法勘探和电法勘探。它们主要通过对地震波的传播、重力、地磁、地电、放射性等地球物理现象的观察研究,确定含煤层的分布范围、埋藏深度,含煤盆地下伏基底的起伏情况和基本构造形态,发现和查明断层,圈定岩浆侵入体的分布范围,了解覆盖层的厚度,追索煤层露头,探测灰岩中的岩溶和圈定岩溶发育的范围,检查工作地区含煤地层放射性元素的赋存状况等地质问题。

高分辨率煤田地震勘探已发展成为煤炭资源勘查主要手段之一(侯世宁等,2010)。勘探方法从折射波法到反射波法,勘探技术从单一地震到多地震,从单分量到多分量,从初级勘探一体化到数据采集、处理和解释的三维可视化,从二维到三维,勘探能力不断提高。如今的三维地震技术不仅能查明煤田内落差 5m 以上的断层和煤层分叉、合并缺失等结构,还能查明煤层厚度变化、陷落柱、采空区等,解释煤层顶底板岩性变化和岩石力学性质等。随着三维地震勘探精度的大幅度提高,该技术不但打破了复杂山区、沙漠戈壁、厚层黄土、水域、沼泽、基岩裸露、岩浆岩屏蔽等地震施工禁区,而且在深部煤炭资源赋存规律、开采地质条件与精细探测研究方面也有较大突破,勘查能力进一步增强。

电磁勘探技术也在原理方法、仪器设备、数据处理方面有了较大改进。例如,使用可控音频大地电磁测深法在青藏高原有效地解决了高原冻土带高阻屏蔽层下第四系厚度、含煤岩系、基底深度、构造、基地起伏等地质问题。

钻孔测井主要包括电测井、放射性测井等。电测井方法又分视电阻率法、自然电位法、人工电位法、电流法和电极电位法等;放射性测井又分为自然伽马法、人工伽马法。测井在钻孔内进行,能解决的地质任务主要包括研究煤系的内部结构,判断岩层并对钻孔中岩、煤层等作地质解释(王定武,1995)。

测井是现今煤田地质勘探应用较多的技术手段。测井技术从开始的模拟测井到数字测井再到现在的成像测井,不断提高着测井技术的分层能力与解释精度(徐水师等,2009;胥哲等,2013)。

二、现代煤炭资源勘查技术手段

21 世纪是信息化时代,信息共享、多学科融合、定量化评价、智能化决策、三维可视化显示等将是未来煤炭资源勘查研究发展的主要方向,定量化评价方法和地理信息系统在煤炭资源勘查领域的应用,为煤炭资源勘查向定量化、信息化和智能化方向发展创造了条件(赵红亮 等,2013)。

1. 多元数据复合处理技术

随着煤炭资源开采范围及开采强度的增加,浅部资源日益减少,开采深度逐渐增加,开采地质条件越来越复杂。由于复杂条件下煤炭资源信息的有限性、隐蔽性、灰色性和不确定性等特点,现代煤炭资源勘查必须综合采用多种技术手段,勘查数据呈现多元、多类、多量、多维、多主题等特征。多元数据复合处理技术即利用 GIS 技术,采用多元信息的复合、融合、处理等技术,加强勘查数据的深层次信息提取(如对内部、深部、隐蔽和微弱信息以及新区信息的提取)。同时,由于各种信息间的关系主要是非线性特点,对煤炭资源勘查解决的关键问题进行研究时,通过建立多变量复合数学模型,实现煤炭资源勘查的定量化、系统化、计算机化和智能化(赵红亮 等,2013)。

2. 可视化与三维地质模型技术

现在煤炭资源勘查信息具有三维、动态等特征,可视化技术在煤炭资源勘查中的应用将日益普遍,并将结合虚拟现实、体视化、仿真、动态模拟等技术,实现三维可视化的数字煤炭资源勘查(赵红亮等,2013)。

3.信息化技术

随着计算机技术的发展,计算机和信息技术在煤田地质勘探各个领域迅速发展。除编制数字地质报告和实现数据的储存和共享之外,由于引入了许多高新技术,如并行分布式处理、大容量存储、工作站、多媒体、人工智能和神经网络技术等,计算机不仅可以实现对地质勘查数据的采集、存储、处理,以及辅助制图软件的开发和三维空间模拟,还可实现对勘探设备和测井仪器的智能化控制,用人机对话方式处理、分析、解释和显示地质勘探数据,控制各项操作和质量,选择有关参数等(胥哲等,2013)。

煤炭资源勘查信息化技术的引入,既能保证质量,减少工作量,还可以实现资料数据的共享,方便资料的存储、管理和使用(徐水师等,2009)。

三、现代煤炭资源勘查技术选择

目前我国东部地区露天和浅部煤炭资源基本上均已动用,勘查重点转入煤系赋存条件复杂、已有信息有限的巨厚新生界覆盖区、推覆体下、老矿区深部等区块。我国西部地区煤炭资源丰富,工作程度较低,自然地理条件恶劣,生态环境脆弱,交通不便。因此,常规勘查手段的使用受到很大限制,需要统筹考虑勘查区具体的地理、地质和地球物理条件,选择最适宜的勘查技术手段,布置合理的勘查程序,综合处理和深度挖掘多元数据,并根据地质条件的复杂性和多样性,选择形式多样的勘查模式。例如,在中国东部老矿区深部和外围巨厚新生界覆盖区应采用地震、钻探配合的勘查手段;在地层出露较好的低山丘陵地区则应充分利用地质填图和遥感技术,开展大比例尺填图和地质钻探控制验证的勘查模式,如在福建等地区效果非常好;在中国西部以高寒、沙漠为主的自然条件恶劣地区,宜先用遥感地质进行矿产资源综合调查,选择适宜开采的有利含煤区块进行地质填图和施工钻探工程,物性条件好的地区也可选择钻探和物探工程相互印证;在中国西南岩溶地区的暴露煤田和半隐伏煤田宜先开展遥感和地表地质填图,再合理施工坑探工程和钻探工程;在中国北方华北平原隐伏煤田则应以物探控制构造形态为主,并结合钻探验证煤层和采集样品(徐水师等,2009)。

第二节 煤炭资源勘查的煤层对比方法

资源勘查工作的基本原则是在尽可能短的时间内,用尽量少的钻探、物探工作量探清煤层在地下的赋存情况、埋藏深度、层数、厚度、煤质以及它们的变化情况,并按照煤勘查规范合理计算出煤储量。但含煤岩系中一般都含有几十层甚至上百层煤层,因而要想根据地表露头、钻探和物探资料弄清不同煤层的赋存状况,必须正确进行煤层对比。

实践证明,煤层对比工作的结果不仅直接影响煤层储量的计算结果和煤质的评价,还会影响煤层构造形态的正确判断和解释,甚至在矿区投入生产后,煤层对比的错误将导致巷道开拓错误以致报废。因而,煤层对比是煤田勘查的关键问题,在构造复杂、煤层不稳定,或煤层层数多、层间距小、标志层不明显的地区尤其重要(孙平,1996;武汉地质学院煤田教研室,1981;邹常玺等,1989)。

一、煤层对比概念

所谓煤层对比,就是将一定范围内(一个井田、一个矿区或一个煤田)的天然露头、山地工程、物探、钻探和生产巷道所揭露的煤与岩层资料收集起来,绘制成对比柱状,借助于一些对比标志弄清各个煤层的相互关系,把各个相同的煤层按其自然的埋藏状态连接起来,以达到查明煤层在含煤岩系中的层位、层数、结构、赋存、煤质及其它们的空间变化规律等特征的过程(陶长晖等,1988;邹常玺等,1989)。

从煤层对比的概念可以知道,做好煤层对比工作,应着重解决以下几方面的问题(邹常玺等,1989):

(1)确定含煤岩系中煤层的层位、层数及空间位置、赋存状态和变化规律。

(2)解决含煤岩系中各主要煤层组、复杂结构煤层和简单结构煤层或煤分层的关系。

(3)研究煤层的厚度和结构、构造的变化规律,并对引起煤层厚度变化(增厚、变薄、分岔、尖灭、缺失等现象)的原生和后生作用的原因进行分析。

(4)研究煤层的煤岩、煤质变化规律及含煤岩系与煤层沉积的古地理。

二、等时层序地层格架约束下的煤层对比方法与技术

层序地层学研究在国内外方兴未艾,层序地层学理论的核心内容是建立等时层序地层格架、研究沉积演化规律与能源聚集规律,其应用领域不断拓展,为煤岩层对比提供了新思路。目前层序地层学的研究对象已从被动大陆边缘扩展到前陆盆地、克拉通盆地和内陆盆地,研究时限从中新生代延至早古生代以前,研究手段从地震资料处理向测井解释和露头分析拓展。高分辨率层序地层学使精细地层对比成为可能,并已应用于含煤地层的研究。目前,华北聚煤盆地、东北聚煤盆地、华南聚煤盆地、西北聚煤盆地等的层序地层学研究已取得长足进展,特别是华北晚古生代聚煤盆地层序地层学的研究成果为我们提供了很好的工作基础。

(一)层序地层格架

众所周知,沉积盆地的地层格架(stratigraphic framework)是指盆地中地层和岩性单元的几何形态及其配置关系是一种三维概念。等时地层格架是依据地层界面的等时性,对盆地中各地层单元精确对比基础上建立起来的地层框架,它保证了界面及层序单元对比的等时性、内部的合理分级及沉积构成特征。层序地层格架成为年代地层格架则需要与高精度古生物学、同位素地质学、古地磁学等方法结合,确定界面的年龄。盆地的等时地层格架建立的重要意义在于可以确立盆地地层格架中各沉积层序或各体系域中沉积物充填序列及空间展布,确立沉积体系类型以及矿产富集的有利地区,为矿产资源评价和勘探开发提供可靠的基础地质依据。

当前,层序地层学在油气勘探领域的应用与发展得到了全球地质学家尤其是石油地质学家的普遍关注和重视,而层序地层学应用中很重要的一项内容就是建立盆地的等时地层格架。层序地层学中强调的等时地层格架,即层序地层格架是依据层序界面的等时性、盆地中的各地层单元之间的形态和相互关系建立起来的年代地层框架,它不仅坚持了层序界面的等时性,还注重层序及体系域等地层单元的成因分析。

层序地层学等时地层格架是通过地震资料建立起来的地震层序格架,并结合了野外露头资

料、测井层序分析、生物地层资料、岩相和沉积环境解释等资料来建立的,同时利用了生物地层学和其他年代地层学的方法来确定基准面变化所处的地质年代,因而层序地层学的地层单位是具有等时的物理界面(图8-1)。这种等时物理界面表现在以不整合面为标志的层序边界、沉积体系域边界和以海泛面(或湖扩面)为标志的准层序边界。

大多数的地层学家认为,年代地层学界线应当是在没有偶然事件发生的地区随时可能定义。但是将间断作为年代地层学界线只是代表一种时间间断。而当此时间间断在其他地方出现沉积和化石时,就无法进行区域性的年代地层学划分。所以,年代地层格架只有建立在层序地层格架的基础之上,才具有对比的意义。在建立年代地层框架时应有统一的认识:以不整合为标志的层序边界具有年代意义;沉积体系域边界具有年代意义;以海泛面为标志的准层序边界也具有年代意义(刘震等,1992)。

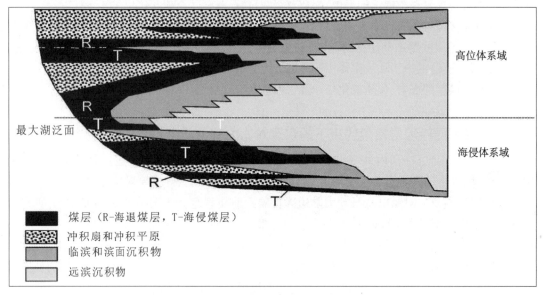

图8-1 在一个沉积层序内海侵和海退煤层发育的 Diessel 图解模式
(据 Diessel,1992)

(二)等时层序地层格架约束下的煤层对比方法

在层序格架下进行煤层对比,首要工作是建立高精度的层序地层格架,进而利用具有等时性的层序和准层序界面或海泛面等进行煤岩层对比。国内外许多地质学家提出不同的层序地层学研究方法,如池秋鄂等(1997)提出层序地层的三元分析法,它是以地震剖面、单井资料和露头、岩芯资料的古生物为基础的层序地层学研究方法,综合起来可以分为露头层序地层学、单井层序地层学和地震的层序地层学三方面的研究及其综合。王华等(2002)在层序地层学研究中采取"点、线、面"的研究思路、工作流程和研究方法,并始终贯穿在露头层序地层学、单井层序地层学以及高精度层序地层学的研究过程中,这样更能直观、全面和科学地对盆地进行层序地层学研究。

1. 地震层序地层格架分析方法

地震资料以其覆盖面积大、能反映地层相互接触关系和沉积体宏观的三维形态为特征,虽然地震资料的垂向分辨率比测井和岩芯资料低,但其连续的地震反射具有相对年代地层意义。地震资料的反射终止关系,如上超、下超、顶超、削截和同相轴的振幅强弱、连续性及横向延展方向的变化等能提供有关层序、沉积、构造等方面的地质信息。

依据常规叠偏地震资料在断陷盆地可以划分层序、体系域等层序单元,研究地层叠加方式、体系域内的沉积体系组成,分析基准面变化规律。通过井震层位的标定,建立层序地层格架。在坳陷盆地由于地层厚度较小,利用常规地震资料可以划分出层序单元,而划分出体系域较难,但如果利用高分辨率地震资料,将测井层序分析的结果进行标定,可研究层序内部体系域特征。

2. 钻井高分辨—高频层序地层格架分析方法

钻井资料的分析主要是通过对井中的岩芯、测井资料进行分析研究,划分井中地层的准层序、体系域、各级层序,并分析其沉积相和沉积体系的配置关系,同时配合岩芯中的生物地层学资料和同位素年龄资料,确定井中地层年代地层格架,为联井层序地层的对比奠定基础。在测井曲线上的分析中,应着重识别层序界面(Sequence Boundary)、首次洪泛面(First Flooding Surface)和密集段(Condensed Section)的标志,因为它们不仅是体系域的边界,同时也是层序划分和煤层对比的基础(图8-2)。

在地震剖面中划分层序地层单元、体系域,并在地震剖面上分析层序内地层的沉积相、沉积体系展布时,以地震剖面上特殊的反射终止类型(顶超、削截、上超及部分下超等)识别不整合面作为划分层序的主要依据,并兼顾内部总体反射特征。另外,

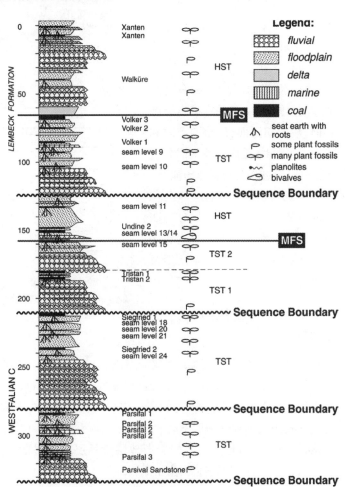

图8-2 德国鲁尔盆地晚石炭世煤系上部地层柱状剖面图
(据 Diessel,2006)

钻井层序地层的联井对比,主要是以"点"分析的资料为基础,对比井间的层序地层中各沉积相、沉积体系的侧向空间展布。在地震剖面上识别的层序界面、体系域、沉积相和沉积体系特点要与"点"分析中的识别相印证(图8-3)。

对研究区的每一个重要构造选择代表性的钻井(较深、钻遇目标层位的)进行观察、分析,划分高级层序单元(高频层序)和识别其体系域,一维钻井层序地层分析,即是上面提到的"点、

线"分析,在"点、线"上的分析主要包括以下的主要内容。

(1) 岩芯相分析。提取各种相标志信息,包括岩石颜色、岩石类型、碎屑颗粒结构、沉积构造、古生物、地球化学标志等,绘制代表层段的高频层序关系图。

(2) 测井相分析。根据多种电性曲线形态特征及其组合特点、准层序的叠加方式,绘制其层序展布、体系域类型、沉积相特征及其各微相类型图。

(3) 强调利用高分辨率过井地震剖面配合,尤其是在确定层序界面、最大湖泛面、初始湖泛面和确定古水深时,更应强调剖面分析与钻井分析的相互校正与印证。

(4) 井间的层序地层和沉积相的对比分析。可进行划分到四级层序或体系域的对比,标定层序边界、最大湖泛面、初始湖泛面及其横向变化。

3. 层序地层格架约束下的煤层对比

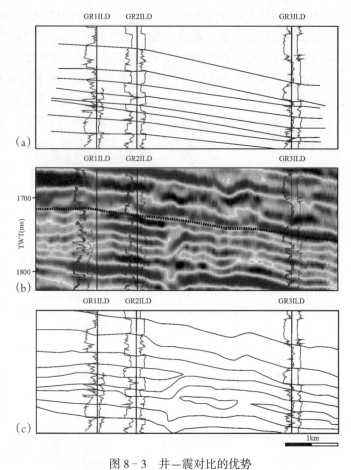

图 8-3 井—震对比的优势
(a) 井—震结合之前的可能对比结果;(b) 井—震结合的剖面
(据 Zeng 等,2004);(c) 井—震结合之后的对比结果

在建立高精度层序地层格架的基础上,根据准层序类型、海泛面的特征、体系域准层序发育特征、准层序在层序中的位置及准层序内部相序进行层序内准层序对比分析;据准层序先对比含煤地层等时层段,再据等时段内煤岩层位置进行详细对比。比如 Michael Holz(2003)对巴西 Parana 盆地层序地层学的研究。根据测井、岩性和露头剖面资料,建立了包括 Itarare、Rio Bonito 和 Palermo 地层单元的岩石地层段的层序地层格架,编制了煤层走向和倾向剖面对比图。图 8-4 为一个代表性的倾向剖面图。

4. 等时层序地层格架约束下的煤层对比技术流程

等时层序地层格架约束下的煤层对比技术流程主要步骤大致为:资料收集—层序地层划分—层序地层分析(体系域分析)—煤层对比分析。

1) 资料收集

(1) 高分辨的三维地震资料的应用是进行高精度层序地层研究的重要技术支持。应用 3D 地震资料进行特殊处理的技术为地质学家进行精细的油藏描述和层序、体系域分析提供了极其重要的手段,大大提高了层序和油藏解释预测的精度。因此,在资料收集上,在有可能的情况下,

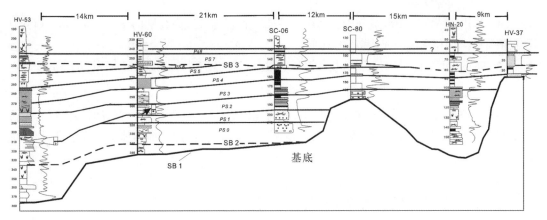

图 8-4　巴西 Parana 盆地南西-北东向倾向剖面图
（据 Holz, 2003）

地震资料的获取是极其重要的，表现在骨干地震剖面的选择（包括测井资料的收集）上，选择过整个盆地的"网格"状剖面，重点选择其中过盆地中主要的构造和主物源走向以及次要构造和主物源方向的剖面。

（2）单井的选择，钻遇研究区的典型地层，需要有完整的测井曲线和尽可能多的取芯。一般来说，对研究区重要构造选择代表性的钻井（较深、钻遇目标层位的）进行观察、分析，划分高级层序单元（高频层序）和识别其体系域；对研究区的钻井的岩芯相进行分析；绘制代表层段的高频层序关系图；对钻井的测井相分析，划分出了体系域类型、沉积相特征及其各微相类型的垂向演化；利用高分辨率过井地震剖面的配合和典型剖面的层序地层构成样式分析；同时在井间进行层序地层和沉积相的对比分析等。

（3）由于露头资料是层序地层学最直观、最真实、最详细的资料，具有钻测井和地震资料所不具备的高分辨率的特点，且对层序地层学一系列基础问题的研究，如在露头上如何开展最大海泛面、侵蚀谷体系等的识别等具有重要的应用价值。因此，在有露头资料的前提下，开展层序地层学研究是一定要考虑其应用。

在地表露头的选取与观察方面应尽可能选择那些地层出露齐全且能连续追踪、易于观察的露头，进行野外露头的研究工作。要收集层序边界、体系域、凝缩层及沉积相标志，从而进行高分辨率的层序地层学解释。

2）层序地层划分

（1）识别主要层序（体系域）界面。在地震剖面上通过地震反射终止方式的识别，进行层序边界的识别。在层序界面之间通过地震反射结构识别最大海泛面，初始海泛面，划分体系域。在地震层序划分的基础上，在钻井中通过岩芯、岩性和测井曲线分析，识别层序边界和体系域边界。识别的边界要与地震剖面上识别的界面相对照并以地震界面为主作适当调整。

（2）层序（体系域）的划分。根据层序界面的识别结果，在地震剖面和单井中进行层序（体系域）的划分，并根据层序边界的类型对层序的类型、级别和体系域类型进行分析（Vail et al, 1977）。

（3）建立层序格架。在层序地层划分完毕后，通过总结若干层序地层划分的结果，描述等时层序地层格架。

3）层序地层分析

（1）单井高精度层序地层分析。利用测井曲线和岩芯进行高级别的层序（体系域）划分以及高精度的沉积相和沉积亚（微）相识别。

（2）联井剖面层序对比分析。分析体系域、准层序组的发育特点，以及沉积环境的空间变化。

4）煤层对比分析

在建立高精度层序地层格架的基础上，先对比含煤地层等时层段，再据等时段内煤岩层位置进行详细对比。对比过程中参考标志层和煤层煤质等对比方法，准确地识别煤层，取得合理的对比结果。

三、二维三维地震剖面煤层对比方法与技术

二维三维地震剖面煤层对比是通过对全区时间剖面的对比解释，把各个钻孔相应的煤层通过地震时间剖面连接起来，从而完成煤层的对比解释，其解释结果准确可靠。

要正确解释地震资料，还原各种地质现象，煤层反射波的标定非常关键。煤层反射波是煤层与其围岩共同作用的结果，煤层反射波除与煤层厚度有关外，还与上下围岩的岩性及其厚度有关。如果煤层与顶、底板岩石速度和密度等物性参数差异较大，可以形成较强的反射波。通过确立煤层及其顶、底板与其地震反射波的对应关系可起到对比煤层的目的。

图 8-5 是利用地震反演资料解释煤层分叉合并边界与煤层夹矸的实例。首先根据测井数据得到合成记录，在时间剖面上以合成记录为依据进行煤层宏观结构的初步解释；然后以测井数据约束地震数据进行波动方程波阻抗反演，反演的波阻抗具有了钻孔资料

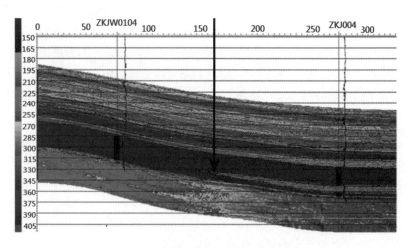

图 8-5 波阻抗反演剖面解释煤层结构
（据王松杰，2015）

相近的高分辨特性，较时间剖面更具有高分辨率。波阻抗反演剖面清晰反映了煤层的分叉合并、煤层的厚度变化等现象。经后期钻孔验证（箭头位置夹矸厚度 1.15m）说明根据时间剖面与波阻抗反演剖面圈定分叉合并边界是切实可行的。

以下通过实例来说明利用二维三维地震剖面煤层对比方法可解决以下煤层对比的问题。

1. 煤层划分

如图 8-6B 所示，首先，根据钻探资料将 B 组煤层划分为三大层（B_1^1、B_2^1、B_2^2），然后根据地震资料对各个钻孔之间的煤层关系进行确认。由于地震时间剖面上同一可采煤层的相位是连续

的,利于对比追踪,可以提高煤层对比的精度。

2. 确定分叉合并边界

在三维地震勘探之前,通过钻探成果结合二维地震资料对比煤层,图 8-6C 中钻孔小柱状显示 5 个钻孔的煤层厚度及结构均发生了较为明显的变化。图 8-6A 二维时间剖面 T_2^2 反射波变弱,与钻探资料综合定为 B_2^2 煤层在 ZK706 孔沉积缺失(图 8-6B)相对应;而三维地震勘探成果可以清晰地反映出两层煤之

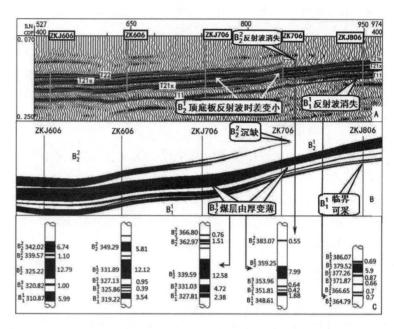

图 8-6 时间剖面、煤层柱状与地质剖面的关系
(据王松杰,2015)

间夹矸变薄,煤层合并。如果在三维数据体上对各煤层反射波进行追踪对比,并对部分测线进行波阻抗反演,可确定两煤层的分叉合并边界。

3. 控制煤层厚度

从图 8-6B 中可看出,该区煤层厚度变化较大,各煤层间距变化也较大,仅 B_2^1 煤层顶、底板反射波能分开,煤层厚度的解释是根据煤层反射波与钻孔揭露情况分块段进行的。对于煤层间距小、地震资料无法分开的区域采用钻探资料外推的方法;时间剖面显示良好的区域采用钻探与地震资料相结合的方法控制各煤层厚度。煤层厚度较大的煤层根据煤层顶、底板反射波的时差变化(图 8-6A)与钻孔煤层厚度的对应关系制作层速度平面,对煤层厚度进行量化计算。对于薄煤层区采用提取煤层反射波的相对振幅进行煤层厚度解释。图 8-6A 中最上边一层煤 B_2^2 的反射波由左到右由强变弱逐渐消失,说明煤层厚度由厚变薄(图 8-6B、C)。

4. 圈定煤层沉积缺失范围

根据合成记录确定的各煤层反射波对比煤层,以及反射波的能量强弱、连续性可圈定各煤层的缺失范围(图 8-6A)。

四、传统方法与技术

传统的煤层对比方法有标志层对比法、煤层本身特征对比法、岩相-旋回特征对比法、古生物对比法、岩矿特征对比法、地球化学特征对比法、地球物理测井对比法和地质剖面对比法。一般情况下用其中的某种或某几种方法就能基本解决煤层对比问题,其中最简便、最常用的方法是标志层法。但在构造复杂,煤层层数多而且不稳定,标志层又不明显的地区,需要用多种方法

相互证(邹常玺等,1989;陆春元,1987)。

(一)标志层对比法

标志层对比法操作简便,不需要大量的室内工作和专门的仪器设备,是煤田勘查及矿井地质工作中进行煤层对比的最常用最有效的方法(孙平,1996;武汉地质学院煤田教研室,1981)。

1. 标志层定义

此处的标志层是指具有用肉眼或借助于放大镜易于识别的特征,且层位稳定、厚度适中、分布广泛、易于找到的岩层。只要找到这些标志层,就可以正确地对比其上、下层位的煤层。广义的标志层是指用各种煤层对比方法所获得的标志层位(武汉地质学院煤田教研室,1981;邹常玺等,1989)。标志层可以是具有一定特征的某些岩层或煤层,也可以是具有一定特征的岩相或一定的岩相组合和旋回结构(陆春元,1987)。

2. 标志层条件

根据定义,作为标志层,应当具备以下条件(陆春元,1987):①标志特征明显易于辨认,即岩层的岩性、颜色、结构、构造等方面具有明显的特殊性;②岩层厚度较小,岩性稳定,分布广泛;③在整个含煤岩系剖面中具有垂直方向上的特殊性及水平方向上的稳定性,并且与煤层之间有固定的联系。

3. 对比标志层分类

标志层一般随着岩层沉积环境的变化而变化,任何一个标志层仅在一定范围内具有煤层对比的意义,因此,依据标志层的稳定程度可分为以下3类。

(1)区域性对比标志层。在广大区域内发育而且稳定,可作为煤田或煤产地之间的对比标志。如华北石炭-二叠纪含煤岩系中的G层和A层铝土矿层即属此类。

(2)全区性标志层。在整个煤田或煤产地内发育而稳定的岩层。如华北石炭-二叠纪含煤岩系太原组中作为煤层顶板的石灰岩和某些煤田内稳定煤层本身。

(3)局部性对比标志层。由于稳定性的限制,仅在一个矿区或一个井田范围内比较稳定的标志层。如安徽省淮南市朱集西勘查区的花斑泥岩标志层即属此类。

在实际的含煤岩系中,可用于一个煤田范围内各矿区之间对比的区域性标志层(如某些凝灰岩层、高岭石泥岩层和铝土矿层等)很少见,大多数标志层属于稳定性有限的局部性标志层,只能用于矿区内或井田范围内的煤层对比。因此,在应用标志层对比法时,不仅要注意寻找区域性标志层,更应注意寻找局部性标志层,具体原因如下:①局部性标志层数量多易找到,而区域性标志层数量少;②实际工作中提出的问题大多数是属于矿区或井田范围内的煤层对比,这些问题有时只有充分利用各种局部性标志层才可以解决;③当涉及到大范围对比时,可利用局部性标志层"此消彼长"的特点,即当一个局部性标志层行将消失时,可能在其邻近层位上发现另一个局部标志层,逐步扩大对比范围,达到大范围内对比煤层的目的(武汉地质学院煤田教研室,1981;孙平,1996;邹常玺等,1989,陶长晖等,1988)。

4. 含煤岩系的主要标志层

在含煤岩系中,可作为标志层尤其是局部性标志层的岩层很多。实际上,任一岩层只要在颜色、成分、结构、层理、结核、生物化石、动植物化石等任一方面具有肉眼可以察觉的显著不同于相邻岩层的特征,而该特征又在水平方向上具有一定的稳定性,均可以当作标志层看待(武汉地质学院煤田教研室,1981)。如含煤岩系中常见的沉积稳定的石灰岩、铝质岩、油页岩层、燧石层、某些凝灰岩、高岭石泥岩和铝土矿层等一般都是良好的标志层,含煤岩系常见标志层见表 8-1(陆春元,1987;武汉地质学院煤田教研室,1981;陶长晖,1988)。

表 8-1 常见含煤岩系标志层

含煤岩系	标志层	举例
海陆交互相	富含动物化石的石灰岩直接顶、铝质岩及粘土岩,夹在非海相层位中富含动物化石的粉砂岩和泥岩层,成分单纯的石英砂岩,富含星散状黄铁矿的致密状黑色泥岩以及硅质岩层	华北石炭纪——二叠纪太原组石灰岩直接顶
海相	富含动物化石的粉砂岩和泥岩层、成分简单的石英砂岩、富含黄铁矿的致密状黑色泥岩和硅质岩,以及富含氧化铝的铝土矿、耐火粘土或铝土质页岩等	华北石炭纪——二叠纪含煤岩系底部和上部的铝土矿
陆相	碎屑成分有明显差别的砾岩和砂岩带,富含淡水动物化石或植物化石的粉砂岩和泥岩,季节性水平纹理异常发育的湖泊相粉砂岩和泥岩、油页岩、菱铁矿层,以及凝灰岩、变质砂岩	北京西山早侏罗世"龙门砾岩"顶板,我国西北及东北地区的中生代、新生代油页岩煤层顶板
近海相	富含动物化石的海相泥质岩、粉砂岩层;细微特殊标志(含黄铁矿结核、古生物碎壳、鲕状结构)的岩层	西南地区晚二叠世含煤岩系的铝质岩
远海相	含完整植物化石、具典型纹状层理的湖相泥质岩和粉砂岩,粗、中粒碎屑岩层、砾岩层等煤层顶板	湘中测水组上部的石英质砾岩

5. 利用标志层对比法进行煤层对比实例

在应用标志层对比法进行煤层对比时,由于不同地区各个含煤岩系形成环境不同,所以选择标志层要因地而异,选择煤层顶、底板及其邻近的岩性特殊的岩层,含有特殊化石或具有特殊结构、构造的岩层作为标志层(孙平,1996;武汉地质学院煤田教研室,1981)。如贵州某二叠纪煤矿区曾利用煤层中高岭石泥岩夹矸分布情况及结构变化对煤层进行了对比(图 8-7)。

(二)煤层本身特征对比法

当煤层稳定或较稳定时,煤层本身具有的特征(如煤层的厚度、稳定性、结构复杂程度、煤岩组分、煤岩特征及物理化学性质的差异等)也可作为对比标志(陶长晖等,1988)。物理化学性质包括煤层开采时易破碎、煤质坚硬、灰分高等都可作为对比特征(陆春元,1987)。

1. 煤层基本特征对比法

煤层基本特征包括煤层本身厚度、煤层结构、煤层层间距和煤层的岩性岩相特征等。

(1)煤层厚度对比。厚煤层或厚度稳定的煤层本身就是标志层。如华北地区中部山西组中下部的一层厚度大而延伸稳定的煤层,分布广泛,层位稳定,当地人所谓的"大煤""头煤""丈

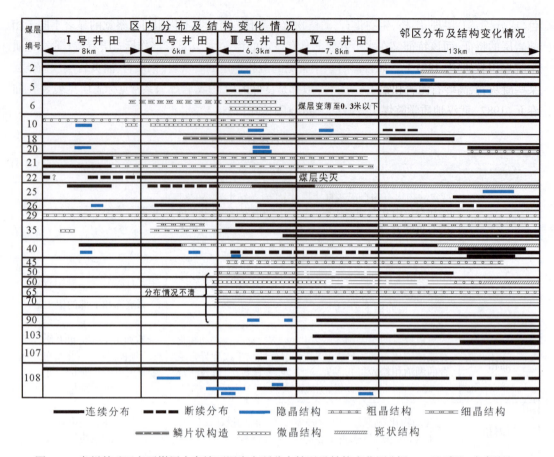

图 8-7 贵州某矿区主要煤层中高岭石泥岩夹矸分布情况及结构变化图（据 116 地质队，李孝颐）

"八煤"就是该地区煤层对比的标志层。在煤层对比时，可把此煤层作为本区的对比基准，上下的煤层根据其自身的特征和特定层位来逐层确定（武汉地质学院煤田教研室，1981）。

有时也可根据钻孔揭露煤层厚度的空间变化规律来对比煤层。如新疆某矿区 C 组煤层东西走向上在 3.1～50.48m 之间变化，南北倾向上在 2.38～7.7m 之间变化，各个方向煤层的厚度变化都较大，特别是东西方向，整体特征体现为西北厚东南薄，而 A 组煤层厚度东西向在 2.4～1.5m 之间变化，南北向变化不大。

（2）煤层结构对比。煤层结构指夹矸的岩性、层数、厚度等特征及其成层情况。夹矸的分布层位，与煤分层的相互固定层位关系等亦可作为煤层对比的标志。如黔西某矿区中煤组 20 号煤层，结构复杂，一般含矸石层 3～5 层，多者可达 7 层，俗称"五花炭"，是与相邻煤层区别的明显标志（陆春元，1987）。

（3）煤层间距对比。层间距是指上一层煤底板与下一层煤顶板之间的垂直距离。在海陆交替相含煤岩系中，成煤环境比较稳定，各主要煤层的层间距在一定范围内往往是比较稳定的，即使是成煤环境变化较大的陆相含煤岩系，各主要煤层的层间距在井田范围内变化不大，或有规律可循。因此进行煤层对比时，在充分利用标志层对比的基础上，相邻煤层的组合及层间距也可作为对比依据。对于次要煤层，若其与某一主要煤层的层间距稳定而相伴出现时，也可利用层间距来对比。此外，在煤田勘查工作中，层间距稳定时还可作为分析矿区断裂构造、判断断层性质和确定落差的一种依据。

在成煤过程中由于同沉积构造作用所造成的煤层分岔、尖灭、变薄等现象,以及后期改造对煤层所起的破坏作用,都会使煤层的间距发生变化。所以,在应用层间距对比时,必须要充分研究煤田的成因特征(陆春元,1987;邹常玺等,1989;陶长晖等,1988;孙平,1996)。

(4)岩性、岩相对比。岩性、岩相对比法是指根据煤层及岩性组合来确定对比标志层。如大同煤田西南部含煤地层各组之间及下伏上覆地层之间,在岩性、岩相方面存在着明显的差异性。在岩性方面,本溪组以泥质岩类、灰岩、细碎屑岩类为主,而太原组则以中粗碎屑岩类、煤层为主。在岩相方面,本溪组以潟湖、潮坪、碳酸盐岩台地相为主,局部有泥炭沼泽相,沉积相种类之多,交替频繁,规律性不明显。太原组则以三角洲相滨海平原、泥炭沼泽相为主,沉积韵律稳定而清楚,组合规律明显。山西组沉积以河流相沉积为主,下部旋回结构完全,地层稳定;上部旋回结构不完全,地层变化大(徐立,2013)。

2. 煤岩特征对比法

同一煤层在一定范围内形成时的环境和形成过程中水介质的物理化学性质、原始物质的堆积及演化基本上相同时,该煤层的煤岩成分和特征应是基本相似的,不同煤层的煤岩成分和特征则往往是不同的。

所谓煤岩特征法对比法就是根据不同煤层成煤环境和成煤植物类型的差异,煤岩类型和组合特征也就不同。针对不同煤层的宏观煤岩类型和显微煤岩组分的特征、含量及其变化规律进行煤层对比的一种方法(孙平,1996;陆春元,1987)。

(1)宏观煤岩特征对比法。利用煤岩特征对比煤层时,首先应详细观察和描述煤层剖面,分层鉴定,划分煤岩类型,绘制煤层煤岩类型柱状图和剖面图,然后根据不同煤岩类型和组合特征,进行煤层对比。对钻孔煤芯煤样进行观察、描述时,应以绝大多数的碎煤块的特点作为标准,除描述各煤分层的煤岩类型

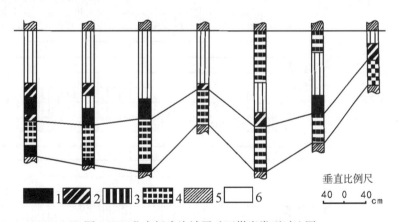

图 8-8　北京门头沟城子矿区煤岩类型对比图
1. 光亮煤;2. 半亮煤;3. 半暗煤;4. 暗淡煤;5. 粉砂岩;6. 泥岩夹矸

外,还应注意某些煤分层的一些特殊物理性质,如硬度大、鳞片状或松散状、光泽极暗淡等(孙平,1996;陆春元,1987;武汉地质学院煤田教研室,1981)。北京门头沟城子矿区曾根据光亮煤与暗淡煤所占比例进行煤层对比(图 8-8)。

(2)显微煤岩特征对比法。当煤芯煤样十分破碎时,选有代表性的钻孔剖面煤样制成煤砖光片,在显微镜下进行显微组分的系统煤岩定量,选择在垂向上变化大而横向上较稳定的煤岩组分作为对比标志,进行煤层对比。根据表 8-2,某煤矿 5 煤层显微煤岩组分比较简单,以凝胶化物质为主,丝炭化和稳定物质含量较少,6 煤的比较复杂,丝炭化和稳定物质较高。据此可解决 5、6 煤层的对比问题(孙平,1996;陆春元等,1987;武汉地质学院煤田教研室,1981)。

表 8-2　某矿 5、6 煤层显微煤岩组分定量结果比较（中国矿业学院、北京煤矿学校，1982）（单位：%）

煤层	凝胶化组分	半凝胶化组分	丝炭化组分	稳定组
5	73	13	12	0.5
6	45	18	28	8

3.煤质资料对比法

为了研究和评价煤炭的质量，要做大量的工业分析、元素分析及各种工艺性质试验，从所获得的大量测试数据中找出某些煤质特征指标，可以作为煤层对比的良好标志。例如，煤中硫的含量对成煤地球化学条件的变化反映灵敏，一般海陆交互相含煤岩系中的煤层含硫量较高，以无机硫为主；陆相含煤岩系中的煤层硫含量较低，多以有机硫为主。煤的灰分作为对比煤层的标志，其变化情况同硫含量关系密切，二者结合起来是一个很好的对比标志。

滇东某矿区晚二叠世含煤岩系的中上段 C_7 和 C_{7+1} 两层煤的煤质指标有很大的差异，如图

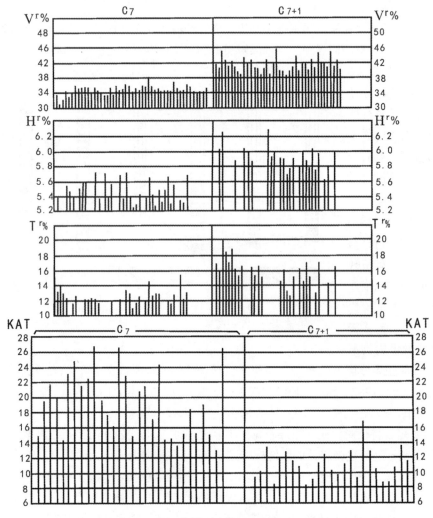

图 8-9　滇东某矿区利用煤质指标对比煤层

8-9，每个竖线代表一个采样点，C_7煤的可燃基挥发分（V^r）在34％左右，而C_{7+1}则经常在40％以上；C_{7+1}的有机物氢含量（H^r）和低温焦油产率（T^r）均比C_7高得多。两煤层的KAT值（煤灰中的Al_2O_3/TiO_2值）差别明显，可用于进行煤层对比（邹常玺，1989；武汉地质学院煤田教研室，1981；陆春元，1987；陶长晖等，1988）。

（三）岩相—旋回特征对比法

含煤岩系各岩层的岩性、岩相，在水平方向上会发生变化，如湖相泥质岩可能被三角洲相的砂岩所代替；海相灰岩也可能变为潟湖相泥质岩、粉砂岩。这种岩性、岩相的横向变化，使一些岩层失去其对比标志性。而大多数含煤岩系，特别是近海型含煤岩系，由于海浸或海退的原因，在垂直方向上一般具有明显的或较为明显的稳定的旋回结构，煤层在旋回中的分布也有一定的层位和规律。为了寻找比岩性岩相更加稳定可靠的对比标志，就要从岩相的组合关系入手，寻找确切的标志，于是就出现了岩相—旋回对比法。其具体步骤如下。

（1）在一个地区选择2～3个典型的剖面或钻孔岩芯进行详细的观察与描述，根据相的成因标志确定各种相的类型及相组合特征，并找出各种相在水平方向和垂直方向上的变化规律。

（2）根据相及相序的组合规律，划出含煤岩系的旋回结构，编制岩相—旋回柱状图。

（3）在柱状图上确定旋回的数目、类型，并找出若干个具有控制性的标准旋回（即厚度和结构沿横向变化不大的含煤旋回），作为岩相—旋回对比的标志。

（4）编制岩相—旋回对比剖面图。首先以控制性标准旋回为基准，把矿区或井田范围内的全部岩性、岩相柱状图按照一定的顺序排列起来。然后与标准柱状对比（先对比控制性大旋回，其次对比小旋回，最后再对比煤层）。

海陆交互相含煤岩系旋回结构明显，横向稳定，因而运用此法能较好地解决煤层对比问题。在陆相含煤岩系中，由于相变急剧、旋回结构横向不稳定、可利用标志少，有时只能对比到中旋回（即煤组），而更进一步的对比则需借助于其他手段的配合（邹常玺，1989；武汉地质学院煤田教研室，1981；陆春元，1987；陶长晖 等，1988）。

（四）古生物对比法

生物化石在地层剖面上常具有一定的共生组合特征，可以把地层按化石组合面貌进行分带。分带愈细，对比就愈准确。根据大量出现的主要种属和共生种属在不同层位上的差异，便可进行煤层对比。目前常用的是动植物化石对比法和微体古生物对比法。

1. 动植物化石对比法

该方法是利用动植物大化石的种属、数量、生态、组合关系、保存完整程度、矿化特征及生物活动遗迹等方面的特征进行煤层对比。同时，动植物化石的保存状态和矿化特征，反映一定的沉积环境，也可作为对比依据。

采用这种方法对比时，首先要对各化石层中含有哪些种类的化石，各种化石的相对数量关系以及化石的保存程度和古生态特征等都予以详细描述，从中寻找可以用于对比煤层的标志。还应特别注意标准化石（生存时间短、演化速度快、分布广泛、易于找到的化石）的出现和消失。标准化石是确定含煤岩系时代和划分含煤组、段的主要依据。但由于聚煤期很短，仅依靠标准化石一般只能确定大的层组关系，而不能直接用于更细致的煤层对比。因此，要依靠该化石组合中的某一种或某几种化石分子可能占有的特殊层位或是在数量上的特征。在利用生物化石的种属、生态特征进行煤层对比时,对同期异相的化石层对比,应注意结合岩相—旋回研究来进行。如广东曲仁煤田某矿区,利用古生物比石的不同组合对比出东煤段和余煤段煤层(图8-10)。

应该指出的是,由于含煤地层中动物化石少、植物化石多,加上聚煤时代短(一个世或一个纪),因此用这种方法对比有时不够精确,只能确定大的层组关系。目前我国多用此法进行大区域内含煤岩系剖面的对比,用以确定时代和层位。

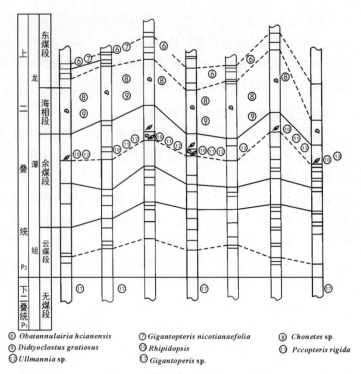

图8-10 生物化石煤层结构对比图示

2. 微体古生物对比法

该方法包括利用微体古动物(主要是有孔虫类)和微体古植物(孢子和花粉)两种方法。前一方法只有当含煤岩系富含有微体动物化石的层位时才能应用,故在应用上受到限制;后一种在不同类型的含煤岩系中部有广泛分布,因而此法在含煤岩系划分和对比已被普遍应用。

(1)微体古动物对比法。含煤岩系中发现的微体古动物有苔鲜虫、有孔虫、介形虫等。这类化石具有个体小、数量多、分布广、保存好、易找到等特点。因此,用少量的岩芯就能进行鉴定和统计,据此可确定含煤岩系的时代和划分含煤组、段,进而解决煤层对比的问题。

如黔西盘县矿区9号煤层的顶板,在一井田自下而上为黑色泥岩且富含大型舌形贝化石,灰色砂质泥岩富含腹足类、双壳类和腕足类化石;在二井田只有一层灰色砂质泥岩,与一井田的化石层一样,含腹足类、双壳类和腕足类化石(图8-11)。由此来看,此两个井田9号煤层顶板层位的岩性和化石组合是不同的,但根据岩相—旋回分析,它们均属第三中级旋回的终点,同属一

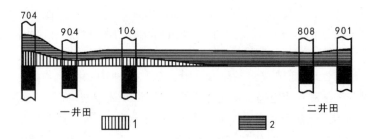

图8-11 黔西盘县矿区一、二井田9号煤层同期异相化石层对比图
1.黑色泥岩含舌形贝化石;2.灰色砂质泥岩含腹足类、双壳类和腕足类化石

个层位,是同期异相的产物,说明9号煤层形成后两个井田的沉积环境发生了差异。

(2)微体古植物对比法。该方法又称孢粉对比法。植物的孢子、花粉在不同时代、不同类型的含煤岩系中都有大量保存。其特点是个体小,数量多,保存程度好,垂向上变化大,分布范围广,根据少量的钻孔岩芯就能进行鉴定和统计,能较为有效地确定含煤岩系的时代和层位,但应用这一方法,要求系统地采样并进行大量而细致的室内鉴定。在受岩浆活动强烈破坏的或煤变质程度高的煤田中,该方法不适用。

孢粉分析法的工作步骤如下。

(1)采样根据目的和任务确定取样点、取样层位和数量。孢粉样主要采煤层及煤层顶底板。取样时应避开构造强烈破坏地带、岩浆岩接触地带、冲刷地带、杂物及相邻层位的岩屑混入等因素,并注意岩芯采取率,以便保证样品的代表性。

(2)制片和镜下鉴定统计。将样品用氧化剂浸解,分离出孢粉并制成薄片,在显微镜下进行鉴定,确定每个样品中的孢粉类型,然后按孢粉类型及种属进行

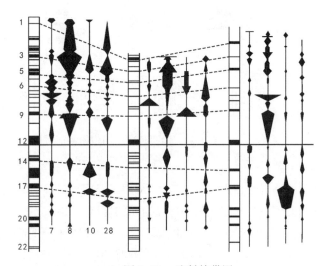

图8-12 孢粉棒带图

7.刺面三缝孢;8.皱面三缝孢;10.厚角三缝孢;28.刺面单缝孢

统计,计算出各类型和种属孢粉的百分含量,绘制出棒带图(图8-12)。

(3)剖面对比首先建立标准剖面,自下而上地确定含煤岩系中每一煤层顶底板中的孢粉鉴定和统计,求出每个样品中各属(或种)孢子的百分含量,确定其组合类型和特征。至于其他剖面(钻孔)的资料则均与标准剖面作对比。在对比时主要考虑下述各项标志:①标准类型孢粉,相当于标准化石,只出现于固定层位。即工作区内作为确定含煤岩系层位和对比煤层依据的标准孢粉种属。②孢粉在垂直剖面内的变化特征,孢粉中大多数种属在垂直剖面上均匀分布,但也有一些孢粉的相对含量在固定的层位上突然增高或降低,以致在孢粉棒带图上的曲线形状显示为一突出高峰。③各煤层或岩层所显示的特殊孢粉组合特征。每一岩层或煤层中,按一定组合关系出现的孢粉常占全部孢粉的60%~90%,沿走向分布十分稳定,孢粉种属和种间的百分比变化均不大,是煤层对比的良好标志。凡按一定组合关系出现的孢粉在40%以上时,即可用计算孢粉组合,用于煤层对比。④具有特殊孢粉成分固定层位,即某一煤层或岩层所固有的特殊孢粉属种。如某矿区1号煤层顶板有一种在其他层位未曾发现过的特殊的穴面三缝孢,其相对含量为3%~13%,是作为对比1号煤层的可靠标志。

孢粉对比法不仅能确定含煤岩系的时代和解决煤层对比的问题,有时还可解决煤层的分岔和尖灭的对比问题。如黔西某井田5号煤层有分岔合并现象,可根据顶、底板粉砂岩中三裂片三缝孢(11)的含量突然增高的特征来控制其顶板层位,根据三角形光面三缝孢(2)、圆形光面三缝孢(4)及粒面单缝孢(27)的组合特征来控制其底板层位,据此弄清了煤层的分岔合并和煤层对比问题(图8-13)。

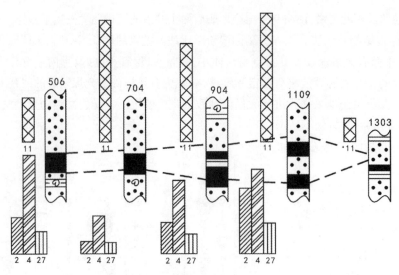

图 8-13 黔西某井田用孢粉特征对比 5 号煤层分岔合并图
2. 三角形光面三缝孢；4. 圆形光面三缝孢；11. 三裂片三缝孢；27. 粒面单缝孢

孢粉分析法在岩浆活动较弱、煤层未经强烈破坏、煤的变质程度较低的煤田中应用效果较好。因此，在中、新生代陆相含煤岩系的煤层对比中应用较广。但由于孢粉分析需要样品的数量较大，室内处理复杂、鉴定和统计繁琐及孢粉保存条件的影响，孢粉对比法的应用也受到一定限制（孙平，1996；陆春元，1987；武汉地质学院煤田教研室，1981）。

（五）岩矿特征对比法

岩矿特征对比法是指对含煤岩系中某些岩层的岩石进行室内鉴定，确定其在矿物成分、重矿物组合等各种显微标志，借此解决煤层对比问题。一般情况下，含煤岩系中同一岩层的岩石，在一定的范围内都具有相似的矿物成分、颜色、包裹体和重矿物组合，这就使利用岩矿特征进行煤层对比成为可能。岩矿鉴定的常用手段有薄片鉴定法、重矿物分析法、岩矿简易试验法和煤岩特征分析法等。这种方法在一些构造比较复杂、标志层不明显、煤层层数较多、煤的变质程度高的隐伏式煤田中作煤层对比时有重要的意义。由于系统地做岩矿鉴定工作量太大，一般是有重点地对某些有特殊意义的岩层作必要的检查，以弥补标志层的不足，因而常作为一种辅助手段使用。

1. 薄片鉴定对比法

利用岩石薄片鉴定成果进行煤层对比，通常是在野外工作的基础上，采集岩石样品，磨制成岩石薄片，在显微镜下观察碎屑岩的矿物成分、颜色、外形、含量、分选性、矿物的标型特征与次生变化情况，以及岩石的结构和构造，胶结物的成分和胶结类型等显微标志。这一过程中要特别注意一些"特征矿物"，如不稳定的斜长石、波状消光的石英和浅海成因的海绿石等。同时还要注意矿物的"标型特征"（如重矿物的晶形、颜色、石英的消光特征等）、百分含量、共生组合规律等。对泥质岩应特别注意鲕状泥岩的鲕粒组成、大小和内部结构等特征。它们往往可作为可靠的对比标志。

例如，江西萍乡矿区在勘探晚二叠世龙潭组含煤岩系时，在同一钻孔内发现了两层宏观特征十分相似的鲕状泥质岩，初期认为是断层造成的 B_4 地层重复 [图 8-14(A)]，但经过薄片鉴定，发现其中的一层鲕粒是以黄铁矿为中心，另一层鲕粒则以菱铁矿为中心，分别属于 B_3 和 B_4 地层图 [8-14(B)]。继续勘探的结果也证实了这一点。

2. 重矿物分析对比法

重矿物分析对比法是指对含煤岩系中的某些岩层进行必要的室内岩矿鉴定，研究其在矿物成分、重矿物组合等方面的特征，用于进行地层和煤层对比。通常情况下，含煤岩系中的同一岩层带在一定范围内应具有相似的矿物

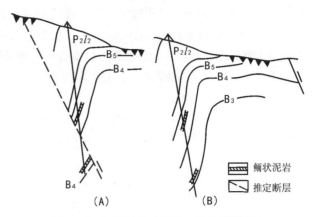

图 8-14　江西萍乡矿区晚二叠世煤层对比

成分和重矿物组合，不同的岩层带则因物质补给的差别和沉积环境的变化而在矿物成分、含量、标型特征和重矿物组合等方面有明显的差别。同时，一定的重矿物及其组合能够反映一定的陆源母岩性质及陆源碎屑物的搬运和沉积条件。因此，利用岩层中重矿物组合特征可实现煤、岩层对比。

重矿物分析的方法步骤是将采集的煤层顶底板及标志层的砂岩、粉砂岩等样品，先进行破碎，再经化学分解和处理及重液分离以后，在显微镜下对重矿物的成分、标型特征（大小、形状、晶形、颜色、包裹物及某些特殊光性）以及某些重矿物的共生组合关系等进行鉴定和统计，进而作煤层对比。

例如，河南义马矿区中生代含煤岩系下部含煤组，有两层煤，变化较大，两层煤顶板砂岩所含重矿物都十分丰富，但矿物共生组合和某些标型特征都有显著差别。下部的 1 号煤层顶板砂岩，以电气石、锆英石为主，上部的 2 号煤层顶板砂岩则以石榴石、电气石为主（图 8-15）。另

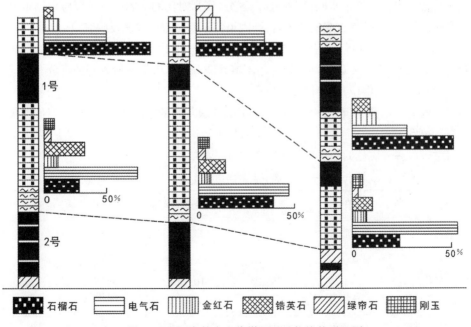

图 8-15　河南某中生代煤田重矿物柱状对比图

外,两层煤顶板砂岩的重矿物标型特征不同,1号煤层顶板的电气石以绿色为主,锆英石以肉红色为主;2号煤层顶板的电气石则以棕黄色为主,锆英石无色。由此即可把两层煤区别开。

单个重矿物在剖面上的特征及含量变化虽有规律可寻,但其横向上分布的稳定性较差,一定的重矿物的共生组合关系则是比较稳定的。

该方法在某些陆相含煤岩系中应用效果较好,有重点地对某些砂岩层或其他有特殊意义的岩层作必要的检查,可弥补标志层法的不足。由于系统地逐孔逐层做岩矿鉴定工作量太大,重矿物分析的室内分离工作繁琐,有时岩样中重矿物含量太少,此法的实际应用受到一定限制,故通常只把它作为一个辅助手段。

3. 岩矿简易试验

在煤田勘查工作中,对肉眼不易区别的岩层,可采集岩样进行简易的物理化学处理,然后根据其物理化学特征加以识别,进行对比煤层。常用的方法有含煤岩系中的泥质岩、粘土岩的染色分析、石灰岩的不溶残渣分析和描述及岩石煅烧简易实验等。这些方法的共同特点是所需样品少,操作简单,特别是当岩芯采取率低,应用其他方法有困难时,用这些方法常能取得较好的效果。

(1)染色分析。含煤岩系中泥质岩、粘土岩和煤层夹矸中的粘土矿物由于成分不同,对有机试剂的吸附能力也不同,染色后深浅不一,色调不同。因此,根据染色结果,可大致确定矿物成分,进行煤层对比。染色分析就是根据沉淀物的颜色、凝聚物特征及其颜色均一程度、悬浮液颜色和投入硅胶后试剂转移的情况等来确定层位的。

常用的有机色剂有浓度为0.001%的亚甲基蓝溶液,盐酸联苯胺饱和溶液,浓度为0.01%的二氨基偶氮苯溶液和氯化钾饱和溶液等。

在进行分析时,先将岩样破碎制成悬浮液(可用双氧水褪色),然后分别加入不同的有机试剂,摇匀静置,观察沉淀物的颜色,对照色阶进行命名。

不同矿物含量差别会显示不同色调而加以区分,作为对比的标志。染色反应对鉴定单矿物粘土岩较有效,对由复杂矿物组成的粘土岩,则因染色不明显难以准确反映其成分。

(2)石灰岩不溶残渣分析。不溶残渣是指石灰岩中不溶于盐酸(浓度一般为5%~10%)的碎屑物质、粘土物质和自生矿物等的统称。不溶残渣分析是根据不溶残渣的百分含量、颜色、成分等特点,确定石灰岩层位,进而作煤层对比。

如通过对南方某地龙潭组煤系剖面及其上下的5层灰岩的不溶残渣分析,发现各层灰岩的不溶残余物的颜色和百分含量都各有特色,从而找到了区分各层灰岩的简易方法,解决了当钻孔打到灰岩时难以区分层位的困难(表8-3)。

表8-3 南方某地龙谭组及上下不同层位灰岩不溶残渣分析对比

时代	层位	编号	百分含量/%	颜色	试验次数
晚二叠世晚期	P_2c 底部	1	35~45	水泥灰色	7
晚二叠世早期	$P_2l_3^2$ 中部	2	7~10	水泥灰色	4
	$P_2l_2^2$ 中部	3	10~12	灰黑色	3
	$P_2l_1^2$ 下部 B_3 煤顶板	4	8~26	深灰色	7
早二叠世晚期	P_1y 顶板	5	5~8	黑色	9

（3）岩石煅烧对比法。岩石煅烧对比法就是将所采集的岩石标本破碎后加温去掉其中可以燃烧和挥发的物质，利用所获得的高温氧化后的标本的不同特征进行煤层对比的一种方法。该方法样品加工处理简便，成本低，收效快，设备简单，对比标志易于观察和掌握，是野外广泛使用的一种煤层对比方法（孙宝民，1994；武汉地质学院煤田教研室，1981）。

岩石煅烧对比法的具体做法如下。

（a）系统采集样品。系统地采集煤层顶底板及标志层处的样品。

（b）制样煅烧。将采集到的岩石标本破碎到约（$2 \times 3 \times 1.5$）cm³ 大小，称取 50g 左右，放在马弗炉内逐渐升温到 880℃，煅烧 3～4h。除去其中可燃有机物和挥发性物质，获得一种高温氧化后的标本，利用煅烧后的标本的不同特征进行煤层对比。

（c）寻找标志进行对比。对比的特征主要有：①颜色。由于岩石的矿物成分不同，煅烧后标本的颜色也有很大不同。如湖南某矿区 6 号煤层顶板砂岩煅烧色以咖啡色为主，直接底板泥岩煅烧色则为浅灰绿色，而 7 号煤层顶板砂岩煅烧色为浅灰—灰白色，直接底板为浅灰—咖啡色，通过颜色将两煤层明显地区别开来。②组成成分。一般煅烧后的样品，相对稳定的矿物成分表现明显，易于鉴定其种类和含量。鉴定碎屑岩时，要注意煅烧后矿物的种类及分布的形式。对于石灰岩、硅质岩，要注意其中所含杂质的种类、含量以及吸水后的溶化程度，一般分为全化（粉末状）、半化（粒状）和不化（块状）3 种。③固结度。煅烧后岩样的固结度也发生很大的变化，有的由致密坚硬变得松散，有的则由松散变成致密块状。一般把燃烧后的样品分为松散、较松散和结实 3 种类型。④断口结构。样品经煅烧后其断口结构也有变化，有光滑外貌、呈麻点突起、收缩挠曲、膨胀成鼓包、叠纸状皱纹或龟裂等，是比较好的对比标志。⑤层理和韵律构造。煅烧后岩样的层理和韵律构造的变化特征，有时也可作为对比标志。另外条痕色、烧失量（%）、化石及层理的痕迹等都可以作为对比标志。

以青海省热水矿区牡丹沟井田的早中侏罗世含煤岩系为例，勘探初期认为井田内有 F_{18}、F_{26} 两条逆断层，使煤层多次重复，形成"南条煤二""中条厚煤""北条煤一" 3 个条带。为弄清这一问题补打 5 个钻孔后，分别对 3 个带煤层顶底板岩石用煅烧法进行对比，发现"北条煤一"与"中条厚煤"的顶底板煅烧后的特征相似，而与"南条煤二"的顶底板有明显的差别。因此，"南条煤二"与"中条厚煤"不属于同一煤层，它们之间也不存在 F_{18} 断层（图 8-16）。

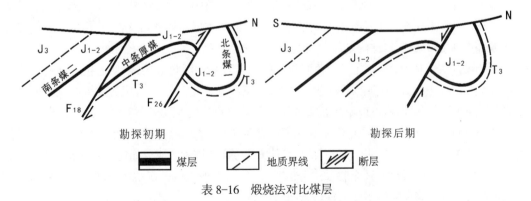

表 8-16 煅烧法对比煤层

（六）地球化学特征对比法

地球化学特征对比法是通过研究结核的成分和特征及煤、岩层中微量元素的分布和富集的情况，找出其规律性，借以进行煤层对比，可分为结核对比法和微量元素对比法。

含煤岩系是在一定的地球化学条件下形成的,因此,含煤岩系在剖面上的变化在一定程度上也反映着地球化学条件的变化,即聚煤盆地中水介质的化学性质、氧化-还原程度、有机质含量的变化等均可作为煤层对比的依据。

1. 结核对比法

应用结核进行煤层对比,主要是依据结核的物质成分、形态、结构构造和表面特征、结核的大小及形状、结核系数、结核体的产状及其与围岩的分离程度,常将垂直剖面划分若干结核带,可发现结核带与地层分层间有一定的联系,并在一定区域内比较稳定,借以进行含煤组、段的划分和煤层对比。

含煤岩系中结核的数量很多。在利用结核成分及其特征进行煤层对比时,应依靠同生的和早期成岩阶段的结核,尤其应注意结核的组合特征,这是因为结核的组合特征在垂向上是有规律地变化,反映地球化学条件的韵律变化,而在平面分布上则有一定的稳定性。其研究步骤如下。

(1)野外工作。详细观察、描述结核的成分、形态、大小、表面特征、结构、构造、产状及与围岩的分离程度、组合特征等。

在野外应尽可能多采集标本。在较大的结核中,由于各个部分的特点不同,应在中心和边缘部位分别采集标本。如采集标本受条件限制时,一般的结核采样原则是:①分布最普遍的;②类型极为特殊的;③直接与煤层伴生的;④含有化石的;⑤野外鉴定有困难的。有时野外观察可通过滴加冷、热盐酸时起泡的情况以及滴加氢氧化铵(NH_4OH)后铁黄色的色层深浅情况,加以初步鉴定。

(2)室内工作。①补充鉴定。根据标本对野外描述的内容进行检查、补充、鉴定。②对样品进行全分析,测定其化学成分,包括 SiO_2、Al_2O_3、Fe_2O_3、FeO、CaO、MgO、CO_2、烧失量、有机碳、某些标本中的全硫、H_2O 和 P。③用 2%～5%的盐酸作盐酸生成物分析、测定不溶残渣的上述指标。④按构成结核物质的主要矿物成分对结核进行分类,进一步可根据其他特征划分亚类,并根据各种类型结核的组合情况确定结核的组合类型。⑤划分结核带。在一个地区的正常剖面的每个层段内,各种类型结核的分布与数量即呈现一定的组合关系,根据这种组合关系(组合类型)在剖面上划分结核带。虽然各种类型的结核在各个带中都可能存在,但它们的组合比例关系却常常各有特色,很少重复出现,有时在不同结核带中还可以找到比较标准的有代表性的结核类型。通常是先在一个标准剖面上确定结核的组合类型和划分结核带,然后以其他剖面的资料与标准剖面相比较,以此确定层位之间的对比关系。

对碳酸盐结核来说,各类之间和各亚类之间通常都是逐渐过渡的,严格地按不同矿物含量来对碳酸盐结核进行分类存在实际困难。如果将某些化学定量指标与用盐酸进行试验的结果相结合作为分类的基础,就可以不用繁重的化学分析而使分类大致符合矿物分类。主要指标是:加 HCl、NH_4OH 的反应性质;碳酸铁、碳酸钙(有时还有碳酸镁)与碳酸盐总和之比(以分子量表示);总碳酸盐含量;铁与钙(当量)以及其他元素(依结核主要成分而定)的关系。在进行碳酸盐结核分类时还应考虑到残余物质组分的粒度成分,例如铁白云石结核可进一步划分为砂质粉砂质铁白云石结核和粉砂质粘土铁白云石结核等。

例如,华东某近海型含煤岩系剖面,根据结核成分及其组合特征的不同,划分4个结核带,自下而上为石灰质-铁白云质带、铁白云质条带、铁白云质-菱铁矿带、菱铁矿带(还出现铁锰质结核及赤铁矿结核)。结核的形态也相应由椭圆、条带状变为姜状、豆状、鲕状,清楚地反映了含煤岩系形成过程中地球化学条件的演变,同时表明了结核成分与含煤性的关系。一般靠近煤层的强还原环境常出现黄铁矿,弱还原环境多形成菱铁矿结核,而远离煤层则出现石灰质、铁白云质等钙质结核。以此进行煤层对比。

2. 微量元素对比法

含煤岩系和煤层中已发现有几十种微量元素。微量元素对比法是通过测定含煤岩系中煤、岩层的微量元素百分含量、共生组合特征和在固定层位的富集规律,进行煤层对比(王义海,2013)。

微量元素对比法主要通过 X 射线和荧光光谱分析及半定量测定。由于所需样品少,取得成果快,随着测试手段的发展,得到了广泛运用。但在使用时需要注意到岩浆活动和构造变动所造成的后期影响(孟辉等,2012;武汉地质学院煤田教研室,1981)。

微量元素在含煤岩系中的富集和分布情况与元素的本身化学性质和含煤岩系形成时的地球化学条件两方面有关。根据一些研究资料,在含煤岩系剖面上变化较大的微量元素有锗(Ge)、铍(Be)、镓(Ga)、钡(Ba)、锶(Sr)、铀(U)、钴(Co)、铬(Cr)、镍(Ni)、磷(P)、钒(V)、铜(Cu)、铅(Pb)、锌(Zn)等。

其富存规律是:在富含沥青质的海相泥岩中,富集的元素往往有铀(U)、钒(V)、镍(Ni)、钴(Co)、磷(P)、铬(Cr)等;在煤层中高度富集的元素有锗(Ge)、铍(Be)、硼(B)等,通常与镜煤有关;在强还原条件下形成的产物中富集的元素有铅(Pb)、钼(Mo)、锌(Zn)、铜(Cu)等亲硫元素,一般呈硫化物出现;在碱化水介质条件下形成的岩层常富集有钡(Ba)、锶(Sr);在铝土质及粘土岩中富集的有钙(Ca)、铍(Be),它们与铝的亲合力较强有关,在铝质岩和粘土岩中容易富集。这些特征均可作为对比的标志。

例如,朔州原有小煤矿资源整合后的金海洋矿区,为了解决多个采区煤层编号不统一,煤层对比不严谨的问题,利用光栅光谱、原子吸收光谱和荧光光谱等手段对含煤地层的微量元素进行定量分析(测试结果见表 8-4),最终选择出 12 种元素或含微量元素的矿物作为参加对比的指标。经对比发现,五家沟 5 号煤层各微量元素含量,与元宝湾煤矿 9 号煤层及马营煤矿 9 号煤层微量元素含量差异较小,而含 Fe 矿物和 Ga 含量的相似性更是说明了五家沟 5 号煤层(Fe_2O_3: 1.12%, Ga: 5 μg/g)与元宝湾煤矿 9 号煤层(Fe_2O_3: 1.42%, Ga: 12 μg/g)及马营煤矿 9 号煤层(Fe_2O_3: 2.69%, Ga: 8 μg/g)所处的同一沉积环境。此外,元宝湾 6 号煤与南阳坡 4 号煤层各微量元素含量相当,认为元宝湾 6 号煤与南阳坡 4 号煤为同一煤层。元宝湾、南泉湾及马营矿各对应煤层微量元素变化较小,认为煤层标号统一。这样,利用微量元素分析,并结合其他对比标志,有效地解决了煤层组的对比问题(王义海,2013)。

表 8-4 微量元素测试结果统计

矿区	煤层	元素含量 /μg·g⁻¹		矿物含量 /%			
		Ga	Pb	SiO_2	Fe_2O_3	TiO_2	St, ad
五家沟	5	5	2	44.78	1.12	0.42	1.00
元宝湾	4	20	63	52.98	0.96	1.54	0.30
	6 下	12	16	50.81	1.29	1.18	0.40
	6	12	34	56.65	0.56	0.41	0.02
	9	12	24	49.82	1.42	1.78	0.44

续表 8-4

矿区	煤层	元素含量 /μg·g^{-1}		矿物含量 /%			
		Ga	Pb	SiO$_2$	Fe$_2$O$_3$	TiO$_2$	St, ad
马营	9下	8	14	50.36	2.69	0.94	0.48
	9	20	22	51.80	0.38	0.67	0.10
	11	10	8	46.90	7.40	0.52	0.86
南阳坡	3下	22	15	43.98	2.28	0.42	0.41
	3	10	20	68.34	1.26	0.68	0.02
	4	10	10	47.82	0.68	1.15	0.42
	6	5	17	31.28	5.33	0.43	0.46

（七）测井曲线特征对比法

利用测井曲线进行煤层定性、定量解释和对比煤层,是根据含煤岩系剖面中不同煤、岩层的物理性质(如电阻率、密度和自然放射性等)有很大的差别。因此,反映在测井曲线上的形态、幅度以及组合特征等方面也不同。根据测井曲线不仅可用来测定岩性剖面、对比煤层和分析煤质,同时可查明煤层的埋藏深度和确定煤层的厚度、结构,以及寻找和校正打丢、打薄的煤层(陈林,2013)。

虽然大多数测井曲线能清楚地表示煤层的特点,但各种方法反映的灵敏度不同。因此,利用测井曲线进行煤层对比,首先要建立地质-测井标准剖面,即确定参数孔并做好试验工作。通过当地钻探地质资料与测井资料的对比,测定煤、岩层的各种物理参数,了解参数孔中各煤、岩层测井曲线的物性差异及变化规律,掌握参数孔内各煤、岩层的测井曲线的峰值、形态及其组合特征和特殊物性标志层,然后进行煤层对比。

1. 测井曲线的峰值

岩、煤层的物性差异,在测井曲线上呈现为不同的峰值反映。煤系中灰岩、坚硬致密的硅质钙质岩层、烟煤、粗碎屑岩的电阻率值高,而在天然放射性曲线上则显示低值,无烟煤、泥质岩的电阻率曲线显示为低值平缓。水云母、高岭石泥岩及粘土岩在天然放射性曲线上显示为高值。在密度曲线上,煤层均显示超过围岩的突出异常,往往可作为单值定性的依据。

煤层曲线的峰值又往往受煤的变质程度、矿物杂质及灰分含量的影响,同一钻孔中牌号相同的不同煤层,因矿物杂质或灰分含量不同,所测出的曲线峰值不同。如贵州某地同一牌号的两个煤层,由于含硫量不同,所测得的视电阻率曲线相差较悬殊,17 号煤层一般含硫小于 0.3%,视电阻率为 250～500Ω·m,18 号煤层一般含硫大于等于 1%,其视电阻率为小于 200Ω·m(图 8-17)。

利用幅度进行煤层对比时,应注意条件大致相同的煤层在物性上的差异。如矿物杂质,灰分、硫分含量,放射性元素含量及煤层物理性质都可能引起幅度异常,因此选为对比标志。

2. 测井曲线的形态

测井曲线的形态可作为煤层对比的依据。某些煤层顶部的砂岩,其电阻率曲线呈凸形或馒头形。煤系中的灰岩及硅质岩的测井曲线具有陡直界面且相似性和对称性良好。煤层曲线的

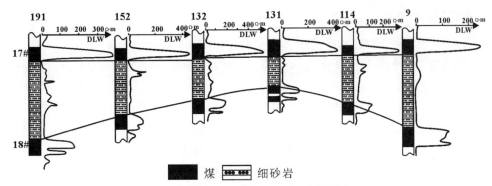

图 8-17 硫化矿物对煤层视电阻率的影响

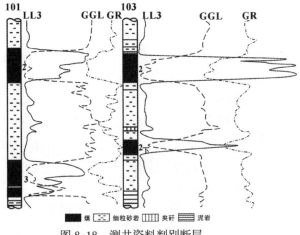

图 8-18 测井资料判别断层

形态多受煤层厚度、顶底板岩性、煤层结构和煤质的影响。例如,不含夹矸的煤层呈单峰形,含一层夹矸的呈双峰形,含多层夹矸的复杂结构煤层则往往呈锯齿形等。若曲线形态特征明显,横向稳定,为对比标志。

3. 测井曲线形态的组合特征

含煤岩系中各煤层与岩层的共生组合关系必然反映在测井曲线的形态上常有一定的组合规律,常见的组合形态有台阶形、反台阶形、山字形、凹字形、锯齿形等,这些形态可作为煤层对比的辅助标志,用以判断地层与煤层的缺失,发现与沉积岩系规律不符的突变点。例如山西某勘查区根据正断层可使地层间距缩短,煤岩性缺失。逆断层可使地层间距增大,煤岩性重复出现的原理。从 101 号、103 号钻孔测井曲线形态的组合特征对比中可以看出(图 8-18),103 号钻孔在 2 号煤层与 3 号煤层之间出现了一层 2 号下煤层。对比周围及相邻一些钻孔均无 2 号下煤层,2 号煤层与 3 号煤层之间的层间距一般为 2～9m,而 103 号钻孔 2 号煤层与 3 号煤层之间的层间距为 14m。从曲线形态特征分析,三侧向电阻率(LL3)、自然伽马(GR)和伽马伽马(GGL)曲线在 2 号煤层与 2 号下煤层顶底板的岩性、物性反映十分相似,且两煤层的底板岩性都为相同的、较薄泥岩和细粒砂岩层,只是煤层厚薄有所区别,这是地质构造运动的结果所致。根据标志层的重复现象判定,该孔在局部区域内有一条小的逆断层从此孔通过(李建华,2015)。

4. 特殊物性标志层

有的岩、煤层含有放射性元素,在自然伽马测井曲线上呈现高峰异常。另外有些煤层由于受煤质或煤中矿物质的影响,在自然电位曲线上有的呈正异常,而有的却呈负异常,这些特殊性反映,是煤层对比的很好标志。

由于影响测井曲线变化的因素很多,以致有时同一岩层或煤层具有不同的曲线类型和峰值,而不同岩层或煤层却具有相似的曲线类型和峰值。因而,只根据某一种测井曲线来确定煤层及其厚度和对比煤层往往不太可靠,必须根据勘探区具体条件选择几种测井方法,进行综合分析。例如,当煤层顶底板有高阻层(如灰岩)时,除应用视电阻率曲线外,还必须辅以密度测井或中子测井;当煤层上有断层、洞穴或井壁塌落、泥浆过厚时,密度测井不能准确地反映煤层的上下界面,这时用侧向电流测井效果则较好。利用六极侧向电流及侧向梯度法能较精确地测定薄煤及复杂结构煤层。用高分辨能力密度法测定煤中夹矸。一般能测出厚度仅几厘米的夹层,有时1.3cm的夹层也能有显示。

由于密度曲线在煤层处可获得超过围岩的突出异常,故在用多种测井曲线综合地进行煤层对比时,多以密度曲线为主并辅以其他曲线来确定煤层层位,并选定具特异性标志的岩层、煤层对比标志,再按曲线形态、峰值及组合关系进行对比,例如贵州某地,综合利用密度测井、视电阻率测井及天然放射性测井3种曲线进行综合对比取得了较好的效果。该区各煤层的视电阻率峰值类似,单用视电阻率曲线对比有困难,故采用密度测井进一步明确煤层层位,排除围岩的干扰。而用天然放射性异常反映出水云母高岭石质泥岩的层位,找出了它的特异规律,作为煤层对比的基准线,从而解决了煤层对比问题。

在煤田地质勘探工作中,全部勘探钻孔均需进行物理测井。因此,应用测井曲线方法进行煤层对比,资料齐全、应用方便、表现直观、反映内容较全面,特别是对于不取芯钻孔,更是对比的重要手段。但由于测井参数仅是定性研究,而且煤岩层的岩性、煤质、煤体结构经常发生横向变化,还受到测井参数的不同以及井径的大小、泥浆矿化度等因素的干扰,测井曲线时常失去规律性,出现多解性。因此,在一个地区进行煤层对比时应因地制宜地采取多种参数曲线,并配合其他的对比方法,才能有效地解决煤层对比问题(刘旭华,2013;文德修,2013)。

五、煤层对比的几个问题

煤层对比工作是在勘探工作达到一定程度并获得了一定的地层资料后开始进行的。在一个地区进行煤层对比工作,需要注意以下问题。

1. 标准剖面的建立

标准剖面的建立是在充分了解该区地质情况的基础上,选择1~2条具有代表性的典型剖面,以作为野外观察及室内辅助鉴定的基础,进行深入的研究,寻找和确定煤层对比标志。建立标准剖面对新区域煤层对比及有困难地区的煤层对比更为重要。

标准剖面的选择应以具有代表性和完整性(地质构造简单、地层出露全、煤层发育较好)、方向垂直于地层走向、能够揭露到上覆、下伏地层为原则,使整个含煤岩系都能见到,以利观察和鉴定,确保地层、构造、岩层(特别是标志层)、煤层及其顶板的可靠性。最后,对已选定的标准剖面,如天然露头、主干探槽或钻孔岩芯,必须详细地、系统地进行分层鉴定、描述。对于一些重要的地质现象,要作各种形式的素描图,系统地采集标本和样品。此外,还要绘制出1:200的剖面柱状图。

2．煤层对比标志的选择

在进行煤层对比时，首要任务是寻找和确定适合该区的对比标志。因此，选择对比标志应当充分研究标准剖面和含煤岩系的特点及对比方法。如要选择含有一定生物化石的岩层，成分、结构、构造、厚度等方面具有某些特征的岩、煤层，或具有一定的化学特征和地球物理标志的岩层、煤层等作为标志层时，其特征一定要在横向上稳定而纵向上变化明显，层厚较小，并且标志明显。

3．对比资料的收集问题

对比资料的收集工作直接关系到煤层对比成果质量的好坏，必须加以重视。收集煤层对比资料一般应遵循以下原则：收集资料、贯彻始终；全面收集、取全取准；寻找标志，平时留心，各种标志、充分应用。

4．关于煤层统一编号的问题

①为了利于地质勘探工作的进行和符合煤矿生产的一般程序，对煤层统一由上而下依次编号。按照简单煤层、复杂煤层、煤层组均应等同对待的原则并根据煤层发育的程度，分别给予煤田、煤产地或井田矿区范围内的统一编号。如1号煤层，2号煤层……复杂煤层，煤层组如能划分出独立煤分层者，在井田范围内应给煤分层编号，如1-1煤层、1-2煤层等。②煤层编号和命名应以简单、明确、易记为原则，要符合习惯，并注意当地的"谚语"和煤层的"俗称"，这些往往能生动地反映煤层的形成、层位、结构或煤质等方面的特征。③当地质勘探工作结束以后，在煤矿生产过程中发现了新的煤层，应根据具体情况给予命名、编号。如在3号煤层与4号煤层之间发现一层煤，可编为3-4号煤层，如新煤层靠近3号煤层时，可编为3下煤层，若靠近4号煤层，编为4上煤层。

六、煤层对比图编制

1．比例尺的选择

应视含煤岩系厚度而定，一般多采用1:500，厚度大时可用1:1000，厚度小时可用1:200。画对比柱状采用岩、煤层的真厚度。有正断层的钻孔所画对比柱状应该断开（或在断层处用断层符号表示），其断开的距离，视断距的大小而定，一般与垂直断距相等；有逆断层的钻孔对比柱状应将断层上、下盘的对比柱状错开，重复的部分在对比图上并列出现，以利研究。

2．基线的选择

对比图的基线应选择在稳定的煤层或标志层的底界上。最好将基线放在对比图的中部地带，便于对比并编制出的对比图各柱状起伏不大，保证图幅。

3．对比柱状排列的原则

对比柱状间的排列应以利于研究为原则。一般有两种排列方式：一是按倾向排列，这种排列方式利于检查勘探线剖面图和了解煤层沿倾向变化的情况；二是按走向排列，先排浅孔，再排中孔，最后排深孔。这种排列方式有利于了解煤层沿走向方向的变化情况。有时为了研究构造也有将构造孔集中排列在一起的。

4. 对比柱状间的连线

对比柱状以基线为基准,按一定的排列方式和间距排好后,即可作对比柱状间的连线。这是煤层对比是否可靠的关键所在。因此,在连线时必须充分、全面地综合利用各种对比方法的对比标志,以准确地确定煤层层位或层组。

七、实际煤资源勘查煤层对比常用步骤

煤层对比以煤组煤层本身厚度、结构特征的垂直剖面对比为基础,以岩性地层及古生物地层组、段划分为前提,以各标志层为切入点,综合测井曲线特征、二维地震勘探剖面,先进行大组合对比,再分小组合对比,最后结合煤层之间间距和相伴关系及各煤层自身的厚度结构特征,逐层对比。最后各种对比方法相互验证,进行综合对比,提高煤层对比的可靠性。

1. 煤层的垂向组合与分布特征

当可采煤层厚度、结构、稳定性、可采性以及煤层间距、层间岩性、夹矸岩性等沿倾向均有变化时,可将控制的某一煤层在井田内垂向上按煤层之间的分岔、合并关系分为几大组合。

2. 煤层自身特征对比

在煤层内确定厚度较大,连续性好,特征明显的煤层作为标志层煤层。以选好的标志性煤层为格架,在各煤组内,根据与标志层煤层间的层位、间距,自身的结构特征分别对比出各煤层。

3. 测井曲线特征对比

利用测井曲线,进行煤、岩层对比。为了提高煤层对比的可靠性,可在勘探线测井曲线对比图的基础上,作垂直于勘探线方向的联络线测井曲线对比图,使得煤层、岩层对比能进行十字线的交叉对比,保证两个方向对比的结果一致。

4. 地震剖面特征对比

应用地震剖面解释煤层露头和煤层厚度,通过常规地震与波阻抗反演对煤层解释的相互验证,证明常规地震对煤层的解释是正确的。

5. 煤层对比可靠性评述

勘查区各煤层运用综合方法,经过相邻工程之间由点、线、面的推延对比,又在施工阶段作了反复对比。预查阶段工程控制程度低,工程网度稀疏,通过综合对比确定。

(1)钻孔间对比。勘查区内各煤层对比以煤层自身特征为基础进行对比,以煤层的层数、厚度特征、夹矸特征、层间距及煤层的组合特征为基础,来确定煤层的对应关系。

(2)综合对比。综合对比指两个方面:一是在点对点评级的基础上,对勘探线、联络线、线与线之间进行逐一对比,形成点、线、面的推延对比;二为参考测井曲线特征、地震成果的对比。

6. 煤层对比存在的问题

煤层对比的多解性;煤层的变薄、尖灭、缺失、分叉和合并现象。

第九章 全球和我国煤炭资源概述

> 煤炭是世界上储量最多、分布最广的化石燃料，它的种类有硬煤（烟煤和无烟煤）、褐煤和泥煤。作为一种常规能源，煤炭也是重要的战略资源，它广泛应用于钢铁、电力、化工等工业生产及居民生活领域。在未来相当长时间内，煤炭不可避免地仍将是一种主要能源。积极寻求更有效的、环境可接受的途径，最大限度地提高煤炭的能源效率，减少污染物的排放总量，并大力推广煤炭的综合利用技术，这是社会、经济、能源、环境可持续协调发展的必然要求。因此，了解和分析世界和我国煤炭资源的现状及结构，对于进一步合理配置煤炭资源、提高煤炭资源使用效率、落实科学发展观具有重要的意义。

第一节 全球的煤炭资源概述

全球煤炭资源非常丰富。目前,煤炭在世界一次能源消费中所占比重为30.3%,略低于石油所占比重(33.1%),高于天然气所占比重(23.7%)[1]。BP能源数据统计显示,煤炭在世界一次能源消费结构中所占比重日趋下降（图9-1）,截至2010年底,煤炭的全球消耗量由1973年的13.7%逐渐降至9.8%[2]。在亚洲发展中国家和地区的能源市场中,煤炭仍将占主导地位。中国和印度的煤炭消费快速增长阶段将在2020年前后结束,其他非经济合作与发展组织国家煤炭消费量将继续稳步增长[3]。

---

[1] BP2012能源统计年鉴. BP Statistical Review of World Energy. http://www.bp.com/assets/bp_internet/globalbp/globalbp_uk_english/reports_and_publications/ statistical_energy_review_2011/STAGING/local_assets/pdf/-statistical_review_of_world_ energy_full_report_2012.pdf，2012.

[2] 国际能源署.世界主要能源统计. http://www.iea.org/publications/freepublications/ -publication/name，31287，en.html，2013.

[3] BP能源展望2030. BP Energy Outlook 2030. http://www.bp.com/liveassets/bp_internet/- globalb- p_uk_english/reports_and_publications/statistical_energy_review_2011/STA-GING/local_assets/pdf/BP_World_Energy_Outlook_book let_ 2013，pdf，2013.

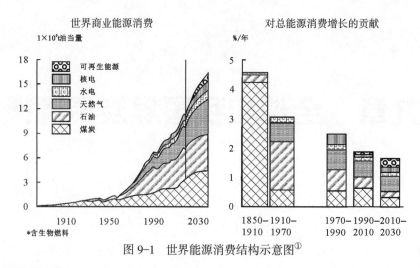

图 9-1 世界能源消费结构示意图[1]

一、全球煤炭资源分布及其资源量

1. 全球煤炭资源的分布

世界煤炭资源的地理分布是很广泛的,遍及各大洲的许多地区。全世界约有 80 个国家拥有煤炭资源,共有大小煤田 2371 个。但世界各地的煤炭资源分布极不均衡,其中储量较多的国家和地区有中国、俄罗斯、美国、德国、英国、澳大利亚、加拿大、印度、波兰和南非地区,它们的储量总和占世界的 88%。从地区分布看,欧洲和欧亚大陆、亚洲太平洋地区、北美洲的煤炭储量较为集中,非洲、中南美洲、中东的储量很少。总的来说,煤炭主要集中在北半球,尤其集中在北半球的中温带和亚寒带地区[2]。

北半球北纬 30°～70° 之间是世界上最主要的聚煤带,占有世界煤炭资源量的 70% 以上。各大洲相比,北半球的三大洲都比较丰富,以亚洲和北美洲最为丰富,其中亚洲煤炭资源量高达 8.65×10^{12} t,约占世界的 56% 以上;北美洲有 4.06×10^{12} t,约占世界的 26% 以上;欧洲有 1.56×10^{12} t,约占世界的 10% 以上。南半球各大洲的煤炭资源都比较少,其中大洋洲资源量有 0.78×10^{12} t,约占世界的 5.1%;非洲有 0.21×10^{12} t,约占世界的 1.4%;南美洲最少,还占不到世界的 0.4%。另外,南极洲的维多利亚地区及其他地区也发现有煤炭资源,但是人们还难以估算出比较确切的资源量。苏联、美国和中国的煤炭资源最丰富,合计约占世界资源量的 83% 以上。

同时,世界煤炭资源的地理分布,以两条巨大的聚煤带最为突出,一条横亘欧亚大陆,西起英国,向东经德国、波兰、原苏联,直到我国的华北地区;另一条呈东西向绵延于北美洲的中部,包括美国和加拿大的煤田。南半球的煤炭资源也主要分布在温带地区,比较丰富的有澳大利亚、南非和博茨瓦纳。

2. 全球煤炭资源储量、产量及消费现状

世界能源署数据显示,2011 年全球煤炭探明储量达 1.004×10^{12} t,相当于 2011 年全球煤炭产量的 130 倍。而根据 BP 世界能源统计年鉴使用的世界能源委员会统计数据,2011 年底世界

---

[1] BP2012能源统计年鉴. BP Statistical Review of World Energy. http://www.bp.com/assets/bp_internet/globalbp/globalbp_uk_english/reports_and_publications/ statistical_energy_review_2011/STAGING/local_assets/pdf/-statistical_review_of_world_ energy_full_report_2012.pdf,2012.

[2] 国家煤炭工业网. http://www.coalchina.org.cn.

探明煤炭储量仅有 0.8609×10^{12}t,相当于 2011 年全球煤炭产量的 118 倍。

其中,美国以 0.2373×10^{12}t 探明储量位列世界第一(28%),俄罗斯以 0.157×10^{12}t 排第二位(18%),中国、澳大利亚和印度分别以 0.1145×10^{12}t(13%)、7.64×10^{10}t(9%)和 6.06×10^{10}t(7%)探明储量排第三、四、五位[①]。

美国丰富的煤炭资源支撑其在全球火力发电的老大地位,但由于美国各州陆续制定出严厉的环保法律,愈来愈多的发电厂已经改用天然气做燃料发电。最近,在政府鼓励减少石油对外的依存度的激励下,美国一些大公司和研究机构正在探索煤制油、煤制气的工业试验项目。

俄罗斯除了具有丰富的油气资源外,煤炭资源也相当丰富,而且,由于每年的开采量非常小,煤炭资源的开采前景非常大。

中国也是煤炭储量大国,煤炭在我国一次能源消费结构中的比例高达70%以上,高于全球平均水平的1倍。由于重化工业加速发展以及资源产品涨价等因素,这几年我国煤炭生产速度加快。虽然煤炭储量绝对数位列全球前茅,但每年开采量和消费量巨大,我国煤炭资源的储采比低于50年,小于全球的平均水平。

从煤炭产量看,世界煤炭生产从20世纪50年代开始进入稳步增长阶段;70年代后期开始,动力煤产量占世界煤炭总产量的绝大部分,炼焦煤产量逐渐下降;90年代初期,美国、澳大利亚、南非的煤炭产量增长,在一定程度上弥补了世界煤炭供应的不足。1998—2000年世界煤炭产量略有下降,2001年以来逐年有所增加。1997—2006年,世界煤炭产量由 2.32×10^{9}t 石油当量,增加到 3.08×10^{9}t 石油当量,年均增长达3.2%;发达国家煤炭产量增速减缓甚至下降,经济合作与发展组织(OECD)成员国煤炭产量年均增长率为 -0.2%;而发展中国家和地区的煤炭产量增幅较大,中南美洲年均增长达6.9%,亚洲太平洋地区年均增长6.1%,其中中国年均增长6.5%。

据 BP 能源 2012 统计年鉴,2011 年煤炭再次成为增长最快的化石燃料。全球煤炭产量增长了6.1%。亚太地区占全球产量增长的85%。2011年全球煤炭产量前7位的国家依次是中国(占49.5%)、美国(占14.1%)、澳大利亚(占5.8%)、印度(占5.6%)、印度尼西亚(占3.1%)、俄罗斯(占4.0%)、南非(占3.6%),占 2011 年世界煤炭生产总量的87.7%。中国仍然是世界最大的煤炭供应国,达 1.96×10^{9}t 石油当量,相比 2010 年增加了8.8%,为煤炭产量增长最快的国家(图9-2)。

从煤炭消费量看,2011年世界煤炭消费总量为 3.72×10^{9}t 石油当量,比 2010 年增长了5.4%[②],其中,北美洲消费量相比 2010 年有所下降(-4.6%),亚太及其他地区的消费量均有所增长。2011年中国的煤炭消耗量最高,占世界总消耗量的49.4%;北美洲、欧洲及欧亚大陆的煤炭消费量分别为14.3%和13.4%。南非是非洲主要的煤炭消费国,中美洲的煤炭消费十分有限,中东的煤炭消费量甚微。总的说来,经济发达国家的煤炭消费量趋减,所占比重下降,亚洲太平洋地区煤炭消费量增长最快(图9-2)。

随着国民经济的快速发展和世界经济规模的不断增大,受经济发展和人口增长的影响,一次能源在世界能源的消费量持续增长。根据统计,1973年世界一次能源消费量仅为 5.73×10^{9}t 石油当量,而 2007 年已达到 1.11×10^{10}t 石油当量。在30多年内能源消费总量翻了一番,年均增长率为1.8%左右。

---

①②BP2012能源统计年鉴. BP Statistical Review of World Energy. http://www.bp.com/assets/bp_internet/globalbp/globalbp_uk_english/reports_and_publications/ statistical_energy_review_2011/STAGING/local_assets/pdf/—statistical_review_of_world_ energy_full_report_2012.pdf, 2012.

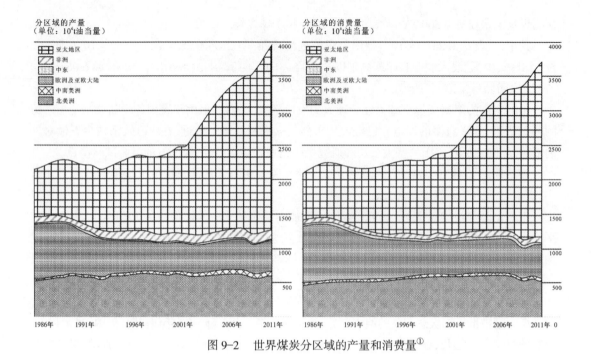

图 9-2　世界煤炭分区域的产量和消费量[①]

然而,由于煤炭污染相对比较严重,为了保护环境,煤炭在一次性能源消耗中所占比例呈下降趋势。自 19 世纪 70 年代的产业革命以来,化石燃料的消费量急剧增长。初期主要是以煤炭为主,进入 20 世纪以后,特别是第二次世界大战以来,石油和天然气的生产与消费持续上升,石油于 20 世纪 60 年代首次超过煤炭,跃居一次能源的主导地位。虽然 20 世纪 70 年代世界经历了两次石油危机,但世界石油消费量却没有丝毫减少的趋势。此后,石油、煤炭所占比例缓慢下降,天然气的比例上升。20 世纪 80 年代末开始,世界煤炭消费进入缓慢增长阶段,许多国家为保护环境而减少煤炭消费量,2000 年世界煤炭消费量首次低于天然气消费量。同时,核能、风能、水力、地热等其他形式的新能源逐渐被开发和利用,形成了目前以化石燃料为主和可再生能源、新能源并存的能源结构格局。2007 年在世界一次能源消费总量中石油占 35.6%、煤炭占 28.6%、天然气占 25.6%。非化石能源和可再生能源虽然增长很快,但仍保持较低的比例,只占 12.0%。

从世界煤炭贸易看,煤炭贸易是世界贸易的重要组成部分。世界大多数产煤国的煤炭产品以内销为主。世界煤炭贸易主要集中于亚太和欧洲两大煤炭市场,形成"东进西出、南进北出"的格局,总体上处于供大于求的局面。国际煤炭贸易主要是动力煤和炼焦煤,2002 年世界煤炭贸易量为 6.0×10^8 t。2002 年世界动力煤贸易量为 4.2×10^8 t,占世界煤炭贸易总量的 69.7%;主要供应国和地区是:澳大利亚、中国、印度尼西亚、南非以及南美和苏联地区;主要进口国和地区是:日本、韩国、中国台湾地区、英国、德国。2002 年世界炼焦煤贸易量为 1.8×10^8 t,占世界煤炭贸易总量的 30.3%;主要出口国是澳大利亚、加拿大和美国,主要进口国是日本、韩国、印度、英国和意大利。

[①]BP2012能源统计年鉴. BP Statistical Review of World Energy. http://www.bp.com/assets/bp_internet/globalbp/globalbp_uk_english/reports_and_publications/ statistical_energy_review_2011/STAGING/local_assets/pdf/-statistical_review_of_world_ energy_full_report_2012.pdf,2012.

二、全球主要的聚煤期和煤田

地质历史中有聚煤作用发生并形成有工业价值的煤矿床的时期,又称成煤时代或成煤期。煤炭的形成具有一定的时限性,并不是地质历史的任何时期都有煤炭形成。地球上的煤田虽然分布普遍、储量丰富,但绝大部分只形成于几个地质年代中。

就全球范围而言,从晚泥盆世至今,聚煤作用从未完全中断过,都可包括在聚煤期内,只是不同时期聚煤作用的强弱不同。聚煤作用可追溯到新元古代。从新元古代到志留纪,以菌藻类等低等生物遗体为原始质料形成高灰分腐泥煤类,中国称石煤。从志留纪到早、中泥盆世,由最古老的陆生植物——裸蕨形成最早的腐植煤。具有工业价值的煤矿床是从晚泥盆世才开始形成,即石炭纪、二叠纪、侏罗纪、白垩纪、古近纪和新近纪。中—晚石炭世、早二叠世、早中侏罗世、晚侏罗世—早白垩世以及晚白垩世末期—新近纪是世界性聚煤作用最强的5个时期;其前后或之间还有一些相对次要的聚煤期,如早石炭世和早—中三叠世,由于在古气候、古地理以及大构造等方面出现了不利条件,因而导致聚煤作用的暂时衰退。

全球地质储量在 5.0×10^{11} t 以上的7个大煤田是苏联的勒拿、通古斯、泰梅尔、坎斯克-阿钦斯克和库兹巴斯,巴西的阿尔塔-亚马孙,美国的阿巴拉契亚。

美国煤炭资源赋存广泛,地区分布比较均衡。全美50个州中,有38个州赋存煤炭,含煤面积达 11 810km²,占国土面积的13%。美国按地理位置将煤炭资源分为三大地区,即东部阿巴拉契亚地区,中部地区和西部地区。以上3个地区在探明储量中所占百分比分别为22.6%、28.1%和49.3%。由于美国对煤炭资源实施有偿使用,并加强了对煤炭资源的系统管理,美国煤炭资源得到了充分利用。煤炭资源总回收率为80.8%,资源平均回收率井工矿为57.1%,露天矿为90.8%。

俄罗斯煤炭资源丰富,储量占世界总储量的17%,预测储量超过 5.0×10^{12} t,已探明储量 1.57×10^{11} t。俄罗斯煤炭品种比较齐全,其中炼焦煤不仅储量大,而且品种也全,可以满足钢铁工业之需。主要的炼焦煤产地有库兹巴斯、伯朝拉、南雅库特和伊尔库茨克火煤田。俄罗斯煤炭资源的最大缺陷是地区分布极不平衡,3/4以上分布在俄罗斯的亚洲部分。目前煤炭是俄罗斯东西伯利亚、西西伯利亚、远东和乌拉尔等几个大型地理经济区的主要燃料。

印度也是煤炭资源大国,硬煤总储量约 2.4×10^{11} t,探明储量 6.4×10^{10} t。硬煤资源多分布在印度东北部,煤产地70多个,褐煤资源主要分布在喜马拉雅山南麓及南部马德拉邦和泰米尔纳德邦。

澳大利亚煤炭资源极其丰富,可采煤炭储量 9.09×10^{10} t,占世界可采煤炭总储量的8.8%,其中无烟煤和烟煤可采储量 4.53×10^{10} t,次烟煤和褐煤可采储量 4.56×10^{10} t,位居美国、中国之后,排世界第三位。澳大利亚经济可开采的黑煤矿藏在各州均有分布,但95%以上富集于新南威尔士州(以下简称新州)和昆士兰州(以下简称昆州)。新州占澳大利亚黑煤已探明工业经济储量的34.2%,主要分布于悉尼-冈尼达盆地的东、西两侧。井下开采矿藏主要分布于伍伦贡-阿平-布利地区、巴勒戈兰山谷和利斯戈-马奇地区,而从纽卡斯尔到马瑟尔布鲁克的猎人谷地区以及冈尼达附近地区多为露天矿藏。昆州的黑煤以露天矿藏为主,已探明工业经济储量占全澳洲的62%,主要分布在鲍恩盆地,自北向南由科林斯维尔一直延伸到布莱克沃特和毛拉,南北延绵1 000多千米,黑煤储量达 2.5×10^{10} t。纽兰兹、布莱尔阿瑟尔和布里斯班附近的储量也很丰富。最近的勘探表明位于鲍恩盆地以南的斯特拉特盆地具有大量动力煤矿藏,目前仅有小部分地区已探明储量,约为 5.0×10^{9} t,煤藏前景看好。

南非煤炭资源丰富,可采储量排在中国、美国、独联体和印度之后,居世界第五位,占世界总可采储量的 10.6%。可采储量中，低级烟煤占 81.5%，高级烟煤占 13.1%、无烟煤占 5.4%。南非煤炭资源集中在东部地区。普玛兰加和北部省的煤炭储备一般为烟煤，煤层较厚；夸祖鲁/纳塔尔省有无烟煤，煤层相对较薄。南非境内煤层主要集中在干燥的弗赖海特台地。其余如北部省煤田，其海拔超过干燥台地海拔，比开普省东北部的煤田还要高。

乌克兰是独联体中仅次于俄罗斯联邦的第二大产煤田，煤炭资源量为 0.117×10^{12} t，其中硬煤为 0.11×10^{12} t，褐煤为 0.73×10^{10} t。已探明储量为 5.71×10^{10} t。该国煤炭储量主要集中在 3 个煤炭基地，即东部的顿涅茨克煤田、西部的里沃夫-沃伦煤田及中部的第聂伯煤田。

哈萨克斯坦煤炭资源丰富，煤炭储量仅次于俄罗斯和乌克兰，已经探明地质储量为 3.1×10^{10} t。哈萨克斯坦的煤炭资源主要分布在北部，主要煤田有埃基巴斯图兹、卡拉干达、迈丘边和图尔盖等。目前采煤业集中在埃基巴斯图兹和卡拉干达煤田，其他煤田产量很少。该国的煤层赋存条件很好，2/3 的煤炭储量埋藏深度在 600m 以内，可露天开采。

波兰煤炭资源丰富，煤炭储量在欧洲占第三位，居世界第八位。波兰境内已发现大小煤田共 40 个，其中储量在 0.1×10^8 t 以上的有 25 个。在 40 个煤田中，褐煤煤田 37 个，硬煤煤田 3 个。硬煤煤田虽然数量少，但储量都很大，且煤炭质量好，分布集中，工业价值高。褐煤煤田数量虽然较多，但储量一般都在 10×10^8 t 以下，而且分布较为零散。就全国煤田分布情况看，主要煤田集中在南部与捷克和斯洛伐克接壤地带，其次是中南部的波兹南和罗兹等省及西部的热洛纳-古腊省，北半部煤田很少，仅比得哥煦省有几个小煤田。

巴西煤炭储量丰富，截至 2004 年可采储量 1.01×10^{10} t，是西半球第二大煤炭资源国，仅次于美国；主要煤田分布在巴拉那盆地。巴西煤炭的特点是高硫分、高灰分、低热量。

第二节 我国煤炭资源概述

1. 中国煤炭资源分布

煤炭是中国储量最多、分布最广的不可再生战略资源。中国煤炭资源分布广泛，含煤面积约 60 多万平方千米，约占中国陆地面积的 6%。然而中国煤炭资源分布极不均衡，总体上北富南贫，西多东少，煤炭资源的分布与消费区分布极不协调（王永炜，2007）。从地理上看，主要分布在北部和中西部（图 9-3），其中，秦岭-大别山以北的煤炭资源量约占全国的 90%，而且主要集中分布在山西、内蒙古、陕西、新疆、宁夏 5 省（自治区）。而我国经济最发达，工业产值最高，对外贸易最活跃，需要能源最多，耗用煤量最大的京、津、冀、辽、鲁、苏、沪、浙、闽、台、粤、琼、港、桂 14 个东南沿海省（市、区）煤炭资源量十分贫乏，仅占全国煤炭资源总量的 5.3%，而且大多数还是开采条件复杂、质量较次的无烟煤或褐煤，不但开发成本大，而且煤炭的综合利用价值不高。

从各大行政区内部看，煤炭资源分布也不平衡，如华东地区的煤炭资源储量的 87% 集中在安徽、山东，而工业主要在以上海为中心的长江三角洲地区；中南地区煤炭资源的 72% 集中在河南，而工业主要在武汉和珠江三角洲地区；西南煤炭资源的 67% 集中在贵州，而工业主要在四川；东北地区相对好一些，但也有 52% 的煤炭资源集中在北部黑龙江，而工业集中在辽宁（王永炜，2007）。

此外，中国各地区煤炭品种和质量变化较大，分布也不理想。中国炼焦煤在地区上分布不平衡，4 种主要炼焦煤种中，瘦煤、焦煤、肥煤有一半左右集中在山西，而拥有大型钢铁企业的华

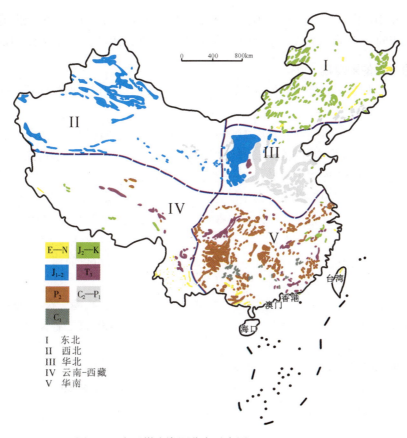

图 9-3 中国煤炭资源分布示意图(据 Dai et al, 2012)

东、中南、东北地区,炼焦煤很少。在东北地区,钢铁工业在辽宁,炼焦煤大多在黑龙江;西南地区,钢铁工业在四川,而炼焦煤主要集中在贵州。此外,露天开采效率高,投资省,建设周期短,但中国适于露天开采的煤炭储量少,仅占总储量的7%左右,其中70%是褐煤,主要分布在内蒙古、新疆和云南。

2. 中国煤炭资源储量、产量和消耗现状

中国是世界煤炭资源大国,也是煤炭生产、消费大国。根据全国第三次煤炭资源预测与评价,中国煤炭资源总量约 5.57×10^{12} t,居世界第二。统计数据显示,至 2008 年底中国已探明煤炭储量达 0.1145×10^{12} t,约占世界总量的 13.86%,仅次于美国和俄罗斯(高卫东,姜巍,2012)。中国富煤贫油少气的能源特点和经济发展阶段,决定了煤炭将继续充当第一能源的角色。BP2012 能源统计年鉴显示,2011 年,中国仍然是世界第一产煤和耗煤大国,2011 年煤炭产量达 0.1956×10^{10} t 石油当量,占 2011 年世界煤炭总产量的 49.5%,相比 2010 年增加了 8.8%;而 2011 年中国的煤炭消耗量约为 0.1839×10^{10} t 石油当量,占 2011 年世界煤炭总消耗量的 49.4%,相比 2010 年增长了 9.7%。

长期以来,煤炭在中国一次能源生产和消费中的比例平均高达 70% 以上。虽然从增长速度看,由于非煤能源的生产与消费所占比重有所增加,1990—2004 年中国煤炭生产量年均增长率仅为 4.3%,煤炭消费量年均增长率为 4.1%,但中国在今后 20 年内,煤炭仍然是其最主要的可利用能源,而且在未来很长时间内,仍将一直在中国快速经济增长中发挥着核心作用。据《BP

世界能源展望 2030》预测,目前,中国占全球煤消费量的 49.4%,2030 年可能上升到 53%。1990—2010 年间,中国占世界煤需求量增长的 80%,预计到 2030 年占全球需求增长的 77%。

3. 中国主要的聚煤期

不同国家和地区,主要聚煤期各有差异。就我国情况而言,聚煤时期与世界一般情况相似,但亦有特殊性。

据第三次全国煤炭资源预测,垂深 2 000m 以浅的预测煤炭资源以侏罗纪煤为最多,占预测资源总量的 65.5%;其次为石炭纪—二叠纪煤,占 22.4%;南方晚二叠世煤占 5.9%;白垩纪煤占 5.5%;古近纪—新近纪煤占 0.4%;晚三叠世煤仅占 0.3%(王永炜,2007)。垂深 1000 m 以浅的预测资源中,侏罗纪煤占 62.9%;石炭纪—二叠纪煤占 15.8%;白垩纪煤占 11.4%;南方晚二叠世煤占 8.5%;古近纪—新近纪煤占 0.7%;晚三叠世煤占 0.6%。而垂深 600m 以浅的预测资源量仍以侏罗纪煤为最多,其项为白垩纪、石炭纪—二叠纪、南方二叠纪、三叠纪和古近纪—新近纪。预测表明,北方石炭纪—二叠纪煤和南方晚二叠世煤的预测资源埋深均较大,浅部的预测资源主要为中生代煤。

总体上,中国的主要聚煤期是:晚石炭世—早二叠世、晚二叠世、晚三叠世、早中侏罗世、早白垩世和古近纪—新近纪。上述聚煤期中,以晚石炭世—早二叠世、晚二叠世、早中侏罗世和早白垩世的聚煤作用最强。

与世界聚煤期不同的是,晚二叠世聚煤作用在我国仍有重要意义;晚白垩世在我国无重要的煤聚集;古近纪—新近纪都形成了重要煤田,但该时期的聚煤量在我国各时代总聚煤量中所占的比例并不大(武汉地质学院煤田教研室,1981)。在聚煤作用的规模上,早中侏罗世居于首位。

第三节　中国石炭纪—二叠纪聚煤作用

石炭纪—二叠纪聚煤作用在我国北方和南方普遍发育,是我国最重要的聚煤时期之一,但其聚煤作用演化和强度在不同区域具有较大差异。我国南方聚煤作用发生于早石炭世,具有早石炭世、早二叠世和晚二叠世 3 个重要的聚煤期,以华南区晚二叠世聚煤作用最强。我国北方聚煤作用发生于晚石炭世,形成晚石炭世到早二叠世重要的聚煤期,以华北区聚煤作用最强。

一、南方早石炭世聚煤作用

我国最早的、具工业价值的陆植煤形成于早石炭世晚期,主要分布于南方诸省及河西走廊区。南方早石炭世晚期的聚煤作用首先发生在云南和贵州一带,并逐渐向东部移至广西、湖南、江西等省区。

我国南方自加里东运动后,陆地面积显著扩大。早、中泥盆世开始有陆生植物出现,在云南禄劝首先形成了以裸蕨为原始质料的陆植煤。晚泥盆世出现了小乔木林。早石炭世在温暖潮湿的气候条件下,植物渐趋繁茂,木本的陆生植物蕨类更为发展,这些植物以乔木的节蕨类和鳞木为主,并发育了真蕨、种子蕨植物,构成了石炭纪原始的森林沼泽,成为陆植煤的成煤原始质料。

以昆仑-秦岭巨型纬向构造带为界,南方早石炭世聚煤古构造、古地理面貌较复杂。聚煤坳陷在东部湘、粤、赣、闽、浙一带,为北东方向,向西至桂、黔、滇东一带则转为北西向,周围被不同方向的隆起带所限。聚煤坳陷的东南侧以北东向的华夏隆起带为界,西侧以南北向的川滇隆起带为界,北侧在西部被东西向的黔北隆起所限,东部由于江南隆起带和大别隆起带向东插入,将南方早石炭世聚煤坳陷分成3个坳陷带。

（1）位于江南隆起带以南、北东向宽广而稳定的聚煤坳陷,西以雪峰隆起为界,坳陷内部又有一系列次级隆起和凹陷的分异,如云开、诸广、湖南等隆起的存在,隆坳的幅度都不大。

（2）江南隆起以北至大别山隆起之间的近东西向的坳陷,西起鄂西向东延至苏南、皖南一带,构造性质比较稳定。

（3）大别山与秦岭-淮阳两个隆起带之间,即固始-商城-陕南坳陷带,也为近东西向向北西西向延展,坳陷幅度大,活动性强。

早石炭世的古地貌仍继承了泥盆纪以来东北高而西南低的状况,海水主要由西南方向侵入,随着聚煤坳陷的扩展,海水向东北方向侵漫,含煤层位也随之从西南向东北方向逐渐升高。石炭纪在南方海侵规模较大,时期较长,基本属于陆表海,仅东南边缘可能接近陆缘海的性质。整个早石炭世经历了海侵—海退—海侵的过程,至晚石炭世海侵达到了高潮。早石炭世杜内期海侵之后,至维宪期曾发生一次海退,而后又发生海侵,聚煤作用即发生在从维宪期海退至再度海侵的初期,这一时间段内,在古陆边缘、陆表海的滨岸地带聚煤作用较强,随着海侵高潮的到来,含煤岩系被浅海碳酸盐沉积所代替,聚煤作用中断。

（一）含煤地层

早石炭世主要含煤岩系位于大塘阶的中下部,在不同地区其层位上下略有差异。滇东含煤岩系主要分布于万寿山组,黔南分布于祥摆组,这两者层位相当；湘中、粤北和赣西分布于测水组,桂北分布于寺门组,它们的层位也基本相当；赣东分布于梓山组,苏、皖、鄂及浙北分布于高骊山组。总体来看,南方早石炭世含煤岩系属维宪期沉积,含煤层位在西南一带较低,属维宪早期；向东略高,属维宪中期。严格来说,含煤岩系是不同时期形成的,而是一个穿时的地层单位,其原因与早石炭世海侵主要来自西南并向东北方向逐渐漫延有关。

此外,西藏自治区东部和青海南部也都发现有早石炭世含煤地层,含煤岩系主要分布于马查拉组,其层位与测水组相当。

（二）沉积特征

南方早石炭世煤系主要为海陆交替型含煤沉积。在不同的构造、古地理环境下,煤系的厚度和岩相组合有明显差异。总体上,早石炭世含煤岩系的沉积特征可以分为以下几种不同的沉积类型:浅海碳酸盐型；海陆交替型和陆源碎屑型。北部大别山以北构造活动带的狭长盆地内,煤系厚度大,岩性粗,夹有海相层,也属海陆交替型。

1. 浅海碳酸盐型

分布在滇东南、黔南和广西大部地区的剖面可作为浅海碳酸盐型沉积的代表。维宪聚煤期以浅海碳酸盐和硅质沉积为主,厚数十米至百余米,因距陆源剥蚀区和海岸线较远,碎屑物来源少,造成补偿不足的情况,持续的浅海环境不利于泥炭沼泽发育,因而含煤性极差。相当维宪聚煤期的碳酸盐岩仅夹有煤线,与上覆及下伏灰岩皆为连续沉积,以至很难将煤系的上下界限区分出来。东部湘粤一带古构造条件比较复杂,水下隆起和古岛的存在使沉积盆地覆水深度有较大变化,持续的浅海环境范围较小,如广东连县附近的测水组主要由浅海泥岩和碳酸盐岩组成,也归为此种类型。

2. 海陆交替型

湘中的测水组、粤北的测水组以及其上的曲江组、赣中南梓山组的中段和云南东部的万寿山组、广西与贵州交界附近的寺门组、青藏-滇西的马查拉组都属此类型。在滨海平原的环境下形成了海陆交替型的含煤岩系，含煤普遍较好。

湘中涟源—冷水江一带的测水组自下而上由潟湖海湾、湖泊沼泽逐渐演变为滨海-浅海环境，形成了海进类型的剖面。聚煤作用与江南隆起与雪峰隆起转弯内侧由潟湖海湾发展而成的滨海平原有关。

粤北曲仁一带的测水组以滨海沉积的石英砂岩、粉砂岩为主，有时也含有砾石，夹有含植物化石的湖泊沼泽相粉砂岩、泥岩和煤层。还夹有含浅海动物化石的石灰岩、泥灰岩和泥岩。不同岩相在垂直剖面上交替出现，横向上滨海砂岩和浅海、滨海灰岩呈相变接触。煤层底板为潜穴构造的滨海砂岩，可见聚煤作用发生在海水时有进退的滨海平原上。

川滇隆起东侧和黔北隆起南侧的滨海沿岸地带，如滇东北部彝良的万寿山组和广西北部与贵州交界地区的寺门组。彝良的万寿山组下部以石英细砂岩、粉砂岩为主，向上过渡到以含浅海动物化石的黑色泥岩为主，煤层夹于其间。顶部有生物碎屑灰岩，再向上被含珊瑚、腕足类的灰岩所代替，也属海进型剖面，聚煤作用也发生在滨海平原地区。

青海南部的马查拉组，其上、下段均为灰岩，中段由石英砂岩、碳质泥质砂岩、砂质泥岩、泥砂质灰岩、炭质泥岩和煤层组成。

3. 陆源碎屑岩型

赣东的梓山组、闽西南的林地组以至粤东北的忠信组皆以碎屑岩为主，岩性较粗，主要为石英砂岩和砂砾岩，有时还有石英砾岩，夹粉砂岩、炭质泥岩和煤线。向西出现灰岩凸镜体，与海陆交替型的测水组呈相变，含煤较好。

苏皖及浙北地区的高骊山组，南部砂岩比例也比较大，但沉积厚度较小，仅数十米，北部岩性细，以泥岩、粉砂岩为主，属海陆交替型，与南部碎屑岩型沉积呈相变关系。

上述不同沉积类型的分布反映了早石炭世聚煤的古地理面貌（图9-4）：西南浅海海域持续时间长，东南边缘近似陆缘海性质，聚煤作用皆差；北部古陆边缘的滨海平原上、陆表海常有进退的滨海沿岸地区是聚煤最有利的场所。此外，聚煤坳陷中部湘、赣、粤在孤岛附近的潜水岛海地区聚煤作用也较好。

（三）含煤性及煤质特征

南方早石炭世是我国晚古生代聚煤期的开始，聚煤程度虽远不如北方晚石炭世普遍和丰富，但局部仍有较厚煤层形成，在煤炭资源相对比较缺乏的南方尤有重要意义。

早石炭世煤系的含煤性与聚煤的古地理环境有直接关系。早石炭世维宪聚煤期含煤性较好的地区皆分布在古陆边缘滨海沿岸地带、古岛或水下隆起的周围。如湘中涟源-冷水江地区，赣中南的永丰、吉水、于都、瑞金、宁都一带，粤北的曲仁，广西环江至贵州独山一带，云南东北部的彝良和东部的曲靖、路南等地早石炭世煤系含煤性都比较好。富煤带延展的方向大致皆与海岸线平行，除黔贵交界地区为北西向外，其余多为北东向。早石炭世的煤层，一般以薄—中厚层为主，局部也有厚煤层，但结构都比较复杂，稳定性也差。煤层形态多呈豆荚状、串珠状、鸡窝状

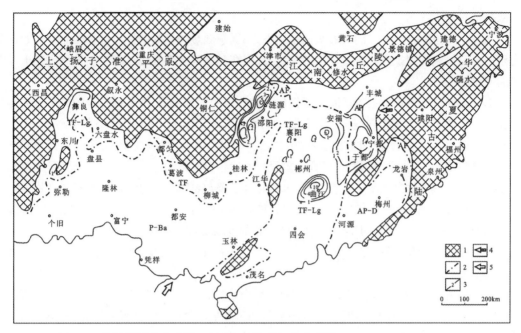

图 9-4　桂湘赣聚煤盆地早石炭世大塘期岩相古地理图（据毛节华、许惠龙，1999 修改）
1. 古陆；2. 相界；3. 煤层等厚线；4. 陆源物质搬运方向；5. 海侵方向；
AF. 冲积扇；AP. 冲积平原；D. 三角洲；Lg. 潟湖；TF. 潮坪；P. 碳酸盐台地；Ba. 台地

等，除原生因素外，后期构造变动对煤层厚度变化也有较大影响。

湘中是南方早石炭世含煤性最好的地区之一。在涟源至新化冷水江一带，测水组发育在北东向的坳陷中，下段厚 100 余米，向西侧雪峰隆起的方向逐渐变薄。煤系厚度与煤层厚度一般呈正相关，沉积中心也即聚煤中心，在涟源至冷水江的金竹山一带测水组最多含煤 8 层，其中主要可采煤层 2 层，局部可采 3 层，煤层多集中于下段，上段只有一层。

江西的梓山组中段在赣中南海陆交替型沉积中，一般煤系厚度增大，煤层层数增多，最多有 8~10 层，沉积中心与聚煤中心一致。东部陆源碎屑岩型的沉积则相反，煤系厚度大，含煤性反而变差。

青海南部的马查拉组，自家浦一带含煤 75 层，总厚 36.2m，可采及局部可采 37 层，可采总厚 29.7m；马查拉含煤 82 层，可采及局部可采 23 层，可采总厚 12.7m；曲登含煤 14 层，可采及局部可采 6 层，可采总厚 5.68m。

早石炭世煤基本属于高硫高灰的无烟煤，在湖南、广西和云南局部有中、高变质烟煤。湘中地区煤质较好，显微组分以镜质组为主（70%~95%），惰质组较少（5%~31%），壳质组少量；煤中灰分含量 20%~30%，硫分含量 1%~5%；局部灰分含量 3%~7.5%，硫分含量 0.6%。

二、南方二叠纪聚煤作用

二叠纪是我国南方最重要的聚煤期，主要分布于华南区（昆仑山、秦岭和大别山一线以南地区）。其中华南区根据其沉积特征和含煤性，可划分为东南、江南和扬子 3 个地区。该地区二叠纪含煤岩系分布广泛，含煤程度高，煤种齐全，无论从数量上和质量上在南方各时代煤炭资源中所占的地位都居于首位，其中尤以贵州、四川南部和云南东部最为丰富，在青藏-滇西区也有零散分布。

二叠纪我国南方的古气候与石炭纪差别不大,属于湿热的气候条件。从我国北方开始逐渐南延的干旱气候带到三叠纪早期才扩展到南方,但在我国南方部分地区晚二叠世已出现干燥气候的迹象。

二叠纪的造煤植物群主要是晚石炭世华夏植物群的继续发展,欧美植物群的分子已占相当数量。早二叠世鳞木仍很普遍,栉羊齿进一步繁盛,带羊齿和楔叶目的种属逐渐增多。中二叠世与早二叠世面貌相近,但鳞木目衰减,带羊齿、栉羊齿和楔叶继续发展,出现许多新种并产生一些新兴的植物,是华夏植物群最发育的阶段。上述各阶段植物组合的面貌都反映了二叠纪有利于聚煤的湿热气候。到晚二叠世时期,真蕨和种子蕨数量减少,松柏、苏铁等裸子植物开始增多,有些植物的小羽片变小、加厚,这与气候条件开始干燥有关,在东南地区(福建和广东)局部出现紫红、杂色斑状泥岩也可能是气候条件变化的反映。综上所述,二叠纪聚煤期的气候条件仅在末期开始有变化,整个二叠纪在南方绝大部分都属于有利聚煤的潮湿气候,在适当的古地理条件下大面积发育了森林沼泽。

我国南方二叠纪的古构造和古地理条件地区性差异较大。龙门山—大雪山一线以西在构造上以活动区为主。四川、云南西部,青海南部和西藏早二叠世处于地槽发展阶段,早二叠世形成了巨厚的复理式沉积和火山岩建造,随后发生强烈的褶皱运动,许多地区成为隆起区,但在青海南部、川滇西部仍存在着坳陷区,并堆积了含煤岩系,其中以乌丽一带聚煤较好。

龙门山—大雪山以东二叠纪为相对稳定区,因而聚煤条件较好。这个地区东、西两部分的地质发展经历显著不同,聚煤作用也各具特色。西部扬子区包括四川、贵州的大部,云南东部和湖北西部(即大致相当"扬子地台"的范围),构造更稳定。东部指东南区,包括浙、闽、湘、赣、桂等省的大部分或全部,以及苏南、皖南、鄂东南地区。这两个地区早古生代的构造发展存在着巨大差异,东南区加里东运动强烈,形成了浅变质的早古生界基底;扬子区则为前古生界基底,加里东运动仅表现为志留纪末的大面积隆起。二叠纪这两个地区都处于相对稳定的构造发展阶段,扬子区表现为更稳定的面积广阔的大型波状坳陷,其西侧为南北向的川滇隆起,北侧为秦岭-大别隆起及其分支大巴-武当隆起,坳陷内分异不剧烈,沉降幅度也不大,煤系厚度大多在数百米以内。东南区则显示为一系列隆起与坳陷相间列的面貌,其主导方向为北东向,即李四光所阐述的古华夏系方向。这些总体北东向的隆起有武陵-洞庭隆起、雪峰隆起、云开隆起、诸广-怀玉隆起和华夏隆起等。隆起间的坳陷区为含煤岩系的主要沉积区,坳陷幅度中常,煤系厚度一般在1000m以内,个别地区如桂东南由于一系列巨大的北东东向同沉积断裂的存在,二叠纪煤系局部厚达2000m以上。

(一)含煤地层

我国南方二叠纪含煤岩系主要出现于两个地层层位:其一位于二叠系最底部梁山段(梁山组),常称为"栖霞底部煤系";另一位于二叠系中上部,即晚二叠世龙潭组的"大羽羊齿煤系"。但大量的研究表明聚煤作用开始的时间在不同地区是有差异的,聚煤作用最主要的阶段始于早二叠世,并持续至整个晚二叠世。

1. 梁山段含煤岩系

最早研究的地点是陕西南部汉中地区的梁山(赵亚曾、黄汲清,1931),其后在南方各省发现的同期地层各有地域性名称,如鄂西的马鞍煤系,鄂东南的麻土坡煤系,滇东的矿山煤系,赣北的王家铺煤系等。在华南该煤系的下伏地层为石炭纪灰岩,上覆地层为早二叠世栖霞组灰岩。梁山段与上覆栖霞组地层为连续沉积,有明显的穿时现象(毛节华、许惠龙,1999),在贵州、湖北等地均发现该煤系在横向上相变为灰岩的情况。在云南东部含煤地层之上有南京蜒存在,而皖南和浙北却在含煤地层之上发现了米氏蜒带;这表明聚煤时期东部比西部略早,含煤岩系的层位由东向西少有抬高。

2. "大羽羊齿煤系"

该煤系是我国南方分布最广泛、含煤最丰富的一套含煤地层,其共同特点是产大羽羊齿植物化石。龙潭组代表晚二叠世下部的海陆交替相或陆相含煤地层,吴家坪组代表同期的以海相碳酸盐沉积组成或占绝对优势的含煤地层。

我国南方广大地区地层、动植物化石组合和煤田地质研究工作表明,蜒和菊石的化石带为二叠纪地层中最为重要的化石组合带。无论是在南方还是北方,大羽羊齿化石可分布于整个二叠系中,在三叠系早期的地层中也有发现。根据各门类化石的分布来看,南方的大羽羊齿煤系的时代应从早二叠世开始,延续到整个晚二叠世。

东南地区的大羽羊齿煤系中陆续发现了早二叠世晚期的化石组合,因而划分为早二叠世晚期的地层,如闽西南、粤东和粤中的童子岩组,浙西的礼贤组,赣东的上饶组(武汉地质学院煤田教研室,1981)。

江南区,包括江苏南部、浙江北部、安徽南部、江西中部、湖南中南部、广东北部及广西大部含煤地层主要为晚二叠世的龙潭组,广西及广东连阳该套地层称合山组。

扬子区,在西部的大羽羊齿煤系中含有晚二叠世的化石组合。此外,西藏北部双湖地区的热觉茶卡组为一套含煤地层,其中有丰富的晚期华夏植物群(李星学、姚兆奇,1980),其植物组合显示了二叠纪向三叠纪过渡的特征,不少种属可见于中生代;从动物化石来看,这一含煤层位产于长兴晚期蜒类化石层位之上,可能为长兴晚期的沉积;热觉茶卡组与其上含有三叠纪海相双壳化石的康鲁组呈过渡关系,康鲁组亦夹煤线。由此可见,热觉茶卡组是我国二叠系聚煤最高的层位。

(二)沉积特征

1. 早二叠世(梁山期)

我国南方晚石炭世末普遍发生海退并隆起成陆,又经历了剥蚀夷平作用,到早二叠世栖霞期又发生海进。早二叠世扬子区的大部分和东南区的小部分在一段时间内发育了海陆交替型含煤岩系,即梁山段;随后海侵范围扩大聚煤作用终止(图9-5)。因此,梁山段含煤沉积是在晚石炭世和早二叠世两次海进的间隙形成的,保持聚煤环境的时间较短,煤系厚度很薄,一般仅数米至30m,个别地区厚达近百米。梁山段含煤岩系的岩性以泥岩、铝土质泥岩、铝土岩和石英砂岩为主,夹煤层及炭质泥岩1~3层,多呈透镜状和似层状。

2. 中二叠世(茅口期)

早二叠世我国南方海水广布,大部分地区形成碳酸盐或硅质沉积。自中二叠世茅口期晚期东南沿海一带开始海退,福建、江西的东北部和南部,广东东部和中部形成了海陆交替型含煤沉积。这些地区的早中二叠世含煤地层童子岩组(也称龙岩组或加福组)为一套以细碎屑岩为主

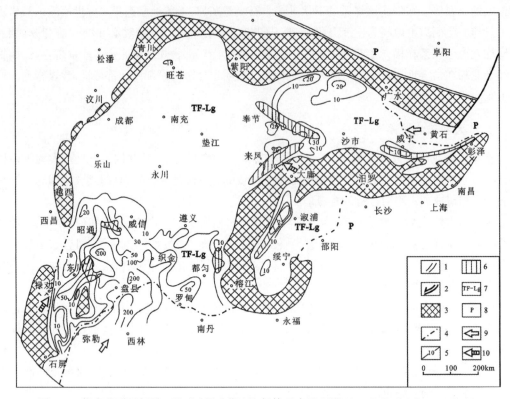

图 9-5　华南盆地西部早二叠世（梁山期）海侵体系古地理图（据毛节华、许惠龙，1999 修改）
1. 洋壳；2. 郯庐断裂；3. 古陆；4. 相区界线；5. 地层等厚线（m）；6. 煤层富集带；7. 潮坪-潟湖相区；8. 台地相区；9. 海侵方向；10. 陆源物质搬运方向

的海陆交替型含煤岩系，厚度可达千米以上，这个条带向西南延到广东东部的兴梅地区和广东中部（如广花煤田），更向西南则延至海南。

3. 晚二叠世

晚二叠世含煤沉积在地区分布上远远广泛于早、中二叠世，除主要聚煤的扬子区和东南区外，青、藏、滇西区也有聚煤作用发生；总的聚煤量也远比早、中二叠世大。这一阶段中又可分为早期（龙潭期）和晚期（长兴期），并以前者为主。晚二叠世晚期，由于大面积海进，许多原来聚煤的地区（如赣、湘、鄂、粤、桂等地）被海水淹没，沉积了碳酸盐岩（长兴灰岩），聚煤地区主要局限于西南局部地区（图9-6）。

晚二叠世含煤岩系在南方绝大多数地区都是滨海区的海陆交替型沉积，仅在靠近古陆边缘的狭窄地区逐渐过渡为陆相沉积，以及盆地内一些碳酸盐台地由滨海-浅海沉积构成。因此，不同地区含煤岩系有不同的岩相组合，大体上可分为滨海型、滨海-浅海型、陆缘型。

（1）滨海型，可分为湘赣亚型和闽南亚型。湘赣亚型以湘中、湘东南和赣北（萍乐坳陷）的龙潭组为代表，黔西和川南亦属此亚型，为一套海陆交替的碎屑岩型煤系，其中海相和过渡相在煤系剖面中比例很大，海相动物化石十分丰富，反映了较开阔的陆表海沉积的面貌；含煤岩系中的砂体多为三角洲或砂坝相，河流砂体较少。闽南亚型以福建的晚二叠世翠屏山组为代表，下部陆相比例增加，含煤性较差，煤层薄而不稳定。

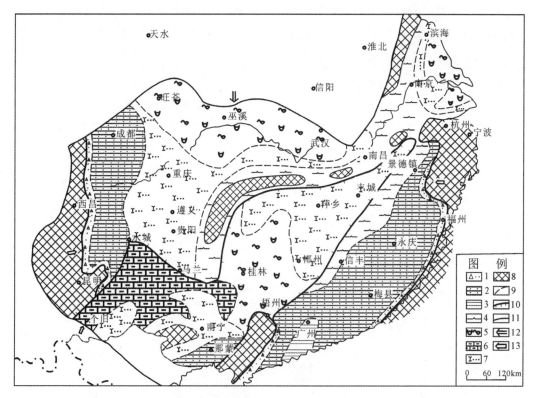

图 9-6 华南盆地晚二叠世海侵体系古地理图（据毛节华、许惠龙，1999 修改）
1.冲积扇相区；2.河流相区；3.湖泊相区；4.滨海平原相区；5.潮坪及潟湖混合相区；6.台盆相区；
7.沼泽相区；8.古陆；9.相区界线；10.裂陷边界；11.研究区边界；12.海侵方向；13.陆源物质搬运方向

（2）滨海-浅海型，以广西的合山组，川鄂的吴家坪组为代表，为一套滨海-浅海的碳酸盐型煤系，在剖面中浅海和滨海灰岩比例很大，仅在短暂的海退阶段形成有价值煤层，有的煤层本身或其中的灰岩夹矸内都发现有海相动物化石。

（3）陆缘型，以川滇古陆东缘的宣威组含煤岩系为代表，基本为陆相冲积平原沉积，岩性由砂岩、粉砂岩、泥岩和煤层组成，夹薄层菱铁岩，局部发育砾岩和砂砾岩，越靠近古陆沉积物越粗，远离古陆逐渐出现少量的海相或过渡相夹层，最后过渡到滨海型。

（三）含煤性及煤质特征

1. 早二叠世（梁山期）

梁山组沉积时期，由于海进速度较快，成煤环境不稳定，主要分布于邻近古隆起的地带，煤系和煤层厚度都较薄，在康滇古陆东侧含煤性相对较好。在滇东、黔西、湘西北、赣北和鄂西均有可采煤层分布，但一般 1～2 层，可采厚度一般小于 2m，局部也可达 10 余米。煤层一般呈透镜状或鸡窝状，横向不稳定。

2. 中二叠世（茅口期）

这一时期聚煤最丰富的地区在福建，较重要的煤田有龙岩，永春天湖山及三明等，含煤岩系童子岩组含煤层数达 45 层之多，可采 1～15 层，可采总厚度在 8m 以内。在粤东兴梅地区含煤可达 28 层，可采一般 3～6 层，可采煤层厚度 0～4.1m。浙江江山礼贤组含煤 27 层，局部可采 5 层，可采总厚 1.3～4.8m。江西上饶组含煤 20 余层，局部可采 1～7 层，平均可采厚度 0～3.4m。其含煤性特征表现为煤层层数多、薄和横向不稳定，常呈透镜状、藕节状。

3. 晚二叠世

晚二叠世是我国南方聚煤最广泛和最丰富的时期，在华南形成了两个大型的富煤带，一个位于康滇古陆东缘，近南北向展布，另一个位于江南断裂东部，近北东向展布（图9-7）。

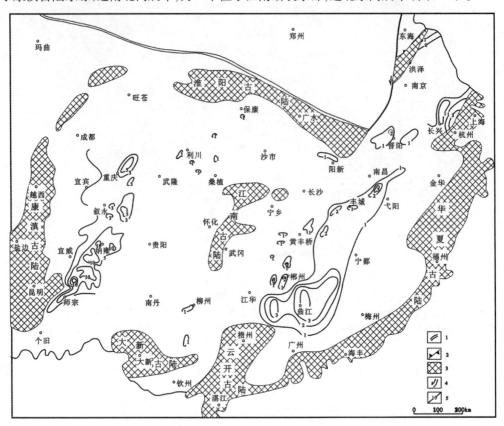

图 9-7　华南盆地龙潭早期 D 煤组煤层等厚线图（据毛节华、许惠龙，1999 修改）
1. 洋壳；2. 拼接带；3. 古陆；4. 郯庐断裂；5. 煤层等厚线（m）

康滇古陆东缘富煤带主要分布于滇东、川南和黔西。黔西含煤性最好，龙潭早期含煤 7～24 层，累计总厚 1.0～23.9m（平均 9.1m），可采和局部可采煤层 6 层，可采总厚 1.7～15.5m（平均 4.6m）；龙潭晚期含煤 5～40 层，累计总厚 4.6～26.7m（平均 11.6m），可采和局部可采煤层 4 层，可采总厚 1.9～16.8m（平均 5.0m）；长兴期含煤 1～26 层，累计总厚 1.5～19.2m（平均 8.2m），可采和局部可采煤层 3 层，可采总厚 1.1～13.6m（平均 5.7m）。滇东含煤性次之，龙潭早期含煤 2～21 层，累计总厚 0.3～17.4m（平均 5.0m），可采和局部可采煤层 8 层，可采总厚 1.1～13.6 m（平均 3.2m）；龙潭晚期含煤 1～36 层，累计总厚 2.73～21.8m（平均 8.3m），可采和局部可采煤层 6 层，可采总厚 0.9～20.0m（平均 5.2m）；长兴期含煤 1～23 层，累计总厚 0.5～11.3m（平均 5.2m），可采和局部可采煤层 3 层，可采总厚 0.8～8.6m（平均 2.6m）。黔中含煤性相对较差，龙潭早期含煤 3～26 层，累计总厚 0.8～14.7m（平均 5.4m），可采和局部可采煤层 5 层，可采总厚 1.05～11.9m（平均 3.4m）；龙潭晚期含煤 4～38 层，累计总厚 0.4～15.1m（平均 6.3m），可采和局部可采煤层 8 层，可采总厚 1.2～11.7m（平均 3.0m）；长兴期含煤 1～18 层，累计总厚 0.4～15.2m（平均 4.7m），可采和局部可采煤层 3 层，可采总厚 0.8～14.4 m（平均 3.7m）。黔北-川南含煤性相对较差，龙潭早期含煤 1～10 层，累计总厚 0.2～6.9m（平均 2.0m），可采和局部可采煤层 6 层，可采总厚 0.5～5.9m（平均 1.44m）；龙潭晚期含煤 1～22 层，累计总厚 0.2～11.7m（平均 2.7m），可采和局部可采煤层 7 层，可采总厚 0.8～10.3m（平均 1.9m）；长兴期含煤 1～21 层，累计总厚 0.1～9.5m（平均 1.5m），可采和局部可采煤层 3 层，可采总厚 0.6～7.1 m（平均 1.0 m）。

江南断裂东部富煤带分布于粤北、湘南、赣中南、浙西一线。粤北曲仁上含煤段含煤 11～24 层，煤层总厚平均 8.2m，可采和局部可采煤层 2～5 层，平均厚度 0.7～1.6m；下含煤段含煤 20 余层，可采和局部可采 10 层，平均厚度 0.4～1.7m。赣中上含煤段一般含煤 5～15 层，可采和局部可采煤层 0～4 层，可采总厚 0～3.1m；下含煤段一般含煤 6～10 层，可采和局部可采煤层 2～3 层，煤层厚度 0～2m。湘中、湘东南上含煤段为海相层不含煤，下含煤段含煤 2～22 层，可采和局部可采煤层 1～11 层，单层煤厚 0～8.3m。苏南、浙北、皖南下含煤段含煤 4～11 层，可采和局部可采 1～3 层，煤层厚度不稳定（0～11.5m）。

南方早二叠世煤除福建和陕南全为无烟煤外，其余均有中、高变质烟煤和无烟煤。四川盆地西北边缘、苏南、江西和湘西北有少量的气煤和气肥煤。福建早二叠世煤的煤质好，镜质组含量 87%～96%，惰质组含量 3.5%～12.4%，少量壳质组；煤的灰分平均含量 20%，硫分含量 0.2%～2%。其余地方灰分含量 15%～20%，硫分含量大于 1%，最高可达 3%～8%；由于煤层薄而不稳定，硫分又高，故一般用作地方小型煤矿开采。

南方晚二叠世煤的类型复杂，从气煤到无烟煤均有。无烟煤多集中分布于川南的松潘、芙蓉、古叙、筠连，贵州的遵义、金沙、织金、纳雍、安顺、普安、兴义，云南的盐津、镇雄和富源老厂等地，以及粤北的曲仁、连平，湘南的郴耒煤田，江西的赣南、杨桥、安福、上饶等煤田。煤的成因类型以腐植煤为主，仅在贵州水城大河边矿发现有腐植腐泥煤和腐泥煤夹层。在华南西部，煤中镜质组含量一般在 60% 以上，惰质组含量小于 30%，壳质组含量小于 10%。华南东部的残植煤中，镜质组含量一般小于 35%，惰质组含量小于 15%，壳质组含量可达 50%～60%，壳质组中主要是树皮体。晚二叠世煤的灰分各地差异很大，特低灰煤—高灰煤均有。如湘中的牛马司、湘南的郴耒煤田、广东曲仁、川南、黔西等地的部分煤层灰分在 10% 以下，硫分低于 1%。而多数地区煤的灰分为 15%～35%，硫分一般为 1.5%～3%。特高硫煤的地区有桂西、桂南、湘北、鄂东南、鄂西南、浙北、黔东、黔北、川南、苏南、皖南等地，硫分可达 3%～10%。

三、我国北方石炭纪—二叠纪聚煤作用

中国北方石炭纪—二叠纪聚煤作用主要分布在昆仑山—秦岭—大别山一线以北。聚煤作用分布非常广泛，但以华北地区晚石炭世和早二叠世聚煤作用最为强烈，形成了广泛分布的较厚煤层，著名的开滦、大同、本溪、太行山东麓、沁水、汾西、豫西、淮南、淮北、鲁西南、贺兰山等煤田均为我国最重要的煤炭基地。

北方石炭纪—二叠纪聚煤区的古气候和古植物条件对聚煤作用十分有利。石炭纪为潮湿的热带-亚热带气候，植物面貌基本相似。聚煤作用始于西北的早石炭世，但无具工业价值的煤层。晚石炭世在潮湿温暖的气候条件下，芦木类、鳞木目等高大的乔木非常繁盛，真蕨、种子蕨也很昌盛，在大面积平坦的滨海平原上广布着森林沼泽，为聚煤作用提供了丰富的物质条件。二叠纪植物的地理分区和气候分带现象更为明显，我国北方属华夏植物群发育的地区。早二叠

世,本区仍为潮湿的热带-亚热带气候,森林沼泽继续广布,聚煤作用达到了高潮。中石炭世由于西北和华北西部出现了干旱气候,植物的生长繁殖受到影响,聚煤作用大衰,下石盒子组仅在华北南部和东部仍有煤层发育。至晚二叠世早期,干旱气候向东扩展,华北的上石盒子组由黄、绿、灰、红等杂色岩层组成,聚煤作用仅限于南部豫西—淮南一带。植物群中种子蕨纲发展到了顶峰,晚期开始衰退,其他裸子植物继续发展。晚二叠世晚期北方广大地区已完全被干旱气候所笼罩,植物化石罕见,晚古生代聚煤作用完全结束。

从聚煤古构造来看,西北和华北石炭纪—二叠纪地质构造发展经历有所不同。华北在北以阴山、南以秦岭-大别山两个隆起带所限的范围内是一个广阔而稳定的地区,自中奥陶世末整体成陆、经历长期风化剥蚀后,地形渐趋准平原化。晚石炭世开始缓慢接受沉积,石炭纪—二叠纪聚煤期成为一个稳定的巨型波状坳陷,为含煤岩系的沉积提供了良好的构造条件。华北聚煤坳陷面积宽广,总体呈东西向展布,因大别山隆起带向南突出,聚煤坳陷向东更加开阔。整个晚古生代聚煤期,聚煤坳陷沉降缓慢,幅度不大,内部构造分异也不明显,大范围内地层厚度差别不大。主要含煤地层太原组一般不超过150m,山西组厚100m左右。煤系等厚线在华北东部呈东西向展布,西部主要呈北东向,煤系自西向东增厚。聚煤坳陷内大致在北纬34°30′和37°40′附近,有两条可能以深部断裂形式存在的东西方向伸展的构造带,影响着石炭纪—二叠纪的沉积环境,成为南北岩性岩相和含煤性变化的界线,前者大致位于徐州以北至商丘—三门峡一带,后者大致位于石家庄南元氏—太原—离石一线。

而西北石炭纪—二叠纪聚煤坳陷主要发育在河西走廊区,大致沿北西方向延展,向东转为北北东向的贺兰山坳陷。在桌子山西侧与华北聚煤坳陷连成一体。河西走廊区与华北比较,晚古生代早期构造活动性强,曾接受巨厚沉积,早石炭世聚煤坳陷即已形成,中石炭世坳陷向北扩展,凹陷幅度仍比较大,如贺兰山区晚石炭世沉积厚度达1000m左右,而华北的本溪组厚仅数十米。晚石炭世至早二叠世二者差别逐渐缩小,河西走廊区与华北聚煤坳陷连成一体。若以近南北向的贺兰山坳陷为界,以西的坳陷为北西向,以东为北东向,更向东则为近东西向或由北东向渐转为东西向。

(一)含煤地层

北方石炭纪—二叠纪地层发育良好。含煤的层位有早石炭世的臭牛沟组(限于西北)、晚石炭世的羊虎沟群(西北)、本溪组(华北、东北南部)、太原组和早二叠世的山西组(华北),中二叠世的下石盒子组和上石盒子组(华北南部)。其中太原组和山西组为主要含煤地层。

早石炭世含煤地层臭牛沟组分布于西北河西走廊区,以甘肃靖远磁窑地区出露最全,厚500余米。李星学、姚兆奇(1979)将其划分为3段:下段厚60~180m,假整合于上泥盆统老君山组之上,属维宪早期的沉积;中段厚120~200m;上段厚50~140m,其时代属维宪晚期。

晚石炭世沉积在西北地区称羊虎沟群,李星学等将甘肃靖远地区晚石炭世的地层进行了详细划分,纳缪尔期的称为靖远组,维斯发期的称为羊虎沟组,总厚250m。贺兰山北段胡芦司太的晚石炭世厚达485m,大部分属维斯发期的沉积。晚石炭世太原组在西北河西走廊区、华北的沉积面貌和所含动物化石相似。

早二叠世的山西组除含丰富的植物化石外,还发现有舌形贝、腹足类和双壳类,是具中期华夏植物群A期的化石组合。中二叠世的下石盒子组和上石盒子组含植物化石也比较丰富,下石盒子组具中期华夏植物群B期的化石组合,上石盒子组具晚期华夏植物群的组合。

（二）沉积特征

1. 西北石炭纪—二叠纪

北西向的祁连山构造带自加里东运动褶皱隆起后,晚古生代在其南北两麓的坳陷带中继续接受沉积。北麓的河西走廊区泥盆纪形成了巨厚的山麓堆积,经隆起剥蚀后地形低平,随着早石炭世海侵的发生,首先形成了前黑山组的海相层,至维宪期形成了海陆交替型的含煤岩系臭牛沟组,厚达 800m,整合于前黑山组之上。晚石炭世的羊虎沟组和太原组也都是海陆交替型的含煤岩系。早二叠世的大黄沟组为陆相含煤岩系,常因中二叠世下石盒子组底部的冲刷而保存不全。石炭纪从早期开始至晚期是海侵逐步扩大的过程,聚煤坳陷也随之自南向北扩展,通过贺兰山区与华北聚煤坳陷连成一体,晚石炭世海侵达到高潮阶段而后海水退去形成了陆相沉积。与华北聚煤坳陷相比,不但坳陷范围狭窄,构造稳定性也差,石炭纪—二叠纪含煤岩系厚度、岩相和含煤性变化都比较大,石炭系厚达 400～500m,而二叠系常保存不全,厚仅数十米,其原因与河西走廊坳陷在聚煤期内部构造分异明显和聚煤期后较早即发生上隆有关。

早石炭世的臭牛沟组以过渡相和浅海相为主,下段底部为含碎屑泥块灰岩、薄层白云质灰岩和钙质白云岩,上部为紫红及灰绿色粉砂岩,含钙质结核和薄层石膏,假整合于晚泥盆世老君山组之上,中段为灰黑色砂泥岩夹煤层、泥灰岩和石灰岩;上段为薄至中厚层灰岩,含燧石条带和结核,下部夹海相砂泥岩,总体具有海进型特征。区域上自南向北变薄并逐渐尖灭。

晚石炭世的羊虎沟组不整合超覆于晚泥盆世或更老的地层之上。靖远组底部为灰白色砂砾岩或粗砂岩,向上岩性变细为细砂岩、粉砂岩或泥岩,上部夹有薄层灰岩或泥灰岩,代表一个海进旋回,含数层可采的薄煤层。羊虎沟组底部为河床相石英细砾岩和粗砂岩,向上变细,在粉砂岩、泥岩中夹有煤层,上部以潟湖海湾相和浅海相泥岩、粉砂岩为主,夹有薄层石灰岩,含煤性差。

晚石炭世的太原组仍为海陆交替型含煤沉积。靖远的太原组厚仅 40m,几乎全由浅海相组成,与羊虎沟组为连续沉积。景泰红水地区太原组发育较好,厚 200 余米,由不同粒度的砂岩、粉砂岩、泥岩夹薄层灰岩和煤层组成。砂岩皆为分选性和磨圆度较好、成分单纯的石英砂岩,硅质胶结,为滨海沉积。剖面旋回结构清楚,以滨海相、过渡相为主,顶部多为浅海相。自景泰向西至河西走廊区,太原组厚度减小,武威—张掖一带厚 120～170 余米。

分布在祁连山南麓、青海北部的晚石炭世克鲁克群整合下早石炭世巨厚的海相层之上,纳缪尔期为海陆交替型含煤沉积,厚 250 余米,维斯发期为浅海-滨海相砂岩、泥岩和石灰岩的互层,基本不含煤。晚石炭世也称为太原组,向东在甘肃的康乐、临洮一带岩性很粗,厚达 350 余米,仅含薄煤层和煤线,聚煤作用较河西走廊区差。

北部贺兰山地区晚古生代聚煤作用发育好,在石炭纪是西北聚煤坳陷向华北扩展的过渡地带,兼有西北和华北不同的地质经历和特征。早石炭世本区仍处于隆起状态,晚石炭世纳缪尔晚期随着海侵向北推进,本区开始接受沉积,形成了巨厚的海陆交替型含煤岩系,但聚煤强度不及河西走廊区,煤层皆未达可采厚度。晚石炭世太原组仍由海陆交替相组成,煤系厚 230m,普遍有稳定的可采煤层发育。早二叠世本区继续接受沉积,山西组有厚煤层发育,聚煤作用达到高潮。中二叠世的下石盒子组以灰绿及黄绿色碎屑岩为主,下部仍夹有薄煤层,上石盒子组和石千峰组杂色和红色层增多,气候渐转为干燥,聚煤作用终止。

2. 华北石炭纪—二叠纪

华北晚石炭世的聚煤作用是连续发生的。晚石炭世聚煤坳陷的范围和沉降幅度都比较小,豫西及晋东南边缘一带仍处于隆起剥蚀状态,晚期海水主要由东向西进入华北大陆,当时地形已渐趋准平原化,大面积内广布着浅水的陆表海,海侵曾到达内蒙古南部的准噶尔旗、晋陕交界地区和渭北一带;西部桌子山一带自西向东侵入的海水来自贺兰山区;而陕甘宁交界一带晚石炭世可能未接受沉积。华北晚石炭世来自东、西两个方向的海侵几乎是同时发生的,由于华北东部地势低平,海侵范围要比西部大得多。

晚石炭世太原组,为海陆交互相含煤地层,华北北区岩性基本相似,沉积物以泥质岩、粉砂岩细碎屑岩为主,夹浅海相石灰岩和煤层。煤层顶板皆为浅海灰岩。中期海侵是石炭纪海侵的高潮,普遍形成了石灰岩三层,晚期虽仍处于海侵阶段,但由于沉积补偿速度较快,海侵范围向东南方向逐渐退缩,因此晚期海侵所形成的浅海相灰岩集中在豫西和苏北、淮南一带。太原组灰岩的层数和厚度自豫皖向晋陕方向逐渐减少并变薄,而聚煤作用的变化方向恰相反,越向晋陕北部,煤层发育越好,厚度越大,东部的南、北两端,北端碎屑物补偿过速而南端海侵时间过长,聚煤作用都不能持续,仅山东西部煤层发育较好。

至二叠纪,华北地区总体处于海退阶段。从石炭纪至二叠纪,地壳的活动性逐渐增强,北侧陆缘剥蚀区上隆及聚煤坳陷沉降的幅度都有所增长,二者地形的相对高差渐趋显著,河流下切,剥蚀加剧,沉积速度增快,促使海岸线迅速向东南和西两个方向后撤。随着三角洲向南推进,冲积平原的面积显著增加,聚煤范围随之向南扩展。因而北方二叠系以陆相沉积为主,早期过渡相占较大比例,后逐渐减少,海相层少见。

二叠纪的聚煤作用主要发生在早期,早二叠世的聚煤作用遍及北方广大地区,尤以华北北带和贺兰山地区煤层发育最好,储量最丰富。山西组是华北早二叠世最重要的含煤地层,常有厚煤层发育,但稳定性稍差。山西组以过渡相和陆相的砂岩为主,粉砂岩、泥岩次之,上部夹有石灰岩、泥岩凸镜体;厚煤层一般发育在三角洲上,可见聚煤作用主要发生在海退造成的冲积平原及滨海三角洲平原上的湖泊沼泽水体中。自北而南,山西组的聚煤环境是变化的,北带和中带为滨海三角洲及冲积平原,北部近边缘地区具有山前冲积平原的特征,岩性较粗,南带则为滨海平原环境,冲积相自北向南减少,逐渐被三角洲相代替。

至晚二叠世,北方已完全被干燥气候所笼罩,石千峰组普遍为红色层不含煤。

(三) 含煤性及煤质特征

1. 西北石炭纪—二叠纪

西北晚古生代含煤岩系主要分布在河西走廊区和青海北部,晚石炭世和早二叠世都有可采煤层发育。龙首山以北和新疆天山地区,晚古生代同样有含煤岩系形成,因发育在构造活动带,煤层薄而不稳定,后期又强烈变质,缺乏工业价值。

北西向的祁连山构造带维宪期含煤岩系臭牛沟组拥有北方石炭纪形成最早的煤层,但无开采价值。晚石炭世的羊虎沟组发育有数层可采的薄煤层。早二叠世的大黄沟组也有可采煤层,常因中二叠世下石盒子组底部的冲刷而保存不全。

景泰红水地区晚石炭世太原组含薄煤层近20层,可采3层。武威—张掖一带煤层发育好,更向西至玉门仅含薄煤层和煤线。

祁连山南麓、青海北部的晚石炭世克鲁克群含有薄煤层10余层,下部有煤层达可采厚度。晚石炭世太原组,向东在甘肃的康乐、临洮一带仅含薄煤层和煤线,聚煤作用较河西走廊区差。

北部贺兰山地区晚石炭世太原组煤层发育好,宁夏下沿河含煤最多达25层,其中可采

3～9层,单层厚度一般1～3m,最厚达20m,可采总厚1.25～33.52m,一般2～6m。早二叠世山西组普遍含可采煤层1～2层,厚度多为1～2m。中二叠世的下石盒子组下部仍夹有薄煤层和煤线。

2. 华北石炭纪—二叠纪

华北石炭纪—二叠纪聚煤作用始于晚石炭世,至早二叠世达到高潮,中二叠世聚煤作用限于豫西至淮南、苏北一带。

晚石炭世聚煤作用在晋北太行山地区发育较好,普遍形成了有工业价值的可采煤层。早期海退之后和中期特大海侵前是晚石炭世聚煤作用持续最长的时期,以晋陕北部为中心形成了太原组最主要的厚煤层,聚煤作用发生在广阔平坦的滨海沿岸平原上,海侵之初将陆地地下水潜水面抬高,致使滨海平原沼泽化。海侵的发生为泥炭层的埋藏和保存创造了有利条件,煤层顶板皆为浅海灰岩。中期海侵是石炭纪海侵的高潮,普遍形成了3层石灰岩,晚期虽仍处于海侵阶段,但由于沉积补偿速度较快,海侵范围向东南方向逐渐退缩,因此晚期海侵所形成的浅海相灰岩集中在豫西和苏北、淮南一带。太原组灰岩的层数和厚度自豫皖向晋陕方向逐渐减少并变薄,而聚煤作用的变化方向恰相反,越向晋陕北部,煤层发育越好,厚度越大,东部的南、北两端,北端碎屑物补偿过速而南端海侵时间过长,聚煤作用都不能持续,仅山东西部煤层发育较好。

早二叠世的聚煤作用以华北北带和贺兰山地区煤层发育最好。华北早二叠世最重要的含煤地层为山西组,常有厚煤层发育,但稳定性稍差;聚煤作用主要发生在海退造成的冲积平原及滨海三角洲平原上的湖泊沼泽水体中,其中厚煤层多发育在三角洲上。

中二叠世至晚二叠世早期,潮湿的热带-亚热带气候逐渐向干旱过渡,出现了半干旱气候。聚煤作用因植物补偿不足而显著衰退,仅在华北南带与南方海域时而半沟通的豫西-淮南地区,仍属潮湿-半潮湿气候,继续有聚煤作用发生,形成了石盒子组的含煤地层,有可采煤层发育。其他华北大部地区皆为陆相碎屑岩系,仅底部局部有薄煤层,不作为含煤岩系。石盒子组为连续沉积,以陆相和过渡相为主。

综上所述,华北聚煤坳陷自北向南扩展,沉积中心随之由北向南转移,早石炭世的沉积中心在北带,晚石炭世转移到中带,至晚二叠世已移至南带。华北石炭纪的聚煤作用始于晚石炭世,主要发生在晚石炭世和早二叠世,聚煤中心位于聚煤坳陷北带的西部和中带晋北至准格尔旗一带,至晚二叠世南移至淮南附近;聚煤的古地理景观主要为滨海平原过渡带,向南逐渐过渡到滨海-浅海环境,聚煤作用变差。

此外,内蒙古包头以北的大青山煤田,晚石炭世的拴马桩煤系形成于孤立的小型聚煤盆地中,为陆相含煤岩系,总厚500～600m,含煤岩系古地理属内陆山间盆地,拴马桩组和二叠纪的石叶湾组为主要的含煤地层。

分布在宁夏、甘肃的羊虎沟组和陕南的草凉驿群的煤层煤质较差,灰分15%～30%,硫分1%～8%,煤类为气煤、气肥煤、焦煤和无烟煤等。其中宁夏碱沟山的煤层煤质好,主要煤层灰分小于7%,硫分0.6%～2.9%,挥发分小于3.5%;宏观煤岩类型为光亮煤,块状、致密坚硬,镜质组占96%,惰质组占1.3%,矿物质占2.3%,是少有的优质无烟煤。

太原组煤的成因类型以腐植煤占绝对优势。在山西、冀北、鲁西南、鲁中及徐州等地的腐植煤中,有腐泥煤和腐殖腐泥煤夹层零星分布。显微组分以镜质组为主(60%～80%),惰质组次之(10%～30%),壳质组较少(1%～10%)。华北石炭纪—二叠纪煤中的角质体一般比较丰富,在准格尔、河曲、保德、大同、宁武、蒲县、南票、唐山、聊城、兖州、徐州、淮南、平顶山等地,可见富含角质体的角质残植煤夹层。太原组煤的灰分一般小于25%,硫分普遍较高,可达2%~5%。太原组煤的煤类复杂,由长焰煤、气煤至无烟煤的各大类均有。

早二叠世山西组煤以半亮煤和半暗煤为主,与太原组相比,显微组分中的镜质组含量减少,而惰质组增加,镜质组一般为50%~80%,惰质组10%~40%,壳质组1%~10%。煤的灰分为15%~30%,硫分小于1%。煤类及其分布与太原组煤基本相似。

中二叠世下石盒子组煤的灰分一般20%~40%,硫分多小于1%,自气煤至无烟煤的各煤类均有,以中等变质程度的烟煤居多。

北方晚石炭世—早二叠世的煤以中等变质程度的烟煤所占比重最大,分布范围最广,我国最重要的炼焦煤资源。贫煤和无烟煤的储量也大,质量好。

第四节 中国中生代聚煤作用

中生代是我国聚煤作用强度最大的时期。主要有晚三叠世、早—中侏罗世和早白垩世3个聚煤期。晚三叠世聚煤作用强度相对较弱,主要分布在华南区的川滇盆地、湘赣粤盆地和华北区的鄂尔多斯盆地。早—中侏罗世是我国各聚煤期中聚煤强度最大的一个聚煤期。主要分布在西北-华北区的一些内陆湖盆中,早白垩世为中生界的一个重要聚煤期,主要分布于我国东北区。

一、晚三叠世聚煤作用

晚三叠世聚煤作用在我国南方仅次于二叠纪,有工业价值的煤层主要分布在四川、重庆、云南中部和北部、湖北西部、江西中部、湖南东部、广东北部、福建西部等,贵州和西藏有零星分布,在我国北方也发育有晚三叠世聚煤作用,主要分布在甘肃、鄂尔多斯和东北,因此,可将晚三叠世含煤地层分为华南区、青藏-滇西区和北方区。

印支构造阶段,扬子地台、羌塘地块与华北地台、塔里木地台对接,古特提斯洋北支最后封闭结束了长期南海北陆的古地貌格局,中国大陆初步形成。由于古太平洋板块与欧亚大陆之间相互作用的增强,华北盆地向西萎缩,鄂尔多斯盆地形成,华南地区形成了川滇盆地、湘赣粤盆地对峙的局面。

晚三叠世华南区为热带、亚热带潮湿气候,聚煤作用较强烈;西北-华北区为温带半干旱、半潮湿气候,聚煤作用微弱。造煤植物主要以对气候、地理条件适应性更强的裸子植物占绝对优势,从而为大规模的聚煤作用创造了物质条件,并使聚煤作用深入到大陆内部。

(一) 含煤地层

晚三叠世含煤地层多分布于内陆湖泊和山间盆地,不同区域和盆地的岩性特征变化大,因此晚三叠世华南区、青藏-滇西区和北方区的含煤地层存在较大差异。

1. 华南区

(1) 扬子分区。扬子滇中地区含煤地层有以祥云群为代表的海陆交互型和以一平浪群为代表的陆相型两种类型。祥云群自下而上由罗家大山组、花果山组、白土田组组成,其中花果山组为主要含煤地层；一平浪群自下而上由普家村组、干海子组和舍资组组成，其中干海子组和舍资组为含煤地层。攀枝花地区含煤地层以攀枝花、永仁一带的大荞地组和宝鼎组为代表。滇东-黔西地区含煤地层以黔西南郎岱和贞丰的把南组、火把冲组为代表。四川盆地中部、东部及黔西地区含煤地层为小塘子组和须家河组，仅鄂西为沙镇溪组。

（2）江南分区。江南地区的主要含煤地层以粤、湘、赣凹陷为中心，发育有海陆交互相和山间盆地相两种类型。主要包含有桂东南地区的扶隆坳组，广东-湘东南地区的红卫坑组和出炭垅组，湘赣地区的安源群（紫家冲组、三丘田组）以及鄂中、鄂东南地区的九里岗组和王龙滩组。

（3）东南分区。含煤地层主要分布于闽西南、闽西北和浙西。闽西南含煤地层发育较全，为内陆盆地含煤碎屑岩沉积，自下而上分为大坑组、文宾山组，闽西北的焦坑组和浙西的乌灶组均仅相当于文宾山组。

2. 青藏-滇西区

含煤地层主要包括分布在藏北土门格拉至昌都一带的巴贡组或土门格拉组和位于滇西红河与怒江之间的麦初箐组，也包括零星分布于青海南部玉树地区的尕毛格组。

3. 北方区

北方上三叠统全为陆相沉积，局部含煤线。按其含煤性可划分为甘青、鄂尔多斯、东北3个地层分区。

（1）甘青分区。甘、青两省境内的晚三叠世含煤地层主要有北祁连-河西走廊地区的南营儿群，南祁连的默勒群和东昆仑北坡的八宝山群。

（2）鄂尔多斯分区。三叠系在整个鄂尔多斯盆地均有分布，其中含煤性较好的为盆地中东部的陕西子长一带的瓦窑堡组，豫西济源、义马一带的谭庄组和豫西南南召盆地的太子山组局部含煤。

（3）东北分区。该分区三叠系含煤地层零星分布，包括吉林中部双阳盆地的大酱缸组、浑江的北山组及辽西凌源—北票一带的老虎沟组。

（二）沉积特征

1. 华南区

（1）扬子分区。晚三叠世早期（卡尼早期），整个川滇盆地除西部与松潘-甘孜弧后盆地的连接部位为浅海，南盘江裂陷槽为滨浅海-次深海外，其他均为古陆。晚三叠世卡尼晚期—诺利期沉陷，可分为康滇山地区、四川盆地区和南盘江裂陷区。

南盘江裂陷区晚三叠世诺利期，滇东南滨浅海逐渐扩大，主要为湖泊、潟湖潮坪、滨海和泥炭沼泽。

康滇山地区晚三叠世发生裂陷，形成一系列南北向的裂陷盆地，以冲积扇、河流体系为主，晚期演化为河、湖体系，在冲积扇及河流的间歇期，泥炭沼泽相较为发育，主要聚煤盆地有宝鼎、红坻、西昌、会理、祥云、一平浪等。滇中地区主要含煤地层祥云群花果山组由粉砂质泥岩与细砂岩、煤层互层组成。一平浪群含煤地层干海子组下部由砂岩夹细砾岩、煤层组成，上部由长石石英砂岩、砾岩、泥岩及炭质泥岩组成；舍资组下部为中—粗粒长石石英砂岩，中部为泥岩、炭质泥岩、细砂岩夹薄煤层，上部为中—细砂岩与杂色泥岩，与下伏干海子组为连续沉积。滇东-黔西地区把南组为粉砂质泥岩、粉砂岩与中—细石英砂岩不等厚互层,上部夹薄煤层。火把冲组为海陆交互相沉积,由岩屑石英砂岩、砂质泥岩、炭质泥岩和煤层组成。攀枝花地区大荞地组由砂岩、含砾砂岩、砾岩、粉砂岩、泥岩和煤层组成。宝鼎组下部为砾岩、砂岩及煤层,上部为砂岩、粉砂岩及泥岩。

四川盆地晚三叠世卡尼晚期—瑞替期各期煤层发育情况,由老到新可分为小塘子沉积期、须家河组第一二段沉积期、第三四段沉积期、第五六段沉积期4个沉积期。小塘子沉积期,盆地中心在什邡、大邑一带,沉积厚度向东变薄,在盆地中部至东部近数十米至数百米,表明当时古地势东高西低,海水由北西方向侵入,沉积环境由东向西依次为河流、三角洲、障壁海岸体系;须家河组第一二段沉积期,龙门山开始隆升,西北海水通道封闭,沉积中心在盆地西北部,沉积环境从东向西为河流、湖泊三角洲、湖泊和海湾,富煤带在屏山、綦江、南川、万源、南江等地;须家河组第三四段沉积期,龙门山隆升加剧,古地理格局发生巨大变化,沿龙门山一带形成冲积扇裙,残存的成都-绵阳海湾已演化呈冲积平原,南充湖缘被河流沉积体系环绕,川东河流向南深入南充湖,形成南充湖东缘的湖泊三角洲体系,泥炭沼泽以废弃的湖泊三角洲为平台广泛发育;须家河第五六段沉积期,西北部及北部以褶皱成山,盆地与外海完全隔绝,成为内陆沉积盆地,由西向东依次为湖泊、湖泊三角洲、滨湖和冲积平原。

四川盆地中部、东部及黔西地区小塘子组主要为石英砂岩、页岩夹薄层钙质砂岩、粉砂岩,底部为泥岩及煤层。须家河组以中—粗岩屑砂岩为主夹薄层粉砂岩、泥岩的砂岩段与以泥质粉砂岩、泥岩、炭质泥岩、煤层为主夹长石岩屑石英砂岩的含煤段交替组成。沙溪镇组以粉砂岩、砂质泥岩为主,夹细—中石英砂岩、炭质泥岩和煤层组成。

(2)江南分区。湘赣地区晚三叠世卡尼早期海水自南而北经宜章、资兴一带的狭长海湾抵达浏阳、澄潭江一带,形成了湘赣粤海湾的雏形。浏阳、澄潭江一带在此时期沉降较深,海水沿狭道间歇性注入,沉积物以砂质泥岩为主。江西萍乡-丰城坳陷为滨岸沉积体系展布区,形成了本期的富煤带。丰城—乐平一带主要为山前洪积相展布区,不含煤或仅含少量不可采煤,莲花—戈阳山一带为山间盆地,为山麓洪积、冲积沉积体系所充填。晚三叠世卡尼晚期—诺利早期湘赣区海湾范围显著扩大,沉积区较早期大,湘东南及资兴三都一带接受了滨岸体系沉积。萍乡一带演化为潟湖相沉积。莲花、抚州、戈阳山一带山间盆地范围扩大,环境稳定,形成较多煤层。晚三叠世诺利晚期—瑞替期,湘赣地区盆地向西有所扩大。总之,湘赣粤盆地总体表现为海退,海平面升降控制着古地理演化及富煤带迁移。

桂东南地区的扶隆坳组岩性下部为石英砂岩、长石砂岩、砾岩、含砾砂岩夹粉砂岩、泥岩;上部为砾岩、含砾砂岩、砂岩,夹粉砂岩、炭质泥岩和薄煤层。

广东地区红卫坑组岩性以砾岩、含砾砂岩、中粗粒石英砂岩、长石石英砂岩与粉砂岩为主,夹泥岩、炭质泥岩和煤层。湘东南地区的唐垅组岩性主要为砾岩、粗粒石英砂岩、薄层粉砂岩夹细砂岩、砂质泥岩和煤层;本组岩性及动、植物化石与红卫坑组一致,故将唐垅组与红卫坑组对比。

湘赣地区的安源群为海陆交互相沉积,其中紫家冲组岩性主要为粉砂岩、砂质泥岩、钙质泥岩,夹炭质泥岩和煤层,并夹砾岩和石英细砂岩。三丘田组由粉砂质泥岩、粉砂岩和石英砂岩组成,夹砾岩或含砾砂岩,菱铁矿结核发育。在赣中及赣东北的乐平一带,安源群为该地的主要含煤层组。赣中南横峰、戈阳一带的石塘坞组可能相当于紫家冲组,为粗碎屑岩夹粉砂岩和薄煤层组成。熊岭组相当于三家冲组与三丘田组之和,为细碎屑岩夹煤层。吉安、吉水一带的天河组可能相当于三丘田组,下部为泥岩、砂质泥岩、砂岩及煤层,上部为杂色层。

鄂中、鄂东南地区的九里岗组岩性变化大,以薄—中厚层状粉砂岩、泥岩、细—中粒砂岩为主,夹炭质泥岩及煤层。王龙滩组,亦称晓坪组,岩性以巨厚层中、粗粒砂岩为主,夹粉砂岩、细砂岩、泥岩、炭质泥岩。鄂东南的鸡公山组相当于王龙滩组的顶部地层,岩性主要为粉砂岩、粉砂质泥岩及细砂岩、炭质泥岩夹煤层。

(3)东南分区。晚三叠世卡尼早期粤闽区为冲积扇、扇三角洲、河流、湖泊沉积体系,在废弃的扇三角洲平原上煤层发育较好。晚三叠世卡尼晚期—诺利早期湘赣区海湾范围显著扩大,粤闽地区的中山—肇庆—龙门—阳山一线以西为河流体系之泛滥平原相,以东为潟湖相,在福建漳平一带仍发育内陆湖泊扇三角洲体系。晚三叠世诺利晚期—瑞替期,粤闽地区基本保持不变。

闽西南含煤地层大坑组仅见于漳平境内,分为上、下两段:上段为无煤段,下段俗称"D煤组",岩性为细砂岩、粉砂岩、泥岩夹煤层,与下伏早中三叠世呈整合或不整合接触。文宾山组分为上、下两段:下段俗称"F煤组",由细砂岩、粉砂岩及煤层等组成,与下伏大坑组假整合接触;上段为砂砾岩、含砾粗砂岩、粉砂岩夹细砂岩、泥岩、炭质泥岩和煤层。

闽西北的焦坑组也分为上、下两段:下段为粗碎屑岩夹粉砂岩、细砂岩、炭质泥岩夹煤层;上段为粉砂岩、泥岩夹细砂岩、含砾砂岩、火山碎屑岩夹煤层。该组直接超覆不整合于寒武系之上,所产化石与文宾山组一致。

2. 青藏-滇西区

巴贡组/土门格拉组可分为上、下两段:下段阿堵拉段以粉砂岩、页岩夹细砂岩为主,含煤线;上段夺盖拉段为含煤层位,由长石石英砂岩、粉砂岩、页岩及煤层组成,偶夹薄层灰岩。

尕毛格组岩性为砾岩、硬砂岩、石英砂岩、粉砂岩,夹泥岩及板岩,含薄煤层(线)。

麦初箐组岩性为薄至中厚层状粉砂岩、细砂岩及泥岩,中上部夹炭质页岩及薄煤层(线);底部常有巨厚层中粒石英长石砂岩。

3. 北方区

西北-华北沉积聚煤区在晚三叠世时除南部祁连海湾与海相通外,其他均为内陆盆地。

(1)甘青分区。北祁连-河西走廊地区南营儿群岩性由砾岩、砂岩、粉砂岩、页岩等组成,中上部夹煤线,一般皆不可采。南祁连尕勒得寺组属默勒群的上部,岩性为粉砂岩、粉砂质页岩与砂岩,局部含炭质页岩、煤层或煤线;区域可与陕甘宁的延长群瓦窑堡组对比。

东昆仑北坡八宝山群下部的克鲁波组以火山岩为主,不含煤;上部八宝山组为中粗粒长石杂砂岩、泥质粉砂岩、炭质泥岩夹薄煤层;下伏为海西期花岗闪长岩。

(2)鄂尔多斯分区。鄂尔多斯分区晚三叠世含煤岩系主要为瓦窑堡组,由河流体系,湖泊三角洲和湖泊体系组成,河流体系主要分布于北部,湖泊三角洲体系主要分布于北纬38°线以南,湖泊体系主要分布于子长一带,各段沉积环境具有明显的继承性,从垂向上看,第一、五段以河流体系为主,二、三、四段主要以湖泊三角洲体系为主。

瓦窑堡组岩性以泥质粉砂岩、粉砂质泥岩、页岩为主,与细砂岩构成韵律层,夹有泥灰岩及油页岩。除顶部外,自下而上含多层煤线。谭庄组岩性与瓦窑堡组相似,含薄煤多层,局部可采。太子山组下段含煤,岩性为深色泥岩、砂质泥岩与中厚层状细粒石英砂岩,夹炭质泥岩和煤线,局部可采。

(3)东北分区。在左旋压扭应力场的作用下(李思田,1990),东北区在晚三叠世至早中侏罗世隆起,晚三叠世含煤地层零星分布,仅在吉林中东部、黑龙江南部形成小型火山岩含煤盆地群,含煤岩系厚度逾千米,以河流、湖泊体系为主,具多层火山岩和火山碎屑岩。

吉林中部双阳盆地的大酱缸组下部为粉砂岩、细砂岩,夹煤层;上部为粉砂质板岩和凝灰岩,不含煤。浑江的北山组岩性为含砾砂岩、长石石英砂岩、粉砂岩、页岩、炭质泥岩,中部夹煤层。辽西凌源—北票一带的老虎沟组仅含煤线。

(三)含煤性及煤质特征

1. 华南区

扬子分区的含煤性最好,川滇盆地晚三叠世煤系由几层到20余层不等,最多可达113层,可采煤层3～7层,最多达70余层,煤层总厚由几米至几十米,最厚达100余米,可采总厚一般1～6m,最厚达56m。煤层层数多,但厚度薄,横向不稳定。富煤带分布于绵阳—成都—峨眉山一带,次要富煤带沿华蓥山断裂带分布。其中滇中地区花果山组含煤5～40层,一般8～20层,可采煤层3～28层,煤层总厚度4.1～54m,一般7～14m。攀枝花地区大荞地组煤层主要富集于中部,在宝鼎矿区煤层达30～100余层,可采37层,单层厚一般0.8～2m。滇东-黔西地区把南组上部夹薄煤层。火烧冲组含煤多达百余层,可采1～3层,单层厚0.01～1.5m。四川盆地中、东部和黔西地区小塘子组最多含煤113层,可采煤层总厚30余米,最多达56m;须家河组含煤10余层,可采2～3层,单层厚一般0.1～1.0m,最厚达3～4m;沙溪镇组一般含煤1～3层,单层厚0.35～1.45m,最大达4.86m。

2. 北方区

鄂尔多斯分区瓦窑堡组共含煤6组30余层,煤层总厚11m左右,其中5号煤为可采煤层,其余煤层基本均不可采。5号煤的聚煤中心与沉积中心基本一致,煤层厚度与地层厚度正相关,在湖泊三角洲平原及湖泊淤浅区形成了较厚煤层,以湖泊分布区为中心,煤层向周围减薄,反映了在湖泊缓慢淤浅基础上的聚煤特征。

晚三叠世煤的煤类复杂,长焰煤至无烟煤皆有,而以中等变质程度的烟煤居多。晚三叠世煤的显微组分含量一般为:镜质组70%,半镜质组6.6%,惰质组17.9%,壳质组5.5%。四川须家河组煤的镜质组低于一般值,而半镜质组和惰质组则高于一般值。煤的灰分、硫分各地相差很大,一般以中灰—高灰、低—低中硫煤为主。在云、贵、川、鄂、豫、青、藏等地煤的硫含量范围0.2%～10%,高低相差数十倍,而甘、青、藏、陕、川西、滇西等地有相当数量的低灰低硫煤。

二、北方早、中侏罗世聚煤作用

昆仑-秦岭纬向构造带以北是我国早、中侏罗世的主要聚煤地区。在我国北方分布甚广,但聚煤作用最强的地区分布于昆仑山-秦岭-大别山以北和阴山-阿尔泰山以南,向北可达黑龙江省大兴安岭东坡的颜家沟、内蒙古北部的马尼特庙。

在古地理环境方面,侏罗纪我国广大地域隆起成陆。侏罗纪的海侵在东部仅达到黑龙江东部、台湾和广东沿海;我国西部海侵可达到西藏、青海西南部和新疆西南部的昆仑山地区,使我国西部地区受到潮湿的海洋性气候调节。早—中侏罗世西北-华北区为温带潮湿气候。早、中侏罗世的造煤植物群以苏铁和银杏为主。侏罗纪形成的含煤岩系绝大部分是陆相的;海陆交替相型的仅见于广东和湖南东南部、黑龙江东部和西藏。

在聚煤期古构造条件方面,侏罗纪正值燕山运动事件,强烈的构造运动导致地壳的明显分异,形成了规模和类型多样的盆地。面积大者可达数万到10余万平方千米,如准噶尔、陕甘宁和吐鲁番等盆地;中等规模的盆地从上百至几千平方千米,如伊犁盆地和三塘湖盆地,更有许多小型盆地。聚煤盆地单个虽不如古生代聚煤坳陷广阔,但有利的沉降与补偿条件和古地理、古植物因素常导致巨厚煤层的形成,数十米至近百米的煤层并不罕见。盆地类型主要以类前陆盆地和波状坳陷占优势。

早、中侏罗世聚煤盆地的规模和类型多种多样,已知的重要盆地集中分布于新疆、甘肃中部-青海北部、鄂尔多斯盆地和燕山-东北4个地区(图9-8)。

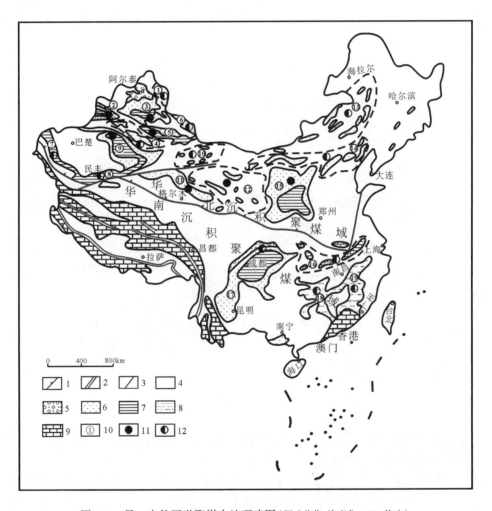

图9-8 早—中侏罗世聚煤古地理略图(据毛节华、许惠龙,1999修改)
1.地壳对接带;2.洋壳;3.后期平移断裂;4.古陆;5.冲积扇相区;6.河流相区;7.湖泊相区;8.过渡相区;9.海相区;10.含煤盆地(群)编号;11.主要聚煤盆地;12.次要聚煤盆地。①富蕴和卡塔塔什盆地;②伊犁盆地;③准噶尔盆地;④尤尔都斯盆地、焉耆盆地和梧桐沟盆地;⑤吐哈盆地;⑥三塘湖盆地;⑦托云-和田盆地;⑧且末-民丰盆地;⑨库车-满加尔盆地;⑩北山盆地群;⑪柴达木盆地;⑫祁连山盆地群;⑬大兴安岭盆地群;⑭阴山-燕辽盆地群;⑮鄂尔多斯盆地;⑯长江中下游盆地群;⑰川滇盆地;⑱湘赣盆地;⑲闽浙赣盆地

（一）含煤地层

1. 新疆区

新疆早、中侏罗世的含煤地层主要分布于北疆的准噶尔盆地、吐鲁番-哈密盆地、伊犁盆地，和什托洛盖、巴里坤-三塘湖、焉耆等盆地以及南疆的塔里木盆地、库车、喀什、阿克陶-莎车、江格萨依等盆地（图9-9）。

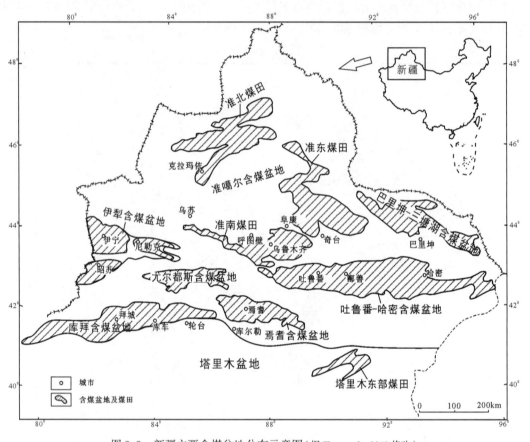

图9-9　新疆主要含煤盆地分布示意图（据Zhou et al., 2010 修改）

北疆诸盆地的含煤地层统称为水西沟群，自下而上分为八道湾组、三工河组和西山窑组，其中早侏罗世八道湾组和中侏罗世西山窑组为主要含煤地层。

南疆塔里木盆地北部山前的库拜煤田含煤地层统称为克拉苏群，自下而上分为塔里奇克组、阿合组、阳霞组和克孜勒鲁尔组，其中早侏罗世塔里奇克组和中侏罗世克孜勒鲁尔组为主要含煤地层。

2. 甘肃中部-青海北部区（祁连山、北山区）

该区的早中侏罗世煤田集中于青海北部和甘肃中部，大约在敦煌和兰州之间，即祁连山、北山地区，总体呈北西西向展布。这些煤田在形成阶段是相互隔绝的内陆中、小型聚煤盆地，但具有较稳定的、埋藏不深的厚煤层或巨厚煤层，因而具有可观的煤炭储量。

青海北部的早、中侏罗世煤盆地集中分布于柴达木盆地边缘和大通河流域两个北西西向延伸的条带。柴达木盆地北缘的含煤地层为下侏罗统小煤沟组、甜水沟组,中侏罗统大煤沟组,主要含煤地层为大煤沟组。

北祁连河西走廊含煤地层为中侏罗统龙凤山组,西部另称为中间沟组。

3. 鄂尔多斯盆地

鄂尔多斯盆地早、中侏罗世含煤岩系广泛分布。该区为我国构造最简单的地区之一,含煤岩系大面积内保存完整,为一规模巨大的煤田。早、中侏罗世形成的含煤地层,下部为富县组,上部为延安组,可采煤层皆分布于延安组中。

山西大同煤田的大同组和河南义马煤田的义马组均为延安组的同期含煤地层。

4. 燕山-东北区

该区的早中侏罗世煤田主要集中于京西、河北北部以及辽宁西部和内蒙古地区,包括北京煤田和河北的蔚县煤田以及辽西的北票煤田等,可分为西、中、东3段。

西段含煤地层分布在酒泉北山地区的一些小盆地和内蒙古阿拉善右旗南部的潮水盆地。潮水盆地主要含煤地层为青土井群。青土井群可分为上、下两段:下段是主要含煤段,由砂岩、砾质砂岩、粉砂岩、炭质泥岩及煤层组成,与下伏芨芨沟组为假整合接触。北山地区沙婆泉群与青土井群相当,上组不含煤,下组夹煤层。

中段包括内蒙古大青山煤田、锡林浩特地区,河北北部及京西等地,含煤地层自下而上为五当沟组和召沟组。五当沟组岩性下部主要为砾岩,中部为粉砂岩、泥岩、油页岩夹砂砾岩,含3组煤层;上部以粗砂岩、细砂岩、泥岩为主,含4组煤。召沟组主要由砂岩、泥岩、油页岩夹煤层组成。与召沟组相当的地层在河北北部称下花园组,京西称窑坡组。

东段分布于辽西、辽东、吉南及大兴安岭南部的中小盆地中,含煤地层分别为红旗组与北票组。红旗组岩性主要为粉砂岩、泥岩夹多层砂岩、砂砾岩,含多层薄—中厚煤层。北票组分为上、下两段:下段以砂岩为主,夹粉砂岩、砂砾岩及煤层,含煤性较好;上段为厚层泥岩夹粉砂岩、砂岩及煤层。

(二)沉积特征

1. 新疆区

北疆准噶尔盆地八道湾组沉积期,盆地北缘有4个冲积扇裙复合体,河流相分布于盆地四周,河流相区包括曲柳河和辫状河沉积体系,前缘包括三角洲体系的沉积。三工河沉积期,盆地被湖泊沉积所占据,不利于泥炭沼泽的形成。西山窑组沉积期的岩相古地理与八道湾组沉积期相似,湖盆水体较浅,河流和湖泊三角洲体系沉积发育。伊犁盆地早中侏罗世的深湖相不发育,有利于泥炭沼泽的广泛发育;煤层的形成于河流体系和湖泊三角洲沉积体系密切相关。吐鲁番-哈密盆地的早中侏罗世含煤地层的粒度自下而上呈粗(八道湾组)—细(三工河组)—粗(西山窑组)的变化。八道湾组岩性主要为砂岩、粉砂岩和泥岩互层,含炭质泥岩及煤层,底部有砾岩。煤层主要发育于下段及中段,有巨厚煤层,上段多为薄煤层。西山窑组岩性主要为中、粗粒砂岩,粉砂岩,砂质页岩夹煤层及菱铁矿薄层,粒度较八道湾组细且稳定,煤层多集中于中、下部。

南疆库车盆地侏罗系自下而上由湖泊体系-扇三角洲体系-河流体系-湖泊体系组成,缺乏深湖和半深湖沉积,这种沉积古地理非常有利于泥炭沼泽的发育和厚煤层的形成,煤层主要与河流体系有关。塔里木盆地南缘含煤盆地的主要沉积体系为大型砾质冲积扇沉积体系,晚期演变为湖泊沉积体系。南疆塔里奇克组岩性主要为砂岩、砂砾岩、泥岩夹泥灰岩、粉砂岩薄层。克孜勒努尔组岩性为砂砾岩、细砾岩、泥岩、炭质泥岩、粉砂岩夹煤层。

2. 甘肃中部-青海北部区(祁连山、北山区)

柴达木盆地侏罗系由两大沉积旋回组成:下部旋回自下而上经历了冲积扇-扇三角洲-湖泊等体系的演化;上部旋回自下而上的沉积序列是冲积扇-河流-湖泊体系。泥炭沼泽的发育与河流体系密切相关。盆地北缘煤系地层小煤沟组底部为砾岩,下部为砂砾岩夹粉砂岩、炭质泥岩,上部为含砾砂岩与粉砂岩互层。甜水沟组由油页岩、页岩与中—细砂岩互层组成。大煤沟组由中—粗砂岩、细砂岩、粉砂岩与杂色泥岩、煤层、炭质泥岩等组成。

祁连山地区盆地主要发育冲积扇-河流-湖泊沉积体系,北祁连山的小型聚煤盆地以冲积扇沉积体系为主,南祁连山的小型盆地则以湖泊沉积体系占主导。北祁连含煤地层龙凤山组底部为砾岩,下部为主要含煤段,发育厚至巨厚煤层,中部沉积物相对较细,含薄煤层,上部沉积物粒度变粗,局部发育砾岩,含局部可采煤层。

大通河流域及甘肃中部含煤地层窑街组一般分5段,一段为粗碎屑岩段,由砂岩和泥岩组成;二段为含煤段,由砂岩、泥岩、厚煤层和巨厚煤层组成;三段和四段以油页岩为主夹泥岩、细砂岩组成;五段为砂泥岩段,夹炭质泥岩及煤线。

3. 鄂尔多斯盆地

富县组沉积于侵蚀间断面之上,分布面积不大,横向变化较复杂。富县组厚度一般数米至数十米,盆地北部厚度大的地区可达140m。富县组在子长、富县一带主要为一套河流成因的碎屑沉积;在神木以北为湖泊沼泽相的碎屑岩沉积,夹薄煤层和油页岩;在富县以南到陇县一带为含菱铁矿鲕粒的紫红色团块"花斑泥岩",代表残存的风化壳沉积。

延安组超覆于富县组之上,厚度数十米至300余米,为一套陆相含煤岩系,含煤岩系的底部为一套河成的砂岩、含砾砂岩,厚数十米至百余米。延安组由河流、湖泊、沼泽沉积交替组成,自下而上可分为5段;一段以厚层砂岩为主,夹薄层粉砂岩、泥质岩,煤层位于上部;二段为粉砂质泥岩、泥岩、粉砂岩夹薄层状细砂岩,下部有泥灰岩及煤层,上部砂岩增多;三段下部为粉砂岩、砂质泥岩夹中厚层细砂岩及泥灰岩透镜体,含薄煤层,上部为中厚层状中细粒长石砂岩、泥岩、粉砂岩、炭质泥岩夹煤层;四段下部为细中粒长石砂岩,上部为粉砂岩、泥岩夹薄层细砂岩,含煤层;五段下部为中细粒长石砂岩夹钙质砂岩,上部为泥岩、粉砂岩夹薄层细砂岩、炭质泥岩及煤层。通过砂体图编制发现古河流主要从北西向南东,流向当时古地形最低洼的地区延安、富县一带;砂岩沉积厚度最厚的带为北西向或南北向,反映当时北部、西北部地势高。在含煤岩系沉积过程中,古河流的位置不断发生迁移,其间的泛滥平原和沼泽化的地区相应地不断变化,从而改变了煤层的分布范围。

4. 燕山-东北区

该区的早中侏罗世煤田的含煤岩系和煤层都比较稳定,聚煤盆地的构造类型属于波状坳陷型,古地理环境多属于内陆湖盆,泥炭沼泽的发育与湖泊三角洲和冲积扇沉积体系相关,泥炭是在湖滨三角洲或在河流下游泛滥平原的基础上沼泽化堆积的。

(三)含煤性及煤质特征

1. 新疆区

北疆准噶尔盆地南缘的煤层层数总数在 100 层以上,其中可采 30～60 层,单层最厚达 64m,可采总厚 70～240m;从盆地南缘向北,煤层层数减少,总厚度变薄;盆地西北和东北部与南缘相似,但可采煤层一般为 15～30 层,总厚 30～40m;盆地东部煤田局部发育巨厚煤层,单一煤层厚度达 100 余米;主要富煤带位于盆地东南部,富煤中心位于乌鲁木齐附近。依据庄新国(2010)等近年对新疆不同煤矿区代表性钻孔的取样分析结果,准噶尔盆地准东煤田西山窑组煤层的显微组分组成以富含惰质组和镜质组、贫壳质组为特征(表 9-1),惰质组平均含量 51.8%～70.6%;镜质组平均含量 29.4%～47.9%;壳质组平均含量不超过 0.2%。准南煤田小西沟矿区西山窑煤层中显微组分主要为镜质组和惰质组,壳质组总体含量极低,镜质组含量约高于惰质组,镜质组含量范围在 50.2%～72.4%,平均为 59.7%;惰质组含量范围在 27.5%～49.6%,平均为 40.1%(表 9-1)。和什托洛盖煤田煤的显微组分主要为镜质组和惰质组,二者含量之和超过 99%,壳质组总体含量极低,最大不超过 0.5%;镜质组含量高于惰质组含量,镜质组含量范围在 46.6%～80.5%,平均为 62.2%;惰质组含量范围在 19.5%～53.4%,平均为 37.7%(表 9-1)。准噶尔煤为高洁净低灰、低变质烟煤-亚烟煤,具有低灰、低硫、低矿物含量以及低微量元素含量等特征(Zhou et al., 2010; Li et al., 2012)。

伊犁盆地内煤层总数在 50 层以上,煤层总厚达 120m,有的单层厚达 34m。八道湾组富煤带在霍城和伊宁之间,含煤 3～9 层,总厚 36～63m,煤层自北东向南西变薄。西山窑组富煤带在苏阿苏一带,盆地南东部含煤性较好,煤层 3～9 层,总厚 34～47m。伊犁盆地西山窑组煤层的显微组分组成以富含惰质组和镜质组为特征,壳质组含量极低,惰质组含量略高于镜质组;八道湾组煤层的镜质组含量明显高于西山窑组煤层,惰质组含量明显低于西山窑组煤层(表 9-1)。伊犁煤总体属于中低灰分、特低—低硫、中高—高挥发分、中—高发热量的长焰煤、不粘煤,具有较低的矿物和微量元素含量。

吐哈盆地的侏罗纪煤层层数多,厚度大,桃树圆—七泉湖一带含煤 30 余层,总厚达 45m;大南湖地区含煤 50 余层,总厚 190 余米;沙尔湖附近含煤 12～60 层,总厚 10.4～180.5m,单层最厚达 145m。

南疆塔里木盆地北部山前带库拜煤田阿艾矿区塔里奇克组含煤 14 层,这些煤层以惰质组为主,不同煤层的平均含量范围在 28.5%～76.3%,镜质组次之,不同煤层平均含量范围在 23.0%～71.5%,壳质组含量甚少,含量范围 0%～2%。从下部煤层向上部煤层镜质组含量总体具有向上降低的趋势,而惰质组含量总体具有向上增高的趋势。

库拜煤田中部铁列克矿区中塔里奇克组、阳霞组和克孜努尔组煤层的显微组分均以镜质组为主,平均含量 65.7%～87.0%,惰质组次之,平均含量 8.0%～34.4%,壳质组含量极低。库拜煤田煤也具有较低的灰分和矿物及微量元素含量(Li et al, 2011)。

2. 甘肃中部-青海北部区(祁连山、北山区)

小煤沟组和甜水沟组含煤性相对较差,局部含可采煤层 1～2 层,横向不稳定。小煤沟组煤层 0～8.2m,甜水沟组煤层单层厚度 0～15.1m,平均厚达 7.6m。大煤沟组含可采煤层 1～2 层,单层厚度 0.9～23.0m,一般 2.7～16.6m,横向稳定至较稳定。龙凤山组含煤 2～6 层,单

表 9-1　新疆准噶尔盆地及伊犁盆地主要勘探区选择性钻孔主要煤层平均显微组分含量

准噶尔盆地

	准东芦草沟勘探区（zk2809）			准东炭窑湖西勘探区（zkj124）			准东五彩湾勘探区（zk1805）			准东喀南西勘探区（zk003）			准东大庆沟勘探区（zk2601）			准东大井勘探区（zkw0413）			准东南黄草湖勘探区（zk1606）			准东西黑山勘探区（zk0402）			准东西黑山勘探区（zk1105）		
	最大	最小	平均	最大	最小	平均	最大	最小	平均	最大	最小	平均	最大	最小	平均	最大	最小	平均	最大	最小	平均	最大	最小	平均	最大	最小	平均
V(%)	79.9	28.3	42.1	91.7	25.6	53.9	71.7	14.7	36.5	66	14	35	48.9	15.7	36.0	42	16	29.4	98.4	14.4	40.9	76.3	26.7	47.9	60	33	47
I(%)	71.2	19.7	57.7	72.4	8.1	46.1	85.2	28.3	63.5	85	33	64	84.3	51.1	64.0	84	58	70.6	85.1	1.6	59.0	73.2	23.6	51.8	66	40	53
E(%)			<0.2	0.45	0.0	<0.2			<0.2			<0.2			<0.2			<0.2			<0.2	2.3	0	0.2			<0.2

准噶尔盆地 / 伊犁盆地

	准南小西沟勘探区（zk301）			和什托洛盖白杨河勘探区（zk4004）			清水河矿区八道湾（Q12zk01）			木斯乡煤矿八道湾组			皮里青露天煤矿西山窑组			昭苏凹陷西山窑组（Z40zk1）		
	最大	最小	平均	最大	最小	平均	最大	最小	平均	最大	最小	平均	最大	最小	平均	最大	最小	平均
V(%)	72.4	50.2	59.7	80.5	46.6	62.2	78.4	59.0	70.0	94.7	81.1	89.2	62.3	28.2	44.0	30.4	52.2	46.0
I(%)	49.6	27.5	40.1	19.5	53.4	37.7	41.2	22.2	30.0	18.9	5.3	10.8	71.8	35.2	56.0	69.6	47.8	54.0
E(%)			<0.2		0.5	<0.1			<0.1			<0.1			<0.1			<0.1

注：V. 镜质组；I. 惰质组；E. 壳质组。

层厚 0.3～46.3m,平均厚 1.5～24m,煤层结构复杂。

窑街组在窑街—海石湾一带含煤 3 层,单层厚度 0～98.17m,平均 1～24m;炭山岭含煤 3 层,单层厚 0～28.8m,平均 0.6～6.6m;大滩含煤 6 层,单层厚 0～32.1m,平均 0.9～7.2m。元术尔组含局部可采煤层 2 层,平均厚度分别为 4.8 m 和 8.2m。木里组含煤 8～10 层,单层煤厚 0.7～25.9m,一般均大于 2m。

3. 鄂尔多斯盆地

早、中侏罗世聚煤作用遍及盆地内绝大部分地区,除大理河以南、葫芦河以北地区未发现可采煤层外,其他地区一般都有可采煤层发育。盆地南部黄陵—陇县一带煤层发育情况受到古地理环境控制,以河流沉积为主的称河沼型,以焦坪矿区为代表;以湖泊沉积为主的称湖沼型,以店头矿区为代表。河沼型的剖面岩性粗,粗粒碎屑岩占 50% 以上,岩相变化大,主要可采煤层一般 6～8m,最厚 34m,但不稳定,常受到河流冲刷;湖沼型剖面岩性细,细—中粒岩仅占剖面组成的 10%,河流沉积物少,湖泊沉积占优势,主要可采煤层一般厚 2m,最厚 7m,横向上比较稳定。

在陕甘宁盆地北部广大地区内,煤层发育更好,可采一般 6～7 层或 10 余层,累计厚度 20m 左右,煤层在煤系剖面中分布均匀。

大同组为煤田的主要含煤地层,厚约 100～230m,含煤 22 层,可采 10 余层,在剖面中均匀分布。

在盆地西部属于宁夏和甘肃的部分含煤性都很好,煤层累计厚度一般可达 10 余米或 20 余米,且较稳定,在这两省的煤炭资源中都占相当大的比例。

综上所述,陕甘宁盆地面积大,煤层累计厚度也较大,煤质为褐煤和低变质烟煤,后期构造破坏较小,使含煤岩系大片连续完整地保存下来,为我国东部最大的煤田。

4. 燕山-东北区

该区西段潮水盆地青土井群含煤 6～12 层,单层厚度 0～14m,主采煤层均向南分叉变薄。北山地区沙婆泉群含煤性差,煤层变化大。中段五当沟组下部含 3 组煤层,单层厚 0～25m,平均厚 1～10m;上部含 4 组煤,单层厚 0～4m,平均厚 0.6～2.6m。召沟组含 5 个煤组,其中 B 煤组为主要可采煤组,煤厚 0～3.5m,平均厚 0.9～1.6m,较稳定。与召沟组相当的下花园组含煤 1～20 余层,煤层厚 0.2～17.6m,北部含煤层数多,但厚度小,向南含煤性变好。东段红旗组含多层薄—中厚煤层;北票组下段含煤性较好。

总体上,北方早中侏罗世煤的显微组分的突出特点是惰质组含量高,镜质组含量较低,壳质组含量较低,中侏罗世煤的镜质组含量低于早侏罗世,惰质组则相反。北方早侏罗世煤多以低灰、低硫和可选性好为特征,多数为低变质烟煤-亚烟煤。在内蒙古、山西煤的灰分 5%～10%,硫分小于 0.7%;宁夏、甘肃、新疆煤的灰分 7%～20%,硫分小于 1%;冀北、青海、北京煤的灰分 11%～30%,硫分小于 1%(毛节华、许惠龙,1999)。

三、南方早、中侏罗世聚煤作用

相比而言,我国南方早侏罗世聚煤作用的规模远不如北方,仅在早侏罗世有小规模的聚煤作用,至中侏罗世聚煤作用则普遍终止。早侏罗世形成的含煤岩系的分布范围与晚三叠世近似,两个时期的地层常呈过渡或超覆关系。

（一）含煤地层

南方早侏罗世的含煤地层主要有鄂西的香溪组，鄂东南的武昌组，湘东、赣西的门口山组，湘东南的唐垅组及桂东北的大岭组。此外，还包括广东的金鸡组、福建的梨山组、江苏的象山组及四川盆地西北部的白田坝组。

（二）沉积特征

鄂西的香溪组，鄂东南的武昌组，湘东、赣西的门口山组均为内陆湖盆含煤碎屑沉积岩性为中细粒石英砂岩、粉砂岩、粉砂质泥岩和煤层。湘东南的唐垅组为海陆交互相沉积，岩性为中厚层石英砂岩夹薄层粉砂质泥岩及劣质煤层，底部一般为含砾砂岩和砾岩。

在南方的西部地区，如西藏北部地区，早侏罗世为海陆交替相沉积，其中夹有薄煤层。南方的东部地区，早侏罗世有小规模的海侵，广东的金鸡组亦为海陆交替相沉积，夹有薄的局部可采煤层。在南方东部其他地区未发现典型的海相化石，另外一些小型盆地中的早侏罗世沉积则明显是陆相的，如福建的梨山组、江苏的象山组等，煤层一般都薄而不稳定。

广西东部钟山、贺县和恭城一带的早侏罗世大岭组，是我国目前发现于中生界的唯一属于碳酸盐岩型的煤系。这套含煤岩系不整合于石炭纪灰岩之上，底部为铁质、粘土质胶结的角砾岩与铁锰质页岩，其上主要为石灰岩与煤层互层，灰岩在早侏罗世地层中占主要比例，煤层中亦有灰岩夹矸。地层厚度一般为 50～100m，最大可达 264m。

（三）含煤性及煤质特征

鄂西的香溪组，鄂东南的武昌组，湘东、赣西的门口山组含煤性较差，仅有局部可采薄煤层发育；湘东南的唐垅组发育劣质煤层；广西东部大岭组含煤可多达 20 余层，分为两个煤组，有可采层 14 层，但变化大，不易对比。

南方各地的早中侏罗世煤的煤质明显比北方差，灰分和硫分的两极值变化很大，灰分 10%～55%，硫分 0.3%～5.9%，以中—中高灰、低中—特高硫煤占多数（毛节华、许惠龙，1999）。

四、东北早白垩世聚煤作用

早白垩世由于干旱气候带向北扩展，我国大部分地区为干旱气候，沉积了红色岩系，使得聚煤作用的范围显著缩小。东北受海洋性气候影响而较为湿润，形成煤系的范围主要在北纬 40°以北，东经 95°以东地区，包括我国东北三省和内蒙古的东部，在内蒙古中西部、甘肃北部及河北北部也有零星分布。我国南方仅在西藏拉萨以北和改则附近早白垩世有海陆交替沉积的薄煤层。

早白垩世不同构造带的聚煤盆地具有不同的特色。根据其分布特点，可分为兴蒙、华北和青藏-滇西 3 个含煤地层区（毛节华、许惠龙，1999）。

（一）含煤地层

1. 兴蒙区

兴蒙区包括东北东部和甘肃北部地区，主要包括以下 4 个分区。

（1）三江穆棱坳陷分区。该区位于黑龙江省东部，分布着几个大、中型的煤田如鸡西、勃利、双鸭山、双桦和宝清等,古地理分析发现这几个煤田的含煤岩系是在同一坳陷中沉积,只是由于聚煤期后形变、剥蚀才分隔开。

在本区西部和中部各主要煤田中的早白垩世含煤岩系称为鸡西群,不整合于前古生代变质岩之上,厚度一般1300～1900m,自下而上分为3个组:滴道组、城子河组和穆棱组。

这个地区东部发育了一套海陆交替型含煤岩系-龙爪沟群,分布于虎林、密山、宝清等县,见含海相化石层位。

(2)松辽-吉东地层分区。该分区赤峰-铁岭盆地群主要分布于辽宁西部和中部地区,重要的煤田自西向东有赤峰元宝山和平庄煤田、阜新煤田、康平煤田和铁法煤田等。早白垩世含煤岩系分两部分:下部称沙海组,上部称阜新组。此外,分布于该分区昌图、四平、营城一带的含煤地层以沙河子组和营城组为代表。

(3)二连-海拉尔地层分区(海拉尔盆地群、巴音和硕-二连和多伦盆地群)。该分区3个盆地群都位于大兴安岭隆起带西侧,它们的地质特征有许多相似之处。每个盆地群都有一系列北北东向(少数北东向)的聚煤盆地组成,其中巴音和硕盆地群已发现30个左右的煤盆地,它们相互斜列成许多个"多"字形,其他两个盆地群各有煤盆地10余个,亦作北北东向展布。多伦盆地群因处于新华夏构造带和巨型纬向构造的隆起带复合部位,其单个盆地虽为北北东向,但在东西向上亦排列成行。

海拉尔盆地群的早白垩世含煤岩系称扎赉诺尔群,由下而上划分为南屯组、大磨拐河组和伊敏组,其中大磨拐河组和伊敏组为主要的含煤组。

巴音和硕盆地群和多伦盆地群的早白垩世含煤地层为巴彦花群或霍林河群;巴彦花群自下而上分为阿尔善组、腾格尔组和赛汗塔拉组,其中后两个组含煤。分布于二连盆地群最东部霍林河盆地的霍林河群含煤地层可与巴彦花群、扎赉诺尔群和阜新组对比。

(4)北山地层分区。包括甘肃北山和内蒙古西端的额济纳旗一带,含煤地层为下白垩统老树窝群。

2. 华北区

华北区包括内蒙古中部、河北北部等地,含煤地层为早白垩世内陆断陷盆地沉积,在内蒙古阴山地区称固阳组,时代与霍林河群、巴彦花群和阜新组可比;在冀北称青石砬组。

3. 青藏-滇西区

本区早白垩世海陆交互相含煤地层主要有多尼组、林布宗组和川巴组。多尼组分布在怒江中游地区;林布宗组分布在拉萨北侧林周至墨竹工卡一带;川巴组分布在改则—巴尔错一带。

(二)沉积特征

与早、中侏罗世相反,早白垩世聚煤盆地以断陷型占绝对优势,波状坳陷型较少见,在盆地形成的早期阶段普遍有大规模的火山喷发,因而早白垩世聚煤盆地底部常有巨厚的火山岩系存在。

1. 兴蒙区

(1)三江穆棱坳陷分区。三江穆棱坳陷在早白垩世为一近海盆地,东面与海域连通,海侵时海水浸入盆地,向西过渡到龙爪沟群发育地区,成为典型的海陆交替含煤沉积。该分区西部和中部的鸡西群的沉积面貌变化不大,在同一矿区内煤层和层间距也相当稳定。古地理分析表明,鸡西、勃利、双鸭山、双桦及集贤等煤田的沉积都是相互连通的,位于一个统一的坳陷当中;在勃利煤田,鸡西群的厚度最大(>2000m)。鸡西群滴道组为火山岩和沉积岩互层夹薄煤,厚50~1000m;城子河组和穆棱组含煤性较好,城子河组上部以陆相含煤沉积为主,下部夹数个海相层,由砾岩、粗中砂岩、细砂岩、粉砂岩、泥岩、炭质泥岩及煤层等组成,局部夹凝灰岩,含煤20~70余层,可采厚度1.9~20.8m。穆棱组为陆相含煤地层,岩性以粉细砂岩为主,夹多层凝灰岩、泥岩、炭质泥岩及煤层,在盆地局部地段有砾岩、含砾砂岩,与城子河组有沉积间断。

鹤岗断陷盆地纯陆相的石头河组和宝-密地区海陆交互相的珠山组与城子河组相当,珠山组由砾岩、砂岩、粉砂岩、泥岩、炭质泥岩及煤层组成,夹少量凝灰岩夹层。

该坳陷早白垩世早期沉积是晚侏罗世最大海侵之后海退阶段的产物,在盆地北部及东部,从盆缘向盆内依次为海湾、三角洲、湖泊、河流、冲积扇等沉积体系,泥炭沼泽发育于废弃的三角洲、河流体系和淤浅的湖泊之上。早白垩世晚期,海水从盆地中退出,成为一个陆相盆地,以冲积扇、河流、湖泊三角洲、湖泊体系为主,废弃的湖泊三角洲体系是聚煤的有利场所。

(2)松辽-吉东地层分区。赤峰-铁岭盆地群下部沙海组自下而上分为4段:一段为砂砾岩段,夹砂岩、泥岩;二段为砾岩段;三段为含煤段;四段为泥岩段。上部阜新组以阜新地区发育最好,由砾岩、砂砾岩、砂岩、粉砂岩、泥岩和煤层组成。沉积体系以冲积扇、扇三角洲、湖泊三角洲和湖泊沉积体系为主,地层厚度一般在1000m以上。

昌图、四平、营城一带沙河子组下段为含煤段,由砂岩、粉砂岩、泥岩和煤层组成;中段为泥岩段;上段为砂泥岩段。组厚70~440m;主要发育冲积扇、河流-湖泊体系,煤层主要发育于冲积扇前缘淤浅的湖泊之上。营城组下段为中基性火山岩夹砂岩、粉砂岩;上段下部为酸性火山岩-流纹岩及其凝灰岩,中部夹砂岩、粉砂岩、泥岩和煤层,上部为中基性火山岩。营城组沉积期为一套中基性和酸性火山喷发及间歇性的河流、湖泊体系沉积。

(3)二连-海拉尔地层分区。海拉尔盆地群扎赉诺尔群含煤地层,厚度一般1000m以上,沉积于兴安岭群火山岩系之上。在一些主要煤田中(如扎赉诺尔煤田、伊敏煤田和大雁煤田)都有厚煤层、巨厚煤层形成。除盆地边缘外,含煤岩系的岩性总的较细,湖相泥岩粉砂岩比例较大,属山间湖盆或内陆湖盆环境。盆地充填序列自下而上为冲积扇、湖泊扇三角洲、湖泊、湖泊三角洲体系。淤浅的湖泊和废弃的湖泊扇三角洲体系是聚煤的有利场所。

巴音和硕-二连和多伦盆地群早白垩世巴彦花群含煤地层也沉积于兴安岭群火山岩系之上,厚度一般1000m以上。盆地群的大部分盆地属断陷盆地性质,各自作北北东向展布,盆地的一侧或两侧都有控制性的同生断裂存在,在断裂的内侧存在着洪积扇带。阿尔善组沉积期是盆地的初始充填阶段,以冲积扇、河流体系为主;腾格尔组沉积期为湖盆最大水进期,以发育巨厚的湖泊相为特征,盆地两侧为冲积扇和扇三角洲体系,邻近大兴安岭隆起的霍林河、胜利等盆地碎屑物质供应充分,盆地得以快速充填,形成了重要煤层;赛汗塔拉组沉积期为盆地群发展的晚期,盆地内部沉降缓慢,冲积扇、河流体系广泛发育并从盆缘向中央伸展,盆地全面淤浅,为泥炭的聚集提供了有利条件。

(4)北山地层分区。该分区老树窝群分为上下两组:下组下部由砾岩、砂砾岩、含砾粗砂岩及中砂岩组成,含硅化木化石,上部为泥岩、钙质泥岩、砂质泥岩夹薄层石膏,含3个煤组;上组为粘土岩、砂岩、砂质粘土岩,不含煤。北山地区老树窝群以湖相沉积为主、河流相沉积为辅,晚期演化为滨湖相沉积(陈启林等,2005)。

2. 华北区

华北内蒙古阴山地区固阳组下部为砾岩、砂砾岩、砂岩夹暗紫色泥岩,中上部为泥岩、油页岩与砂岩、粉砂岩的互层,夹泥灰岩、石膏和可采煤层,顶部见少量红色砂岩的泥岩。沉积体系以冲积扇、湖泊三角洲和湖泊体系为主,地层厚度一般1000m以上。

冀北地区青石硙组岩性下部为砾岩、砂岩、中粗粒长石砂岩、含砾砂岩,夹砂质页岩、炭质页岩、泥岩、粉砂岩及薄煤层;中部为粘土岩、页岩、炭质泥岩、砂岩,夹砂砾岩和煤层;上部为巨厚层砾岩,夹粗砂岩及炭质页岩,局部夹薄煤层。沉积体系以冲积扇、湖泊三角洲和湖泊体系为主。

3. 青藏-滇西区

该区多尼组由粉砂岩、泥岩、砂质泥岩和煤组成,顶部夹灰岩。林布宗组自下而上分为5层:一层为泥岩、粉砂岩和石英砂岩,含煤层;二层为鞍山凝灰岩、凝灰质砂岩、粉砂岩、砂质泥岩,夹不稳定煤层;三层为主要含煤段;四层为石英砂岩、板岩,局部含砂砾岩;五层为石英砂岩、长石石英砂岩夹板岩,含煤层或煤线。川巴组主要由碎屑岩及碳酸盐岩组成,下部为砂质泥岩、泥岩、粉砂岩、页岩夹煤层,上部为石英砂岩、长石石英砂岩夹凝灰质砂岩及泥灰岩。

该区早白垩世早期,海水自西向东侵入盆地,沉积了大套的砂岩、泥岩、炭质泥岩及煤层;早白垩世晚期,盆地西部由海陆交互相过渡为浅海环境,沉积了大套的灰岩,盆地东部仍为海陆交互环境,继续接受碎屑沉积。

(三)含煤性及煤质特征

1. 兴蒙区

(1)三江穆棱坳陷分区。该区东部的龙爪沟群,含煤4~16层,可采2~6层,煤层厚度一般1m左右。本区西部和中部主要煤田的鸡西群城子河组含煤20~50余层,在勃利煤田,含煤层数在85层以上,可采和局部可采3~20层,煤层总厚10~39m;穆棱组含煤性比城子河组差,含煤1~20层,可采和局部可采1~8层,煤层厚度多在2m以内,总厚5.6~12.6m(毛节华,许惠龙,1999)。

(2)松辽-吉东地层分区。赤峰-铁岭盆地群沙海组和阜新组煤系、煤层的横向变化都很大,煤层合并和分叉现象经常出现,多数盆地有厚煤层,在富煤带的部位煤层累计厚度可达数十米至百余米。沙海组含煤段包括7个煤层组,以艾友区含煤性最好,煤厚0.6~25.1m,其他区含可采或局部可采煤层3~4层;阜新组包含6个煤层组,煤层累计厚度2.9~83.3m。

昌图、四平、营城一带沙河子组含煤1~5层,可采1~4层,煤层累计厚度15m左右;营城组含煤6~22层,可采和局部可采1~14层,单层煤厚0.7~1.5m,煤层累计厚度25.1m,平均厚度12m。

(3)二连-海拉尔地层分区。海拉尔盆地群南屯组含煤20余层,有2~3层可采,煤层总厚4~10m。下含煤段(大磨拐河组)普遍发育,含煤5~20层,单层最大厚度44.8m,平均厚度2~10m,平均累计厚度10~90m。上含煤段(伊敏组)含煤近20层,可采4~6层,煤层总厚105.4m。一般含煤3~4层,累计厚度10~80m,主煤层一般厚10~50m。

巴音和硕-二连和多伦盆地群发育上下两个含煤段:下含煤段(腾格尔组)含煤26~28层,可采8~13层,可采总厚45~80m;上含煤段(赛汗塔拉组)含11个煤组,可采煤层累计厚达

190m 以上。以胜利煤田最好，其中 6 号煤最大可采厚 114.7m。

（4）北山地层分区。该分区老树窝群下组上部含 3 个煤组，可采煤层 1～10 层。

2. 华北区

华北阴山地区固阳组含煤性较好，一般发育上下两个含煤段：下含煤段含煤 3～10 层，可采 1～3 层，厚度一般 0.7～3m；上含煤段含煤 3～12 层，可采 3～5 层，煤厚 0.8～10m。其中固阳盆地含煤性最好，含煤段厚约 310m，上下两个煤组共含可采煤层 4～7 层，可采总厚 3.1～43.9m。

冀北地区青石砬组共含煤 1～34 层，可采 1～9 层，可采厚度 3.6～35.8m，煤层极不稳定。

3. 青藏-滇西区

该区早白垩世的含煤性较差，一般含薄煤层 10 余层，仅 2～4 层可采，含煤段主要在含煤岩系的下部，由东向西变薄，东部含煤性较好，西部含煤地层零星分布。其中多尼组中部含薄煤层 10 余层；林布宗组一层含煤 10 余层，3 层局部可采，厚 0.1～1.9m，三层主含煤段含薄煤 10 余层，可采或局部可采 3 层，五层含煤 8 层，平均煤厚 0.4m；川巴组含煤 0～6 层，局部可采 2～4 层。

东北地区早白垩世煤基本为腐植煤，镜质组（腐殖组）含量高为其显著特点，惰质组一般不超过 15%，但伊敏煤的惰质组高达 30%～40%。褐煤中腐植组占 68%～93%，惰质组 4%～29%，壳质组 1%～3%，烟煤中镜质组 80% 左右，惰质组 6%～20%，壳质组 3%～5%。壳质组中普遍含树脂体，但仅在黑龙江东宁的煤层中形成了树脂残殖煤夹层，其树脂体含量高达 60%～80%。此外，构成叠瓦状的树皮组织也普遍可见，尤其内蒙古兴安岭地区的褐煤中最为典型。

东北早白垩世煤的煤质以中灰、低硫煤为主。扎赉诺尔煤的煤质最好，属低中灰煤，大雁、铁法、营城等矿区属中高灰和高灰煤。从总体上看，褐煤的灰分低于烟煤。煤类以褐煤和长焰煤为主，气煤和焦煤集中赋存于三江平原，西藏的个别矿点有贫煤和无烟煤。

第五节　中国新生代聚煤作用

中国新生代聚煤作用主要包含古近纪和新近纪两个聚煤期。古近纪时期，印度板块向北挤压，我国东北处于引张区，形成沿依通-佳木斯、抚顺-密山等北东-北北东向的走滑拉分断陷聚煤盆地。新近纪时期，太平洋板块占主导地位，我国西南，特别是云南，应力状况比较复杂，在先存断裂的基础上发育断裂、走滑和凹陷等不同类型的盆地，形成我国新近纪重要的聚煤区。

古近纪我国地跨 3 个气候带，中带为一干旱气候带，其南、北各为潮湿气候带。北部的潮湿气候带包括东北和华北北部，是古近纪聚煤的主要地区。南部潮湿气候带分布于南岭以南地区，因此在粤、桂两省有聚煤作用发生。

我国古近系和新近系含煤地层多属于内陆侵蚀或断陷盆地沉积，其展布受盆地规模的限制，含煤层位也各地不一。含煤地层的分布，大致形成北方和南方两片：北方以东北为主，山东、河南、河北有零散分布；南方以云南为主，在华南沿海及川藏地区也有零散分布。

一、北方古近纪—新近纪聚煤作用

我国北方的古近纪—新近纪含煤岩系集中分布于东北和华北的东部。古近纪含煤地层主要分布在东北伊通-佳木斯断裂带中的舒兰盆地，抚顺-密山断裂带中的沈北、抚顺和梅河盆地，山东的黄县和五图盆地，河北的大兴、蓟县和涞源斗军湾盆地，以及内蒙古集宁等盆地。新近纪在我国北方也有煤层形成，如辽宁的邱家吞组，吉林的土门子组，但含煤性远不及古近纪（图9-10）。

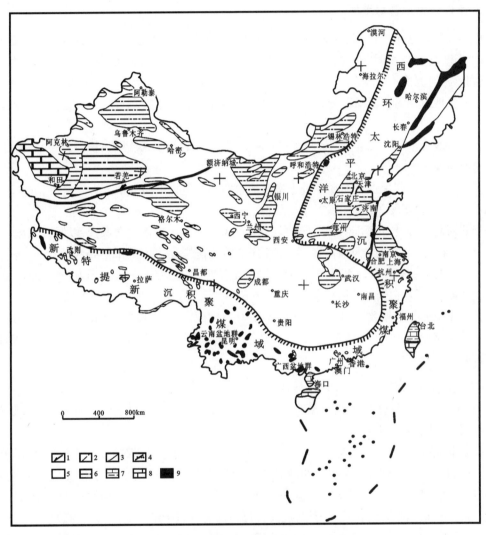

图9-10 中国古近纪—新近纪聚煤古地理示意图（据毛节华、许惠龙，1999修改）
1. 平移断裂；2. 俯冲带；3. 相区界线；4. 沉积聚煤边界；5. 古陆；
6. 陆相区；7. 过渡相区；8. 海相区；9. 聚煤盆地

（一）含煤地层

1. 抚顺-密山断裂带（沈阳-敦化-密云区）含煤地层

该断裂带内主要发育有沈北、抚顺、梅河、桦甸、敦化以及孙吴等盆地。含煤地层有沈北盆地古近纪始新世杨连屯组、抚顺盆地古近纪古新世—始新世抚顺群、梅河盆地古近纪古新世—

渐新世梅河群、桦甸盆地古新世—渐新世桦甸组。

2. 依通-佳木斯断裂带（依兰-伊通区）含煤地层

该断裂带内主要发育有伊通-舒兰、五常、尚志、延寿、方正、依兰、宝泉岭及三江等盆地,含煤地层有古近纪古新世新安村组、始新世舒兰组和达连河组、渐新世宝泉岭组。

3. 其他煤盆地含煤地层

山东黄县盆地黄县组下段主要为冲洪积粗碎屑岩沉积；中段为以湖泊相细碎屑岩和沼泽相为主的沉积,含煤与油页岩互层,富煤带位于盆地西部,向东煤层层数及厚度减少；上段为深湖相-潟湖相泥岩沉积。

五图盆地五图组自下而上分为砂砾岩段、下含煤段、油页岩段、中含煤段、上含煤段和杂色岩段。

松辽盆地一带的依安组为湖沼相含煤沉积,岩性以泥岩为主,夹砂岩、粉砂岩、砂质泥岩,上部夹薄层褐煤。

分布于吉林东部延吉—珲春一带小型盆地中的珲春组自下而上划分为砾岩段、下含煤段、下褐色层段、中含煤段、中褐色层段、上含煤段。

河北西北一带灵山组下部为砂砾岩段,含薄煤0～3层；中部为含煤段,以泥岩、粉砂岩为主,夹砂岩、砂砾岩、粘土岩及油页岩,含褐煤层；上部为砾岩段,为松散或半胶结砾岩。

晋南垣曲县城东一带白水村组下部为砂岩、泥灰岩、砂质泥岩互层,上部为砂岩、泥岩互层,夹白云质泥岩,泥质白云岩及褐煤层。

分布于山西繁峙城北及河北张北、围场、蔚县及内蒙古兴和-桌资、凉城一带的汉诺坝组为一套玄武岩喷发间歇期的含煤碎屑沉积,岩性主要为玄武岩夹安山角砾岩、凝灰岩、泥岩及油页岩,含薄层褐煤。

（二）沉积特征

（1）抚顺-密山断裂带（沈阳-敦化-密云区）。抚顺盆地和梅河盆地为该区两个重要的含煤盆地,其次是沈北盆地和桦甸盆地。

抚顺盆地位于依通-佳木斯断裂带与抚顺-密山断裂带南部接合部位,虽然由于后期构造形变,边缘沉积部分被剥蚀,但沉积时的坳陷方向与断裂带的方向一致,因此,推测应属于内陆断陷型盆地。含煤地层古近系抚顺群,由下向上划分为古新统老虎台组和栗子沟组,始新统古城子组、计军屯组、西露天组和耿家街组,主要含煤地层为古城子组。老虎台组为裂陷初始沉积,火山活动强烈,主要由火山碎屑岩、次火山玄武岩夹泥岩、砂岩和粉砂岩组成,夹不稳定B煤组；其后为湖泊扩张期,形成栗子沟组河湖相含煤沉积及古城子组以泥炭沼泽相为主的沉积,栗子沟组主要由凝灰岩、凝灰质角砾岩、凝灰质砂岩和泥岩组成,夹薄煤层（A煤组）；古城子组主要由砂岩、粉砂岩、粉砂质泥岩、泥岩和煤组成；计军屯组以深水湖泊相沉积为主,主要由泥岩、油页岩组成,夹薄层煤；之后聚煤作用终止,其后盆地以湖泊相沉积为主,西露天组和耿家街组没有煤层形成,耿家街组主要由泥岩和粉砂质泥岩组成。

梅河盆地位于抚顺-密山断裂带南段,为内陆地堑式盆地。古近纪古新世盆地初始裂陷,始新世盆地开始扩张,渐新世盆地明显萎缩。含煤地层为梅河群,由下向上可划分4段：下煤段为扇砾岩、砂砾岩夹泥质岩及煤层,向上粒度变细,在横向上向盆地中心粒度变细变薄,相变为湖相泥岩。中煤段为主含煤段,岩性由扇砾岩、砂砾岩、滨浅湖相砂岩和湖相泥岩和煤层组成;盆地最大扩张期后,深湖相褐色泥岩和油页岩充填整个盆地,西缘沉降幅度较小,形成湖滨三角洲。上煤段,为巨厚层砾岩、砂砾岩沉积,向盆地中心相变为泥质岩沉积,扇远端部分沼泽化聚煤。泥岩段,以绿色泥岩为主,夹薄—中层细砂岩,见浊流沉积。

沈北煤盆地古近纪始新世杨连屯组属断陷型湖盆沉积,自下而上分为4段:一段为杂色铝质泥岩;二段为含煤段;三段为泥岩夹粉砂岩;四段为泥岩夹菱铁矿层。

桦甸盆地古新世—渐新世桦甸组自下而上可分为3段:下部为含黄铁矿段,以泥质岩为主,夹多层薄层石膏,下部含较多黄铁矿结核,大者可达20～30cm;中部为含油页岩段,以泥岩为主,夹油页岩26层,可采13层,夹薄煤层及炭质泥岩;上部为含煤段,岩性为泥岩夹砂岩,含煤层。

(2)依通-佳木斯断裂带(依兰-伊通区)。舒兰盆地位于依通-佳木斯断裂带中部,为半地堑式盆地。含煤地层为古近纪古新世新安村组和始新世舒兰组。古新世新安村组为盆地初始裂陷期沉积,碎屑供应充分,以冲积扇沉积为主,向盆地中心相变为湖相泥岩,聚煤作用很弱,夹薄煤层;始新世舒兰组为主要含煤地层,早期盆地开始扩张,下部为河流相粗碎屑沉积,为主要聚煤期,中期湖泊扩张至鼎盛期,中部以深湖相泥岩沉积为主,湖水加深而聚煤作用终止;晚期盆地开始收缩,上部最初以滨湖三角洲沉积为主,为第二个主要聚煤期,随后演化为扇三角洲粗碎屑沉积。

始新世达连河组分布于伊通-依兰地堑东北段的依兰等盆地中,以依兰达连河最发育。按岩性分为3段,中段为含煤段,含油页岩及煤层。可与抚顺群古城子组、计军屯组、西露天组及珲春组下段相对比。

古近纪渐新世宝泉岭组主要分布于伊通-依兰地堑东北段的集贤、富锦、桦川、绥滨、萝北一带,下部和上部为河流相粗碎屑沉积,中部为含煤段。

(三)含煤性及煤质特征

(1)抚顺-密山断裂带(沈阳-敦化-密云区)。抚顺盆地具有4个含煤层位,老虎台组含煤1～4层,厚0.7～27.3m,横向不稳定,仅局部可采;栗子沟组含煤1层,厚0.26～10.8m,横向不稳定,局部可采;古城子组含巨厚煤层,盆地西部煤层合并带,单层煤厚度可达120m,向东煤层分叉、变薄,中部煤层累计厚度75～40m,东部45～15m,至东端减薄至8m。计军屯组中上部夹1层薄煤层,不可采。

梅河盆地主含煤段含煤1～5层,煤层分叉、合并比较频繁,煤层单层厚度一般3～10m,在煤层合并带,最大厚度可达50余米;上含煤段含煤1～9层,局部可采2～4层。

沈北盆地杨连屯组含煤段含复杂结构煤层2层,厚度分别为0.1～25m和0.1～5m,分叉及尖灭剧烈。

桦甸盆地桦甸组含煤段含煤18层,4层局部可采,其中10号煤全区发育。

(2)依通-佳木斯断裂带(依兰-伊通区)。舒兰盆地新安村组夹薄煤层20余层,仅局部达可采厚度。舒兰组含煤20～30层,可采8～12层,可采煤层总厚9.5～19.4m。

始新世达连河组中段含煤7层,煤层总厚11.10～18.17m,平均13.36m,最厚可达23.08m。

渐新世宝泉岭组中部含煤20～27层,其中可采7～10层,可采总厚度7～16m。

(3)其他煤盆地。山东黄县盆地黄县组含可采和局部可采煤层7层,其中稳定可采煤层2层,煤层总厚1.23～15.6m,最大可采总厚16.9m。五图组共含煤30余层,总厚36m以上,仅局部可采,可采厚度一般 3.4m,最大可采总厚 7.5m。仅在依安煤矿依安组有可采煤层 1 层,厚 2.2m。在珲春盆地珲春组含煤 33~70 余层,总厚约 25m,可采及局部可采 10~15 层,单层煤厚 0~5m,可采总厚 12m。灵山组中部含煤段含褐煤 0~20 余层,局部可采 0~5 层,可采总厚约 10m,单层厚一般 1.5~3.5m。白水村组上部含褐煤 21 层,可采 5~7 层,单层厚一般 0.9~1.2m,最厚达 5.5m,煤层总厚 26.3m。汉诺坝组含煤 3~20 余层,可采 2~3 层,单层厚一般 0.8~1.5m,最厚达 8m,煤层极不稳定。

北方新生界煤以腐植煤为主,具有高的镜质组(腐植组)含量(89%~98%),低的惰质组和壳质组含量(分别为 0.2%~5%、0.8%~6.8%)。古近纪煤中均含琥珀颗粒,常见过渡类型的腐植腐泥煤或腐泥煤,例如:抚顺、沈北和依兰煤田。古近纪煤基本属于老年褐煤,但部分矿区属于长焰煤和中变质烟煤,例如:抚顺盆地从西向东分布有老年褐煤、长焰煤、气煤。煤中灰分和硫分含量一般较低。煤中灰分含量 9.9%~45%,硫分含量 0.16%~1.12%。

二、南方古近纪—新近纪聚煤作用

我国南方的古近纪—新近纪含煤岩系主要分布于广东、广西、云南、台湾、西藏省(区)。聚煤作用自古近系始新世至新近纪上新世都有发生,但以新近纪中新世和上新世为重要。云南是我国新近系含煤盆地分布最多的省,已知的含煤盆地超过 150 个,各盆地均有可采煤层赋存。古近系含煤盆地主要分布在广西、广东、海南和台湾等地。我国南方古近纪和新近纪含煤岩系多发育在陆相小型盆地中,仅有一少部分为近海型。依据其分布特点,大致可划分为藏南、滇西-川西、滇东、粤桂、闽浙和台湾 6 个地层分区。

(一)含煤地层

(1)藏南分区。含煤地层在冈底斯山南麓有断续分布,在日喀则—昂仁一带为古近纪始新世秋乌组,西段为古近纪始新世门士组。

(2)滇西-川西分区。包括龙门山-大雪山-哀牢山-红河以西地区,含煤地层为新近纪中新世昌台组、双河组和上新世阿坝组、三营组。

昌台组发育于四川西部白玉昌台盆地中,双河组发育于滇西剑川双河一带。腾冲-瑞丽区的南林组、保山-澜沧江区的勐旺组和兰坪-思茅区的三号沟组等与双河组相当。

阿坝组分布于川西阿坝盆地,三营组主要分布于洱源、丽江、宾川、祥云、中甸等盆地中。腾冲-瑞丽区的芒棒组、保山-澜沧江区的羊邑组和兰坪-思茅的福东组层位与三营组相当。

(3)滇东分区。该区南部以新近纪中新世小龙潭组为代表,北部以上新世昭通组为代表。小龙潭组分布于开远小龙潭、蒙自、建水黑土-梅塘、曲溪白马、华宁法味、寻甸先锋盆地。文山-富宁的花枝格组、元谋-楚雄的石灰坝组均与其层位相当。

昭通组主要分布于昭通盆地,以及鲁甸、彝良、大关等地。与其层位相当的有元谋-楚雄的沙沟组,昆明-开远的茨营组及贵州施秉一带的翁哨组。

(4)粤桂分区。该区以古近纪始新世—渐新世为主要聚煤期,新近纪中新世亦有含煤沉积。含煤地层为古近纪始新世那读组和百岗组,始新世—渐新世油柑窝组和长昌组,以及新近纪中新世长坡组。

那读组分布于百色、那龙、南宁一带盆地中;百岗组分布范围与那读组一致;油柑窝组以广东茂名盆地为代表;长昌组分布于海南长昌盆地;长坡组发育于海南长坡盆地。

(5)闽浙分区。该区古近纪和新近纪含煤地层在福建称中—上新世佛坛群,主要分布在龙海、金门、明溪及宁化等地。在浙江为中—上新世嵊县群,主要分布在嵊县、新昌、东阳、上虞、余姚等地眼大浦-丽水断裂发育的一系列小盆地中。

(6)台湾分区。台湾的古近纪和新近纪含煤地层主要为新近纪中新世木山组、石底组和南庄组。木山组分布于台湾北部自基隆双溪至桃园大溪地区;石底组发育于大甲溪以北的山麓丘陵带,是台湾西部新近系最重要的含煤地层,可与福建佛坛群相对比;南庄组分布于台湾北部海岸至阿里山一带。

(二) 沉积特征

(1)藏南地层分区。该区含煤岩系为海陆交互相碎屑含煤沉积。其中秋乌组下段为杂色砾岩,砂砾岩,厚度变化大,100～500m,中段为砂质页岩夹煤层,上段为粉砂岩夹砂岩,局部地段含煤。

西段门士组下部为砾岩、砂砾岩,中部为粉砂岩、泥岩夹砂岩和煤层,上部为粉砂岩、泥岩夹凝灰岩。

(2)滇西-川西区。昌台组为一套以粗碎屑和泥岩为主的含煤沉积。双河组为湖沼相砂岩和泥岩含煤沉积。阿坝组为以粉砂岩、泥岩和细砂岩为主的含煤沉积。三营组为泥岩、硅藻质泥岩、粉砂岩、页岩、砂岩夹砂砾岩含煤沉积,成岩及胶结程度均较差。

(3)滇东分区。滇东南小龙潭组含煤沉积以小龙潭盆地为代表,该组可划分为3段:下段为砾岩段;中段为褐煤和泥岩段;上段为泥灰岩段。先锋盆地该组可划分为4段:下部砂岩段,由砂质泥岩、泥质粉砂岩夹少量透镜状砂质砾岩组成,发育少量薄煤层;下含煤段,由厚煤层组成,夹少量泥质粉砂岩、泥岩和炭质泥岩;硅藻土段,由硅藻土、泥质硅藻土、含硅藻土泥质粉砂岩组成;上含煤段,由泥岩、粉砂质泥岩夹不稳定煤层组成。

滇东北昭通组为湖沼相沉积,主要由泥岩和煤层组成,底部发育砾岩和砂砾岩。

(4)粤桂分区。该区含煤盆地多为陆相含煤沉积,以百色盆地含煤性最好。

那读组早期以扇三角洲-湖泊碎屑沉积为主,扇三角洲的远端为有利的聚煤部位,晚期为滨湖三角洲-湖泊沉积。那读组自下而上分为3段:下段岩性为泥灰岩、泥岩、粉砂岩和煤层;中段岩性为砂岩、粉砂岩、粉砂质泥岩、泥岩和煤层;上段以泥岩为主,夹钙质灰岩、泥质砂岩及菱铁矿透镜体、膨润土和煤线。

百岗组沉积期依次发育深湖相、滨湖相沉积,岩性主要为杂色泥岩、泥质砂岩、炭质泥岩、粉砂岩及煤层和油页岩。

油柑窝组为一套陆相碎屑岩、油页岩夹煤层沉积,自下而上可分为2段:下段为杂色砂砾岩、粉砂岩夹泥岩、油页岩,偶见炭质泥岩或煤线;上段为油页岩夹褐煤层。

长昌组下段由杂色泥岩、粉砂岩夹含砾砂岩、砾岩组成;上段由砂岩、粉砂岩、油质页岩夹煤层炭质泥岩、油页岩组成,为主要含煤段。

长坡组为湖泊沼泽相含煤沉积,以泥质中粗砂岩、泥岩和泥质粉砂岩为主,夹泥质灰岩,底部发育半胶结砾岩和砂砾岩,中上部发育碳质油页岩和煤层。

(5)闽浙分区。该区古近纪—新近纪含煤地层为基性喷发岩与含煤碎屑沉积。佛县组局部含油页岩及褐煤;嵊县群局部夹薄层炭质泥岩及褐煤。

(6)台湾分区。台湾分区新近纪中新世木山组、石底组和南庄组含煤地层分别与其上覆地层在垂向上形成3个沉积旋回;各沉积旋回都有一个海退背景下的海陆交互相沉积与海侵背景下的浅海或半深海向沉积。3个成煤段沉积相的空间配置为滨海相-潮坪-泥炭沼泽相-河流相。

其中木山组可分为3段：下段为薄层砂岩和厚层页岩互层；中段以薄层砂岩和砂质页岩为特征；上段为中粗粒砂岩夹薄层页岩和煤层。

石底组岩性主要为砂岩、粉砂岩、与页岩互层。

南庄组岩性主要为厚层砂岩、页岩和砂岩—粉砂岩、页岩薄层互层。

（三）含煤性及煤质特征

(1)藏南地层分区。秋乌组中段为砂质页岩夹煤层,上段局部也夹煤层。西段门士组含煤8层,局部可采2层,煤厚分别为1.3m和2.2m,含煤性差。

(2)滇西-川西区。昌台组含煤90余层,可采及局部可采1～30层,煤层厚度变化大,极不稳定。双河组含煤3层,煤层累厚6m。阿坝组含可采和局部可采煤层3～18层,煤层最大累厚28m。三营组含煤由无至数十层,一般7层,可采3层,可采总厚数米至60m,一般4～20m。

(3)滇东区。小龙潭组含煤性较好,含煤由无至数十层,一般10层,4层可采,可采总厚数米至188.5m,一般20～50m。

昭通组含煤3层,纯煤厚最大达199.77m,一般40～100m。沙沟组和茨营组含煤性均较好,含煤数十层,一般为10层,可采4层,可采煤层总厚数米至76m,一般10～30m。翁哨组含褐煤10余层,褐煤总厚36m,可采8层,可采厚度34m左右。

(4)粤桂地区。那读组下段在百色盆地含煤0～16层,煤层总厚10m,可采或局部可采煤层1～6层;南宁盆地含煤39层,可采或局部可采1～7层,可采总厚4.91m。中段在百色盆地含煤43层,总厚19m,可采或局部可采1～6层;南宁含煤39层,可采或局部可采1～7层,可采总厚4.91m；那龙含煤13层,可采及局部可采1～2层,宁明含煤17层,局部可采1层。上段仅含煤线。百岗组在百色含煤1～33层,总厚22m,可采或局部可采9层；永乐含煤1～5层;南宁含煤40余层,可采或局部可采1～7层,可采厚度一般0.6～1.19m,最厚达2.49m；上思含煤3层,可采或局部可采2层。油柑窝组上段含褐煤3～6层,厚20～50m。长昌组上段夹褐煤。长坡组中上部夹炭质油页岩及褐煤35层,可采6层,可采总厚度1.41～9.51m,平均4.87m。

(5)闽浙分区。该区古近纪—新近纪含煤地层的含煤性极差,基本上无工业价值。

(6)台湾分区。台湾地区新近纪中新世木山组含煤1～3层,煤厚0.2～0.6m。石底组共夹煤层5层,单层一般厚0.3～0.5m,最厚1m,不稳定。南庄组夹3～4层薄煤层,厚度0.3～0.6m。

南方新生界煤基本属于腐植煤,具有高的腐殖组含量(86%),低的惰质组含量(2%),中等壳质组含量(12%)。新近纪煤基本属于年轻褐煤,局部见有长焰煤,如广西捻子平；云南西部和西南部地区则以老年褐煤为主,局部也见有不同变质程度的烟煤。古近纪煤主要为长焰煤(广西百色、广东茂名)。不同盆地煤中灰分和硫分含量变化大,灰分含量10%～50%,硫分含量在粤桂地区0.5%～3.5%(平均1.76%),在西南区0.29%～4.25%(平均1.61%)。

第十章　含煤岩系共伴生矿产

第一节　概　述

一、含煤岩系共伴生矿产类型

煤系共伴生矿产可定义为：在煤系地层中与煤在成因上共生，或不具成因联系而伴生在一起共同出现的其他矿产。依据物质成分、物理性能及加工利用方向，可将煤系共伴生矿产分为三大类（袁国泰、黄凯芬，1998）（表10-1）。

表10-1　煤系共伴生矿产分类表（据袁国泰、黄凯芬，1998）

种类	固态	液态	气态
可燃有机矿产	油页岩、高炭质页岩、泥岩（固结—半固结）、地蜡（固结—半固结）、固体沥青	石油、软沥青、煤成油	煤成气 煤层气 页岩气
金属矿产	黑色金属：铁、锰、钒 有色金属：铜、锌、锡等 轻金属：镁、铝等 贵金属：金、银、铂 放射性金属元素：铀、钍 稀有及分散元素：铌、钽、稀土、锗、镓、铟		
非金属矿产	冶金辅助原料矿产、化工原料、建筑材料、其他非金属矿产；高岭土、耐火粘土、硅藻土、膨润土、叶蜡石、石墨、硫铁矿、伊利石、石英砂、石膏、硬石膏、白云石、石灰石、宝石（琥珀）等	矿泉水 地热水 可利用地下水	碳酸气

1. 固体共伴生矿产

含煤岩系中固体可燃有机矿产主要包括有油页岩、固体沥青、高炭质页岩、地蜡和泥炭（固结—半固结）等；固体金属矿产以稀有、分散及放射性元素较常见，如锗、镓、铀、钍等。一些煤层顶底板和夹矸中，常可见共生的锗、镓等元素富集层；煤岩型铀矿是铀矿床的重要工业类型之一；还有一些地区曾发现某些贵金属富集于煤层本身或其顶底板中，如金、铂、银；固体非金属矿产种类繁多，分布广泛，储量丰富，绝大部分为沉积成因，常见的种类有：高岭土、耐火粘土、硅藻土、膨润土、叶蜡石、石墨、硫铁矿、石膏、硬石膏、石灰岩、白云岩、石英砂、宝石类（如琥珀）。

2．液态共伴生矿产

含煤岩系中液态可燃有机矿产主要包括石油、软沥青、煤成油等；液态非金属矿产包括可利用地下水、矿泉水、地热水等。

3．气态共伴生矿产

以含煤岩系中有机质在煤化或成岩过程中形成的气态碳氢化合物为主，主要包括煤成气、煤层气及页岩气等。这些气态可燃有机矿产的开发具有重大的经济效益，已成为国内外能源开发研究的热点。此外，含煤岩系中还有气态的非金属矿产资源，例如碳酸气等。

二、含煤岩系共伴生矿产的特点

含煤系共伴生矿产从资源地质及开发利用等方面有以下主要特点（程守田、黄炎球，1994）。

1．共伴生矿产种类繁多

含煤岩系中赋存有多种共伴生矿产，除煤成气、煤层气、页岩气、油页岩及石油等可燃有机矿产外，还含有众多的金属和非金属矿产。与含煤岩系伴生的金属矿产包括铁矿、锰矿、钒矿、铝土矿、金矿、锗矿、稼矿和铀矿等。与含煤岩系伴生的非金属矿产逐渐被人们发现和利用，例如高岭土、硅藻土、膨润土、累托石、海泡石等多种粘土类矿产，还有硫铁矿、磷矿、石膏、沸石、珍珠岩、重晶石、石墨和石灰岩、大理岩以及种类繁多的硅质原料、建筑材料等。随着经济环境改善、地质认识的提高和加工技术的进步，可供利用的煤系共伴生矿产的种类还将增加（程守田、黄炎球，1994）。

2．共伴生资源潜力巨大

我国煤系共伴生矿产种类繁多，资源量雄厚，并不乏一些大型矿床。在共伴生燃料矿产方面，抚顺、茂名煤盆地油页岩是著名的大型矿床；我国煤成气资源潜力巨大也已被国家"六五"以来的相关研究成果所证明。共伴生的金属矿产资源也比较丰富，例如，煤系中的铝土矿占总储量90%以上，我国含煤岩系中的钒资源量为世界现有储量的5倍。煤系伴生的非金属矿产具有更为明显的优势，如我国煤系中耐火粘土资源超过总储量97%。此外，我国大型、超大型优质高岭土矿床全部赋存于含煤岩系中；煤系硅藻土资源亦十分可观，如云南省第三纪煤盆地硅藻土储量占全国总量的77%。总之，我国含煤岩系共伴生矿产资源十分丰富，在国民经济中占有重要地位。

3．共伴生矿产分布广泛

我国含煤岩系伴生矿产在时间分布上表现为含矿层位多，如从早古生代石煤岩系到第四纪泥炭地层均有各种不同类型的共伴生矿产分布；在空间分布上则表现为广泛的区域性特点。由于不同时代、不同地区的含煤地层所经历的地质条件不同及后生叠加成矿成因类型差别极大，共伴生矿产的种类及分布相当复杂。但从宏观背景上煤系共伴生矿产的产出也存在着一定的规律性。例如，早古生代石煤岩系富含某些金属元素及稀有元素矿产，晚古生代煤系伴生矿产以铝土矿、高岭岩等为主，中新生代煤盆地及煤-火山岩盆地趋于种类多样化和复杂化。加强煤系共伴生资源产出规律的研究有助于提高找矿效率。

4. 矿产赋存方式多样

含煤岩系伴生矿产的宏观赋存型式是重要的地质特征之一,反映了伴生资源形成的阶段性、地质条件和成矿作用,程守田和黄炎球(1994)将含煤岩系伴生矿产的宏观赋存型式划分为4种型式:①岩层型式,矿层以岩层型式赋存于含煤建造中,并作为与含煤岩系同生的地质体构成建造的组成部分,按其岩石类别可进一步划分为碎屑岩层型式和火山岩层型式两种,前者指共伴生矿产赋存于正常沉积岩层中,如耐火粘土矿,后者指赋存于与含煤建造同期形成的火山岩、火山凝灰岩及其夹层中或与这些异常岩层有关,如煤-火山岩盆地中的沸石、珍珠岩、膨润土矿等;②煤层型式,共伴生矿产赋存于煤层中,如煤中的伴生元素矿产、煤层高岭石夹矸以及煤层甲烷等;③界面型式,赋存于煤盆地充填序列中构造层序界面之上及附近,或与不整合面有关,其常见的伴生矿产有界面粘土矿、铁矿、铝土矿等;④侵入型式,赋存于煤系的岩墙、岩床、岩脉等后期侵入体及其有关的矿产,如石墨、辉绿岩等矿。

5. 矿床类型复杂

煤系共伴生矿产均具各自的成因过程和地质特征。同一矿种可形成于不同演化阶段和不同地质背景,而相同的演化阶段和地质背景亦可形成不同种类的伴生矿产。因此,煤系伴生矿产的成因类型的复杂性是不言而喻的。根据含煤岩系伴生矿产的成矿阶段及成矿基本地质条件等特征,可以划分为4种成因类型:①同沉积型,与含煤岩系同期沉积和充填的矿床,或称原生型矿床。岩层型式赋存的矿产大部分属于此类,特别是具重要地位的煤系典型沉积矿产。同沉积型共伴生矿产的成矿聚积主要受控于原始聚煤盆地的物源物质、沉积古地理及沉积环境、古气候和介质地球化学条件等。②古风化型,以界面型式赋存的矿产多属于这种风化成因类型。古风化型矿床类型主要的成矿因素为古构造运动面的存在及其特征、先期沉积的矿源岩性质和古气候特征等。③岩浆型,属于后生型伴生矿床。包括侵入型式赋存的矿产以及区域岩浆热引起的煤系中、低温热液有关的矿床。此种类型取决于煤系后期构造变动和岩浆活动等因素。④复合型,由原生到后生多次叠加成矿作用形成的共伴生矿床,即复合成因型矿床。

第二节 锗 煤

锗具有良好的半导体性能,是现代信息产业最重要的原料之一。随着无线电尖端技术的飞跃发展,国家对锗矿资源的需求日益迫切。在自然界,锗属较典型的稀有分散元素,主要呈伴生组分存在于铅锌矿、磁铁矿及煤层中。一般情况下,煤中锗的含量虽不高,但因煤炭资源丰富,分布面积广,故煤岩型锗矿床往往是锗矿的主要类型。

一、锗在煤中的分布规律

1. 煤中锗与煤岩组分的关系

按煤的岩石组分可将煤划分为4种煤岩类型:镜煤、亮煤、暗煤和丝炭。前两者是在沼泽水较稳定和沉积环境氧化势较低的条件下形成的,其组分中多为凝胶化物质(木煤、木质镜煤、镜煤和凝胶化基质等);后两者则是在沼泽水流动性较大及氧化势较高的环境下形成的,并多由丝炭化物质(丝炭、木质丝炭、镜质丝炭和不透明基质等)所组成。锗可以分布于煤的全部有机组分中,尤其在煤的凝胶化组中易于富集。各种煤岩类型中锗含量按如下序列递减:镜煤→亮煤→暗煤→丝炭(翟润田,1963)。

2. 锗在煤层中的分布特点

尽管锗在煤层中的分布极不均匀,但仍然可以找出一些普遍的规律性:①煤层结构越简单,煤岩成分越均一,锗在煤层中的分布也就越均匀(朱雪莉,2009);②在煤层的顶板和底板的薄层(厚10～20cm)中,或在煤层与其岩石夹层的接触部位常常观察到锗的富集现象(汪本善,1963);③锗在薄煤层中的含量往往高于厚煤层,分布也较厚煤层中的稳定,特别是在一些厚度达不到开采要求的薄煤层中常有锗的高度富集(朱雪莉,2009);④随着煤层埋藏深度的增加,煤中锗的含量减小,亦即随着煤氧化程度的增加,煤中锗的含量降低;⑤在一煤系中,其上部和下部的煤层一般较中部煤层中锗的含量高些(朱雪莉,2009);⑥在一些大煤田中,面向侵蚀区的边缘部分的煤层含锗比其他煤层高。

二、煤中锗的存在形式

国内外对煤中锗的赋存状态提出过各种见解,但一般认为煤中锗不形成独立矿物,而是与有机质结合,通常认为锗与有机质之间的结合有以下形式(胡瑞忠等,2000):①以 O—Ge—O 和 O—Ge—C 形式键合;②与煤中大分子的不同官能团通过 Ge—C 形式键合,或与腐植酸螯合;③呈单个的有机化合物形式存在;④通过表面氧化还原反应和表面吸附形式存在于煤中有机质的表面;⑤锗可被粘土矿物吸附,在硫化物和硅酸盐矿物中也可能有少量锗。

三、煤中锗的聚集途径

煤中锗主要是在泥炭形成过程中,被腐植酸凝胶从含锗溶液中吸收的,经过化学作用,锗与腐植酸结合,从而形成了锗腐植酸盐,存在于煤的有机组分里(翟润田,1963)。翟润田(1963)认为在泥炭形成过程中,当成煤植物转化为泥炭时,甚至在煤化作用的早期,有机物质中具有最大量的腐植酸,它的各种组分的活度最强;在这个时期锗的溶液作用也最强。在这种条件下,处于溶液状态的锗容易被腐植酸凝胶所吸收,并与之化合而生成锗腐植酸盐;此外,根据锗的地球化学特点,只有在高度还原的环境下锗离子及其氢氧化物才能存在于自然溶液中。这也正是有机质转化为凝胶化物质的有利环境。因此,溶液中绝大部分锗聚集在煤的凝胶化物质中。随着煤化作用的发展,煤物质的分子沿着更加紧密的方向进行重新排列。那些与煤分子联系不紧密的锗,便以气态化合物的形式逸散,而剩下的只是与煤分子联系较紧密的锗,因此,随着煤变质程度的加深,锗在煤中的含量是逐渐减少的,但锗与有机质的联系却更加紧密了(翟润田,1963)。

四、锗的市场应用现状

美国是世界耗锗最多的国家,主要用于光纤和红外设备;日本次之,主要用作 PET 树脂催化剂和医疗保健。章明等(2003)对2001年世界锗的市场分配及锗的应用做了一些归纳:①光纤-光学系统(耗锗50%):光纤通信是信息时代的基础,掺锗的光纤可提高折射率,减低色散;②聚合(化工)催化剂(耗锗20%):GeO_2 作为催化剂生产 PET(聚对苯二甲酸乙二醇酯)树脂用以制备饮料和液用食物容器,这种树脂安全无毒、耐热耐压,透明度高且有光泽、气密性好(郑能瑞,1998);③红外线光学仪器(耗锗15%):锗在1.8～20μm红外区折射率基本不变,且色散特别低,这一性能使之适用红外光学元件材料,广泛用于制作红外窗口、导流罩、广角透镜和显微镜等;④电子/太阳能仪器(耗锗10%):虽然随着硅材料的发展,已替代了大部分锗半导体产品,但锗在半导体工业上仍占有一席之地;⑤其他(磷光体、冶金、化学疗法等耗锗5%):GeO_2可作为荧光灯磷光体或彩色调节剂,冶金工业中,锗系合金新材料具有巨大的潜力,锗的化学疗法主要是用有机锗。

第三节 油页岩

油页岩是煤系重要的伴生矿产。我国油页岩的生成与湖泊体系发育密切相关。晚古生代至中生代早期,海水从中国大陆退出后,中、新生代发育的湖相含煤沉积,是油页岩生成的基本地质条件。油页岩形成于有一定深度的水体环境中,既有丰富的陆源高等植物碎屑,又有丰富的水下植物和低等浮游生物作为成岩物质,而煤通常以陆源高等植物作为成岩物质,所以油页岩成油能力往往比煤成油能力大(窦永昌、岳海东,2007)。

一、油页岩的定义及分类

刘招君和柳蓉(2005)把油页岩定义为:油页岩(又称油母页岩)是一种高灰分的固体可燃有机矿产,低温干馏可获得页岩油,含油率大于3.5%,有机质含量较高,主要为腐泥型、腐植腐泥型和腐泥腐植型,其发热量一般大于4.19kJ/g。国内油页岩分类主要采用的是赵隆业等(1990)提出的工业-成因分类。该分类体系根据我国油页岩特征,选择合适的参数作为指标,提出了一套适合我国油页岩分类的方案(表10-2)。

表10-2 油页岩按工业-成因性质分类表(据赵隆业等,1990)

级、组、种＼成因类型	腐泥质	腐植腐泥	腐泥腐植
发热量 /kJ·g^{-1}	高发热量 12.5	中发热量 8.4～12.5	低发热量 6.3～8.4
亚级-焦油产率 /%	高焦油率	中焦油率	低焦油率
	中有机质(40～50)	中有机质(40～50)	中有机质(30～40)
	低灰分(<60)	中灰分(60～70)	高灰分(>70)
组-T/Q 比	>6	5～6	<5
亚组-煤岩显微组分	结构藻类体、无结构藻类体	结构藻类体	镜质体-腐泥腐植混合组分
		腐泥腐植混合组分	镜质体+壳质体+胶质藻类体
		胶质藻类体+壳质体+镜质体	

续表 10-2

成因类型 级、组、种	腐泥质	腐植腐泥	腐泥腐植
种-矿物质	碳酸盐质（CaO + MgO 为 20%）	硅铝质（CaO + MgO<10%）	硅质（$SiO_2 + Al_2O_3$>70%）
	硅铝—碳酸盐质（CaO + MgO 为 10%～20%）		
亚种-硫	低硫 <2%	中硫 2%～4%	高硫 >4%
伴生组分	稀有分散元素高,可工业利用 Al、K、Na、Ca、P 等		
工业利用方向	化学工业、能源工业、建材工业		化学工业（硫化工产品）、能源工业

油页岩有机质类型可以由多种方法和多种参数予以确定,常见的方法是通过有机岩石学方法,在对原岩光片和干酪根薄片进行定量统计后采用烃源岩评价的通用原则计算类型系数（或类型指数）,然后按统一标准将有机质（组合）划分为三类四型,即腐泥型（Ⅰ型）、腐植腐泥型（Ⅱ-1 型）、腐泥腐植型（Ⅱ-2 型）和腐殖型（Ⅲ型）。有机质类型表征油页岩（及烃源岩）有机质的质量,所计算的类型指数是评价有机质类型或有机质质量的量化指标。就生油潜力来说,Ⅰ型有机质生油潜力最大,按Ⅰ型、Ⅱ-1 型、Ⅱ-2 型和Ⅲ型顺序生油潜力依次降低。有机质类型好,是优质和中质油页岩的必要条件,但还不是充分条件,至少还必须要腐泥组分绝对含量高,油页岩的工业质量取决于其有机质类型和有机质丰度两个因素。二者缺一不可。根据对中国油页岩 H/C 原子比与 O/C 原子比投点区域分析,可知中国油页岩有机质类型应属于Ⅰ-Ⅱ型干酪根（李学永等,2009）。

二、油页岩地质特征

油页岩外观呈浅灰至深褐色,多呈褐色；具微细层理；密度为 1.4～2.7g/cm³。油页岩的密度主要取决于沉积过程中所渗入的矿物质含量及其密度（张海龙,2008）。通常油页岩的密度随矿物质含量的增高而增高。同时,密度也是反映物质性质和结构的重要参数,同一产地的油页岩,密度越大含油率愈低（陈亚飞等,2003；张景瑞等,2001）。油页岩主要成分是有机质、矿物质和水分（肇永辉,2000）。油页岩中油母含量约 10%～50%,是由复杂的高分子有机化合物组成,富含脂肪烃结构,而较少芳烃结构,主要由碳、氢及少量的氧、氮、硫元素组成；油页岩中矿物质有石英、高岭土、粘土、云母、碳酸盐岩以及硫铁矿等,但主要是粘土矿物。油页岩中矿物质常与有机质均匀细密地混合,而且矿物质含量通常高于有机质。当油页岩含有大量粘土矿物时,往往形成明显的片理。水分含量与矿物质颗粒间的微孔结构有关,油页岩中含有 4%～25% 不等的水分。用于商业开采的油页岩其有机质/矿物质之比约为（0.75:5）～（1.5:5）,低于煤炭中的有机质/矿物质比值。煤炭中该比值常大于 4.75:5（张海龙,2008）。

油页岩沉积环境从海相到陆相都有分布,国外以海相为主（Dyni,2003）,中国主要以陆相沉积为主（关德师等,1995）。油页岩成因类型,根据沉积环境,油页岩可以分成陆相、湖相和海相 3 种基本成因类型（张海龙,2008）。陆相油页岩中的有机质是由富含脂质的有机物组成,主要有树脂、孢子、蜡质表皮和那些常见于成煤湿地或沼泽的陆源植物根茎的软组织,它们埋藏后经过煤化作用,形成油页岩中的有机质。因此,这种油页岩也是一种含有较高矿物质的腐泥煤。湖相油页岩中的有机质母质主要是指生活于淡水、咸水和盐湖的低等浮游生物藻类,这些藻类埋藏后经腐化和煤化作用后形成油页岩中的有机质。海相油页岩中的有机质母质主要是海藻、未知单细胞微生物和海生鞭毛虫。

三、油页岩资源特征

10-3 世界主要油页岩分布时代及其特征(据刘招君、柳蓉,2005 修改)

时代		油页岩分布	形成环境及特征
新生代	新近纪	美国加利福尼亚南部、意大利西西里岛、俄罗斯高加索	海相,与硅藻土和稠油共生
		中国茂名	湖相
	古近纪	美国(绿河、皮申斯盆地)、中国抚顺、吉林桦甸	湖相沉积
		巴西南部、捷克、俄罗斯南部、澳大利亚昆士兰中部	陆相,与煤共生
中生代	白垩纪	以色列、约旦、叙利亚和阿拉伯半岛南部、澳大利亚昆士兰西部	海相地台型、浅海沉积型
		中国农安、汪清	湖相
	侏罗纪	美国阿拉斯加州、法国北部巴黎盆地、东欧、南欧、亚洲东部、中国小峡和中国窑街	海相、陆相湖泊沉积,与煤共生
	三叠纪	扎伊尔的斯坦利维亚盆地、东欧、南欧、美国阿拉斯加州	海相
		中国彬县	陆相湖泊
古生代	二叠纪	澳大利亚(昆士兰东部)	浅海沉积型
		澳大利亚(南威尔士的悉尼盆地、昆士兰东部)	陆相,与煤共生
		美国(蒙大拿州)	湖相沉积
		巴西巴拉那盆地、南非卡罗盆地	海相
		法国(奥顿、圣希拉尔、特洛特、苏尔莫林)	陆相,与煤共生
		中国妖魔山	近湖相
	石炭纪	美国:犹他、堪萨斯等	海相
	泥盆纪	美国(中部和东部各州)	湖相沉积
		俄罗斯(伏尔加—乌拉尔地区)	海相
	奥陶纪	波罗的盆地(爱沙尼亚中奥陶世)	与石灰岩互层
		美国(阿巴拉契亚盆地)	海相
		加拿大	海相
	寒武纪	俄罗斯(西伯利亚地台东北部安纳巴尔河和勒拿河的奥列尼尧克盆地)	富含于海相钙质、泥质、硅质沉积物中
元古宇	前寒武纪	美国(密执安、威斯康星州)	海相

全球油页岩资源十分丰富,世界上油页岩形成的时代广泛,从寒武纪、奥陶纪、泥盆纪、石炭纪、三叠纪、侏罗纪、二叠纪、白垩纪到渐新世都有分布(表10-3)。据不完全统计其蕴藏资源量约有 1×10^{13}t,比煤炭资源量多40%(柳蓉,2007)。2000年初统计,世界页岩油储量超过 1×10^9t 的国家有美国、俄罗斯、扎伊尔、巴西、摩洛哥、约旦、澳大利亚、爱沙尼亚和中国等,页岩油总量为 3.741×10^{11}t,预计全世界页岩油资源总量约为 4.75×10^{11}t,比传统石油资源(2.71×10^{11}t)多50%以上(Dyni,2003)。

我国油页岩主要布在20个省区的47个盆地,共有80个含矿区。油页岩赋存层系从新生界到上古生界,但主要见于中新生界;且受古亚洲洋、特提斯-古太平洋和印度洋-太平洋三大动力学体系控制,油页岩形成时代从西北到东南方向逐渐变新,即上古生界油页岩资源主要分布在中部地区,中生界油页岩主要分布在东部、中部和青藏地区,新生界油页岩资源主要分布在南方和东部地区(刘招君等,2006)。油页岩赋存盆地既有大型拗陷盆地,也有小型断陷盆地;油页岩赋存的沉积环境既有淡水环境,也有咸水环境。油页岩赋存地区的现今地理环境主要为平原、黄土塬和高原,部分分布于低山丘陵地区;油页岩赋存深度差别较大,主要位于800m以浅(刘招君等,2009),具有较有利的开发利用前景。全国油页岩预测资源约为 7.199×10^{11}t,折算页岩油资源约为 4.76×10^{10}t。储量仅次于美国、巴西和爱沙尼亚,居世界第四位(刘招君等,2006)。

刘招君等(2006)根据盆地的资源规模和开发状况,可划分为Ⅰ类、Ⅱ类、Ⅲ类和Ⅳ类(表10-4),其中Ⅰ类为具有一定查明资源规模,并且已经开发利用的盆地,如抚顺盆地,茂名盆地等;Ⅱ类为具一定查明资源规模,尚未开发利用的盆地,如松辽盆地、鄂尔多斯盆地等;Ⅲ类为具少量查明资源,尚未开发利用的盆地,如准噶尔盆地、伊兰盆地等;Ⅳ类为没有查明,但尚待查明资源的盆地,如老黑山、林口盆地、四川阿坝。我国油页岩资源绝大部分属于Ⅱ类、Ⅲ类、Ⅳ类盆地类型,基本尚未开发利用,潜力巨大(表10-4)。

表10-4 中国主要油页岩盆地分类表(据刘招君等,2006)

盆地分类	盆地个数	盆地名称	资源量 /$\times10^8$t	比例 /%
Ⅰ类盆地	4	抚顺、茂名、敦密、罗子沟	222	3.1
Ⅱ类盆地	10	松辽、鄂尔多斯、黑山、朝阳、建昌等	4920	68.4
Ⅲ类盆地	26	准噶尔、伊兰、伊通、杨树沟、阜新等	1220	17.1
Ⅳ类盆地	7	老黑山、林口、阿坝、新宁、吉安等	826	11.4

四、油页岩成矿条件

油页岩属于属典型的同生矿床和外生矿床,受一定层位控制,具成矿专属性,矿体呈层状、透镜状顺层产出,具有明显的层理,与围岩产状一致,矿床规模大,厚度、品位稳定,连续性好等(陈会军,2010)。油页岩的形成是古湖泊条件、古气候条件、古沉积环境条件、古构造条件等多种因素相互作用的产物(孙大鹏,1984)。

1. 古湖泊条件

古湖泊既是成矿母质的来源,输送大量有机质,也是其积聚的场所。1983年和1985年召开的"海相烃源岩"和"湖相烃源岩"地质学会上提出:古湖泊生产力对于生油岩的形成具有重要意义,只要生产力高,即使在含氧的水底也能形成生油岩。由此推断表层水的高生产力,比底层水的缺氧更为重要。在相同的保存条件下,古湖泊生产力高,有机质丰富,沉积下来的有机质就多,有机碳含量高。因此,高古湖泊生产力与油页岩的形成机制密切相关(陈会军,2010)。

2. 古气候条件

温暖、湿润的气候,有利于陆地植物繁盛,水中动植物发育,成为生烃母质的主要来源,为湖泊提供了大量营养物质,为油页岩的形成提供了丰富的物质基础。同时,温暖湿润的气候影响碎屑物质供给的速度,也有利于降低碎屑物质,提高了沉积物中有机质相对碎屑物的含量;并且大量的降雨也带来充足的溶解的营养物质,使湖泊初始生产力大幅度提高(陈会军,2010)。

3. 古构造条件

古构造对盆地沉积和油页岩的聚集产生复合作用,古构造包括盆地边缘断裂、断块状基底、盆地内部的同沉积断裂和次级的同沉积隆起和凹陷。断陷盆地的控盆断裂控制盆地沉积体系的展布,进而间接控制油页岩的分布范围;油页岩矿层向盆地沉降中心的方向展布,油页岩含油率和厚度逐渐增大。盆地内不同形式的同沉积构造运动既具有成因联系,又具有各自的特点,同沉积断裂对油页岩的沉积位置、沉积厚度、含油率都产生控制作用。同沉积正断层的下降盘沉降空间大,油页岩层数多,厚度大,含油率高;盆地中的凹陷区相对于隆起区有利于油页岩的形成,且矿层连续、稳定(柳蓉,2007)。含油页岩盆地的形成和演化受大地构造控制,是构造演化阶段的产物,在区域上有相同或相似的板块演化背景,则在含油页岩类型上有相同的构造样式,且含油页岩盆地在地理分布上常成群成带出现(柳蓉,2007)。

4. 古沉积环境条件

沉积环境对油页岩的形成主要体现在沉积相的空间叠置,对于油页岩的成矿起着举足轻重的作用。我国主要含油页岩盆地的油页岩沉积环境主要为湖相和湖泊-沼泽相,在稳定水体的中心地带有利于油页岩的形成。坳陷深湖相油页岩为盆地最大湖泛期的产物,有利的沉积环境为半深湖-深湖相,主要发育在水进体系域(TST)和高水位体系域(HST)中(柳蓉,2007)。断陷湖盆油页岩主要分布在半深湖-深湖相沉积环境,在水进体系域(TST),每一次较大湖侵形成一套油页岩沉积;在高水位体系域(HST),湖泊水体相对静止,沉积物粒度很细,形成加积式准层序组叠加的油页岩(陈会军,2010)。

五、油页岩用途

油页岩作为一种重要的接续和替代能源资源以其巨大的储量、丰富的综合利用层次,引起了全世界的关注(秦宏等,1997)。在常规油气的诸多替代能源中,页岩油是一种很现实的替代能源(徐锭明,2006;刘伯谦,1999)。油页岩不但可提炼出各种燃料油类,而且还可炼制出各种合成燃料气体及化工原料,副产品还可用于制砖、水泥等建筑材料。归纳起来,油页岩主要有以下用途(张海龙,2008)。

1. 干馏制取页岩油及相关产品

若将油页岩打碎并加热至500℃左右,就可以得到页岩油。我国常称页岩油为人造石油。页岩油加氢裂解精制后,可获得汽油、煤油、柴油、石蜡、石焦油等多种化工产品。

2. 作为燃料用来发电、取暖和运输

首先是用来发电,利用油页岩发电的形式有两种:一是直接把油页岩用作锅炉燃料,产生蒸汽发电;另一种是把油页岩低温干馏,产生气体燃料,然后输送到内燃机燃烧发电。目前普遍采用前一种形式,其次,可以利用油页岩燃烧供暖,在 2001 年和 2002 年,爱沙尼亚利用油页岩发电和向居民、工业供暖所创造的效益分别占国家税收的 76% 和 14%,对其国民经济具有重要意义;另外,可以利用油页岩燃烧带动发动机,用于长途运输。

3、生产建筑材料、水泥和化肥

作为附加品,油页岩干馏和燃烧后的页岩灰主要用于生产水泥、砖等建筑材料。在德国,每年有 30×10^4 t 油页岩用于水泥的生产。在我国,油页岩干馏和燃烧后的半焦灰渣制造砌块、砖、水泥、陶粒等建材产品。

4、稀有元素提取

油页岩中还富含稀有、稀土元素,并且通过测试分析后发现,油页岩经过低温干馏、发电后剩下的半焦或灰渣中的稀有、稀土元素更为富集。油页岩中提取稀有、稀土元素的技术完成实验室阶段,根据俄罗斯专家试验分析确定,只要稀有金属的含量大于 1×10^{-5} 就可以进行提取(柳蓉、刘招君,2006)。吉林油页岩中铂族元素都以 Pd 和 Pt 含量高为特征(王文颖等,2006),而且油页岩灰渣中稀土元素的富集度均高于油页岩(高桂梅等,2006)。

5. 有机肥料的生产

我国陕西铜川市汇源实业开发总公司就拟投资 1000 万元,利用印台地区现有的油页岩资源,在原有 5×10^4 t 磷肥生产线的基础上进行技术改造,建设年产 5×10^4 t 油页岩有机复合肥的生产线。

第四节 煤层气

煤层气是指赋存在煤层中以甲烷为主要成分,以吸附在煤基质颗粒表面为主并部分游离于煤孔隙中或溶解于煤层水中的烃类气体(傅雪海等,2007)。除了甲烷外,煤层气中还有少量二氧化碳、一氧化碳、二氧化硫及氧化氮等气体,几乎不含硫化氢。煤层气在燃烧中一般不产生烟尘且二氧化硫排放量也比煤炭燃烧低很多,属于一种洁净能源。

一、煤层气的成因

煤层气总体上有 3 种成因类型:生物成因、热成因和无机成因(孙平,2007)。

1. 生物成因气

生物成因气的形成过程包括一系列复杂的生物化学作用:通过微生物作用,使复杂的不溶有机介质在酶的作用下发酵变成可溶有机质,可溶有机质在产酸菌和产氢菌的作用下,变成挥发性有机酸、H_2 和 CO_2;H_2 和 CO_2 在甲烷菌作用下最后生成 CH_4。生物成因气的形成应满足两个条件(刘俊杰,1998):①要有丰富的有机质提供产气的物质基础;②具备有利于甲烷菌繁殖的环境条件。按照生气时间和母质以及地质条件的不同,生物成因气有原生生物成因气和次

生生物成因气两种类型,但两者在形成方式上无本质差别。

(1)原生生物成因气。原生生物成因气是在成煤作用阶段早期,泥炭沼泽环境中的泥炭或褐煤经细菌等作用所生成的气体。由于埋藏浅(<400m),温度低,热力作用还不能使有机质结构变化而生烃。在该阶段主要通过各类微生物参与下的生化反应使有机质成分和结构发生变化。以甲烷为主的生物成因气主要是在泥沼环境中通过微生物对有机质的分解作用而形成的。由于泥炭或低煤阶煤中的孔隙比表面积有限,加之埋藏浅、压力低,对气体的吸附能力低,一般认为原生生物气在煤层中难以保存。

(2)次生生物成因气。次生生物成因气是煤层后期抬升阶段形成的生物气。在该阶段,煤储层温度、压力等环境条件适宜微生物生存,这些微生物通过煤层露头由大气降水带入,在相对低的温度条件下(56℃以下)代谢湿气、正烷烃和其他低分子有机化合物,生成 CH_4 和 CO_2。次生生物气的形成时代一般较晚,其生成和保存需以下条件:①煤级较低(R_o一般低于1.6%);②煤层所在区域发生过隆起(抬升)作用;③煤储层有适宜的渗透性;④沿盆地边缘有流水补给到盆地煤储层中;⑤有细菌运移到煤储层中;⑥煤储层具有较高的储层压力和储存大量气体的圈闭条件(Law and Rice,1993)。

2. 热成因气

随着埋藏深度的增加、温度的增高、煤化作用增强、煤中碳含量增加、煤的芳香核苯环数增加、侧链和官能团逐渐分解和断裂,在核缩聚、侧链分解引起的分子结构改造和重组过程中,伴随有气、液态产物不断形成,其主要成分为甲烷、二氧化碳和水等。热成因气体包括原生热成因和次生(运移)热成因。原生热成因气是指有机质在变质作用过程中形成的,并原地储存在煤层中煤层气;如果原生热成因气经过解吸—扩散—运移—再聚集,则为次生热成因煤层气(孙平,2007)。

对于原生生物成因气和热成因气的形成阶段,不同学者的划分方案不尽相同,Scott 等(1994)以 R_o(镜质组反射率)小于0.3%为原生生物气的界限值,而热成因气开始生成的 R_o 值为0.5%(表10-5)(Law and Rice,1993)。还有学者将(原生)生物气和热(成因)解气的 R_o 临界值定为0.5%(Palmer et al,1996);Rice and Claypool(1981)则认为热成因气的形成始于0.6%左右。之所以出现这种差异,是因为传统的天然气成因理论认为,生物气一般形成于 R_o 值为0.3%以前,而热解气则形成于 R_o 值在0.6%~0.7%之后。但近年来的研究表明,生气母质在 R_o 值为0.3%~0.6%阶段仍然生气,且可形成相当规模的气田(目前出现的多为煤型气气田),这一阶段所生成的气体称为生物-热催化过渡带气(徐永昌,1994),即有机质生气是一个连续的过程。

表10-5 生物成因气和热成因气的产气阶段(据Scott等,1994)

煤层气生成阶段	镜质组反射率/%
原生生物成因甲烷	<0.30
早期热成因	0.50~0.80
最大量湿气(C_2^+)生成	0.60~0.8
热成因 CH_4 急剧生成开始	0.80~1.00
冷凝液次生裂解成 CH_4 开始	1.00~1.35

续表 10-5

煤层气生成阶段	镜质组反射率 /%
最大量热成因 CH_4 生成	1.20～2.0
显著湿气（C_2^+）生成的最后期限	1.80
显著热成因 CH_4 生成的最后期限	3.00
次生生物成因甲烷	0.30～1.5

低煤阶未熟煤层气藏煤层气成因以原生生物成因为主；低煤阶已熟煤层气藏成因比较复杂，既有原生热成因又有次生热成因和次生生物成因；中煤阶煤层气藏跟低煤阶已熟煤层气藏类似，包括原生和次生热成因及次生生物成因；高煤阶煤层气藏主要以热成因为主，可能存在次生生物成因（孙平，2007）。

3. 无机成因气

煤层气除了生物成因和热成因外，还有无机成因（孟庆山，2003）。地球原始大气中含有的大量甲烷是无机成因烃类的主要来源（Gold and Soter，1982）。当地球开始凝聚时，原始大气中的甲烷作为"化石"被"吸收"保留在上地幔和地壳深部，在通过断裂、火山活动或地壳运动等地球脱气作用释放出来（陈碧辉、李巨初，2002）。无机成因气的判断主要依据有烃类气体的成分、烷烃碳同位素系列、与烃类气体伴生的非烃类气体、稀有气体的含量与同位素，以及地质背景综合分析。甲烷的碳同位素资料是辨别无机成因天然气最直接的依据（戴金星等，2001）。

二、煤层气富集区的分布规律

煤层气富集区是聚煤区中有利的煤层气勘探区带，其展布范围一般不受含煤盆地或含煤区界限的限制，可以位于盆地或含煤区内，也可以跨盆地或含煤区，在其内部不同部位煤层气的形成条件、演化地质背景和含气特征相同，具有煤层稳定、厚度大、渗透性好、保存好、含气量和饱和度高等特点。我国的煤层气资源分布广泛，在全国 68 个含煤盆地或含煤区都有，但资源量主要集中在若干大型含煤盆地或含煤区。目前全国范围内有十大煤层气富集区（表10-6），煤层气生成主要受控于区域热变质和深成变质作用，部分叠加了岩浆接触和动力变质作用。位于华

表 10-6　我国十大煤层气富集区基本地质特征（据刘洪林等，2004）

煤层气富集区	煤层时代	层数厚度 /m	含气量 /$m^3 \cdot t^{-1}$	含气饱和度 /%	资源量 /$10^8 m^3$	直接盖层岩性厚度 /m	基底类型
鄂尔多斯盆地中部	J	3～5	2～8	65～80	10 700	泥岩	地台型
		10～20				4～8	
鄂尔多斯盆地东部	C-P	2	12～25	75～90	6 853	泥岩	地台型
		10～35				5～22	
沁水盆地	C-P	2	13～34	81～100	9 795	灰岩	地台型
		9～15				1～12	
豫西向斜	C-P	3	17～25	70～95	5 727	泥岩	地台与褶皱过渡区
		10～12				12～28	

续表 10-6

煤层气富集区	煤层时代	层数厚度/m	含气量/$m^3 \cdot t^{-1}$	含气饱和度/%	资源量/$10^8 m^3$	直接盖层岩性厚度/m	基底类型
鲁西-濮阳斜坡带	C-P	2～3 / 10～14	15～20	80～85	1 755	泥岩 / 3～9	地台与褶皱过渡区
冀中-冀东斜坡带	C-P	3～5 / 12～22	12～23	60～80	2 257	泥岩 / 2～13	地台型
淮南-淮北复向斜	C-P	3～5 / 15～26	11～22	77～92	4 000	泥岩 / 3～5	地台与褶皱过渡区
六盘水煤田	P_2	5～7 / 20～45	17～32	73～96	3 400	泥岩 / 12～16	地台型
天山山前	J	10～20 / 45～150	2～6	62～85	2 086	砂泥岩互层 / 38～190	中间地块区
松辽-辽西	J_3-K_1	3 / 22～220	3～7	55～75	324	砂泥岩互层 / 14～170	中间地块区

北的煤层气富集区共 7 个,富集区的展布与主要区域性构造带相邻,聚煤期构造和聚煤后构造共同控制了富集区展布规律。位于华南聚煤区的富集区 1 个,其含气性主要受控于煤层气的保存条件和煤层储层性能。位于西北聚煤区的富集区 1 个,其形成与聚煤期后的构造带形成关系密切。位于东北聚煤区内的富集区 1 个,其形成受控于煤的热演化程度(刘洪林等,2004)。

三、煤层气藏类型

常规天然气由烃源岩运移到储集层,在储集层中一定部位受阻,并在储集层蓄存(圈闭)起来便形成气藏。常规天然气藏的形成需具备 3 个条件,即:生气层、储集层、盖层和一定的封闭条件(袁政文,1997)。

20 世纪 90 年代初,以生气作用为主线,考虑煤储层的储集能力或吸附性和孔隙性的演化,提出了少生中储、多生低储、多生高储、变生少储 4 种煤层气成藏类型,为我国煤层气成藏类型的研究起到了开拓作用(张新民等,1991)。但是,由于煤储层内的煤层气处于吸附—解吸—运移的动态平衡状态,生烃潜能不起主导作用(桑树勋等,2001),且煤层气富集成藏的决定性因素应是"圈闭"条件(钱凯等,1996),故研究煤层气成藏作用及类型还应进一步考虑"圈闭"的动力学特征。20 世纪 90 年代中期,研究者根据我国前期煤层气勘探实践,结合对美国等煤层气地质条件的考察,认识到煤层气成藏的实质是压力"圈闭",由此提出了"煤层吸附气压力圈闭论"以及"有效煤层气藏"的概念(秦勇,2003),指出压力包括水压和气压,并结合赋气构造特征划分出 5 种有效煤层气藏类型:水压向斜煤层气藏、水压单斜煤层气藏、气压向斜煤层气藏、背斜构造气藏和与低压异常相关的气藏(钱凯等,1996)。前两种是由于大气降水渗流受阻形成异常高压,阻止了气体向上流动而聚集成藏;第 3 种是煤生成气体聚集速率大于扩散速率,导致地层超压形成超压气藏;背斜轴部煤储层裂隙发育,如上覆有良好的盖层则形成背斜气藏;与异常低压相关的气藏指缺乏大气水注入增压,或由于构造活动泄压,形成常压或低压气藏(袁政文,1997)。这种分类方案涵盖了大部分煤层气成藏类型,是我国最早的煤层气藏分类方案(刘洪林等,2005)。

基于这一思路,我国研究者先后又进一步提出了若干认识。例如,袁政文(1997)按照圈闭形成条件,同时考虑到煤层吸附气和游离气及溶解气共生时同时符合常规天然气聚集规律的特征,将煤层气藏划分为静水压力圈闭、水动力圈闭、复合性3种类型;赵庆波等(1997)根据构造和水动力特征提出煤层气藏分为4种类型:压力封闭气藏、承压水封堵气藏、顶板网络微渗虑水封堵气藏和构造圈闭气藏。

在此期间,某些研究者根据所研究地区的具体煤层气地质条件,考虑特定的主控地质因素组合,对煤层气成藏类型提出了一些不同的观点。例如:鉴于沁水盆地的具体条件和勘探成果,综合了主应力差、地下水动力场、埋深3个主控因素,提出有利于煤层气富集高产的8种成藏模式,并认为该盆地内高主应力差-滞流封闭-浅埋类型对煤层气富集高产极为有利,中主应力差-缓流封闭-中埋类型较为有利,中主应力差-缓流封闭-深埋类型可能有利(Qin et al,2001);基于对准噶尔、吐哈等陆相盆地煤层气地质条件的研究,综合考虑构造、水动力条件、层序地层特征等因素,提出了盆缘陡坡、盆缘缓坡和盆内凹陷3种煤层气成藏模式(桑树勋等,2001)。在此基础上,刘洪林等(2005)根据国内外煤层气研究成果和勘探经验,认为影响煤层气富集成藏的主要因素有水动力、构造应力、煤层展布形态等,把煤层气藏富集类型依据构造形态和成因划分为8类,即水压单斜型煤层气藏、水压向斜型煤层气藏、气压向斜型煤层气藏、断块型煤层气藏、背斜型煤层气藏、地层-岩性型煤层气藏、岩体刺穿型煤层气藏及复合煤层气藏。

四、煤层气的利用

煤层气作为一种洁净能源代替褐煤、硬煤和焦炉煤气等,不仅环境性能好,而且热效率高。甲烷的热值为$36.72kJ/m^3$,按热值计算,大致$1000m^3$甲烷相当于1t标准煤,$1250m^3$甲烷相当于1t石油(傅雪海等,2007),其利用途径主要如下:①化工原料,煤层气中的甲烷浓度很高,可与天然气混输,用于制造化工产品,如甲醛、甲醇、甲胺、尿素和碳黑等;②合成油,煤层气合成油(GTL)由合成气、费-托合成和产品精制3部分组成。通过费-托法工艺将煤层气合成转化成含硫量小于$1μg/g$、芳香烃小于1%(体积百分比)、十六烷值大于70的柴油燃料;③工业与民用燃料,煤层气可用于发电、汽车燃料和居民生活用气等多个方面。煤层气代替煤发电、供热不仅能减轻环境污染,而且能提高热效率;煤层气的民用主要包括矿区居民的炊事和供热以及矿区食堂、幼儿园、学校的公用事业用气,与人工煤气相比,煤层气的民用具有投资少和效益高的特点,它不需另建气源厂(傅雪海等,2007)。

第五节 页岩气

页岩气是指储集在富含有机质的细粒碎屑岩中的天然气,一部分以游离态存在于孔隙和裂缝中,一部分吸附于有机质和岩石颗粒表面,可以是生物成因、热解成因或混合成因,其在一定地质条件下聚集成藏并达到经济开采价值(Curtis,2002;张金川等,2003、2004、2008;王祥等,2010;邵伟民等,2012)。与含煤岩系相关的页岩气的干酪根类型以Ⅲ型为主。

一、页岩气的基本特征

一般认为页岩气具有如下基本特征:①岩性多为沥青质或富含有机质的暗、黑色泥页岩(高碳泥页岩类),岩石组成一般为 30%～50%的粘土矿物、15%～25%的粉砂质(石英颗粒)和 1%～20%的有机质,多为暗色泥岩与浅色粉砂岩的薄互层。②页岩气可以主要来源于生物作用或热成熟作用,W(TOC)介于 0%～25%之间,R_o 介于 0.4%～2%之间。③页岩本身既是气源岩又是储集层,目前可采的工业性页岩气藏埋深最浅为 182 m。页岩总孔隙度一般小于 10%,而含气的有效孔隙度一般只有 1%～5%,渗透率则随裂缝发育程度的不同而有较大的变化。④页岩具有广泛的饱含气性,天然气的赋存状态多变,吸附态天然气的含量变化于 20%～85%之间。⑤页岩气成藏具有隐蔽性特点,不以常规圈闭的形成存在,但当页岩中裂缝发育时,有助于游离相天然气的富集和自然产能的提高。当页岩中发育的裂隙达到一定数量和规模时,就成为天然气勘探的有利目标。⑥在成藏机理上具有递变过渡的特点,盆地内构造较深部位是页岩气成藏的有利区,页岩气成藏和分布的最大范围与有效气源岩的面积相当。⑦原生页岩气藏以高异常压力为特征,当发生构造升降运动时,其异常压力相应升高或降低,因此页岩气藏的地层压力多变(张金川等,2003;Curtis,2002)。

二、中国页岩气资源特点

1. 页岩分布

海相页岩在中国有广泛的发育和分布,层位上集中出现在古生界,从早寒武世(距今 540 Ma)开始以来,先后形成了 10 多套特点各异、连续发育和区域分布的优质页岩层系。其中,仅在二叠纪(距今 290 Ma)就形成了 8 套广泛发育的海相、海陆过渡相黑色页岩,它们多与碳酸盐岩或其他碎屑岩共生,具有延伸时代长、发育层系多、地域分布广、构造改造强烈及后期保存多样化等特点,其累计最大地层沉积厚度超过 10 km(刘光鼎,2001),陆上沉积面积达到 330×10^4 km²(贾承造等,2007)。这些页岩埋藏浅、变动强,常规油气藏难以形成,而页岩气则可构成主要的资源类型(张金川等,2009)。陆相泥页岩主要分布于中国北方地区,中生界陆相泥页岩表现为较大范围内的连续性,具有发育层位多、单层厚度大等特点,新生界陆相泥页岩地层则具有相对明显的分隔、多套、层厚等特点(张金川等,2009)。

2. 页岩生气

中国南方地区沉积厚度巨大并经历了多期次构造运动,后期改造、抬升剥蚀作用强烈。地史时期内的深埋作用导致古生界海相源岩热演化程度高,如下寒武统烃源岩 R_o(镜质体反射率)在大部分地区都大于 3.0%,局部地区高达 7.0%,下志留统烃源岩 R_o 集中在 2.0%～3.0%,个别地区高达 6.0%,二叠系烃源岩 R_o 集中在 1.0%～2.0%,局部地区可达 3.3%;中生界泥页岩与古生界黑色页岩具有大致相同的有机质丰度,大部分地区或盆地总有机碳含量平均值达到 2.0%,而新生界泥页岩有机质含量总体较低且变化较快。从地域分布上看,西北地区不同时代泥页岩总有机碳含量平均值最高,北方最低。总体上看,中国产气页岩具有典型的高有机质丰度、高热演化程度及高后期变动程度的"三高"特点(张金川等,2009)。

3. 页岩气资源

中国页岩气富集的地质条件优越,张金川等(2009)所估算的中国页岩气可采资源量约为 26×10^{12} m³,我国南方、北方、西北及青藏地区各自占我国页岩气可采资源总量的 46.8%、8.9%、43%和 1.3%,古生界、中生界和新生界各自占我国页岩气资源总量的 66.7%、26.7%和 6.6%。

三、页岩气成藏机理

页岩气藏生烃过程、排烃过程、运移过程,以及聚集过程和储存整个过程都在烃源岩内部完成,因此页岩气藏属于"自生自储"式气藏。从赋存状态上看,页岩气介于煤层吸附气(吸附气含量在85%以上)和常规圈闭气(吸附气含量通常忽略为零)之间(姜文斌等,2011)。页岩中的天然气赋存相态构成了从典型吸附到常规游离之间的序列过渡,它将煤层气(典型吸附气成藏原理)、根缘气(活塞式气水排驱原理)和常规气(典型的置换式运聚机理)的运移、聚集和成藏过程联结在一起(张金川等,2004)。

张金川等(2004)将页岩气成藏分为了3个阶段:第一阶段是天然气在页岩中的生成、吸附与溶解逃离(图10-1①),具有与煤层气成藏大致相同的机理过程。在天然气的最初生成阶段,主要由生物作用所产生的天然气首先满足有机质和岩石颗粒表面吸附的需要,当吸附气量与溶解的逃逸气量达到饱和时,富裕的天然气则以游离相或溶解相进行运移逃散,条件适宜时可为水溶气藏的形成提供丰富气源。此时所形成的页岩气藏分布限于页岩内部且以吸附状态为主要赋存方式,总体含气量有限。第二阶段是在热裂解气大量生成过程中,由于天然气的生成作用主要来自于热化学能的转化,它将较高密度的有机母质转换成较低密度的天然气。在相对密闭的系统中,物质密度的变小导致了体积的膨胀和压力的提高,天然气的大量生成作用使原有的地层压力得到不断提高,从而产生原始的高异常地层压力。由于压力的升高作用,页岩内部沿应力集中面、岩性接触过渡面或脆性薄弱面产生裂缝,天然气聚集其中则易于形成以游离相为主的工业性页岩气藏,此时页岩气藏的形成在主体上表现为由生气膨胀力所促动的成藏过程,天然气原地或就近分布,构成了挤压造隙式的运聚成藏特征。在该阶段,游离相的天然气以裂隙聚集为主,页岩地层的平均含气量丰度达到较高水平(图10-1②)。第三阶段随着更多天然气源源不断地生成,越来越多的游离相天然气无法全部保留于页岩内部,从而产生以生烃膨胀作用为基本动力的天然气"逃逸"作用。在通常情况下,与页岩间互出现的储层主要为粉—细砂岩类,具有低孔低渗特点,它限定了天然气的运移方式为活塞式排水特点,这种气水排驱方式从页岩开始,从而在页岩边缘以活塞式推进方式产生根缘气聚集。此时的天然气聚集已经超越了页岩本身,表现为无边、底水和浮力作用发生的地层含气特点。该阶段不论是页岩地层本身还是薄互层分布的砂岩储层,均表现为普遍的饱含气性(图10-1③)。若地层中的砂岩含量逐渐增多并逐步转变为以致密砂岩为主,则页岩气藏逐渐改变为根缘气藏(图10-1②)。如果生气量继续增加,则天然气分布范围进一步扩大,直到遇常规储层或输导通道后,天然气受浮力作用而进行置换式运移,从而导致常规圈闭气藏的大范围出现(图10-1③)。

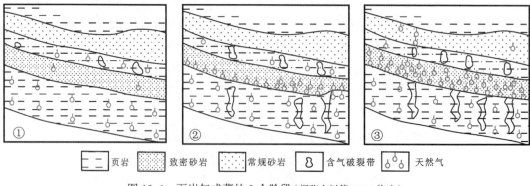

图10-1 页岩气成藏的3个阶段(据张金川等,2004修改)
①岩气成藏阶段;②根缘气成藏阶段;③常规圈闭气成藏阶段

第六节　含煤岩系高岭岩（土）矿床

我国是最早发现和使用高岭土的国家之一，资源丰富，矿床成因类型齐全（陶克等，1998；刘钦甫等，2002）。煤系高岭岩（土）是指在煤系地层中以高岭石为主要矿物成分的高岭石粘土岩，包括块状的硬质高岭岩和土状软质高岭土（袁树来等，2001）。

一、资源特点

1．高岭岩（土）的分布

我国煤系高岭岩（土）在地质时代上的分布广泛：从晚古生代至新生代的各主要煤系地层中均有含煤岩系高岭岩（土）分布，一般时代老的煤系中多产出硬质高岭岩，而时代新的多产出软质高岭土。我国煤系高岭岩（土）以晚古生代—二叠纪煤系地层中分布最广、厚度大、层位多、质量好，中、新生代煤系地层中的高岭岩（土）次之（袁树来等，2001）。

我国煤系高岭岩（土）在地理区域上分布具有明显的规律性：晚古生代石炭纪—二叠纪高岭岩（土）主要分布于华北地区范围内各聚煤盆地的煤系中，主要赋存于华北的阴山—燕山—长白山一线以南，秦岭—伏牛山—大别山—张八岭一线以北，贺兰山—六盘山一线以东，渤海-郯庐断裂带以西广大地区，包括京、津、冀、晋、鲁、豫的全部和甘、宁的东部，吉、辽的南部，陕、苏、皖的北部，内蒙古的西南部等，共包括 14 个省、市、自治区中的石炭纪—二叠纪煤系；华南石炭纪—二叠纪煤系地层中也有少量高岭岩（土）赋存；中生代煤系高岭岩（土）主要分布于华北的北部、东北北部、内蒙古、新疆一带，华南则少见；新生代煤系中多产出软质高岭土，主要分布于我国南方广东、广西、云南及西藏、台湾一带，东北及山东也有少量分布（袁树来等，2001）。

2．资源状况

根据煤炭科学研究总院和北京煤化学研究所联合提交的《煤系高岭岩（土）资源加工利用现状、存在问题及解决途径调查研究报告》（1995 年）提供的数据，我国目前已探明的煤系高岭岩（土）储量已达 $16.73 \times 10^8 t$，预计我国煤系高岭岩（土）的远景储量接近 $200 \times 10^8 t$，大大超过世界探明高岭土储量的总和（$167 \times 10^8 t$），其中质量优等、易于开采加工利用的资源约占 1/3，许多层位和矿区的煤系高岭岩（土）的质量指标和工艺技术性能超过了非煤系软质高岭土的指标。可见，中国煤系高岭岩（土）矿产资源不仅分布广、类型多、规模大、储量多，而且质量好（袁树来等，2001）。

3．矿石结构类型和矿石质量

矿石结构类型多样，硬质高岭岩可分为粗晶蠕虫状、粗晶状、细晶状、隐晶状、含砂状、碎屑状和鲕粒状等。软质高岭土包括各类木节土和砂土，矿石质量差别大。高质量矿石中高岭石含量大于 95%，其化学组成接近高岭石的理论值。Fe_2O_3 和 TiO_2 含量均低于 1%；中等质量矿石高岭石含量在 85%～95%之间，$Al_2O_3 > 30\%$，Fe_2O_3 和 TiO_2 均低于 1.5%；低等质量矿石中高岭石低于 85%，Fe_2O_3 在 1.5%～3.5% 之间，TiO_2 在 1.5%～2.0%之间（刘钦甫等，2002）。

二、矿床成因类型

自沈永和（1957）在内蒙古大青山石炭纪煤系中发现高岭岩（土）以来，我国不少工作者对其进行了矿物学、岩石学和地球化学的研究工作,提出了不同的成因机理和模式(陈杨杰,1988;周淑文和冯诗庆,1992)。归纳起来主要有以下几种:①火山灰蚀变成因,由沉降在沼泽盆地中的火山灰蚀变而来;②陆源搬运沉积成因,主要由源区风化形成的高岭石物质,经流水搬运至湖泊或沼泽盆地沉积形成;③胶体化学沉淀成因:由硅铝胶体物质直接结晶形成;④生物地球化学成因:沉积在盆地中的铝硅酸盐矿物在微生物和有机酸的淋滤作用下形成硅铝质胶体,然后发生迁移富集,结晶转化成高岭石(刘钦甫等,2002)。综合前人研究成果,刘钦甫等(2002)提出了煤系高岭岩(土)矿床的分类方案(表10-7),该分类比较全面而客观地反映了我国煤系高岭岩(土)的资源状况。

表10-7 中国煤系高岭岩(土)的成因类型(据刘钦甫等,2002)

成因类型	形成机理	主要特征
胶体凝聚型	由母岩风化所形成的胶体,在湖沼的酸性环境下凝聚而沉淀,高岭石由雏晶向微晶、粗晶转化	颜色为灰黑,矿石成分极纯,高岭石占绝对优势(95%以上),矿石从隐晶型至蠕虫状高岭石都可见到,宏观上有时可见由于沼泽水体周期性变化而形成的韵律性层理;化学成分表现为SiO_2含量偏低,Al_2O_3含量偏高(40%以上);可呈夹层或夹矸形式出现,分布稳定,厚度不大(一般数厘米至数十厘米)。如山西大同、内蒙古大青山、陕西神木
火山物质蚀变型	由火山喷发而降落下来或由陆地搬运来的火山物质,在泥炭沼泽的酸性介质条件下蚀变为高岭石,在碱性条件下则形成蒙脱石	以煤系夹矸形式出现,厚度较小(数厘米至数十厘米),横向分布稳定,高岭石含量一般为85%~90%或更高,一般有机质含量高,高岭石含量也高,而有机质含量少,蒙脱石、火山灰、伊利石含量增加;化学成分SiO_2含量偏高,Al_2O_3含量偏低,基性火山灰蚀变而来的高岭岩TiO_2含量偏高。如分布在云、贵、川$50×10^4 km^2$内的二叠纪煤系煤层夹矸和大同石炭纪黑砂石
碎屑沉积型	母岩风化形成的高岭石碎屑,被流水搬运到湖沼盆地中沉积下来	以紧密堆积的高岭石小碎片和碎屑为特征,其含量超过90%,可见到定向排列的石英碎屑和绿泥石或菱铁矿;厚度大,最厚可达10余米,常形成煤层底板或与煤不相邻而单独成层;作为矿床其规模一般巨大;Al_2O_3/SiO_2比值较高,一般接近高岭石矿物理论值。如淮南B层高岭岩
表生风化型	在表生带、煤层及其顶底板(页岩、泥岩)遭受分解,在风化煤附近形成软质高岭岩、即木节土	矿石成分以高岭石为主,但常含有白云母、伊利石和一水软铝石等,常见高岭石充填于植物细胞腔中,形成保存完好的管状高岭石;化学成分特征是Al_2O_3含量高,达40%左右,TiO_2含量一般在1%左右,有机质含量可高达15%以上,Fe_2O_3含量一般在0.5%~1%。如山西平朔上石炭统太原组木节土

三、煤系高岭岩(土)的综合利用

煤系高岭土具有良好的分散性、耐火度、电绝缘性、化学稳定性,以及煅烧土质地纯净、耐磨性好、白度高等优异的物理化学性质,广泛用于各个领域:①日用陶瓷、建筑卫生陶瓷、电瓷、搪瓷、光学玻璃的基本原料;②建筑涂料、造纸、橡胶、油漆、肥皂及塑料工业的涂料和填料;③化肥、农药、杀虫剂等的载体;④医药、炼油、玻璃纤维、纺织品的填料,吸水剂,漂白剂;⑤用于化工、石油、冶炼等工业部门制造分子筛的原料,耐火材料与水泥的原料;⑥工业陶瓷及特种陶瓷如切削工具、钻头、耐腐蚀器皿等的原料;⑦国防工业中利用优质高岭土作原子反应堆、喷气式飞机和火箭燃烧室的陶瓷高温涂料等。此外,高岭土在电子元件、香料、化妆品、铅笔等制造工业中也有广泛的用途(杜振宝等,2010)。

第七节 铝土矿

铝土矿是指能被工业上利用,以三水铝石、一水软铝石或一水硬铝石为主要矿物所组成的矿石统称,其中 Al_2O_3 含量通常在 40%~80%,常呈土状、半土状、豆鲕状、碎屑状、致密状产出。铝土矿是炼金属铝最主要的矿石,此外,其也被广泛用在制造高铝水泥、耐火材料、磨料磨具、陶瓷及化工、医药等工业领域(周汝国,2005;蔡贤德,2011)。

一、铝土矿的含矿层位与时代

煤与铝土矿常共伴生出现,煤主要出现于含铝岩系上部(王庆飞等,2012)。刘长龄和王双彬(1990)将我国铝土矿划分为 9 个成矿时代、11 个含矿层位(不包括前寒武系),绝大部分产于石炭系—二叠系内(表 10-8)。

表 10-8 我国铝土矿的成矿时代及含矿层位(据刘长龄、王双彬,1990)

成矿时代	含矿层位(代表层位)	占总储量的百分比/%		在储量中的位置		主要分布地区	矿床类型
		铝土矿	高铝粘土	铝土矿	高铝粘土		
第四纪	全新统	9.64		4		广西、云南	堆积红土(Ⅲ组)
	更新统					海南、广东	
新近纪	佛潭群	1.11		7		华南	
白垩纪		0.00				西南	沉积(Ⅱ组)
侏罗纪	延安群	0.00		10		西北	
三叠纪	安源群	0.02	0.08	9	3	江西	
	中窝组	0.03		8		云南	
二叠纪	龙潭组上石盒子组	13.7		3	2	四川、云南、辽宁、山东	
	梁山组下石盒子组	3.1		5		广西、云南、辽宁、山东	
石炭纪	太原组	2.3		6		陕西、河南	
	本溪组	52.22	89.2	1	1	华北地台	
	大塘组	17.9		2		贵州、四川	
元古宙	中元古界			4		华北	变质(Ⅰ组)
	古元古界						
太古宙	太古界					华北、中南	

二、成矿区带

刘长龄和王双彬（1990）将我国铝土矿划分出 11 个成矿区带：①康滇成矿区，主要为扬子地块西缘云南、四川、陕西及甘肃南部的二叠纪铝土矿成矿区，该成矿区的铝土矿质量不好，规模也不大；②黔鄂成矿区，主要为黔中北、川东南及鄂西地区的下石炭统铝土矿，其规模大、质量好，储量也较大；③华北成矿区，是我国最主要的铝土矿成矿区，主要是石炭纪铝土矿；④塔里木成矿区，主要是新疆乌什北山的石炭纪铝土矿，规模小、变化大；⑤湘黔成矿区，主要为黔东与湘西成矿区下二叠统铝土矿，矿床规模不大，质量不高，工业价值小；⑥滇桂成矿区，主要由华夏地块上的上二叠统铝土矿及其第四系堆积型铝土矿组成，是我国重要成矿区之一，有较大的经济价值；⑦闽南成矿区，华夏地块的闽南地区分布有少量上二叠统的铝土矿、高铝粘土，规模小，质量变化大，工业价值小；⑧赣中成矿区，在华夏地块的江西高安一带，赋存于上三叠统的安源群，规模小，质量差；⑨滇西成矿区，为中生代残积型铝土矿，规模小，成分变化大，工业价值低；⑩东南沿海成矿带，为新生代红土型铝土矿，是在湿热条件下形成的；⑪桂中成矿区，是广西贵县一带的砂页岩及碳酸盐岩经红土化或砖红壤化的产物，其胶体成矿作用较强（豆鲕构造发育），其次是游离 SiO_2（石英）较多，受潮湿气候强烈影响，另外矿床规模很大，构成我国第四纪红土型铝土矿的找矿新方向（图 10-2）。

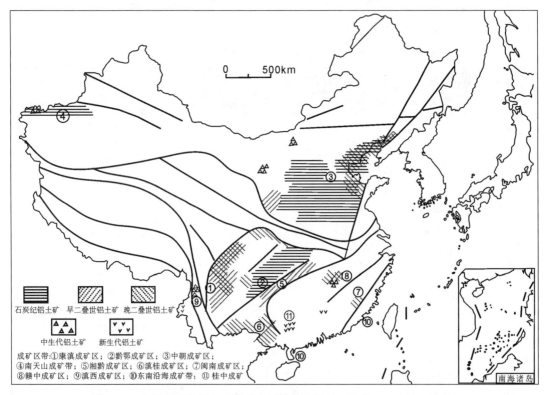

图 10-2　中国各时代铝土矿及成矿区带分布图（据刘长龄、王双彬，1990 修改）

三、铝土矿矿床分类

中国铝土矿矿床主要有红土型铝土矿矿床、堆积型铝土矿矿床和沉积型铝土矿矿床（蔡贤德，2011）。

红土型铝土矿。在湿热气候及稳定构造地质条件下,由铝硅酸盐或碳酸盐岩石风化的残积产物称"红土",进一步铝土矿化,则形成红土型铝土矿,在海南、广东雷州半岛、福建漳浦和金门、台湾、云南及广西等地广为分布,主要为新生代玄武岩风化壳型铝土矿,次为安山岩及古生代砂页岩与碳酸盐岩的风化产物(刘长龄,1987)。

堆积型铝土矿。主要分布于我国的桂西南和滇东南,为统一的铝土矿成矿区。由于次生岩溶作用使原生沉积铝土矿(岩溶型)矿层破碎以至风化淋滤而形成堆积型铝土矿。这种铝土矿床具有较多优点,规模大,质量高,伴生 Ga 等稀散元素,全部露天开采,一般不需爆破,洗选性能好,水文条件优良(刘长龄,1987)。

沉积型铝土矿。我国大多数铝土矿床属于此大类,其形成经历了 3 个阶段:①为陆生阶段,是含铝母岩在大气条件下由风化作用形成含有铝土矿矿物、粘土矿物、氧化铁矿物等的残积、坡积富铝风化壳物质,例如钙红土层、红土层或红土铝土矿,此阶段为在大气条件下的原地残积、堆积或异地堆积阶段;②为富铝钙红土层、红土层或红土铝土矿为海水(或湖水)浸没阶段,经过一段时期的成岩后生作用演变改造后形成原始铝土矿层并被后期沉积岩层所覆盖;③为表生富集阶段,是原始铝土矿层随地壳抬升至地表后由于地表水或地下水的后期改造作用,使硅质、铁质淋失,铝质富集,形成品位更富的铝土矿矿床(蔡贤德,2011)。

图版 I

1. 木煤

2. 木质镜煤

3. 结构镜煤

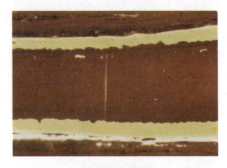

4. 无结构镜煤

5. 凝胶化基质

6. 凝胶化浑圆体

7. 丝炭

8. 木质镜煤丝炭

图版 II

1. 丝炭化基质

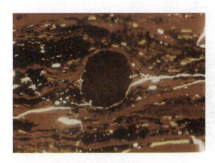

2. 丝炭化浑圆体

3. 大孢子体

4. 小孢子体

5. 角质体

6. 木栓体

7. 树脂体

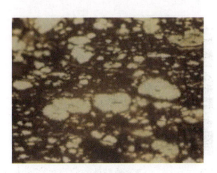

8. 藻类体

图版 Ⅲ

1. 结构镜质体、团块镜质体

2. 均质镜质体、基质镜质体

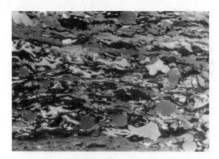

3. 碎屑镜质体、团块镜质体

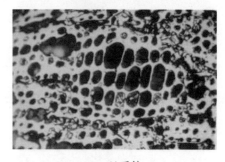

4. 丝质体

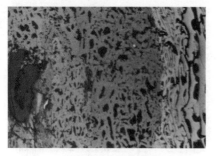

5. 半丝质体

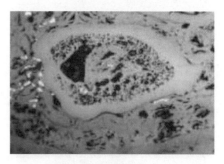

6. 菌类体

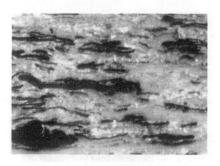

7. 微粒体

8. 碎屑惰质体

图版 IV

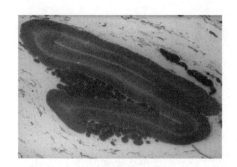
1. 大孢子体

2. 大孢子体

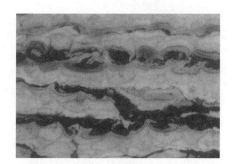
3. 木栓质体

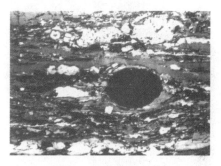
4. 树脂体

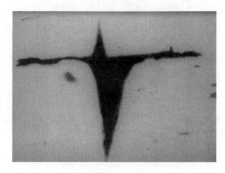
5. 渗出沥青体

6. 藻类体

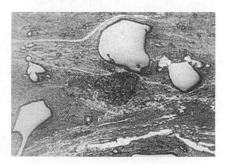
7. 粘土矿物、石英

8. 黄铁矿

图版 V

1. 木质状结构

2. 木质状结构

3. 中细条带

4. 透镜状和线理状结构

5. 透镜状结构（1）和线理状结构（2）

6. 纤维状结构

7. 宽的镜煤条带

8. 宽条带

图版 Ⅵ

1. 粒状结构

2. 叶片状结构

3. 层状构造（斜层理）

4. 块状构造（显示贝壳状断口）

主要参考文献

阿莫索夫,叶廖明.矿产专辑第 3 辑煤岩学 [M].孙达三,等,译.北京:地质出版社,1956.
蔡贤德.贵州省凯里地区铝土矿矿床地球化学特征及矿床成因探讨 [D].昆明:昆明理工大学.2011.
曹代勇,王佟,王丹,等.煤炭地质学——涵义与发展趋势 [J].煤炭学报,2010, 35（5）: 765-769.
曹代勇,孙红波,孙军飞.青海东北部木里煤田控煤构造样式与找煤预测 [J].地质通报,2010,29（11）: 1696-1703.
曹代勇,张守仁,穆宣社,等.中国含煤岩系构造变形控制因素探讨 [J].中国矿业大学学报,1999,01: 32-35.
曾佐勋,樊光明.构造地质学（第三版）[M].武汉:中国地质大学出版社,2008.
陈启林,周洪瑞,李相博.蒙甘青地区早白垩世原型盆地特征及其对烃源岩分布的控制 [J].球科学进展,2005, 20（6）:656-663.
陈林.测井曲线在陕北子长矿区煤岩层对比中的应用 [J].西部探矿工程,2013（04）:122-127.
陈善庆.鄂、湘、粤、桂二叠纪构造煤特征及其成因分析 [J].煤炭学报,1989,14（4）:1-9.
陈德玉,蓝芳友,刘高魁,等.沉积岩有机质的红外光谱及其在石油有机地球化学中的初步应用 [J].地球化学,1977, 6: 262-275.
陈碧辉,李巨初.无机成因油气及其发展前景 [J].矿物岩石地球化学通报,2002, 21（4）: 282-285.
陈会军.油页岩资源潜力评价与开发优选方法研究 [D].长春:吉林大学,2010.
陈亚飞,涂华,陈文敏,等.煤的真相对密度的计算 [J].煤质技术,2003, 4: 51-53.
陈杨杰.煤系地层中高岭石矿床的主要成因类型及特征 [J].西安矿业学院院报,1988, 8（2）: 21-29.
程守田,黄炎球.加强含煤岩系伴生矿产资源的综合研究——煤田地质工作拓宽领域之一 [J].中国煤田地质,1994,6（2）:35-39.
巢清尘,陈文颖.碳捕获和存储技术综述及对我国的影响 [J].地球科学进展,2006, 21（3）:291-298.
池秋鄂,徐怀大.从陆相层序地层学模式探讨松辽盆地深部找油 [J].勘探家,1997,04:6-7,35-38.
戴金星,戚厚发.我国煤成烃气的 $\delta^{13}C-R_o$ 关系 [J].科学通报,1989, 9:690-692.
戴金星,戚厚发,王少昌,等.我国煤系的气油地球化学特征,煤成气藏形成条件及资源评价 [M].北京:石油工业出版社,2001.
戴金星,石昕,卫延召.无机成因油气论和无机成因的气田（藏）概略 [J].石油学报,2001, 22（6）: 5-10.
代世峰.煤中伴生元素的地质地球化学习性与富集模式 [D].北京:中国矿业大学,2002.
代世峰,任德贻,唐跃刚.煤中常量元素的赋存特征与研究意义 [J].煤田地质与勘探,2005,33（2）: 1-5.
窦永昌,岳海东.与煤伴生（共生）可燃有机矿产的开发利用 [J].矿产综合利用,2007, 2: 31-33.
杜振宝,路迈西,丁靖洋.煤系高岭土资源开发利用现状 [J].煤炭加工与综合利用,2010, 2: 47-49.
杜刚,汤达祯,武文,等.内蒙古胜利煤田共生锗矿的成因地球化学初探 [J].现代地质,2003, 17（4）: 453-458.

杜远生,童金南.古生物地史学概论[M].武汉:中国地质大学出版社,1998.
傅家谟,秦匡宗.干酪根地球化学[M].广州:广东科技出版社,1995.
傅家谟,刘德汉,盛国英.煤成烃地球化学[M].北京:科学出版社,1990.
傅雪海,秦勇,韦重韬.煤层气地质学[M].徐州:中国矿业大学出版社,2007.
高桂梅,苏克,王文颖,等.吉林省油页岩中铂族元素的化学特征及分配规律研究[J].吉林大学学报(地球科学版),2006,36(6):974.
高卫东,姜巍.中国煤炭资源供应格局演变及流动路径分析[J].地域研究与开发,2012,31(2):9-14.
格列契什尼科夫,Н.П.煤岩学[M].北京地质学院煤田教研室,译.北京:地质出版社,1959.
关德师,牛嘉玉,郭丽娜,等.中国非常规油气地质[M].北京:石油工业出版社,1995.
韩德馨.中国煤岩学[M].徐州:中国矿业大学出版社,1996.
韩吟文,马振东.地球化学[M].北京:地质出版社,2004.
何仲秋.福建晚古生代聚煤构造特征及其演化[J].中国煤田地质,2003,01:8-11.
侯世宁,程建远,朱英丽.深部煤炭资源地质勘查中几个问题的思考[J].中国煤质,2010,02:10-13.
黄敏.吾祠煤矿地质构造特征及其对煤系地层的影响[J].价值工程,2014,318(03):318-320.
胡瑞忠,毕献武,叶造军,等.临沧锗矿成因初探[J].矿物学报,1996,16(2):97-102.
胡瑞忠,苏文超,戚华文,等.锗的地球化学、赋存状态和成矿作用[J].矿物岩石地球化学通报,2000,19(4):215-217.
黄发政.昆明盆地的构造格架及第四纪聚煤沉积演化[J].煤田地质与勘探,1984(06):1-9.
贾承造,李本亮,张兴阳,等.中国海相盆地的形成与演化[J].科学通报,2007,52(1):128.
姜文斌,陈永进,李敏.页岩气成藏特征研究[J].复杂油气藏,2011,4(3):1-5.
金士蒲格,等.煤的成因类型与煤岩学研究[M].谢光荣,朱夏,译.北京:科学出版社,1955.
琚宜文,姜波,侯泉林,等.构造煤结构—成因新分类及其地质意义[J].煤炭学报,2005,29(5):513-517.
李学永,陶树,胡国利.中国油页岩成矿特征分析[J].洁净煤技术,2009,15(6):68-70.
李增学,李守春,魏久传.事件性海侵与煤聚积规律——鲁西晚石炭世富煤单元的形成[J].岩相古地理,1995,(1):1-9.
李增学,魏久传,韩美莲.海侵事件成煤作用——一种新的聚煤模式[J].地球科学进展,2001(1):120-124.
李增学,余继峰,郭建斌.华北陆表海盆地海侵事件聚煤作用研究[J].煤田地质与勘探,2002(5):1-5.
李增学,余继峰,郭建斌,等.陆表海盆地海侵事件成煤作用机制分析[J].沉积学报,2003(2):288-296,306.
李增学,曹忠祥,王明镇,等.济阳坳陷石炭二叠系埋藏条件及煤型气源岩分布特征[J].煤田地质与勘探,2004(04):4-6.
李增学,魏久传,李守春,等.黄县早第三纪断陷盆地充填特征及层序划分[J].岩相古地理,1998(04):1-8.
李增学,魏久传,刘莹.煤地质学[M].北京:地质出版社,2005.
李增学,王明镇,郭建斌,等.成煤作用与煤岩生气特点分析[J].山东科技大学学报(自然科学版),2005(03):1-4.
李恒,曹代勇,姚征,等.鸡西盆地构造特征及控煤构造分析[J].中国煤炭地质,2012,24(4):10-13,23.
李焕同.华南赋煤区煤系构造变形特征及其构造演化[D].北京:中国矿业大学,2014.
李建华.测井曲线在山西某勘查区煤岩层对比中的应用[J].勘察科学技术,2015(01):55-58.
李四光.旋卷构造及其它有关中国西北部大地构造体系复合问题[J].地质学报,1954,34(4):340-410.
李思田.沉积盆地分析中的沉积体系研究[J].矿物岩石地球化学通讯,1988(02):90-92.
李思田.层序地层分析与海平面变化研究——进展与争论[J].地质科技情报,1992,11(4):23-30.

李思田. 断陷盆地分析与煤聚积规律 [M]. 北京:地质出版社, 1988.
李星学, 姚兆奇. 中国南部二叠纪含煤地层 [J]. 地层学杂志, 1980, 4(4): 241-255.
梁万林, 魏文金, 陈忠恕, 等. 四川省赋煤构造单元划分及构造控煤作用分析 [J]. 中国煤炭地质, 2013, 25 (6): 1-5, 15.
廖家隆, 孟运平, 汤楷. 徐沛煤田控煤构造特征及成因分析 [J]. 中国煤炭地质, 2012, 24 (2): 1-5.
林亮, 曹代勇, 彭正奇, 等. 湘东北地区煤田构造格局与控煤构造样式 [J]. 中国煤炭地质, 2008, 20 (10): 47-49.
林中月, 曹代勇, 王海生, 等. 山西省控煤构造作用研究 [C]. 第三届全国矿田构造与地质找矿理论方法研讨会论文集, 2010: 1.
刘东辉. 闽西南地区煤层变形影响因素分析 [J]. 中国煤炭地质, 2008, 20 (7): 10-15.
刘和甫. 沉积盆地球动力学分类及构造样式分析 [J]. 地球科学: 中国地质大学学报, 1993, 18 (6): 699-724.
刘桂建, 王桂梁, 张威. 煤中微量元素的环境地球化学研究——以兖州矿物为例 [M]. 徐州: 中国矿业大学出版社, 1999.
刘桂建, 彭子成, 杨萍玥, 等. 煤中微量元素富集的主要因素分析 [J]. 煤田地质与勘探, 2001, 29 (4):1-4.
刘旭华. 湖南省龙江矿区测水组煤层对比特征浅析 [J]. 西部探矿工程, 2013 (05): 148-150.
刘伯谦. 油页岩在国家能源结构中的地位 [J]. 中国能源, 1999, 2: 19-21.
刘长龄, 王双彬. 我国铝土矿的含矿层位、成矿区带及其形成机理 [J]. 地质与勘探, 1990, 5: 18-25.
刘长龄. 中国铝土矿的成因类型 [J]. 中国科学 (B辑), 1987, 5: 535-544.
刘光鼎. 中国油气资源的二次创业 [J]. 地球物理学进展, 2001, 16(4): 123.
刘洪林, 张建博, 王红岩. 中国煤层气形成的地质条件 [J]. 天然气工业, 2004, 24 (2): 5-7.
刘洪林, 赵国良, 门相勇, 等. 煤层气的富集成藏类型初探 [J]. 辽宁工程技术大学学报, 2005, 24 (2): 165-168.
刘俊杰. 王营井田地下水与煤层气赋存运移的关系 [J]. 煤炭学报, 1998, 23 (3): 225-230.
刘钦甫, 杨晓杰, 张鹏飞, 等. 中国煤系高岭岩 (土) 资源成矿机理与开发利用 [J]. 矿物学报, 2002, 22 (4): 359-364.
刘招君, 董清水, 叶松青, 等. 中国油页岩资源现状 [J]. 吉林大学学报 (地球科学版), 2006, 36 (6): 869-876.
刘招君, 柳蓉. 中国油页岩特征及开发利用前景分析 [J]. 地学前缘, 2005, 12 (3): 315-323.
刘招君, 杨虎林, 董清水, 等. 中国油页岩 [M]. 北京: 石油工业出版社, 2009.
刘震, 陈利民, 李虹. 论层序地层学对地震地层学领域的发展 [J]. 石油大学学报 (自然科学版), 1992, 06:15-18.
柳蓉, 刘招君. 国内外油页岩资源现状及综合开发潜力分析 [J]. 吉林大学学报 (地球科学版), 2006. 36 (6): 892-898.
柳蓉. 东北地区东部新生代断陷盆地油页岩特征及成矿机制研究 [D]. 沈阳: 东北大学. 2007.
陆春元. 煤田地质 [M]. 北京: 煤炭工业出版社, 1987.
卢家烂, 庄汉平, 傅家谟, 等. 临沧超大型锗矿床的沉积环境、成岩过程和热液作用与锗的富集 [J]. 地球化学, 2000, 29 (1): 36-42.
罗昌图. 鄂尔多斯盆地东部石炭二叠纪煤系煤化作用特征及其影响因素 [J]. 煤田地质与勘探, 1988, 4: 22-28.
毛节华, 许惠龙. 中国煤炭资源预测与评价 [M]. 北京:科学出版社, 1999.
孟庆山. 阜新盆地王营矿气藏成因分析 [J]. 中国煤田地质, 2003, 15 (6): 24-26.
孟辉, 马守君, 张思华, 等. 岱庄煤矿近距离煤层微量元素赋存特征研究 [J]. 河南理工大学学报 (自然科学版), 2012 (01): 44-47.

梅博文,刘希江.我国原油中异戊间二烯烃的分布及其与地质环境的关系 [J].石油与天然气地质. 1980,1(2):99-115.

宁树正.中国赋煤构造单元与控煤特征 [D].北京:中国矿业大学,2012.

钱凯,赵庆波,汪泽成.煤层甲烷气勘探开发理论与实验测试技术 [M].北京:石油工业出版社,1996.

戚华文,胡瑞忠,苏文超,等.陆相热水沉积成因硅质岩与超大型锗矿床的成因 [J].中国科学(D辑), 2003,33(3):236-246.

秦胜利.内蒙古胜利煤田锗矿床赋存规律及找矿方向 [J].中国煤田地质,2001,13(3):18-19.

秦宏,姜秀民,孙键,等.中国油页岩的能源利用 [J].节能技术,1997,12:17-19.

秦勇.中国煤层气地质研究进展与述评 [J].高校地质学报,2003,9(3):339-258.

翟润田.锗在煤中分布的某些规律和聚集途径 [J].贵州工学院学报,1963(00):49-60.

热姆丘日尼柯夫 Ю.А.,金兹堡 А.И..煤岩学原理 [M].陈钟惠,李濂清译.北京:科学出版社,1965.

任德贻,赵峰华,张军营,等.煤中有害微量元素富集的成因类型初探 [J].地学前缘,1999,6:17-22.

任德贻,赵峰华,代世峰,等.煤的微量元素地球化学 [M]:北京:科学出版社,2006.

任文忠.煤盆地分析原理和方法 [M].北京:煤炭工业出版社,1993.

桑树勋,秦勇,姜波,等.淮南地区煤层气地质研究与勘探开发潜势 [J].天然气工业,2001,21(5):19-22.

沈建林,孙文礼,徐冰.甘肃省榆中盆地沉积-构造特征及找煤方向 [J].中国煤炭地质,2014,26(10): 17-21.

斯塔赫 E.斯塔赫煤岩学教程 [M].杨起,等,译.北京:煤炭工业出版社,1990.

邵龙义,张鹏飞,刘钦甫,等.湘中下石炭统测水组沉积层序及幕式聚煤作用 [J].地质论评,1992(1): 52-59.

邵伟民,蔡坤,韩磊,等.中国页岩气研究进展 [J].天然气技术与经济,2012,6(2):3-7.

邵龙义,肖正辉,何志平.晋东南沁水盆地石炭——二叠纪煤岩系古地理及聚煤作用研究 [J].古地理学报,2006,8(1):43-52.

邵震杰,任文忠,陈家良.煤田地质学 [M].北京:煤炭工业出版社,1993.

沈永和.论高岭岩—水成岩的一个新种 [J].地质评论,1957,17(12):152.

宋岩,张新民.煤层气成藏机制及经济开采理论基础 [M].北京:科学出版社,2005.

孙大鹏.论油母页岩的性质及其与石油间的成因联系 [J].地质评论,1984,22(4):276-288.

孙平.煤层气成藏条件与成藏过程分析 [D].成都:成都理工大学.2007.

孙岩,沈修志,刘寿和.断裂构造的动力薄壳研究 [J].吉林大学学报(地球科学版),1982(2):75-84.

孙中诚,王徽枢.煤地球化学 [M].北京:煤炭工业出版社,1996.

孙宝民.岩石煅烧实验在煤层对比中的应用 [J].中国煤田地质,1994(03):45-48.

孙平.煤田地质与勘探 [M].煤炭工业出版社,1996.

索书田.构造解析 [M].北京:武汉地质学院出版社,1985.

唐修义,黄文辉.煤中微量元素及其研究意义 [J].中国煤田地质,2002,14:1-4.

唐修义,黄文辉.中国煤中微量元素 [M].北京:商务印书馆,2004.

陶克,刘进荣,崔秀兰,等.我国高岭土发展现状及我区煤系高岭土开发应用 [J].内蒙古大学学报(自然科学版),1998,29(3):366-372.

陶长晖,徐榜荣.煤田普查与勘探 [M].徐州:中国矿业大学出版社,1988.

田景瑞.论不协调褶曲及其对煤层形变的影响 [J].煤田地质与勘探,1976,2:3.

汪本善.我国某些煤中锗的成矿条件 [J].地质科学,1963,4:198-207.

王庆飞,邓军,刘学飞,等.铝土矿地质与成因研究进展 [J].地质与勘探,2012,48(3):430-448.

王文颖,苏克,高桂梅,等.吉林省油页岩中铂族元素的化学特征及分配规律研究 [J].吉林大学学报(地球科学版),2006,36(6):969-973.

王祥,刘玉华,张敏,等.页岩气形成条件及成藏影响因素研究 [J].天然气地球科学,2010,21(4):

350-356.

王兰明. 内蒙古锡林郭勒盟乌兰图嘎锗矿地质特征及勘查工作简介 [J]. 内蒙古地质, 1999, 3: 15-21.
王华, 肖军, 崔宝琛, 等. 露头层序地层学研究方法综述 [J]. 地质科技情报, 2002, 04: 15-22.
王涵云, 杨天宇. 原油热解成气模拟实验 [J]. 天然气工业, 1982, 2 (3): 25-32.
王启军, 陈建渝. 油气地球化学 [M]. 武汉: 中国地质大学出版社, 1988.
王铁冠. 生物标志物地球化学研究 [M]. 武汉: 中国地质大学出版社, 1990.
王炳山, 王西恩. 鲁西伸展构造特征及其对煤矿生产的影响 [J]. 煤田地质与勘探, 2000, 28 (3): 20-24.
王大曾. 瓦斯地质 [M]. 北京: 煤炭工业出版社, 1992.
王恩营, 刘明举, 魏建平. 构造煤成因-结构-构造分类新方案 [J]. 煤炭学报, 2009, 34 (5): 656-660.
王定武, 王运泉. 煤田地质与勘探方法 [M]. 徐州: 中国矿业大学出版社, 1995.
王松杰. 二、三维地震勘探方法在新疆奥塔北井田的应用 [J]. 中国煤炭地质, 2015 (02): 52-56.
王义海, 朱炎铭, 蔡图, 等. 金海洋矿区太原组沉积环境及煤层对比研究 [J]. 煤炭科学技术, 2013 (04): 109-113.
王桂梁, 刘登桃, 姜波, 等. 福建天湖山区推滑叠加型滑脱构造模式 [J]. 中国科学 (B 辑 化学 生命科学 地学), 1995, 01: 85-92.
王行信, 辛国强. 松辽盆地白垩系粘土矿物的纵向演变与有机变质作用的关系 [J]. 石油勘探与开发, 1980 (02): 12-20.
王泽轩, 赵明坤, 尹世才. 通许找煤区构造特征及控煤构造样式浅析 [J]. 中国煤炭地质, 2009, 21 (12): 30-33.
王小川. 黔西川南滇东晚二叠世含煤地层沉积环境与聚煤规律 [M]. 重庆: 重庆大学出版社, 1996.
王永炜. 中国煤炭资源分布现状和远景预测 [J]. 煤, 2007, 16 (5): 44-45.
文德修. 几种煤层对比方法在水箐勘查区中的应用 [J]. 西部探矿工程, 2013 (09): 153-156.
武汉地质学院煤田教研室. 煤田地质学 (上册) [M]. 北京: 地质出版社, 1979.
武汉地质学院煤田教研室. 煤田地质学 (下册) [M]. 北京: 地质出版社, 1981.
许福美. 翠屏山煤矿地质构造对煤层厚度影响的研究 [J]. 龙岩学院学报, 2014, 32 (5): 43-47.
胥哲, 张艳秋. 我国煤炭资源勘查新进展与发展方向 [J]. 科技创新导报, 2013 (01): 33-34.
徐锭明. 积极推进我国替代能源发展 [J]. 能源政策研究, 2006, 1: 5-7.
徐永昌. 天然气成因理论及应用 [M]. 北京: 科学出版社, 1994.
徐立. 浅析大同煤田西南部地区的煤层对比 [J]. 科学之友, 2013 (07): 130-131.
徐水师, 王佟, 孙升林, 等. 中国煤炭资源综合勘查技术新体系架构 [J]. 中国煤炭地质, 2009 (06): 1-5.
肖建新. 我国煤地质学当前和今后一段时期的若干热点问题 [J]. 中国煤田地质, 1998, 10 (4): 24-28.
杨起, 韩德馨. 中国煤田地质学 (上册) [M]. 北京: 煤炭工业出版社, 1979.
杨起, 韩德馨. 中国煤田地质学 (下册) [M]. 北京: 煤炭工业出版社, 1980.
杨起. 中国煤变质作用 [M]. 北京: 煤炭工业出版社, 1986.
扬起. 煤地质学进展 [M]. 北京: 科学出版社, 1987.
杨雄庭, 尹华章. 湘中隔挡式褶皱与找煤预测 [J]. 中国煤田地质, 1997, 01: 14-16.
叶建平, 武强, 叶贵钧, 等. 沁水盆地南部煤层气成藏动力学机制研究 [J]. 地质评论, 2002, 48 (3): 321-323.
袁国泰, 黄凯芬. 试论煤系共伴生矿产资源的分类及其他 [J]. 中国煤田地质, 1998, 10 (1): 21-23.
袁树来, 郑水林, 潘业才. 中国煤系高岭岩 (土) 及加工利用 [M]. 北京: 中国建材工业出版社, 2001.
袁政文. 煤层气藏类型及富集高产因素 [J]. 断块油气田, 1997, 4 (2): 9-12.
赵峰华. 煤中有害微量元素分布赋存机制及燃煤产物淋滤实验研究 [M]. 徐州: 中国矿业大学出版社, 1997.
张海龙. 东北北部区油页岩资源评价及评价方法研究 [D]. 长春: 吉林大学, 2008.
张金川, 姜生玲, 唐玄, 等. 我国页岩气富集类型及资源特点 [J]. 天然气工业, 2009, 29 (12): 109-114.

张金川,金之钧,袁明生. 页岩气成藏机理和分布 [J]. 天然气工业, 2004, 24 (7): 15-18.

张金川,聂海宽,徐波,等. 四川盆地页岩气成藏地质条件 [J]. 天然气工业, 2008, 28 (2): 151-156.

张金川,薛会,张德明,等. 页岩气及其成藏机理 [J]. 现代地质, 2003, 17 (4): 466.

张景瑞,苗永昌. 油页岩的性质及相应对策 [J]. 甘肃科技, 2001, 4 (9): 7-8.

张新民,张遂安,钟玲文,等. 中国煤层甲烷 [M]. 西安: 陕西科学技术出版社, 1991.

张泓,王绳祖,彭格林,等. 淮南煤田煤层气成藏动力学系统的机制与地质模型研究 [J]. 煤田地质与勘探, 2005, 33 (4): 29-34.

张鹏飞,邵龙义,曹代勇,等. 发展中的中国煤田地质学 [J]. 煤田地质与勘探, 2003, 31 (6): 1-5.

张文佑,边千韬. 地质构造控矿的地球化学机制 [J]. 矿物岩石地球化学通讯, 1984 (01): 9-10.

中国科学院地球化学研究所. 有机地球化学 [M]. 北京: 科学出版社, 1982.

中国矿业学院,北京煤矿学校. 煤田地质普查勘探手册 [M]. 北京: 煤炭工业出版社, 1982.

赵隆业,陈基娘,王天顺. 中国油页岩物质成分及工业成因类型 [M]. 武汉: 中国地质大学出版社, 1990.

赵庆波,李五忠,孙粉锦. 中国煤层气分布特征及富集高产因素 [J]. 石油学报, 1997, 18 (4): 1-6.

章明,顾雪祥,付绍洪,等. 锗的地球化学性质与锗矿床 [J]. 矿物岩石地球化学通报, 2003, 22 (1): 82-87.

赵红亮. 当前煤炭资源勘查中尚需解决的关键问题研究 [J]. 山东工业技术, 2013, 15: 110-162.

赵亚曾,黄汲清. 秦岭山及四川之地质研究 [J]. 地质专报, 甲种, 1931 (9): 1-313.

肇永辉. 我国油页岩的主要性质及利用 [J]. 沈阳化工, 2000, 29 (1): 37-39.

邹常玺,张培础. 煤田地质学 [M]. 北京: 煤炭工业出版社, 1989.

郑庆福. 永定县东中煤矿构造特征及其控煤作用 [J]. 能源与环境, 2013, 23 (4): 23-26.

郑能瑞. 锗的应用与市场分析 [J]. 广东微量元素科学, 1998, 5 (2): 12-18.

周汝国. 世界铝土矿资源 [J]. 中国金属通报, 2005 (25): 29-31.

周淑文,冯诗庆. 煤系地层中高岭岩(土)的开发利用 [J]. 硅酸盐通报, 1992, 2: 48-53.

朱雪莉. 煤中锗的成矿地质条件及分布规律 [J]. 科技情报开发与经济, 2009, 19 (32): 153-154.

Palmer I D, Metcalfe R S, Yee D. 煤层甲烷储层评价及生产技术: 美国煤层甲烷研究进展 [M]. 秦勇, 曾勇, 译. 徐州: 中国矿业大学出版社, 1996.

Rahmani R A, Flores R M, 煤和含煤地层沉积 [M]. 李濂清, 等, 译. 北京: 地质出版社, 1988.

Anderson J A R. The structure and development of the peat swamps of Sarawak and Brunei [J]. Trop. Geogr, 1964, 18: 7-16.

Anderson J A R, Muller J. Palynological study of a Holocene peat and a Miocene coal deposit from NW Borneo [J]. Rev. Palaeobot. Palvnol, 1975, 19: 291-351.

Allen J R L. Late Quaternary Niger Delta, and adjacent areas: sedimentary environments and lithofacies [J]. Bull. Am. Ass. Petrol. Geol, 1965, 49: 547-600.

Allen J R L. Sediments of the modern Niger Delta: a summary and review. In: Deltaic sedimentation modern and ancient (Ed. by Morgan J P.) [C]. Spec. Publs Soc. econ. Paleont. Miner., Tulsa, 1970, 15: 138-151.

Allen G P, Laurier D, Thouvenin J. Etude sedimentologique du delta de la Mahakam [M]. Total, Compagnie Francaise des petroles, Paris, Notes Mem, 1979.

Bagane B P, Horne J C, Ferm J C. Carboniferous and recent Mississippi lower delta plains; a comparison [J]. Trans. Gulf-Cst Ass. Geol. Socs, 1975, 25: 183-191.

Barker F. Trondhjemites, dacites and related rocks [M]. Amsterdam: Elseviewer, 1979.

Barber K E. Peat stratigraphy and climatic change: a palaeoecological test of the theory of cyclic peat bog regeneration [M]. Rotterdam: Balkema, 1981.

Banerjee I, Kalkreuth W, Davies E H. Coal seam splits and transgressive-regressive coal couplets: a key to stratigraphy of high-frequency sequences [J]. Geology, 1996, 24（11）: 1001-1004.

Bentur A. Ish-sbalom M, Bon-Bassat M, et al. Properties and application of oil ash [J]. Spee ACI Publ, 1985, 91（37）: 779-802.

Blom L, Edelhausen L, VanKrevelen D W. Chemical structure and properties of coal. 18. Oxygen groups in coal and related products [J]. Fuel, 1957, 36（2）: 135-153.

Bruce C H. Pressured shale and related sediment deformation: mechanism for development of regional contemporaneous faults [J]. AAPG Bulletin, 1973, 57:878-885.

Bohacs K, Suter J. Sequence stratigraphic distribution of coaly rocks: fundamental controls and paralic examples [J]. AAPG Bulletin, 1997, 81（10）: 1612-1639.

Cohen A D. Petrography and palaeoecology of Holocene peats from the Okefenokee swamp-marsh complex of Georgia [J]. J. sedim. Petrol, 1974, 44: 716-726.

Coleman J M, Smith W G. Late recent rise of sea level [J]. Bull. Geol. Soc. Am, 1964, 75: 833-840.

Coleman J M, Gagliano S M, Smith W G. Sedimentation in a Malaysian high tide tropical delta. In: Deltaic Sedimentation, Modern and Ancient [C]. Spec. Publs. Soc. econ. Paleont. Miner., Tulsa, 1970, 15: 185-197.

Curtis J B. Fractured shale-gas systems [J]. AAPG Bulletin, 2002, 86（11）: 1921-1938.

Dai S F, Ren D Y, Tang Y G, et al. Concentration and distribution of elements in Late Permian coals from western Guizhou province, China [J]. Int J Coal Geol, 2005, 61: 119-137.

Dai S F, Ren D Y, Zhou Y P, et al. Mineralogy and geochemistry of a superhigh-organic-sulfur coal, Yanshan Coalfield, Yunnan, China: evidence for a volcanic ash component and influence by submarine exhalation [J]. Chem Geol, 2008, 255: 182-194.

Dai S F, Ren D Y, Chou C L, et al. Geochemistry of trace elements in Chinese coals: a review of abundances, genetic types, impacts on human health, and industrial utilization [J]. International Journal of Coal Geology, 2012a, 94: 3-21.

Dai S F, Wang X B, Seredin V V, et al. Petrology, mineralogy, and geochemistry of the Ge-rich coal from the Wulantuga Ge ore deposit, Inner Mongolia, China: new data and genetic implications [J]. International Journal of Coal Geology, 2012b, 90-91: 72-99.

Diessel C, Boyd R, Wadsworth J, et al. On balanced and unbalanced accommodation/peat accumulation ratios in the Cretaceous coals from gates formation, western Canada, and their sequence-stratigraphic significance [J]. International Journal of Coal Geology, 2000, 43(1): 143-186.

Diessel C. Utility of coal petrology for sequence-stratigraphic analysis [J]. International Journal of Coal Geology, 2007, 70(1-3): 3-34

Dean W E. Carbonate minerals and organic matter in sediments of modern north temperate hard-water lakes. In: Recent and Ancient nonmarine depositional environments: models for exploration（Ed. by Ethridge F G, Flores R M）[C]. Spec. Publs Soc. econ. Paleont. Miner., Tulsa, 1981, 31: 213-231.

Donaldson A C. Origin of coal seam discontinuities. In: Carboniferous coal, guidebook（Ed. by Donaldson A C, Presley M W, Renton J J）[C]. West Vorginia Geological and Economic Survey, Morgan-town, 1979, 1: 102-132.

Dow W G. Kerogen studies and geological interpretations[J]. Journal of Geochemical Exploration, 1977, 7:79-99.

Duff P, Mcl D, Walton E K. Carboniferous sediments at Joggins, Nova Scotia. In: 7th int. Congr. Carboniferous stratigraphy and geology, Krefeld [C]. Compte Rende, 1973, 2: 365-379.

Dyni J R. Geology and resources of some world oil-shale deposits [J]. Oil Shale, 2003, 20（3）: 193-252.

Elliott R E. Swilleys in the coal measures of Nottinghamshire interpreted as palaeo-river courses [J]. Mercian Geol, 1965, 1: 133-142.

Erickson B R. The Wannagan Creek quarry and its reptilian fauna (Bullion Creek Formation, Paleocene) in Billings County, north Dakota [R]. Rep. Invest. North Dakota geol. Surv, 1982.

Ethridge F G, Jackson T J, Youngberg A D. Floodbasin sequence of a fine-grained meander belt subsystem: the coal-bearing Lower Wasatch and upper fort union formations, southern Powder River Basin, Wyoming. In: Recent and ancient nonmarine depositional environments: models for exploration (Ed. by Ethridge F G, Flores R M) [C]. Spec. Publs Soc. econ. Paleont. Miner., Tulsa, 1981, 31: 191-209.

Espitalie J. Méthode rapide de caractérisation des roches mères, de leur potentiel pétrolier et de leur degréd' évolution[J]. Revue de IFP, 1977, 32(5): 12-18.

Ferm J C, Horne J C. Carboniferous depositional environments in the Appalachian region [C]. Carolina Coal Group, Department of Geology, University of South Carolina, Columbia, 1979.

Finkelman R B. Trace and minor elements in coal. In: Organic Geochemistry. (Eds.by Engel M H, Macko S) [M] New York: Plenum, 1993.

Finkelman R B. Inorganic geochemistry of coal: a scanning electron microscopy view[J]. Scanning Micros.,1988, 2(1):97-105.

Finkelman R B, Orem W, Castranova V, et al. Health impacts of coal and coal use: possible solutions [J]. International Journal of Coal Geology, 2002, 50: 425-443.

Forsman J. Geochemistry of Kerogen. In: Breger I A (Ed).Organic Geochemistry[M]. New York: Macmillan, 1963.

Fisk H N. Recent Mississippi River sedimentation and peat accumulation. In:(4th)Congres L' avancement desetudes de stratigraphie et de geologie du Carbonifere, Heerlen [C], 1958, 1: 187-199.

Fitch F H. North Borneo, mineral resources. In: Annual report of the geological survey department for 1953: British Territories in Borneo (Ed. by Roe F W) [R]. Government Printing Office, Kuching, Sarawak, 1954.

Flores R M. Coal deposition in fluvial paleoenvironments of the Paleocene Tongue River Member of the fort union formation, Powder River Area, Powder River Basin, Wyoming and Montana. In: Recent and ancient nonmarine depositional environments: models for exploration (Ed. by Ethridge F G, Flores R M) [C]. Spec. Publs Soc. econ. Paleont. Miner., Tulsa, 1981, 31: 169-190.

Flores R M. Basin facies analysis of coal-rich Tertiary fluvial deposits, northern Powder River Basin, Montana and Wyoming. In: Modern and ancient fluvial system (Ed. by Collinson J D, Lewin J) [C]. Spec. Publs int. Ass. Sediment, 1983, 6: 501-515.

Frazier D E, Osanik A, Elsik W C. Environments of peat accumulation-coastal Louisiana. In: Proc. Gulf-Cst Lignite Conf [C]. Texas Bur. Econ. Geol., Rep. Invest, 1978, 90: 5-20.

Frazier D E, Osanik A. Recent peat deposits-Louisiana coastal plain. In: Environments of coal deposition (Ed. by Dapples E C, Hopkins M E)[C]. Spec. Pap. Geol. Soc. Am, 1969, 114: 63-85.

Ganong W F. Upon raised peat bogs in the province of New Brunswick [J]. Trans. R. Soc. Can. Section IV, 1897: 131-163.

Gersib G A, McCabe P J. Continental coal-bearing sediments of the port hood formation (Carboniferous), Cape Linzee, Nova Scotia, Canada. In: Recent and ancient nonmarine depositional environments: models for exploration (Ed. by Ethridge F G, Flores R M)[C]. Spec. Publs Soc. econ. Paleont. Miner., Tulsa, 1981, 31: 95-108.

Gleadow A J W, Duddy I R, Lovering J F. Fission track analysis: a new tool for the evaluation of thermal histories and hydrocarbon potential[J]. APEA Journal, 1983, 23: 93-102.

Gold T, Soter S. Abiogenic methane and the origin of petroleum [J]. Energy Exploration and

Exploration, 1982, 1(2): 89–103.

Hatch F H, Rastall R H, Greensmith J T. Petrology of the sedimentary rocks [M]. London: Allen and Unwin, 1965.

Haszeldine R S, Anderton R. A braidplain facies model for the Westphalian coal measures of northeast England [J]. Nature, 1980, 284: 51–53.

Harding T P, Lowell J D. Structural styles, their plate tectonic habitats and hydrocarbon traps in petroleum provinces [J]. AAPG Bull., 1979, 63: 1016–1058.

Heward A P. Alluvial fan and lacustrine sediments from the Stephanian A and B (La Magdalena, Cinere-Matallana and Sabero) coalfields, northern Spain [J]. Sedimentology, 1978, 25: 451–488.

Holz M. Sequence stratigraphy of a lagoonal estuarine system-an example from the lower Permian Rio Bonito Formation, Parana Basin, Brazil[J]. Sedimentary Geology, 2003, 162:305-331.

Hood A, Utjahr C C C, Heacock R L. Organic metamorphism and the generation of petroleum[J]. AAPG Bulletin, 1975, 59:986-996.

Huddle J W, Patterson S H. Origin of Pennsylvanian underclay and related seat rocks [J]. Bull. Geol. Soc. Am, 1961, 72: 1643–1660.

Hurst H E. The sudd region of the Nile [J]. J R soc. Arts, 1933, 81: 720–736.

Hudson R G S. On the rhythmic succession of the Yoredale Series in Wensleydale [J]. Proc. Yorks. Geol. Soc, 1924, 20: 125–135.

Hu R, Qi H, Bi X, et al. Geology and geochemistry of the Lincang superlarge Germanium deposit hosted in coal seams, Yunnan, China [J]. Geochimica et Cosmochimica Acta, 2006, 70(Suppl): A269.

Hu R, Qi H, Zhou M, et al. Geological and geochemical constraints on the origin of the giant Lincang coal seam-hosted germanium deposit, Yunnan, SW China: A review [J]. Ore Geology Reviews, 2009, 36: 221–234

Jackson T J. Origin of thick coals of the Powder River Basin, Wyoming [R]. Unpublished Report, University of Texas at Austin, 1979.

Johnston W A. Sedimentation of the Fraser River delta [R]. Can. Dept Mines, Mem. Geol. Surv, 1921.

Karweil J. Die Metamorphose der kohlen vonstandpunkt der physikalischen chemie [J]. Disch Geol. Gesell, 1956, 107(2):132-139.

Ketris M P, Yudovich Y E. Estimations of Clarkes for carbonaceous biolithes: world average for trace element contents in black shales and coals [J]. International Journal Coal Geology, 2009, 78: 135–148.

Kolb C R, Van J R. Depositional environments of the Mississippi River deltaic plain-southeastern Louisiana. In: Deltas in their geologic framework (Ed. by Shirley M L)[C]. Houston Geological Society, 1966: 17–61.

Kosters E C, Bailey A. Characteristics of peat deposits in the Mississippi River delta plain [J]. Trans. Gulf-Cst Ass. Geol. Socs, 1983, 33: 311–325.

Kraft J C. Sedimentary facies patterns and geologic history of Holocene marine transgression [J]. Bull. Geol. Soc. Am, 1971, 82: 2131–2158.

Krausel R. Palaeobotanical evidence of climate. In: Descriptive paleoclimatology (Ed. by Nairn A E M)[C]. New York: Wiley, 1961: 227–254.

Law B E, Rice D D. Hydrocarbons from coal [C]. AAPG Studies in Geology 38 Okba homa.Tulsa, 1993: 159–184.

Li J, Zhuang X G, Querol X. Trace element affinities in two high-Ge coals from China [J]. Fuel, 2011, 90: 240–247.

Li J, Zhuang X G, Querol X, et al. High quality of Jurassic coals in the southern and eastern Junggar Coalfields, Xinjiang, NW China: Geochemical and mineralogical characteristics [J]. International Journal Coal Geology, 2012,

99: 1-15.

Li J, Zhuang X G, Querol X, et al. Comparative study of coal qualities from three large coal basins in Xinjiang, northwest China, revista de la sociedad española de mineralogía [C]. Journal of the Spanish Society of Mineralogy, 2011, 15:121-122.

Mamay S H, Yochelson E L. Occurrence and significance of marine animal remains in American coal balls [J]. Prof. Pap. U.S. geol. Surv, 1962, 354-1: 189-242.

McKenzie P J, Britten R A. Newcastle coal measures [J]. J. Geol. Soc. Aust, 1969, 16: 339-350.

Moore L R. Some sediments closely associated with coal seams. In: Coal and coal-bearing Strata (Ed. by Murchison D G, Westoll T S)[C]. Oliver and Boyd, Edinburgh, 1968a: 105-123.

Moore L R. Cannel coals, bogheads and oil shales. In: coal and coal-bearing strata(Ed. by Murchison D G, Westoll T S)[C]. Oliver and Boyd, Edinburgh, 1968b: 19-29.

Milici R C. Appalachian coal assessment: defining the coal systems of the Appalachian basin [J]. Special Papers-Geological Society of America, 2005, 387: 9-15.

Oberlin A, Villey M, Combaz A. Influence of elemental composition on carbonization: pyrolysis of kerosene shale and kuckersite [J]. Carbon, 1980, 18（5）: 347-353.

Osbon C C. Peat in the Dismal Swamp, Virginia and north Carolina [J]. Bull. U.S. Geol. Surv, 1920: 41-59.

Overbeck R M. The coastal plain geology of southern Maryland [J]. Johns Hopkins University, Studies in Geology, 1950, 16(3): 15-28.

Padgett G, Ehrlich R. An analysis of two tectonically controlled intergrated drainage nets of mid-Carboniferous age in southern west Virginia. In: Fluvial sedimentology（Ed. by Miall A D）[C]. Mem. Can. Soc. Petrol. Geol, 1978, 5: 789-799.

Pedlow G W. A peat island hypothesis for the formation of thick coal [D]. Ph. D. Diss., Univ. South Carolina, Columbia, 1977.

Polak W. Character and occurrence of peat deposits in the Malaysian tropics. In: Modern quaternary research in southeast Asia（Ed. by Bartstra G, Casparie W）[C]. Bulkema, 1975: 71-81.

Powell T G, Mckirdy D M. Relationship between ratio of pristane to phytane, crude oil composition and geological environment in Australia [J]. Nature, 1973, 243:37-39.

Qi H W, Hu R Z, Zhang Q. Concentration and distribution of trace elements in lignite from the Shengli Coalfield, Inner Mongolia, China: Implications on origin of the associated Wulantuga Germanium deposit [J]. International Journal Coal Geology, 2007a, 71: 129-152.

Qi H W, Hu R Z, Zhang Q. REE Geochemistry of the Cretaceous lignite from Wulantuga germanium deposit, Inner Mongolia, northeastern China [J]. International Journal Coal Geology, 2007b, 71: 329-344.

Qin Y, Fu X H, Jiao S H. Key geological controls to formation of coalbed methane reservoirs in southern Qinshui Basin of China: Ⅲ, Factor assembly and CBM reservoir—forming pattern. In: US environmental protection agency. ed. Proceedings of the 2001 international coalbed methane symposium [C]. Berminhanm: The University of Alabama, 2001: 367-370.

Querol X, Juan R, Lopez S A, et al. Mobility of trace elements from coal and combustion wastes [J]. Fuel, 1996, 75（7）: 821-838.

Querol X, Alastuey A, Lopez Soler A, et al. Geological controls on the mineral matter and trace elements of coals from the Fuxin basin, Liaoning province, northeast China [J]. International Journal Coal Geology, 1997, 34: 89-109.

Querol X, Alastuey A, Zhuang X G, et al. Petrology, mineralogy and geochemistry of the Permian and Triassic coals in the Leping area, Jiangxi province, southeast China [J]. International Journal Coal Geology, 2001, 48: 23-45.

Renton J J, Cecil C B. The origin of mineral matter in coal. In: Carboniferous coal guidebook volume 1(Ed. by Donaldson A C, Presley M W, Renton J J) [C]. Bull. West Va geol. Econ. Surv, 1979B-37-1: 206-223.

Renton J J, Cecil C B, Stanton R, et al. Compositional relationships of plants and peats from modern peat swamps in support of a chemical coal model. In: Carboniferous coal, short course and guidebook (Ed. by Donaldson A C, Cecil C B, Presley M W, et al.) [C]. Am. Ass. Petrol. Geol. Field Seminar, Geology and Geography Department, West Virginia University, 1980, 3: 57-102.

Richardson R J H. The Quaternary geology of the north Kaipara barrier [D]. M. Sc. Thesis, University of Auckland, New Zealand, 1975.

Richardson R J H. Quaternary geology of the north Kaipara Barrier, Northland, New Zealand [J]. N. Z. J. Geol. Geophys, 1985,28(1): 111-127.

Romanov V V. Hydrophysics of bogs [M]. Israel Program for Scientific Translations, Jerusalem, 1968.

Rouse G E, Mathews W H. Tertiary geology and palynology of the Quesnel area, British Columbia [J]. Bull. Can. Petrol. Geol, 1979, 27: 418-445.

Russel R J. River and delta morphology [C]. La St. Univ. Press, coastal Studies Series, 1967.

Rzoska J. The upper Nile Swamps, a tropical wetland study [J]. Freshwat. Biol, 1974, 4: 1-30.

Radke M, Schaefer R G, Leythaeuser D et al. Composition of soluble organic matter in coals: relation to rank and liptinite fluorescence[J]. Geochim. Cosmochim. Aca, 1980, 44:1784-1800.

Rice D D, Controls of coalbed gas composition [J]. Proc. Int. Coalbed Methane Symp. Univ.of Alabama, Tuscaloosa, 1993: 577-582.

Rice D D, Claypool G E. Generation, accumulation, and resource potential of biogenic gas [J]. AAPG Bull., 1981, 65: 5-25.

Seifert W k, Moldowan J M. The effect of biodegradation on steranes and terpanes in crude oils[J].Geochim. Cosmochim. Aca, 1979, 43:111-126.

Scholl D W. Modern coastal mangrove swamp stratigraphy and the ideal cyclothem. In:Environments of coal deposition(Ed. by Dapples E C, Hopkins M E) [C]. Spec. Pap. Geol. Soc. Am, 1969, 114: 37-61.

Scott A C. The ecology of coal measure floras from northern Britain [J]. Proc. Geol. Ass. 1979, 90: 97-116.

Scott A R, Kaiser W R, Ayers W B. Thermogenic and secondary biogenic gases, San Juan Basin [J]. AAPG Bulletin, 1994, 78（8）: 1186-1209.

Shearer J C, Staub J R, Moore T A. The conundrum of coal bed thickness: a theory for stacked mire sequences [J] . The Journal of Geology, 1994, 102（5）: 611-617.

Smith A H V. The palaeoecology of carboniferous peats based on the miospores and petrography of bituminous coals. In: Proceedings of the Yorkshire geological and polytechnic society [C]. Geological Society of London, 1962, 33(4): 423-474.

Smith A H V. Seam profiles and seam characters. In: Coal and coal-bearing strata [M]. Oliver and Boyd Edinburgh, 1968: 31-40.

Smith D. Anastomosed fluvial deposits: modern examples from western Canada. In: Modern and ancient fluvial systems (Ed. by Collinson J D, Lewin J) [C]. Spec. Publs int. Ass. Sediment. Blackwell Scientific Publications, Oxford, 1983, 6: 155-168.

Spackman W, Riegel W L, Dolsen C P. Geological and biological interactions in the swamp-marsh complex of southern Florida. In: Environments of coal deposition(Ed. by Daples E C, Hopkins M E) [C]. Spec. Pap. Geol. Soc. Am, 1969, 114: 1-35.

Spackman W, Dolsen C P, Riegel W. Phytogenic organic sediments and sedimentary environments in the Everglades-mangrove complex, Part I : evidence of a transgressing sea and its effects on environments of the

Shark River area of southwestern Florida [J]. Palaeontographica B, 1966, 117: 135-152.

Spackman W, Cohen A D, Given P H, et al. The comparative study of the Okefenokee swamp and the Everglades-mangrove swamp-marsh complex of southern Florida [M]. A short course presentation of the Pennsylvanian State University, 1976.

Staub J R, Cohen A D. The snuggedy swamp of south Carolina: a back barrier estuarine coal forming environment [J]. J. sedim. Petrol, 1979, 49: 133-144.

Staub J R, Cohen A D. Kaolinite-enrichment beneath coals; amodern analog, Snuggedy swamp, south Carolina [J]. J. sedim. Petrol, 1978, 48: 203-210.

Styan W B, Bustin R M. Petrography of some Fraser River Delta peat deposits: coal maceral and microlithotype precursors in temperate-climate peats [J]. Int. J. Coal Geol, 1983a, 2: 321-370.

Styan W B, Bustin R M. Sedimentology of Fraser River Delta peat deposits: a modern analogue for som deltaic coals [J]. Int. J. Coal Geol, 1983b, 3: 101-143.

Suggate R P. The geology of New Zealand [M]. E C Keating, Government Printer, Wellington, 1978.

Swaine D J. Trace elements in coal. Australia [M]. Butterworth, 1990.

Teichmuller M, Durand B. Fluorescence microscopical rank studies on liptinites and vitrinites in peat and coals, and comparison with results of the Rock ~ Eval pyrolysis[J]. International Journal of Coal Geology, 1983, 2（3）: 197-230.

Teichmuller M. Origin of the petrographic constituents of coal. In: Stach's textbook of coal petrology, 3rd edn (Ed. by Stach E, Mackowsky M -Th, Teichmuller M, et al) [C]. Gebruder Borntraeger, Berlin, 1982: 219-294.

Teichmuller M. Combination of the current methods of coal petrography by examination of polished thin sections-a means for better international cooperation in coal petrography [J]. Proc. Int. Comm. Coal Petrol, 1954, 1: 25-29.

Teichmuller M. Recent advances in coalification studies and their application to geology [J]. Geological Society, London, Special Publications, 1987, 32（1）: 127-169.

Teichmuller M, Teichmüller R. Diagenesis of coal (coalification). Diagenesis in sediments and sedimentary rocks [M]. Elsevier, Amsterdam, 1979: 207-246.

Thaidens A A, Haites T B. Splits and wash-outs in the Netherlands coal measures [C]. Meded. Geol. Sticht. Serie C-Ⅱ-1, 1944.

Tissot B P, Demaison G, Masson P, et al. Paleoenvironment and petroleum potential of middle cretaceous black shales in Atlantic basins [J]. AAPG, 1980, 64: 2051-2063.

Treese K L, Wilkinson B H. Peat-marl deposition in a Holocene paludal-lacustrine basin-Sucker Lake, Michigan [J]. Sedimentology, 1982, 29: 375-390.

Krevelen D W. Coal-typology, chemistry, physics, constitution [M]. Elsevier Scientific Publishing Company, 1981.

Van Krevelen D W.Graphical-Statical method for the study of structure and reaction processes of coal[J]. Fuel, 1950, 29: 269-284.

Van Krevelen D W, Schuyer J. Coal science[M]. Elsevier. Publishing Company, 1957.

Vail P R, Mitchum Jr R M, Todd R G, et al. Seismic stratigraphy and global changes of sea level [J]. AAPG Memoir, 1977, 26: 51-212.

Weller J M. Cyclical sedimentation of the Pennsylvanian period and its significance [J]. J. Geol, 1930, 38: 97-135.

Ward C R. Analysis and significance of mineral matter in coal seams [J]. Int J Coal Geol, 2002, 50 : 135-68.

Wilks P J. Mid-Holocene sea-level and sedimentation interactions in the Dovey Estuary area, Wales [J]. Palaeogeogr. Palaeoclim. Palaeoecol, 1979, 26: 17-26.

Williams V E, Ross C A. Depositional setting and coal petrology of Tulameen coalfield, south-central British Columbia [J]. Bull. Am. Ass. Petrol. Geol, 1979, 63: 2058-2069.

White D, Thiessen R, Davis C A. The origin of coal [M]. US Government Printing Office, 1913.

Yudovich Y E, Ketris M P. Inorganic matter of coal [M]. Ekaterinburg, Urals Branch of RAS, 2002.

Zeng H L, Hentz T F. High-frequency sequence stratigraphy from seismic sedimentology: applied to Miocene, Tiger Shoal area, offshore Louisiana[J]. AAPG Bulletin, 2004, 88 (2): 153-174.

Zhou Y P, Ren Y L. Distribution of arsenic in coals of Yunnan province, China, and its controlling factors [J]. Int J Coal Geol, 1992, 20: 85-98.

Zhuang X G, Querol X, Alastuey A, et al. Geochemistry and mineralogy of the Cretaceous Wulantuga high-germanium coal deposit in Shengli coalfield, Inner Mongolia, northeastern China [J]. Int J Coal Geol, 2006, 66: 119-136.

Zhuang X G, Du G, Querol X, et al. Ge distribution in the Wulantuga high-germanium coal deposit in the Shengli coalfield, Inner Mongolia, northeastern China [J]. Int J Coal Geol, 2009, 78: 16-26.